普通高等教育"十一五"国家级规划教材

国家电工电子教学基地系列教材

基础电路分析

（第 3 版）

闻 跃 高 岩 余晶晶 编著

清 华 大 学 出 版 社

北京交通大学出版社

·北京·

内 容 简 介

本书是国家电工电子教学基地系列教材之一，也是普通高等教育"十一五"国家级规划教材。全书介绍了电路基本概念和分析方法，内容覆盖直流、动态和正弦稳态线性电路分析，以及双口网络和非线性电阻电路的分析，讨论对象为包括二端有源和无源元件、受控源、互感、变压器和运算放大器的电路。

本书针对工科电工电子类课程体系改革需要，突出基本概念和方法，内容精简，包含电路的主要经典内容，满足电子信息类专业对于电路理论的基本要求。书中还简要介绍了电路仿真方法，给出仿真实例和练习题目；用专门章节介绍了典型电路应用案例及其相关电路知识点，给出的综合练习题可用于课程研讨和扩展学习。本书可提供习题解答、教学课件和仿真文件等教师参考材料。

本书可作为计算机、电子工程、通信、控制类本科生教材，也可作为继续教育和远程教育的本、专科生教材或参考书。

图书在版编目（CIP）数据

基础电路分析/闻跃，高岩，余晶晶编著. —3 版. —北京：北京交通大学出版社；清华大学出版社，2018.7（2024.8 重印）

国家电工电子教学基地系列教材

ISBN 978-7-5121-3565-9

I.①基… Ⅱ.①闻… ②高… ③余… Ⅲ.①电路分析-高等学校-教材 Ⅳ.①TM133

中国版本图书馆 CIP 数据核字（2018）第 129026 号

基础电路分析

JICHU DIANLU FENXI

策划编辑：韩　乐　　责任编辑：付丽婷

出版发行：清华大学出版社　邮编：100084　电话：010-62776969　http://www.tup.com.cn
　　　　　北京交通大学出版社　邮编：100044　电话：010-51686414　http://www.bjtup.com.cn
印　刷　者：北京虎彩文化传播有限公司
经　　销：全国新华书店
开　　本：185 mm×230 mm　印张：21.25　字数：476 千字
版　　次：2002 年 9 月第 1 版　2018 年 7 月第 3 版　2024 年 8 月第 4 次印刷
书　　号：ISBN 978-7-5121-3565-9/TM·77
定　　价：56.00 元

国家电工电子教学基地系列教材
编审委员会成员名单

总　序

　　当今信息科学技术日新月异，以通信技术为代表的电子信息类专业知识更新尤为迅猛。培养具有国际竞争能力的高水平的信息技术人才，促进我国信息产业发展和国家信息化水平的提高，都对电子信息类专业创新人才的培养、课程体系的改革、课程内容的更新提出了富有时代特色的要求。近年来，国家电工电子教学基地对电子信息类专业的技术基础课程群进行了改革与实践，探索了各课程的认知规律，确定了科学的教育思想，理顺了课程体系，更新了课程内容，融合了现代教学方法，取得了良好的效果。为总结和推广这些改革成果，在借鉴国内外同类有影响教材的基础上，决定出版一套以电子信息类专业的技术基础课程为基础的"国家电工电子教学基地系列教材"。

　　本系列教材具有以下特色：

　　● 在教育思想上，符合学生的认知规律，使教材不仅是教学内容的载体，也是思维方法和认知过程的载体；

　　● 在体系上，建立了较完整的课程体系，突出了各课程内在联系及课群内各课程的相互关系，体现了微观与宏观、局部与整体的辩证统一；

　　● 在内容上，体现了现代与经典、数字与模拟、软件与硬件的辩证关系，反映了当今信息科学与技术的新概念和新理论，内容阐述深入浅出，详略得当，增加了工程性习题、设计性习题和综合性习题，培养学生分析问题和解决问题的素质与能力；

　　● 在辅助工具上，注重计算机软件工具的运用，使学生从单纯的习题计算转移到基本概念、基本原理和基本方法的理解和应用，提高了学生的学习效率和效果。

　　本系列教材包括：

　　《基础电路分析》《现代电路分析》《电路分析学习指导及习题精解》《模拟集成电路基础》《信号与系统》《信号与系统学习指导及习题精解》《模拟电子技术》《模拟电子技术学习指导与习题精解》《电子测量技术》《微机原理与接

口技术》《电路基础实验》《电子电路实验及仿真》《数字实验一体化教程》《SOPC 技术基础教程》《数字信息处理综合设计实验》《电路基本理论》《现代电子线路》《电工技术》。

　　本系列教材的编写和出版得到了教育部高等教育司的指导、北京交通大学教务处及电子与信息工程学院的支持，在教育思想、课程体系、教学内容、教学方法等方面获得了国内同行们的帮助，在此表示衷心的感谢。

北京交通大学

"国家电工电子教学基地系列教材"

编审委员会主任

2018 年 1 月

第3版前言

本书作为电子信息类相关专业的基础电路课程教材，介绍了电路的基础概念和分析方法，适合32到64学时的电路课程。

本书的第2版为普通高等教育"十一五"国家级规划教材，已经在电路教学中使用多年。第3版主要是对原有内容进行适当精简、顺序调整，并补充新的内容。预期目的是让本书内容能较好体现电路课程在当前电子信息类专业课程体系中的地位和特点，贴近工程教育专业认证所要求的目标导向教学理念的要求。本书内容组织主要有以下几点考虑。

一、电路教学内容回归基础。本书突出基本概念和方法，内容力求精简和适用。知识点包含电路的主要经典内容，满足电子信息类专业对于电路知识和能力的基本要求。

二、力图使本书成为内容容易理解的教材。知识点的编排和讲解、数学知识的运用等都考虑到学生初次接触电类课程时在理解上的难点，对前版教材部分内容顺序做了调整。

三、将计算机仿真工具的使用与理论内容相结合。仿真工具的使用不仅有助于对电路性质和概念的理解，也是当代工程师进行电路设计与验证的必备技能。本书在附录中简要介绍了仿真工具的使用和分类仿真实例，并在部分习题和第九章中提出了具体应用要求。

四、在书中加入了模拟应用问题。将一些电路应用案例进行简化，按本书知识点和难度要求，编写了包含分析、仿真和设计的综合题目。通过这些题目的练习，学生可了解电路的工程应用问题及其解决方法，激发学习兴趣，扩展知识面。在教学上，可利用这些素材设计教学研讨环节，从而为毕业目标中的知识与能力要求提供支撑点，以实现电路课程在目标导向教学体系中的作用。

五、内容选取和单元划分适应大类招生需要和不同学时安排。内容上增加了双口网络和非线性电阻电路分析两章，以更好适应电信类专业需求和与后续课程的衔接。后4章内容相对独立，可适应宽口径教学、灵活的内容和学时安排。

本书由闻跃负责编写教材提纲及统稿工作，并编写第1、2、4、5、9章及附录，高岩编写第3、7、8章，余晶晶编写第6章。本书编写还得益于第2版作者杜普选的建议和帮助，并吸收了北京交通大学电子信息学院电路课程组多位教师在多年电路教学实践中积累的素材，谨在此表示感谢。因作者水平和时间所限，本书难免有叙述不当和计算错误，敬请读者不吝指正。

在本书编辑和修改过程中，北京交通大学出版社的付丽婷编辑付出了大量时间，纠正了原稿中的许多错误和不规范之处，作者对此表示衷心感谢。

2018年1月

前　言

　　本书作为通信、控制、电子工程和计算机等相关专业本科二年级的电路分析基础短学时教材，主要介绍线性电路的基础分析方法，适合一学期约 64 学时的电路课程。

　　电路分析作为整个电路理论中的基础部分，已经建立了成熟的理论、分析方法乃至知识讲授体系，国内外均有大量的电路理论专著和教材，系统地介绍了经典电路分析理论的时域、频域和复频域的各种分析方法。近年的电路教材大多增加了有源电路、非线性电路内容，或引入了矩阵和计算机辅助分析方法等，用以更新教学内容。

　　本书的编写目标是要适应知识更新和课程体系改革的需要，为上述专业当前课程设置的实际要求提供适用教材。本书编写中主要考虑以下几个方面。

　　一、为适应知识快速更新的需要，目前教学改革的趋势是课程增多，课时减少，因而须精简和调整电路课程的内容。按以上专业实际课程设置，属于电路理论体系中的许多内容已经放在其他课程中讲授。要用更紧凑的方式讲授电路分析的核心内容，同时不应牺牲对基本理论和方法的讲授深度。因此，本书只包含线性电路分析的基础部分，其他经典内容，如非线性电路、矩阵方法、变换域分析等，移至"现代电路分析"和"信号与系统"等课程中。这样的安排既有利于新知识的引入，又可以让基础内容保持相对稳定，使本书适应宽口径和短学时教学。

　　二、重视电路分析课程作为专业课的入门和桥梁作用。注意与后续课程的衔接，在分析内容中讲解物理概念，介绍工程应用背景，激发学生的兴趣。同时，在知识点编排和讲解、数学工具的运用等方面，考虑了以往学生理解上的难点，力图使本书成为学生喜爱的教材。在例题和习题的内容选择与要求方面，强调基本概念和方法，适当淡化手工计算技巧。介绍实际应用背景，增加了一些综合性分析、简单设计问题，以期培养学生分析和解决问题的能力。

　　三、目前电路分析与仿真软件的使用已经非常普及，本书引入计算机软件的应用，将软件方法作为必要内容来要求。将软件工具应用与电路理论教学相结合有很多好处。传统课程内容侧重用数学方法描述和求解电路，而计算机软件工具可以在分析结果的可视化方面补充理论分析，能直观呈现电路的输入和输出波形，有利于对电路性质及理论概念的理解和掌握。利用软件工具还可以接触到更接近于实际器件的模型，进行虚拟试验等，是培养学生创新能力的重要手段。

　　本书共分为 6 章，第 1, 2 章介绍了基本概念及一般线性电阻电路的分析方法。其中第 1 章介绍电路变量、电路元件和电路模型、基尔霍夫定律，以及利用两类约束关系对简单电路的分析方法。

第 2 章介绍了线性电路的特性及基本分析方法，包括叠加定理、戴维南与诺顿定理和等效变换方法，以及结点分析和网孔分析两种系统化方法。更多内容，如割集分析和回路分析、互易定理等被安排到后续课程中。

第 3 章介绍了动态元件和电路的动态分析时域方法，介绍了动态响应的基本概念，动态方程建立与求解的一般步骤，一阶电路和二阶电路动态过程的基本特点，以及直流一阶电路的简化分析方法——三要素法。更多的时域分析方法和变换域分析方法在后续课程中介绍。

第 4，5 章讨论了正弦交流稳态电路分析。第 4 章介绍了正弦稳态电路的相量分析方法，包括正弦功率的计算，第 5 章介绍了含线性变压器、互感元件电路和三相电路的正弦稳态分析。

第 6 章介绍了复频率、s 域分析的基本概念，引入了网络函数的概念及其在分析中的应用，在此基础上介绍了电路频率响应概念，研究了一阶和二阶电路的频率特性。本章作为分析基础内容不仅是为了加强电子通信类学生所需要的必要概念，也是为了与后续课程更好地衔接，适应对整个系列课程学习的实际需要。

在每一章中，结合相关内容都介绍了电路分析与仿真软件 Electronics Workbench 的应用，讲解相关的分析仿真功能，给出分析示例，并配有相应的计算机分析与仿真作业。

本书由闻跃主编并编写第 1，2，4，6 章，高岩和杜普选分别编写第 3 章和第 5 章。全书的编写思路与内容选择由所有作者共同讨论确定。本书的编写得益于很多老师和同学的共同努力，张源和张卫东同学为本书图文录入和编辑付出了辛勤的劳动，在此衷心致谢。因作者水平和时间所限，本书内容不当之处，敬请各位老师和同学指正。

本书受北京交通大学出版基金资助。

编　者

2008 年 8 月

目　　录

第1章 基本概念和基本规律

提要 电路理论中用电路模型代表实际电路,通过求解电路变量来分析电路的特性。电路变量的变化规律由电路中元件连接方式和元件特性共同决定。本章解释电路模型的概念,讨论基尔霍夫定律,以及独立源、受控源和电阻元件的伏安特性对于电路变量的约束,并说明如何利用这两种约束关系分析简单电路。

1.1 电路模型和电路分析

1.1.1 实际电路与电路模型

实际电路由实际电气器件互相连接而成,是构成各种电子系统的基本构件。实际的器件和设备,例如电阻器、电容器、电感器、晶体管、集成电路、发电机、电动机等,其共同特点是在工作时它们内部存在电磁过程。在电路中,设备或元器件由导线连接,构成可供电流流动的闭合通路,实现电能量传递。实际电路的功能可以分为两大类,一类电路用来进行电能的传输和分配,例如供电电路;另一类主要进行信号的传输和处理,例如音频放大电路和滤波器等。

实际电路的构成和功能有很大差异,它们属于不同的应用领域,种类繁多,需要专门的学科分支去研究这些电路的性质。然而,这些电路在它们的底层构造上遵从共同的规律,呈现共同的性质。这些规律就是所有电路中电压和电流遵从的基本规律,包括欧姆定律、基尔霍夫定律等。研究这些规律及其应用就是电路分析的课题。

为了讨论电路的普遍规律和分析方法,在电路理论中并不直接研究实际电路,而是研究实际电路一般化的数学模型,即电路模型。**电路模型**是由理想化的电路元件相互连接构成的,而理想化**电路元件**是从实际器件的电磁特性中抽象出来的数学模型,它包含元件的电路符号和元件定义的数学表示。

图 1-1 显示了一个照明电路示意图(a)及其对应的电路模型图(b)。这个典型的抽象化过程包含了以下几点考虑。

(1) 电路元件只体现单一的电磁特性,可以用精确的数学关系来描述。例如,照明电路中的灯泡,通电后发光和热,主要表现为对电能的消耗,可以等效为电阻模型。但实际的照明设备除了发热之外还可能有其他作用,例如交流日光灯电路还有电感的效应,这在电阻元件中并不体现。用电路来描述时,须忽略这个次要的特性,或者增加一个电感元件来单独体现这一特性。一个实际器件可用多个理想电路元件的组合作为它的模型,在不同的工作条件

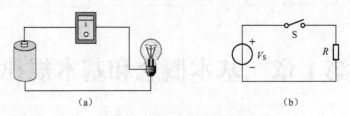

图 1-1　实际电路和电路模型

下，可以有不同的模型。

（2）一种电路元件可以表征一类实际器件。例如，上述照明电路中，电池有多种，其产生电能的机理不同，特性也有差异。但是大多数电池都有共同的外部特性，就是在一定范围内，其两端子之间的电压恒定。这个特性就抽象为电路模型中的电压源，它可以代表任何具有电压源性质的电源器件、供电设备和信号源。

（3）电路元件只能近似代表实际器件。电路元件是精确定义的、没有变量范围限制的模型。实际器件只能在一定近似程度下和一定条件下才能用理想元件来表征。在将电路计算结果用于实际电路时，需要注意这些应用条件和差别。

电路理论中采用的元件模型已经被证明是成熟有效的。读者在后面的学习中会看到，很少的几种理想化元件模型就可以描述各种类型的实际应用电路，进而得到足够精确的结果。实际器件如何通过近似和抽象建立模型，与具体的应用有关。不同的工程领域采用不同的建模方法将实际电路转换成电路模型。

在本课程中讨论的电路和元件，除特别说明外，均指电路模型和理想电路元件。

1.1.2　电路模型的集中化假设

实际电路都占有一定空间。当电路中电压和电流随时间变化时，电路所在空间就会有电磁场分布和电磁波存在。严格来讲，物理量取值与时间和空间位置都有关，需要用电磁场的方法来分析。用电路的概念和方法来描述和分析实际电路是一种近似和简化的方法，需要满足一定的条件。大多数实际电路都被设计成能满足这些条件，因此，它们的实际特性符合电路模型计算结果。

具体来说，电路方法是把电磁系统看成是由分散的元器件组成的，元器件由导线连接，能量传递只能通过导线中的传导电流来实现。电路方法认为电路中元器件的特性与它们的体积大小和空间位置无关，它们对于电路的影响可以用集中于一点的参数来代表。这种假设称为电路的集中化假设，其电路模型称为集中参数电路。集中化假设成立的条件是电路的工作频率不能太高，以及恰当地划分电路元器件的边界。

若实际电路的线性尺寸远小于其工作频率所对应的波长，就认为它可满足集中化假设的条件。此时，在实际电路所在空间中，电磁场分布变化相对不明显，电磁波动现象可以忽略。例如，一根导线上各处电流在同一瞬间有相同的大小和方向，电流只与时间有关，而与空间位置无关。这时，电路的尺寸可以忽略，电路的大小和形状不影响电路的特性。

电路中信号的波长与频率的关系为 $\lambda = c/f$，其中 c 是光速，f 是电路中信号的频率。因此，电路的信号频率越高，波长越短，要求电路的尺寸越小，这样才能满足集中化条件。

例如，电力系统中交流电流频率为 50 Hz，其对应电磁波波长为 6 000 km。因此一般在此频率下工作的电气设备均可作为集中参数电路，但长距离的输电线路需要考虑电压、电流和电路参数沿着线路上的分布和变化。又比如，某控制电路中微处理器的工作频率为 500 MHz，信号对应波长为 0.6 m，这个长度与通常电路板尺寸相当，初看起来不符合集中化条件；但如果该微处理器是由集成电路芯片实现的，其高速核心部件被集成在几毫米大小的芯片上，则其对应的内部电路仍可作为集中参数电路。

电路集中化假设的另一个条件是适当划分电路中元器件的边界，使得元器件在工作时其电磁过程被限制于边界内，则其对外的作用可以用一个参数来集中体现。例如，一个绕线电阻器对电流的阻碍作用是分布在一定体积的电阻器空间的。在不需要分析电阻器内部变量分布时，电阻器可作为一个整体对待，在其端线上电压与电流的关系可以用一个电阻参数 R 来表征。在电路模型中，电阻器可用一个参数为 R 的理想电阻元件来表示，这个电阻没有体积，其特性也与位置无关。

又比如，实际电感线圈通过交变电流时，在线圈内部及附近空间会产生变化的磁场。这个变化的磁场不仅会在线圈上产生分布的感应电动势，也会影响到与其临近的导线和器件。如果制作时让电感器的结构能把大部分的磁通集中在其内部，采取措施减少磁场对周围电路空间的影响，同时只考虑电感器的引线端子对外特性，而不关心电感线圈内部变量分布，就可以把电感器的作用集中于一点，用一个电感参数 L 来表示其在交变电流下产生感应电势的能力。

因此，对于实际电路中所有器件，假设其电磁过程都集中于器件内部，器件的特性与它们相互距离和空间位置无关，则器件可以用一个参数来表征；器件之间用理想导线连接，能量传递只通过导线，这样就形成了集中化的电路，如图 1-2 所示。

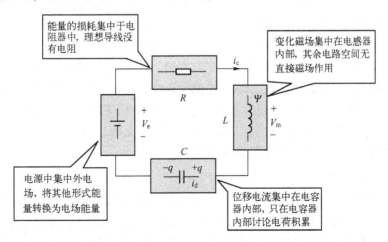

图 1-2　集中化电路

在满足集中化条件的电路中，器件外部的电路空间中不存在磁耦合，闭合路径围绕的磁通量变化可忽略，电路中任意两点间电压是唯一的；任意封闭空间包含的电荷积累也不发生变化，电路中的电流是连续的。电路模型是满足集中化条件的实际电路的理想化模型；电路模型中的元件是满足集中化条件的实际器件的理想化模型，元件用一个集中化参数表示其外部特性。

1.1.3 电路分类

实际电路有很多类型，电路类型的划分也有很多方法。例如，按照功能划分可分为通信电路、控制电路等，按照工作方式划分可分为模拟电路和数字电路。在研究基础电路分析方法时，通常根据电路所包含元件的性质划分电路。电路元件可以根据它们是否为线性的、有源的和时变的来分类，因而对电路也有相应的划分。

1. 线性电路与非线性电路

若一个元件可以让电路中两个或多个变量线性关联起来，则该元件称为线性元件，否则就称为非线性元件。

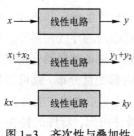

图 1-3 齐次性与叠加性

当电路只包含线性元件时，电路称为线性电路。当电路中至少包含一个非线性元件时，电路称为非线性电路。线性电路最基本的特性是它具有齐次性和叠加性。线性电路的齐次性和叠加性将在第 2 章专门讨论，其含义可以用图 1-3 简单说明。

图中的方框表示仅包含线性元件的电路，x 表示加在电路上的输入信号，或称激励；y 表示电路对该输入信号产生的输出，或称响应。叠加性的含义是：若激励 x_1 产生的激励为 y_1，激励 x_2 产生的激励为 y_2，则当 x_1 与 x_2 共同作用于电路时产生的响应为 $y_1 + y_2$。齐次性的含义是：若激励 x 作用于电路产生的响应为 y，则激励 kx 作用于电路产生的响应必为 ky。换句话说，线性电路对于各个激励共同作用的响应是各个激励的加权之和。

严格来说，真正的线性电路在实际中是不存在的。但是很多实际电路在一定条件下都可以近似视为线性电路。在电路理论中，对线性电路的研究已经有了相当长的历史，也有了成熟的理论和方法。对于非线性电路，主要的方法也是在一定条件下将问题分解为线性电路来求解。

此外，为了讨论问题方便，通常可以把激励电源（独立源）放在电路内部，独立源和线性元件组成的电路也称为线性含源电路或线性电路。

2. 时变与非时变电路

若组成电路的所有元件的参数都不随时间变化，则称这种电路为非时变电路。若电路中至少有一个元件的参数是随时间变化的，就称此电路为时变电路。非时变电路的基本特性是电路的响应特性不随激励施加的时间而变化。具体来说，若电路对激励 $x(t)$ 的响应为 $y(t)$，则非时变电路对于延迟激励 $x(t-t_0)$ 的响应必为 $y(t-t_0)$。时变电路不具有这种特性，施加激励的时间不同，它的响应形式也不同。

非时变性质也是一种理想化假设。大部分实际电路在我们研究问题的时间段内都可以近似地作为非时变电路处理。

3. 有源与无源电路

若电路中所含元件均为无源元件，则电路是无源电路；否则，称为有源电路。有源和无源是从能量的观点来定义的。所谓无源元件，是说如果一个电路元件，不管连接在任何电路中，不管连接方式怎样，其吸收能量的总和都是非负的，即

$$w(t) = \int_{-\infty}^{t} p(\tau)\,\mathrm{d}\tau \geq 0$$

式中，$p(\tau)$ 为功率。若上式不成立，则元件是有源的。功率和能量的定义将在后面的单元中介绍。对于由无源元件组成的无源电路，其吸收能量也满足上式。

将电路分为有源和无源电路，在分析方法上有重要意义。

1.1.4　电路分析

电路理论是研究电路的基本规律，以及电路分析与综合方法的学科。电路理论的传统研究领域包括电路分析与电路设计两个分支。

所谓电路分析，是在特定的激励下，求得给定电路的响应；电路设计（或电路综合）则是在特定的激励下，为达到预期的响应而求得电路的结构和参数。这里的激励是指外加电源和信号源输入，响应是指电路某部分在输入电源、信号源作用下产生的电压或电流，即电路的反应和输出。若将被研究的电路用一个方框来表示，则电路分析与综合的任务可用图 1-4 来表示。

图 1-4　电路分析与电路设计

现今电路的应用几乎涵盖所有的工程领域，用电路构成的系统可以实现各种各样的功能，包括能量传输、控制逻辑、信号采集和处理、信号发送和接收等。电路设计是研究如何利用各种元件及元件组态实现这些功能，而电路分析又是电路设计的前提和理论基础。通过对电路的分析，可以获知电路对于特定激励会得到什么样的响应，确认电路是否达到设计的功能和指标。理论上，有效的电路分析方法应该能确定电路中任何部分的电压和电流变量。

电路的分析计算建立在物理学的基本概念和定律基础上，最初的电路计算包含在物理学中。然而，随着实际电路的规模和复杂程度逐渐增加，只用物理学原理分析法难以解决实际

电路问题，于是电路理论从物理学的一个分支逐步发展为一门独立的学科。自 20 世纪 60 年代以来，微电子技术和计算机技术的发展为电路理论提出了新的课题及新的计算手段。电路理论从经典方法发展到了近代系统化的方法，并且产生了很多新的分支领域。

在当前的电路分析与设计过程中，计算机辅助分析和仿真已经成为成熟和有效的手段。计算机仿真软件采用的元器件模型可以考虑更多特性参数，更贴近实际元器件的真实特性。软件对于复杂电路能自动建立方程，快速完成大量计算，以各种直观形式给出分析结果。现今计算机仿真已经在很多场合替代了过去对电路的实验室验证和测试，成为电路设计重要的环节。本书将结合不同的电路分析问题介绍计算机仿真软件的使用方法。

需要注意，尽管有上述电路领域的发展和变化，经典的电路理论和分析方法仍然是非常重要的，它是所有电类学科关于电路研究的公共基础，也是本书讨论的重点。

1.2　电路变量

电路变量被用来对电路模型进行描述，而电路分析的任务就是求出特定的电路变量，从而了解电路的特性。电路分析中用到的物理量包括电压、电流、电荷、磁链和电功率，这些变量已经在物理学中给出了定义。电路问题中的分析与计算主要针对电流、电压和功率。

1.2.1　电流

电荷在导体中做有规则的定向运动形成电流。**电流**定义为在单位时间内通过电路导体某横截面的电荷量，即

$$i = \mathrm{d}q/\mathrm{d}t \tag{1-1}$$

电流的基本单位为安培（A）。在工程上规定正电荷移动的方向为电流的实际方向。在电路中用变量 i 或 I 表示电流变量，在电路导线或元件旁边用指向箭头表示电流变量的假设正方向，或称为**电流参考方向**。如图 1-5（a）中，变量 i 表示一个经过元件 E 从 a 流向 b 的电流。实际电流可以是常数，即以恒定的大小、固定的方向流动，图 1-5（b）所示称为直流电流。直流电流常用大写字母 I 来表示。电流也可能随着时间变化，这类电流称为时变电流，通常记为 $i(t)$，或简写为 i。典型的时变电流是正弦电流，其方向随时间反复变化，如图 1-5（c）所示。以正弦电流工作的电路称为交流电路。

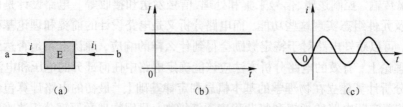

图 1-5　电流变量

　　注意电流的参考方向并不一定是真实流动方向。在对流过某个元件的电流进行计算或测量之前，需要先假定一个电流的方向。从建立变量方程的角度来看，就是要选择一个参考坐标系。有了参考方向，电流的数学表示才有意义。这个参考方向的选择是任意的。根据此参考方向计算出电流的数值，并由此数值的正负再结合参考方向就可以确定电流的实际方向。

　　在集中参数电路模型中，电荷是守恒的：在电路中的任何一个元件上，或者在完全包含了元件的一个有限的封闭空间内，总电荷保持不变。在此条件下，电路中的电流是连续的：二端元件一个端子流入的电流等于另一个端子流出的电流。电荷的守恒性对电路分析有重要意义。

　　例 1-1　图 1-5(a) 中，假设经过计算或测量得到 $i=-2\,\mathrm{A}$，求：(1) 确定流过元件 E 的电流真实方向；(2) 确定变量 i_1 的值。

　　解：(1) 图中假设的电流变量 i 的参考方向是从 a 经过元件 E 流向 b，现 i 为负值，表示真实电流方向与假设方向相反，即真实电流方向是从 b 经过元件 E 流向 a。

　　(2) 根据电流连续性原理，元件两个端子上的真实电流是唯一确定的。对于图 1-5(a) 所示电路，就是 $i=-i_1$。因此，$i_1=2\,\mathrm{A}$。

1.2.2　电压

　　电压的物理意义是单位正电荷在电路中移动时电场力对其所做的功。用 $w(t)$ 来表示能量，若正电荷 $\mathrm{d}q$ 从电路中的 a 点移动到 b 点时，能量变化为 $\mathrm{d}w$，则电路中 a、b 两点间的电压定义为

$$v=\mathrm{d}w/\mathrm{d}q \tag{1-2}$$

在国际单位制中，电压的单位为伏特(V)，1 伏特(V) = 1 焦耳(J)/1 库仑(C)。

　　电路中的电压是两点之间的电势降落。电路中任意两点间有唯一的电压值，即电荷沿着两点间的任何路径移动发生的能量变化均相同。注意，电路的两点间没有电流通过时，也可能有电压，这时电压的含义是假定有电荷移动时可能发生的能量变化。

　　在电路中，要对电路中的电压选取参考方向或**参考极性**。电压的参考方向可以用标在电路图中的一对"+""−"符号来表示。图 1-6 中所标出的电压 v，其参考正极性在 a 端，负极性在 b 端，表示从 a 到 b 计算电压降，也可以用双下标来表示电压的参考极性，图 1-6 中的电压 v 可以写为 v_{ab}。

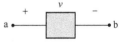

图 1-6　电压参考方向

　　与电流的参考方向一样，电压参考方向的选取也是任意的。对于选定了参考方向的电压，经计算或测量得到其数值，此数值的正负结合参考方向就可以确定实际电压的极性。

　　在讨论电源内部过程或者感应电压时，也用电动势来进行分析。电动势是非电场力将电荷从低电势移动到高电势所做的功。在电路模型中，分析更侧重元件的外部特性，例如考察电池的端极电压而不是内部电动势。由于电动势方向是从低电势指向高电势，所以，若元件端电压参考正极性在电动势的高电势一端，则电压与电动势数值相等。

电路中的电压可以用电位来表示。指定某个参考点为零电位，则电路中某点**电位**就是该点到参考点的电压。在实际电路中，参考点通常选为大地、机器外壳或某一个公共连接点。在电路分析中，通常参考点的选取是任意的。电路中各点的电位数值与参考点的选取有关，而任意两点间的电压则等于该两点电位之差，与参考点的选取无关。例如，a、b 间电压 $v_{ab} = v_a - v_b$。

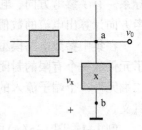

图 1-7　电位和参考点

例 1-2　图 1-7 所示局部电路中，元件 x 的下端点 b 连接了接地符号，表示 b 点为零电位点。已知 a 点电位 $v_0 = 5\,\mathrm{V}$，求 v_{ab} 和 v_x。

解：a、b 间电压可以用 a 点电位来表示，即 $v_{ab} = v_a$。在 a 点引出的小圆圈表示电压输出或测量点，在此点上标注的 v_0 表示该点的电位。元件 x 两端电压 v_x，按照其假设参考方向，应该满足 $v_x = v_{ba} = -v_{ab} = -v_a = -v_0$。所以 $v_{ab} = v_0 = 5\,\mathrm{V}$，$v_x = -5\,\mathrm{V}$。

1.2.3　电压与电流的关联参考方向

在有些电路问题中要同时考虑一对端极之间的电压和流过的电流。例如，在描述二端元件的端口特性，或考察一个元件或一个电路端口的功率时，需要考虑电压参考方向和电流参考方向的相对关系，并用到电压和电流的关联参考方向的概念。

关联参考方向（或称一致参考方向）的含义是：当某一个元件或某一个电路的端口所选定的电压和电流的参考方向，是让电流从电压的正极到负极流过该元件或电路时，称电压和电流的参考方向对于该元件或电路是关联的（或一致的）。

图 1-8 所示电路中，电压 v 和电流 i 的参考方向设定是关联的；电压 v 和电流 i_1 的参考方向是非关联的。

例 1-3　图 1-9 所示电路中，电压 v 和电流 i 的参考方向是否关联？

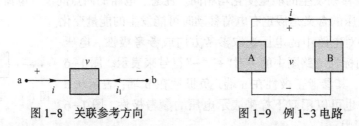

图 1-8　关联参考方向　　　　　　　图 1-9　例 1-3 电路

解：在考察电压和电流变量的参考方向是不是关联时，要看是对哪一部分而言。对图 1-9 中变量方向的假定，电压 v 和电流 i 的参考方向对电路 A 来说是非关联的，对电路 B 来说就是关联的。

1.2.4　功率

在分析电路时，经常要考察电路中能量的传递和消耗。因此，功率也是电路分析中的重要变量。电路中一个元件或一部分电路吸收的电功率可以用电压和电流变量来表示。
图 1-10 所示电路中，选定电压 v 和电流 i 为关联参考方向。
在单位时间 dt 内，若有正电荷 dq 从 a 点移动到 b 点，则元件
所吸收的能量为

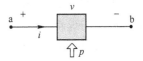

图 1-10　元件吸收的功率

$$dw = vdq$$

因此，该元件吸收的功率为

$$p = dw/dt = \frac{dw}{dq} \cdot \frac{dq}{dt} = vi$$

即

$$p = vi \tag{1-3}$$

注意，若电压与电流参考方向不关联，以图 1-8 中电压 v 与电流 i_1 为例，则电路吸收的功率应写成 $p = -vi_1$。因此，电压和电流的关联参考方向假设又称为无源元件假设，其含义就是假设了该元件吸收功率时实际电压和电流方向的关系。

对于功率变量也要设定参数方向，明确计算的是吸收功率还是放出功率。如果假设为吸收功率 p，当计算出 $p>0$，则元件实际为吸收功率；若 $p<0$，则元件实际为放出功率。通常在不特别指明时，功率均按吸收来计算。

例 1-4　求图 1-11 中各元件上所标的未知量。

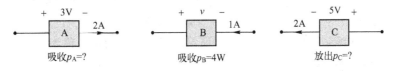

图 1-11　例 1-4 电路

解：元件 A 吸收的功率 $p_A = 3 \times 2 = 6(W)$

元件 B 吸收的功率 $p_B = -v \times 1$，因此 $v = -p_B = -4\,V$

元件 C 放出的功率 $p_C = -5 \times 2 = -10(W)$，实际为吸收 10 W。

思考题 1-1　一个 10 W 的节能灯连续开 1 个小时会消耗多少焦耳的能量？相当于几度电？

1.3　连接约束关系

1.3.1　电路连接的概念

电路中的电压和电流会受到两种约束：一种是电路中元件特性的约束；另外一种是电路连接方式，即电路结构的约束。换句话说，在分析电路时，要考虑到电路中有什么元件，以及这些元件是如何连接的。

　　连接约束也称为拓扑约束,是由电路连接方式决定的,与元件的特性无关。连接约束关系具体表现为基尔霍夫电流定律和电压定律,它们描述了在电路的特定连接方式下电流和电压必须遵从的规律。

　　为了研究电路的连接约束关系,先要了解电路拓扑结构的有关概念。

　　由于连接约束与元件的特性无关,在研究连接关系时,我们可以将电路中的二端元件用线段代替,进而画出一些由线段组成的图,如根据图1-12(a)的电路图画出图1-12(b)的拓扑图。

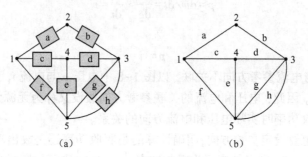

图 1-12　电路图及其拓扑图

　　图1-12(a)中的二端元件或图1-12(b)中的线段称为**支路**,支路的连接点称为**结点**。因此,电路的拓扑图就是一组结点与支路的集合,其中每一支路的两端都终止在结点上。在图1-12中,标记a,b,c,d,e,f,g,h代表支路,标记1,2,3,4,5代表结点。

　　在电路及其拓扑图中构成一个闭合路径所需的必要支路的集合称为**回路**,在回路中去掉一个支路则不能构成闭合路径。例如,图1-13(a)所示的支路集合{a,b,d,c},{c,d,g,f}和{g,h}均为回路。在一个图中可以有许多回路。如果回路中不包围其他支路,则称这样的回路为**网孔**。在图1-13(b)中有4个网孔,它们是支路集合{a,b,d,c},{c,e,f},{d,e,g}和{g,h}。

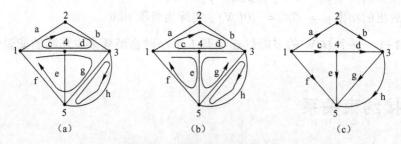

图 1-13　回路、网孔和有向图

　　如果在图上标明各支路电流(或电压)的参考方向(通常采用电压和电流的一致参考方向来同时表示电压和电流),这样的图则称为**有向图**,如图1-13(c)所示。

1.3.2　基尔霍夫电流定律

德国物理学家基尔霍夫在 1847 年提出的基尔霍夫定律是电路学科中最基本的定律，是电路理论建立的基础。基尔霍夫定律包括电流定律和电压定律。

基尔霍夫电流定律(KCL) 可以表述为：在任何时刻，与电路中任一结点或封闭面连接的所有支路上的电流之和为零。

$$\sum_{k=1}^{N} i_k = 0 \tag{1-4}$$

其中 i_k 为各支路上从结点或封闭面流出的电流，N 为连接到该结点的支路数。

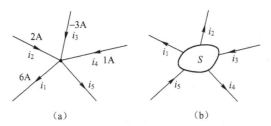

图 1-14　基尔霍夫电流定律

在图 1-14(a)中，5 条支路连接到一个结点。若规定输出电流为正，根据 KCL 可以写出

$$i_1 - i_2 - i_3 - i_4 + i_5 = 0 \tag{1-5}$$

从而求出其中未知电流

$$i_5 = -i_1 + i_2 + i_3 + i_4 = -6 + 2 + (-3) + 1 = -6(\text{A})$$

对图 1-14(b)中穿过曲面 S 的电流，规定输出电流为正，KCL 方程为

$$i_1 + i_2 - i_3 + i_4 - i_5 = 0$$

注意，在列写 KCL 方程时涉及两种方向约定。一种是各支路(元件)电流的参考方向，另一种是相对于结点计算流出为正或是流入为正。当电流参考方向与设定的流出或流入方向一致时，电流为正。

由于电流是因为电荷的移动而形成的，因此上述结论反映了电荷守恒原理。对包含一个结点或包含有部分电路的封闭曲面，其内部电荷的累积为零。

对于图 1-14(a)，如果将式(1-5)中的流出结点电流与流入结点电流分别放在等式两边，得到

$$i_1 + i_5 = i_2 + i_3 + i_4$$

因此，KCL 也可以描述为：流出一个结点的电流之和等于流入该结点的电流之和。

例 1-5　求图 1-15 所示电路中 i_1 和 i_3 的值。

解：对结点 a 流出电流列写 KCL 方程

$$-i_3 + 7 - 2 = 0$$

$$i_3 = 5\,\mathrm{A}$$

对图 1-15 中由虚线围成的封闭面列写流入电流的 KCL 方程

$$i_1 + i_2 + i_3 = 0$$

$$i_1 = -7\,\mathrm{A}$$

例 1-6　写出图 1-16 所示电路的所有 KCL 方程，并判断它们是否相互独立。

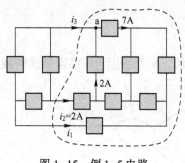

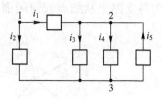

图 1-15　例 1-5 电路　　　　　　　　图 1-16　例 1-6 电路

解：首先为每个支路(或元件)选定电流参考方向，如图 1-16 所示。图 1-16 中看起来有 5 个支路连接点，但有些连接点是用理想导线连接的。我们把一根导线连接的所有结点看成一个结点，这样，用来列 KCL 方程的结点有 3 个。将结点编号标在图 1-16 中，并对每个结点计算流出电流的代数和，得到 3 个方程。

$$\text{结点 1}\quad i_1 + i_2 = 0$$

$$\text{结点 2}\quad -i_1 + i_3 + i_4 - i_5 = 0$$

$$\text{结点 3}\quad -i_2 - i_3 - i_4 + i_5 = 0$$

将结点 1 方程与结点 2 方程相加，可得到结点 3 方程；将结点 2 方程与结点 3 方程相加可得到结点 1 方程。事实上，其中任意 2 个方程的线性组合都可得到第 3 个方程，这说明 3 个方程线性相关。若去掉任何一个方程，则剩下的 2 个相互独立，这时每个方程都含有其他方程所没有的电流变量。一般情况下，**对于一个有 n 个结点的电路，独立的 KCL 方程有 $n-1$ 个**。

思考题 1-2　对图 1-17 所示电路，用 3 个电阻上的电流来表示端口引线上的电流，验证对圆形封闭面 KCL 成立。

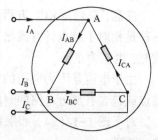

图 1-17　思考题 1-2 电路

1.3.3　基尔霍夫电压定律

基尔霍夫另一个电路定律是关于闭合路径上电压之间的约束关系，称为基尔霍夫电压定律。

基尔霍夫电压定律(KVL)可以表述为：在任何时刻，沿着电路中任一闭合路径上所有相邻结点间电压之和为零。

$$\sum_{k=1}^{N} v_k = 0 \tag{1-6}$$

其中 v_k 是闭合路径上的各项电压，N 是电压项数。v_k 的电压参考方向是沿环绕路径方向从正到负。

例如，对如图 1-18 电路中的 3 个回路，可以写出 3 个 KVL 方程：

回路 1：$-v_3-v_2+v_1+v_4=0$
回路 2：$-v_4+v_5+v_6=0$
回路 3：$-v_3-v_2+v_1+v_5+v_6=0$

注意，在列写 KVL 方程时涉及两种方向的假定，一是各支路(元件)电压参考方向，二是闭合路径绕行方向。当支路电压参考方向与绕行方向一致时，在方程中电压前为正号，否则为负号。

定律结论与电路中元件的性质无关，每一个闭

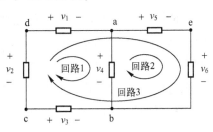

图 1-18 电路的所有回路

合路径上的电压变量必定会受到 KVL 的约束，形成线性齐次方程。因此，一项电压可以用与该电压构成回路的其他电压来表示。例如，要求出图 1-18 中 a、b 两结点间的电压，沿着回路 1：

$$v_{ab}=v_4=-v_1+v_3+v_2$$

或沿着回路 2：

$$v_{ab}=v_4=v_5+v_6$$

由此可以得出 KVL 的另一种表述方式：在任何时刻，电路中任意两结点间的电压与计算路径无关，始终等于这两个结点间任一路径上所有电压的代数和。

需要注意的是，KVL 不仅适用于支路组成的回路，还适用于任何闭合的路径。

例 1-7 图 1-19 所示电路中，已知 $v_0=1\,V$，$v_4=2\,V$，$v_5=3\,V$，求其余电压值。

解：沿着闭合路径 a-b-c-a，b-d-a-b 和 c-d-a-c 分别列出 KVL 方程，可以求出：

$$v_1=v_0-v_5=1-3=-2\,(V)$$
$$v_2=-v_1+v_4=2+2=4\,(V)$$
$$v_3=-v_0+v_4=-1+2=1\,(V)$$

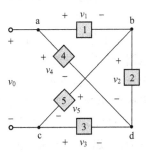

图 1-19 例 1-7 电路

在本例中，电压 v_0 是两个结点 a、c 之间的电压，它并不属于电路中任何支路。因此，在计算中求 v_1 和 v_3 时，KVL 闭合路径并不完全由支路组成，是一种虚拟回路。

例 1-8 考察图 1-18 所示电路中各回路的 KVL 方程是否相

互独立。

解：图 1-18 中总共有 3 个不同的回路，按照图中选定的支路电压参考方向和回路绕行方向，前面写出了 3 个 KVL 方程。在得到的方程中，将回路 1 与回路 2 的 KVL 方程相加，可以得到回路 3 的 KVL 方程；回路 3 方程减去回路 2 方程，可以得到回路 1 方程。事实上，这 3 个方程是线性相关的。即，其中一个方程可由其他方程的线性运算得到。如果去掉其中一个方程，剩下 2 个即是相互独立的，因为剩下的 2 个方程每个方程中都含有其他方程所没有的电压项。

一般情况下，对于一个 b 条支路、n 个结点的电路，独立的 **KVL 方程有 b-n+1 个**。图 1-18 所示的电路中共有 6 条支路，5 个结点，因此独立的 KVL 方程应为 2 个。

思考题 1-3 辨别图 1-20 电路中的支路个数 b 和结点个数 n，并指出共有多少个独立的 KCL 方程和 KVL 方程？

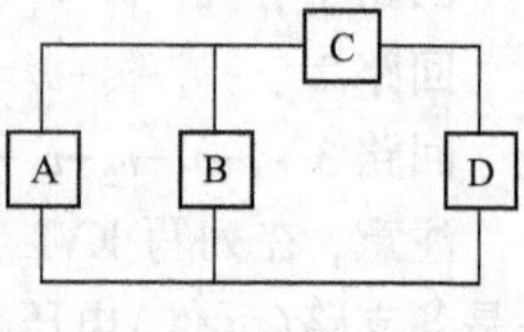

图 1-20 思考题 1-3 电路

1.4 元件约束关系

元件约束关系是指电路中的元件特性对电路变量施加的约束关系。电路分析中的元件均为理想化元件。电路中的每一种元件，都有其电路符号和特性描述。特性描述有数学公式和特性曲线两种形式。

在电路分析中，元件被看成是具有两个或多个对外可测端子的黑箱，不关心元件内部结构，只关心其外部特性。元件的外部特性可表示为 v-i 关系、q-v 关系或 Φ-i 关系。在建立电路方程时，元件特性最终采用 v-i 关系来描述。v-i 关系也称为伏安特性。

1.4.1 电阻元件

实际电路中，凡是具有阻碍电流流动、消耗电能作用的用电设备或元器件，都可以用电阻元件作为其模型，如灯泡、导线等。欧姆在 1826 年提出了欧姆定律：通过某一导体的电流跟这段导体两端的电压成正比，跟这段导体的电阻值成反比。

一般情况下，电阻元件的电阻值可能不是常数。电路分析中，把能用 v-i 平面上一条过原点的曲线表现其外部特性的元件都称为**电阻元件**。满足欧姆定律的电阻元件称为线性电阻，通常简称为电阻。图 1-21(a) 所示为电阻元件的电路符号。在图 1-21(a) 中，选定电压和电流为关联参考方向，电阻元件的特性由欧姆定律定义如下

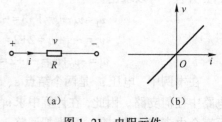

(a)　　　　　(b)

图 1-21 电阻元件

$$v = Ri \tag{1-7}$$

电阻元件的 v-i 特性是图 1-21(b) 显示的线性关系，用其电阻值 R 表示，单位为欧姆(Ω)。欧姆定律也可以写成另外一种形式

$$i = Gv \tag{1-8}$$

其中 G 是电导，单位为西门子(S)，$1S = 1A/1V$。

注意，当电阻端电压 v 和电流 i 采用非关联参考方向时，电阻元件的特性表示为 $v = -Ri$。

在通常的应用条件下，大部分电阻器都可以用线性非时变电阻元件作为其模型。本书中除非特别指明，"电阻"一词均指线性非时变电阻元件。

当电流流过电阻时，电阻会发热，表示电阻消耗了电能。在关联参考方向下，电阻元件的功率可以用电压和电流变量表示为

$$p = vi = Ri^2 = \frac{v^2}{R} \tag{1-9}$$

作为实际电阻器的模型，电阻参数 R 为正值，因此，正值电阻的功率在任何时刻均为非负值，电阻只能吸收能量，是无源元件。

例 1-9　如图 1-22 所示电路中，已知 $R = 2\,\Omega$，$v = 5\,V$。求：i，p。

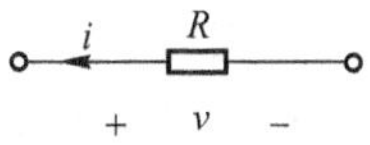

解：
$$i = -\frac{v}{R} = -\frac{5}{2} = -2.5(A)$$
$$p = -vi = -5 \times (-2.5) = 12.5(W)$$

图 1-22　例 1-9 电路

注意，图中电阻两端的电压与电流为非关联参考方向。由例 1-9 可以看出，电阻功率值与电压和电流参考方向的选取无关。

实际用电器都规定了工作时适合的电压、电流和功率参数值，这些值称为额定值，例如额定电压、额定电流和额定功率。用电器实际工作条件需要接近额定值，相差太大会造成设备本身损坏、电源损坏，或者不能达到设定的功能。例如，额定电压为 220 V 的电灯，需要接在 220 V 电源上，电压过高会烧毁灯丝，电压过低则发光不足。

例 1-10　有一个额定值为 24 V、30 W 的电灯，接在 24 V 电源上。(1) 试求通过电灯的电流和电灯的电阻。(2) 如果每天用 3 小时电灯，30 天消耗多少电能？(3) 如果电灯接在 12 V 电源上，实际功率是多少？

解：(1)
$$i = \frac{p}{v} = \frac{30}{24} = \frac{5}{4} = 1.25(A)$$
$$R = \frac{v}{i} = \frac{24}{1.25} = 19.2(\Omega)$$

(2)
$$w = pt = 30 \times 10^{-3} \times 3 \times 30 = 2.7(kW \cdot h)$$

(3)
$$p = \frac{v^2}{R} = \frac{12^2}{19.2} = 7.5(W)$$

思考题 1-4　当电阻端电压和电流采用非关联参考方向时，是否会对电阻功率计算有影响？

思考题 1-5 有一额定功率为 5 W 的 500 Ω 电阻器，使用时最高电压不能超过多少伏？

1.4.2 独立源

实际电源是在电路中提供能量的设备，例如直流和交流供电电源，可产生各种波形的信号源等。不管实际电源或信号源是如何实现的，在电路中都用独立电源（简称独立源）模型来描述它们的端口特性。**独立源**是在电路中能独立提供能量的元件，又称为电路的输入或激励。独立源包括电压源和电流源。

1. 理想电源

理想电压源（简称电压源）是一种二端元件，其特性可以描述为：在任意时刻，元件两端的电压为一个确定值，与流过的电流无关。

图 1-23(a) 所示为理想电压源的电路符号。电压源的伏安特性曲线为平行于 i 轴的直线，如图 1-23(b) 所示。当电压随时间变化时，称其为时变电压源，其端口电压 $v=v_S(t)$。当电压不随时间变化时，称其为**直流电压源**，其端口电压为常数，即 $v=V_S$。直流电压源也可以用电池符号表示，如图 1-23(c)。注意，电压源上的电流取决于外电路，电压源本身对其电流并没有任何约束。

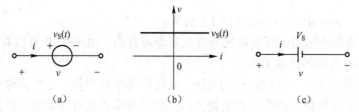

图 1-23　电压源及其端口特性

理想电流源（简称电流源）是一种二端元件，其特性可以描述为：在任意时刻，流过元件的电流为一个确定值，与其端电压无关。电流源的电路符号和端口特性如图 1-24 所示。电流源的特性曲线是平行于 v 轴的直线。

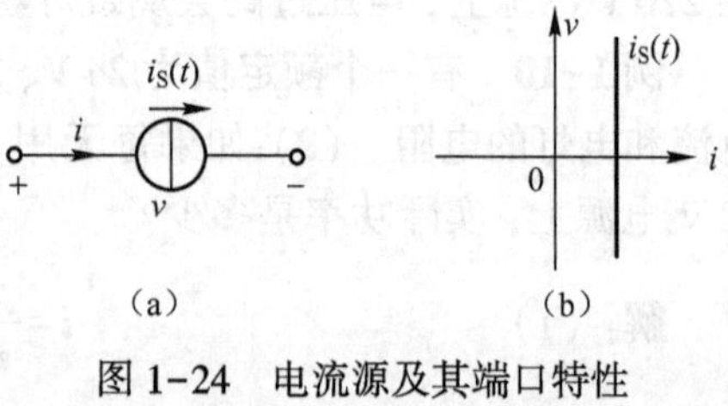

电流源也分为直流电流源和时变电流源。注意，电流源上的电压取决于外电路，电流源本身对其电压并没有任何约束。

图 1-24　电流源及其端口特性

实际电源中，干电池和各种蓄电池的端口特性近似为理想直流电压源性质，而交流发电机、电力变压器次级端口表现为正弦交流电压源。实验室中的稳压电源和信号发生器等也可近似为电压源。具有电流源性质的电源设备相对比较少。光电池组在其工作电压范围内输出电流近似恒定，可以看作电流源。此外，电流源还可以用电子电路实现。

需要注意的是，两种理想独立源都只对一个电路变量有约束，不能将本身的端电压和电流联系起来。作为理想化电源模型，电压源和电流源在电路中可以向电路其他元件提供能量，它们属于有源元件。但是，它们并不总是能量的提供者，请看下面的例子。

例 1-11　考察图 1-25 中 3 个电路中各元件吸收的功率。

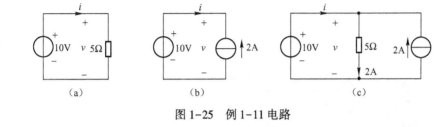

图 1-25　例 1-11 电路

解: (a)

$$v = 10\,\text{V}, \ i = 10/5 = 2\,(\text{A})$$

$$p_{10\text{V}} = -vi = -20\,\text{W}$$

$$p_{5\Omega} = vi = 20\,\text{W}$$

(b)

$$v = 10\,\text{V}, \ i = -2\,\text{A}$$

$$p_{10\text{V}} = -vi = -10 \times (-2) = 20\,(\text{W})$$

$$p_{2\text{A}} = vi = 10 \times (-2) = -20\,(\text{W})$$

(c)

$$v = 10\,\text{V}, \ i = 0\,\text{A}$$

$$p_{10\text{V}} = -vi = 0\,\text{W}$$

$$p_{5\Omega} = v^2/5 = 20\,(\text{W})$$

$$p_{2\text{A}} = 10 \times (-2) = -20\,(\text{W})$$

注意，在以上 3 个不同的电路中，10 V 电压源的功率不同。可见，独立源在电路中可以提供功率，也可以吸收功率，而正值电阻只能吸收功率。

2. 实际电源模型

理想电源是对实际电源器件的理想化和抽象，其定义特性(电压源端电压或电流源端电流)与外电路无关。然而，实际电源的端口特性会受到外电路的影响，它们的端口特性可以用理想电源与电阻的组合来近似表示。图 1-26(a) 和图 1-26(b) 分别是实际电压源模型及其端口特性，图 1-27(a) 和图 1-27(b) 分别是实际电流源模型及其端口特性。图中的电阻称为电源的内阻，代表了电源的非理想特性。可以看出，当它们向外电路供电时，电压源的端口电压 v 随负载电流 i 增大而逐渐降低；电流源输出电流 i 随负载电压 v 升高而逐渐降低。如果电压源内阻 R_V 很小或电流源内阻 R_I 很大，它们就接近理想电源特性。当 $R_V \to 0$ 或 $R_I \to \infty$ 时，它们就成了理想电源。

实际电源设备的端口特性比上述模型更为复杂。电源的内阻一般并非常数，会随着温度和电压而变化，它们的端口特性只能在一定范围内呈现电压源或电流源特性，而不是像电路元件模型那样在任何条件下都有效。图 1-28 显示了某种太阳能电池板 5 种功率等级产品的一组实测端口电流与电压关系曲线，表明供电电流只在一定电压范围内恒定，呈现电流源特性。

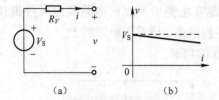
图 1-26　实际电压源模型及其端口特性

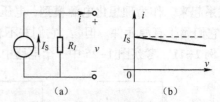
图 1-27　实际电流源模型及其端口特性

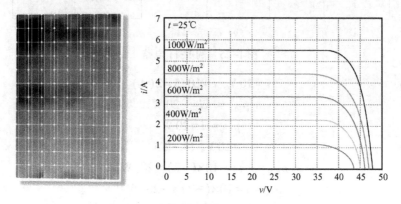
图 1-28　太阳能电池板及其 v-i 曲线

3. 电源的串并联

将电压源串联可得到新的电压源，图 1-29(a)所示的串联组合相当于一个电压值为 $v_S = v_{S1} + v_{S2}$ 的电压源；将电流源并联可得到新的电流源，图 1-29(b)所示的并联组合相当于一个电流值为 $i_S = i_{S1} + i_{S2}$ 的电流源。用基尔霍夫定律及独立源的定义可以验证这一点。

理想电压源的并联及理想电流源的串联在电路分析中一般是没有意义的。图 1-30(a)所示电路中，当 $v_{S1} \neq v_{S2}$ 时违反 KVL，v 无解；当 $v_{S1} = v_{S2}$ 时，两个电压源支路电流的解不唯一。图 1-30(b)所示电路中，当 $i_{S1} \neq i_{S2}$ 时违反 KCL，i 无解；当 $i_{S1} = i_{S2}$ 时，电流源的电压不唯一。两种冲突情况的出现是由于在假定理想电源特性成立的前提下，这种不合理连接与基尔霍夫定律相矛盾。

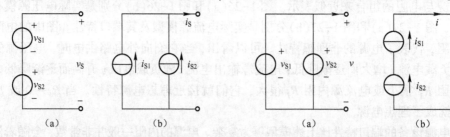
图 1-29　理想电源的合理串并联　　　　　图 1-30　理想电源的不合理串并联

实际电源都是有内阻的，它们的串并联不会违反基尔霍夫定律。但对于接近理想电源特性的实际电源来说，电压源并联与电流源串联也是应该避免的。

思考题 1-6 两个内阻很小的实际电压源并联会出现什么情况？为什么应该避免这种连接？

1.4.3 开路与短路

开路与短路是电路元件的一种特殊条件。**开路**是指电路中一条支路两端之间无论电压如何，电流恒为零；**短路**是指电路中一条支路两端之间电压恒为零，与通过的电流无关。

当电阻元件的电阻值为无限大时，它相当于开路；当电阻元件的电阻值为零时，它相当于短路。电阻的这两种极端情况如图 1-31(a)和图 1-32(a)所示。

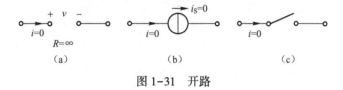

图 1-31 开路

当电流源的电流值为零值时，流过元件的电流恒为零，与元件两端电压无关，元件相当于开路，如图 1-31(b)所示。当电压源的电压值为零值时，元件两端电压恒为零，与流过元件的电流无关，元件相当于短路，如图 1-32(b)所示。

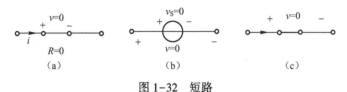

图 1-32 短路

开路和短路也可以用理想开关来实现。理想开关可以看成是特殊的电阻元件，它有两种状态：在断开时电流为零，电阻无限大，如图 1-31(c)所示；在闭合时电压为零，电阻为零，如图 1-32(c)所示。

在实际电路中，开关可以用机械方式、机电方式或纯电子方式实现。机械和机电方式开关的特性很接近理想开关，而纯电子开关在接通和断开时都具有一定的电阻值，与理想开路、短路有一定差别。

1.5 用两类约束关系求解电路

1.5.1 支路变量法

电路分析的基本任务是确定在任意时刻电路中任意支路的电压和电流变量。对于理想电路模型来说，电路中的电压和电流变量仅受到两类约束：连接约束和元件特性约束。连接约束只与元件的连接方式有关，而与元件本身特性无关。电路中的元件之间相互独立，元件特性是唯一确定的，在不违反基尔霍夫定律的前提下与连接方式无关。因此，两种约束相互独立。对于有 b 条支路，n 个结点的电路，KCL 提供 $n-1$ 个独立方程，KVL 提供 $b-n+1$ 个独立方程。元件特性可提供 b 个独立方程(假定每个支路有一个元件)，这样 $2b$ 个方程可以解出支路电压和支路电流共 $2b$ 个变量。因此，用这两种约束条件可以完全确定所有电压和电流变量。

为了减少变量个数，可以只将 b 个支路电流或 b 个支路电压作为求解变量，这种方法称为支路电流法或支路电压法。在大多数电路问题中，不需要求出所有支路的电压和电流。这时，可以只把感兴趣的变量和必要的支路电压和电流作为求解变量。

对于复杂电路，需要采用第 2 章的更有效的电路简化方法和规则化方法来建立变量方程。对于支路较少的简单电路，可以通过对电路的观察，直接用两种约束关系为支路变量建立方程，求解所需要的变量。这里举例说明简单电路的分析方法。

例 1-12　图 1-33(a)所示电路中，已知 $v_S=12\text{ V}$，$v_a=6\text{ V}$，求 v_b 和 R_3。

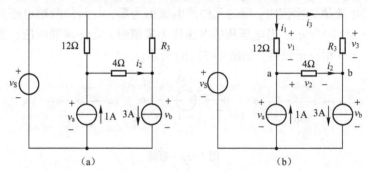

图 1-33　例 1-12 电路

解：设电阻上电压与电流取关联参考方向，如图 1-33(b)所示。根据题意，需要求出 v_b、v_3 和 i_3。由于 R_3 未知，3 A 电流源对 v_b 不提供约束，所以这 3 个未知量只能根据基尔霍规律从其他支路变量计算得到。为此，先计算 12 Ω 和 4 Ω 电阻上的电压和电流。

$$v_1=v_S-v_a=6\text{ V}$$

$$i_1=\frac{v_1}{12}=0.5(\text{A})$$

$$i_2=i_1+1=1.5(\text{A})$$

$$v_2=4i_2=6(\text{V})$$

$$i_3=3-i_2=1.5(\text{A})$$

$$v_3=v_1+v_2=6+6=12(\text{V})$$

以上计算中，v_1 是根据左侧回路 KVL 方程得到的，i_2 是利用结点 a 的 KCL 方程得到的，i_3 是利用结点 b 的 KCL 方程得到的，v_3 是利用 3 个电阻构成的回路 KVL 方程得到的。所以

$$R_3 = \frac{v_3}{i_3} = 8\,\Omega$$

$$v_b = -v_2 + v_a = 0\,V$$

例 1-13 求图 1-34 所示电路 ab 端开路时的电压 v_{ab}。

解: 电压 v_{ab} 的计算路径为 a-c-b 或 a-d-c-b。这两个路径上都有电阻文件，因此，先要求出电路中标出的 3 个电流变量。对结点 b 应用 KCL，由于 ab 端开路，得到

$$i_3 = 0\,A$$

对结点 c 应用 KCL，则有

$$i_2 - i_1 - i_3 = 0$$

$$i_2 = i_1 = i$$

对回路 a-c-d-a 应用 KVL，并将电阻电压用支路电流来表示

$$2i + 4i + 6 = 0$$

解出

$$i = -1\,A$$

应用 KVL，沿路径 a-c-b 计算 ab 间电压，有

$$v_{ab} = 2i_1 + 4 - 3i_3 = 2\times(-1) + 4 - 3\times 0 = 2\,(\text{V})$$

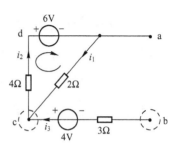

图 1-34 例 1-13 电路

例 1-14 求图 1-35 所示电路中 i_a 和 v_a。

解: 这是一个单回路电路，所有元件上的电流均为 i_a。沿回路列出 KVL 方程，并将各电阻电压用回路的电流 i_a 来表示

$$15 + 1200i_a + 3000i_a - 50 + 800i_a = 0$$

$$i_a = 7\,mA$$

再根据欧姆定律：

$$v_a = 1200i_a = 1200\times 7\times 10^{-3} = 8.4\,(\text{V})$$

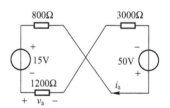

图 1-35 例 1-14 电路

对于单回路电路，各元件上的电流相同，通常可以用回路的电流作为求解变量，用回路的 KVL 方程求解出回路电流，进而计算出其他感兴趣的变量。

例 1-15 求图 1-36 所示电路中的 i_a，i_b 和 v。

解: 此电路中，所有元件都连接在两个结点之间，有相同的端电压，电路称为单结点对电路。根据 KCL，流入电路上端结点的电流满足方程

$$120 - i_a - 30 - i_b = 0$$

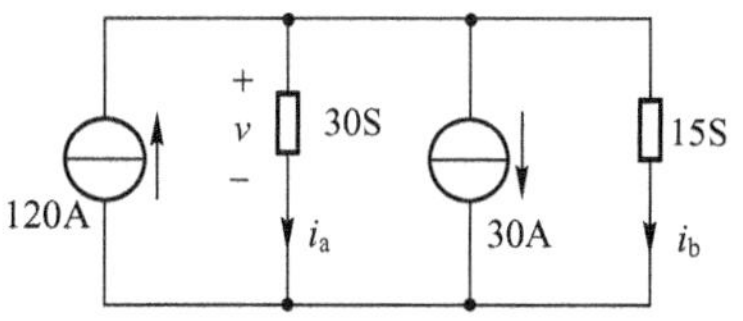

应用欧姆定律

$$i_a = 30v, \quad i_b = 15v$$

图 1-36 例 1-15 电路

联立求解得

$$v = 2\,\text{V},\ i_a = 60\,\text{A},\ i_b = 30\,\text{A}$$

对于单结点对电路,通常可以列写一个结点的 KCL 方程,以两个结点间电压作为求解变量。

1.5.2　电阻分压与分流

图 1-37(a)所示电路中,对于电阻串联构成的 ab 右侧子电路,有

$$v = v_1 + v_2 = R_1 i + R_2 i = (R_1 + R_2) i = Ri$$

因此,两个电阻串联后相当于一个电阻,其阻值 $R = R_1 + R_2$。

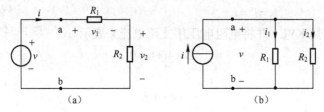

图 1-37　电阻分压与分流

每个电阻上的电压为

$$v_1 = R_1 i = \frac{R_1}{R_1 + R_2} v$$

$$v_2 = R_2 i = \frac{R_2}{R_1 + R_2} v \tag{1-10}$$

每个电阻上的电压是端口电压的一部分,由式(1-10)确定,该式称为电阻分压公式。这个结论可以推广到多个电阻的串联连接。

对于图 1-37(b)所示电阻并联构成的 ab 右侧子电路,有

$$i = i_1 + i_2 = \frac{v}{R_1} + \frac{v}{R_2} = \left(\frac{1}{R_1} + \frac{1}{R_2} \right) v$$

还可写成

$$v = \frac{R_1 R_2}{R_1 + R_2} i$$

$$i_1 = \frac{v}{R_1} = \frac{R_2}{R_1 + R_2} i$$

$$i_2 = \frac{v}{R_2} = \frac{R_1}{R_1 + R_2} i \tag{1-11}$$

因此, 并联电阻电路对外电路相当于一个电阻。各电阻上的电流与端口上总电流的关系由式(1-11)确定, 该式称为分流公式。分流公式可以推广到多个电阻的并联连接。

例 1-16 图 1-38(a)所示电路称为惠斯通电桥, 用来测量未知电阻 R_x, 其中 R_1 与 R_2 为已知阻值电阻, R 是用精密电位器实现的可变电阻器, 其阻值可准确读出。当调整 R 使电压表 v_0 为零时, 称电桥达到平衡。已知电压表在电路中等效为一个电阻, 试用电桥平衡条件求出 R_x。

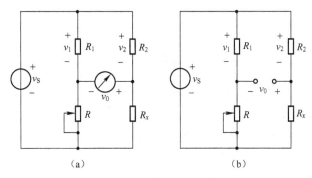

图 1-38 例 1-16 电路

解: 电桥平衡时 v_0 为零, 电压表中没有电流通过。因此, 平衡时的电路可重新画为图 1-38(b), 用电阻分压公式计算其中电压 v_1 和 v_2, 得到

$$v_1 = \frac{R_1}{R_1 + R} v_S = \frac{v_S}{1 + (R/R_1)}$$

$$v_2 = \frac{R_2}{R_2 + R_x} v_S = \frac{v_S}{1 + (R_x/R_2)}$$

由于 $v_0 = v_1 - v_2$, $v_1 = v_2$, 所以有

$$\frac{R_x}{R_2} = \frac{R}{R_1}$$

所以

$$R_x = (R_2/R_1) R$$

作为电阻分压和分流电路的应用实例, 下面讨论直流电压表和直流电流表的构成原理。模拟式仪表的核心部分是一个电磁式电流表头, 靠电流通过线圈带动指针偏转完成指示。数字式仪表是将电压信号输入模数转换器变成数字显示。两种仪表的核心部分可以等效为一个指示器, 而该指示器可以等效为一个电阻 R_0。指示器可测量的最大电流或电压称为满量程电流 I_0 或满量程电压 V_0。图 1-39(a)所示的符号用来表示这种指示器件。高精度表头的满量程电流 I_0 或满量程电压 V_0 很小, 需要通过增加分流或分压电阻的方式来扩展测量仪表的测量范围。

图 1-39(b)所示电流表电路中,用并联电阻 R_p 使可测量最大电流(电流量程)增大为 I。在图 1-39(c)所示电压表电路中,用串联电阻 R_s 使可测量最大电压(电压量程)增大到 V。

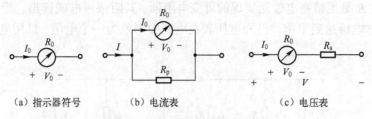

(a)指示器符号　　　(b)电流表　　　(c)电压表

图 1-39　电流表和电压表原理

例 1-17　设指示装置等效电阻 $R_0=1\,\text{k}\Omega$,满量程电流 $I_0=50\,\mu\text{A}$。

(1)用它构成量程为 10 mA 的电流表, R_p 应为多大?

(2)用它构成量程为 1 V 的电压表, R_s 应为多大?

解:(1)在图 1-39(b)中,可以写出 $I_0R_0=(I-I_0)R_p$

所以

$$R_p=\frac{I_0}{I-I_0}R_0=\frac{50\times10^{-6}}{10^{-2}-50\times10^{-6}}\times10^3\approx5(\Omega)$$

(2)在图 1-39(c)中, $V=I_0(R_0+R_s)$

所以

$$R_s=\frac{V}{I_0}-R_0=\frac{1}{50\times10^{-6}}-10^3=19(\text{k}\Omega)$$

在实际应用中,可用转换开关选择不同的分流或分压电阻来实现多量程电流表或电压表。

1.6　受控源

前面讨论的电源元件和电阻元件均为二端元件。这两种元件只对元件两端的电路变量施加约束。在电子技术应用中,常需要用一个支路上的变量去控制另外一个支路上的变量。这种功能通常由有源电子器件或运算放大器组成的电路来实现,在电路分析中可以用受控源作为这些器件或电路的模型。

受控源是表示电路中两个端口变量之间控制关系的元件模型。受控源常用来表现实际电子器件和放大器电路的输入端与输出端小信号变量之间的关系,是分析电子电路非常重要的元件模型。与独立源类似,受控源分为电压源和电流源,但其电压或电流受其他支路上电压或电流的控制。这里只讨论线性受控源,即受控的电源电压(或电流)与其控制量成比例关系，其中比例常数称为控制参数。

　　受控电压源元件的电压与控制量 x 成比例关系，其电流为任意值。**受控电流源**元件的电流与控制量 x 成比例关系，其电压为任意值。图 1-40(a)所示为受控电压源符号及其特性曲线，图 1-40(b)所示为受控电流源符号及其特性曲线。从图 1-40 中的曲线可以看出，当控制量 x 取值一定时，受控源的端口特性与独立源相同，即电压源电压与端口电流无关，电流源电流与端口电压无关。但是当控制量 x 变化时，电源值随之变化。

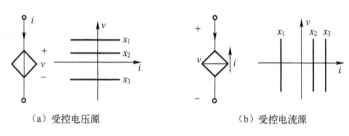

（a）受控电压源　　　　　　　（b）受控电流源

图 1-40　受控源

　　受控源的控制量 x 可以是电路中某两点间电压，或某支路的电流。控制结点对或支路与受控支路构成双端口元件模型，共有 4 种组合，即**电压控制电压源**(VCVS)、**电压控制电流源**(VCCS)、**电流控制电压源**(CCVS)和**电流控制电流源**(CCCS)，如图 1-41 所示。4 种受控源的控制参数中，r 和 g 分别称为转移电阻和转移电导；μ 和 α 分别称为电压增益和电流增益。

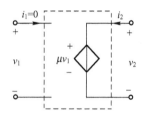
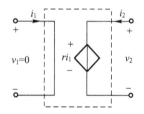

（a）电压控制电压源(VCVS)$v_2=\mu v_1$　　　（b）电流控制电压源(VCVS)$v_2=ri_1$

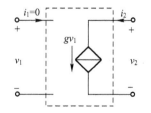
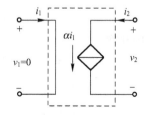

（c）电压控制电流源(VCCS)$i_2=gv_1$　　　（d）电流控制电流源(CCCS)$i_2=\alpha i_1$

图 1-41　4 种受控源

图 1-41 中，端口 1 的变量 v_1 或 i_1 为控制量，端口 2 的变量 v_2 或 i_2 为受控量。以电压控制电压源为例，从端口 2 看来，其特性就是一个电压源，电压与 i_2 无关，但电压 v_2 与电路中另外一个地方的电压 v_1 有关，满足 $v_2 = \mu v_1$。我们可以将其想象为有一个监控者在随时检查 v_1 和 v_2，一旦 v_1 有变化，就立即调整 v_2，使其保持与 v_1 的固定比例关系。这种控制关系一般可以用电子器件来实现。注意，控制关系是单方向的，端口 2 的变量不能反过来影响端口 1 的变量。

在受控源模型中，受控端口不需要从控制端口吸取能量。当控制量为电压 v_1 时，控制端电流 i_1 为零；当控制量为电流 i_1 时，控制端电压 v_1 为零，因此控制端口吸收的功率为零。可以将控制端口看作对控制电压或电流的理想测量器，它不会对被测的控制电压或控制电流产生任何影响。由于控制端只能为开路端口或短路端口，所以当受控源出现在电路中时，通常不画出控制端口，只在控制变量所在的支路标出其变量名及其参考方向。

对于受控源的性质和分析应该注意以下几点。

（1）受控源与独立源不同，其电源值依赖于其他变量，一般不能单独作为电路的激励源，因此受控源又称为非独立源。但是受控源仍然具有理想电源的性质，即电压源电压与受控端口电流无关，电流源电流与受控端口电压无关。

（2）受控源是有源元件，可以向电路提供能量。但是受控源本身会对电路变量施加线性约束，因此在特定条件下又表现出线性元件的性质。

（3）含有受控源的电路是电路分析问题中的一个难点，一般的原则是在列写电路方程时将受控源先作为独立源处理，再解出其控制量。

例 1-18 求图 1-42 中各元件吸收的功率。

解： 在右侧回路中以电流 i 为变量列写 KVL 方程，其中受控源先作为独立源看待

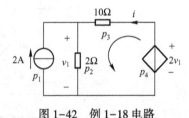

图 1-42 例 1-18 电路

$$10i + (2+i) \cdot 2 = 2v_1$$

再将受控电压源的控制变量表示为

$$v_1 = 2 \cdot (2+i)$$

两个方程联立，可解出

$$i = 0.5\,\text{A}, \quad v_1 = 5\,\text{V}$$

计算各元件吸收功率

$$p_1 = -2v_1 = -2 \times 5 = -10\,(\text{W})$$

$$p_2 = v_1^2/2 = 25/2 = 12.5\,(\text{W})$$

$$p_3 = 10 \times i^2 = 10 \times 0.5^2 = 2.5\,(\text{W})$$

$$p_4 = -2v_1 \times i = -2 \times 5 \times 0.5 = -5\,(\text{W})$$

由计算可知，在此电路中受控源向电路提供功率。

例 1-19　求图 1-43 所示电路中 i 和 v_b。

解：先把受控源作为独立源看待，列写电路方程，再将其控制量用其他变量来表示。按图中标出的绕行方向，应用 KVL 得到

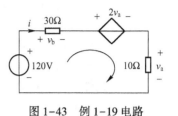

图 1-43　例 1-19 电路

$$-120+v_b+2v_a+v_a=0$$

根据欧姆定律，将 $v_b=30i$，$v_a=10i$ 代入 KVL 方程求解得

$$i=2\text{ A},\quad v_b=60\text{ V}$$

本例中受控源吸收的功率 $p=2v_a\cdot i=80\text{ W}>0\text{ W}$。与前例不同，这里受控源是吸收功率的。

思考题 1-7　上面两个例题中，如果独立源电源值变为零，电路中是否还存在电压和电流？

本章要点

- 电路分析的对象是电路模型。电路模型是由理想化元件构成的。
- 元件和电路的特性主要用电压和电流变量来描述。在分析电路时，可以任意假定电压和电流的参考方向。参考方向与变量数值一起可确定实际电压或电流的方向。
- 电路的连接结构用支路和结点来描述。
- 在电路模型中，基尔霍夫电流定律成立，即在任何瞬间与一个结点连接的全部电流之和为零；基尔霍夫电压定律成立，即在任何瞬间沿着闭合路径上所有相邻结点间全部电压之和为零。基尔霍夫定律表明了集中参数电路的基本性质：能量守恒和电荷守恒。
- 电路元件性质由其外部电压和电流关系来定义。线性电阻特性满足欧姆定律；电压源只规定了端口电压值，电流源只规定了端口电流值。
- 受控源的电压或电流受到另一个端口电流或电压的控制，两者成比例关系。在求解电路时，一般先把受控源看作独立源列写方程，再将控制量用其他变量表示出来。
- 为求解电路 b 条支路上的全部电压和电流，需要利用元件伏安特性和基尔霍夫定律这两类约束关系提供的 $2b$ 个方程。
- 电阻元件的串并联组合可以等效为一个电阻；电阻分压和分流公式也是常用的分析工具。

习题

1-1　已知某元件上为关联参考方向的电压 v 和电流 i 的波形如题 1-1 图所示。求该元件吸收功率 p 和消耗能量 w 的波形。

1-2　对于题 1-2 图中所示各元件：

(1) 若元件 A 吸收功率为 10 W，求 v_a；

(2) 若元件 B 吸收功率为 10 W，求 i_b；

(3) 若元件 C 吸收功率为 -10 W，求 i_c；

(4) 求元件 D 吸收功率；

(5) 若元件 E 产生的功率为 10 W，求 i_e；

(6) 若元件 F 产生的功率为 -10 W，求 v_f；

(7) 若元件 G 产生的功率为 10 mW，求 i_g；

(8) 求元件 H 产生的功率。

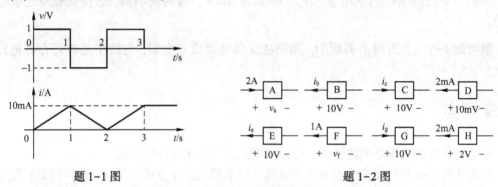

题 1-1 图　　　　　　　　　　　　　题 1-2 图

1-3　题 1-3 图所示电路中 5 个元件上电压和电流的参考方向已在图中标示。在题 1-3 表中给出了已知变量，其中 p 表示各元件吸收的功率值。请计算出表格中各未知量。

题 1-3 表

变量	元件 1	元件 2	元件 3	元件 4	元件 5
v	+100 V	?	+25 V	?	?
i	?	+5 mA	?	?	?
p	-1 W	?	?	0.75 W	?

1-4　题 1-4 图所示电路为多挡位分压器。用 KVL 求出当开关分别位于 A，B，C，D，E 位置时的输出电压 v_0。

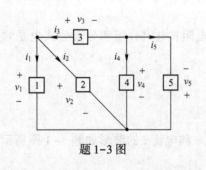
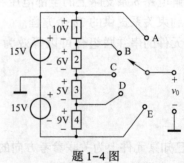

题 1-3 图　　　　　　　　　　　　　题 1-4 图

1-5 某个电路的连接约束方程如下：

$$i_1+i_2-i_3=0 \qquad v_1-v_2=0$$
$$i_3+i_4+i_5=0 \qquad v_2+v_3-v_4=0$$
$$v_4-v_5=0$$

假定各支路电压与电流为关联参考方向，画出对应的电路拓扑图，并标明各支路电压和电流的参考方向。

1-6 利用 KCL 求题 1-6 图所示各有向图中的电流 i_x。

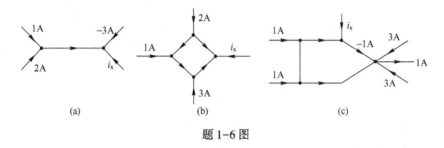

题 1-6 图

1-7 求出题 1-7 图所示各电路中电流源两端电压和流过电压源的电流。

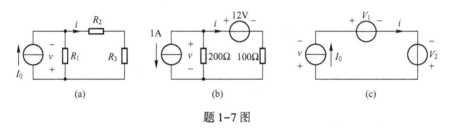

题 1-7 图

1-8 求题 1-8 图所示电路中标出的电流和电压变量。

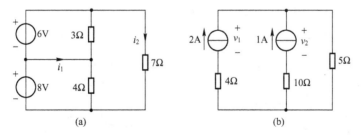

题 1-8 图

1-9 求出题 1-9 图所示电路中的电流 i_1, i_2, i_3。

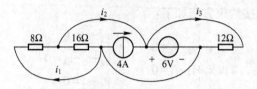

题 1-9 图

1-10 试确定题 1-10 图所示各电路的结点数 n 与支路数 b。

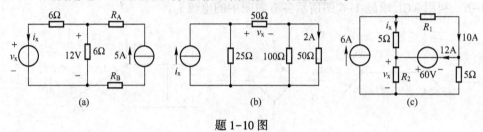

题 1-10 图

1-11 求出题 1-10 图中各电路中的电流 i_x 与电压 v_x。

1-12 求题 1-12 图所示电路中的 i、v 及元件 x 的功率。

1-13 求题 1-13 图所示电路当 A、B、C 均接地时 D 与 E 点的电位及电流 i_B 与 i_C。

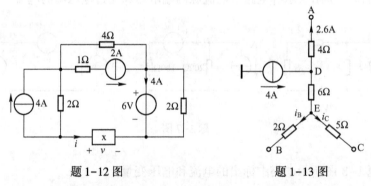

题 1-12 图   题 1-13 图

1-14 求题 1-14 图所示电路中 A、B、C 点的电位。

1-15 求题 1-15 图所示局部电路中的电压 v_{ac} 和 v_{bd}，假定 ab 端子所接外电路为开路。

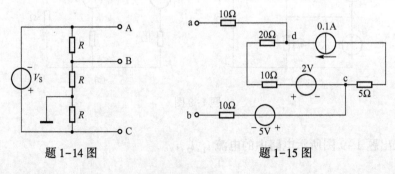

题 1-14 图   题 1-15 图

1-16　在题 1-16 图所示电路中，5 A 的电流源提供 125 W 的功率，求 R 和 G。

1-17　题 1-17 图为在某电路中的电阻分压器。

（1）当 i_1 为零时，v_1 与 v_2 的关系如何？

（2）当 i_2 为零时，v_1 与 v_2 的关系如何？

（3）当 v_1 为零时，i_1 与 i_2 的关系如何？

（4）当 v_2 为零时，i_1 与 i_2 的关系如何？

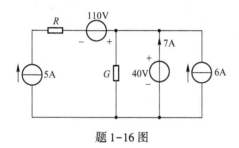

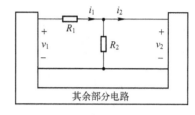

题 1-16 图　　　　　　　　　　　　　　　　题 1-17 图

1-18　题 1-18 图所示是一个 R-$2R$ 电阻排，封装为一个芯片，可在外部的 4 个引脚接线。现有一个 12 V 的电压源，准备利用它和电阻排组成分压器，图中给出了一个输出电压为 6 V 的连接范例。请找出可以产生 3 V，4 V，8 V 和 9 V 分压输出的连接方式（电压源位置可变，各引脚间、引脚对地可短路、开路）。

1-19　在题 1-19 图所示电路中，当两个电位器的滑动头均处在中间位置时，电压 v_{ab} 的值是多少？

1-20　设计题 1-20 图所示的分压器。已知 R_1 为 1 kΩ，试确定 R_2，R_3 及 R_4 的值。

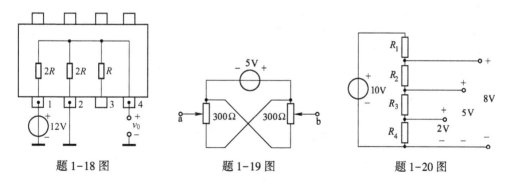

题 1-18 图　　　　　　　　　题 1-19 图　　　　　　　　　题 1-20 图

1-21　设计题 1-21 图所示多量程的伏特表。表头相当于一个阻值为 1 kΩ 的电阻 R_0，满幅电流（最大允许电流）$I_0 = 50\ \mu\text{A}$。

1-22　求题 1-22 图所示两个电路的等效电阻 R_{ab}。

1-23　题 1-23 图所示为一个 R-$2R$ 电阻排封装，可在已编号的 4 个引脚接线。通过适当的外部导线连接可得到一系列不同的等效电阻值。如下等效阻值中只有一个不能得到：

$R/2$，$2R/3$，R，$8R/3$，$5R/3$，$2R$，$3R$，$4R$。请找出不能得到的阻值，并且画出如何连接才能得到其余的阻值。

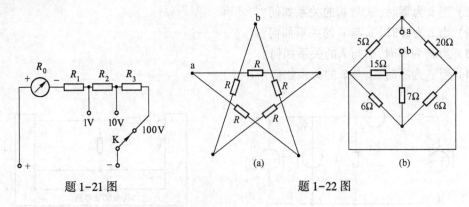

题 1-21 图　　　　　　　　题 1-22 图

1-24　求题 1-24 图所示电路中各元件吸收的功率。

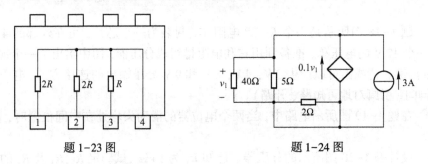

题 1-23 图　　　　　　　　题 1-24 图

1-25　求题 1-25 图所示电路的电流 i。

1-26　求题 1-26 图所示电路中每个元件吸收的功率。

1-27　求题 1-27 图所示电路中的电流 i_a。

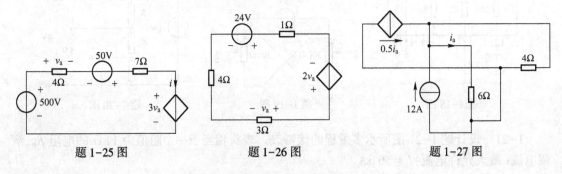

题 1-25 图　　　　　　题 1-26 图　　　　　　题 1-27 图

第 2 章　线性电路分析方法

提要　本章介绍线性电路的几种基本分析方法。利用线性电路的齐次性和叠加性、电路的等效方法，以及戴维南定理与诺顿定理可以将分析问题分解和简化。结点分析法和网孔分析法是分析复杂电路的系统化的方法。本章的方法不仅适用于直流电路，也适用于正弦交流稳态分析和动态电路分析。

2.1　线性电路与叠加定理

线性电路是只包含线性元件和独立源的电路。线性电路的特性表现在电路中的响应变量（支路的电压和电流）与激励（独立源的电源值）之间的关系。在线性电路中，响应变量 y 和激励变量 x 之间成线性关系，即 $y=L(x)$。y 与 x 的线性关系体现在函数 $L(x)$ 具有齐次性和叠加性。**齐次性**是指激励增大或减小 k 倍时，响应也同样增大或减小 k 倍，即

$$L(kx)=kL(x)$$

叠加性是指当激励包含两个部分，如 x_1+x_2，则响应也包含两个部分，且每一个部分分别是对 x_1 和 x_2 的单独响应，即

$$L(x_1+x_2)=L(x_1)+L(x_2)$$

线性关系是齐次性和叠加性的结合，即

$$L(k_1x_1+k_2x_2)=k_1L(x_1)+k_2L(x_2)$$

2.1.1　线性电路的齐次性

齐次性是指当线性电路中只包含一个独立源时，电路中其他支路变量都与这个电源的电源值成线性关系。线性电路的齐次性可以用图 2-1 所示电路为例加以说明。该电路中，除电压源 v_S 外均为线性元件。现考察电路中各支路电压和电流与电源值 v_S 的关系。沿着电路中两个回路列写 KVL 方程，得到如下方程。

$$4i_1+v=v_S$$

$$-v-3v+12i_2=0$$

$$v=6(i_1-i_2)$$

以电流 i_1 和 i_2 为求解变量，方程简化为

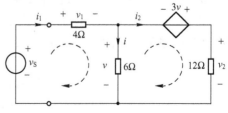

图 2-1　电路的齐次性

$$10i_1 - 6i_2 = v_s$$
$$-2i_1 + 3i_2 = 0$$

求解得到各支路变量 $i_1 = \dfrac{1}{6}v_s$，$i_2 = \dfrac{1}{9}v_s$，$v_1 = \dfrac{2}{3}v_s$，$v_2 = \dfrac{4}{3}v_s$，$v = \dfrac{1}{3}v_s$。

可知各支路变量均与电路中唯一的电源 v_s 成线性关系。可以证明这个性质对任何只含有一个独立源的线性电路都是成立的。设独立源电源值为 x，任意支路变量为 y，线性电阻性电路的齐次性可以表示为

$$y = kx$$

其中 k 是由线性元件参数确定的比例常数。因此，在线性电阻性电路中，变量的线性关系就是比例关系。电路的齐次性可以用来简化某些电路问题分析。

例 2-1　求图 2-2 所示梯形电阻电路中电压 v。

解：由线性电路的齐次性，可知 $v = ki_s$。可以假定一个 v 值（这里取 $v = 2$ V），然后再逐步推出 i_s 应取的值，确定常数 k，再用实际 i_s 值计算出实际 v 值。为了说明计算过程，在电路图上标出电压、电流参考方向，如图 2-3 所示。逐步运用电阻分压、分流公式和基尔霍夫定律可得

图 2-2　例 2-1 电路

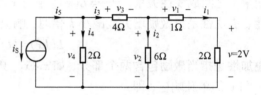

图 2-3　利用齐次性求解

$$i_1 = 1\,\text{A} \qquad v_2 = 3\,\text{V} \qquad i_2 = 0.5\,\text{A}$$
$$i_3 = i_1 + i_2 = 1.5\,\text{A} \qquad v_3 = 4i_3 = 6\,(\text{V})$$
$$v_4 = v_3 + v_2 = 9\,\text{V} \qquad i_4 = v_4/2 = 4.5\,(\text{A})$$
$$i_5 = i_3 + i_4 = 6\,\text{A}$$

推导出 $i_s = -6$ A，可知 $k = v/i_s = 2/(-6) = -1/3$。因此，当 $i_s = 3$ A 时，$v = ki_s = -1$ V

例 2-2　求图 2-1 所示电路中输入电阻 $R_i = v_s/i_1$。

解：本题若直接列方程求解比较烦琐，可以利用线性电路的齐次性来求解。由于电路中 i_1 与 v_s 的比例是确定的，我们可以任意假定一个变量的取值，推导出 v_s 与 i_1 的比值。参照图 2-1 中各变量的参考方向，假定 $i_2 = 1$ A，可知

$$v_2 = 12\,\text{V}$$
$$3v + v = v_2 \qquad v = v_2/4 = 3\,(\text{V})$$
$$i = v/6 = 0.5\,(\text{A})$$
$$i_1 = i + i_2 = 1.5\,\text{A}$$

$$v_1 = 4i_1 = 6 (\text{V}) \qquad\qquad v_\text{S} = v_1 + v = 9 \text{ V}$$

所以 $R_i = v_\text{S}/i_1 = 9/1.5 = 6 (\Omega)$

利用齐次性求解上面两例电路时，也可以不写出计算步骤，只要在图中直接标出计算结果即可，计算非常简便。

思考题 2-1　如果一个二端电路中只包含线性电阻和受控源，且受控源的控制变量也包含在这个二端电路中，那么这个二端电路是否一定可以等效为一个电阻？

2.1.2　线性电路的叠加性

线性电路的叠加性可以用**叠加定理**表述为：在任何含有多个独立源的线性电路中，每一支路的电压（或电流），都可看成是各个独立源单独作用时（除该电源外，其他独立源为零电源）在该支路产生的电压（或电流）的代数和。

假定电路中有两个独立源 V_S 和 I_S，考察某支路电流响应 I，叠加定理的内容可以形象地用图 2-4 表示。其中 I' 和 I'' 分别为 V_S 和 I_S 单独作用时的响应，总电流为

$$I = I' + I'' = k_1 V_\text{S} + k_2 I_\text{S}$$

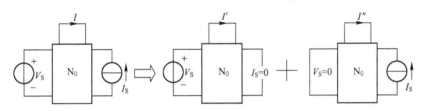

图 2-4　叠加定理示意图

一般情况下，当线性电阻性电路中包含 n 个独立源时，响应变量 y 是各个独立源电源值 x_i 的加权之和

$$y = \sum_{i=1}^{n} k_i x_i$$

当只有一个独立源 x_i 单独作用时，y 与 x_i 成比例关系。下面用一个例子来验证叠加定理。

例 2-3　求图 2-5 所示电路中 I 及 $9\,\Omega$ 电阻上的功率。

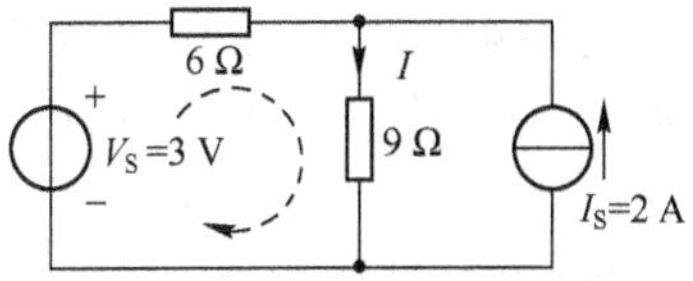

解：沿着图示的路径列出 KVL 方程

$$-V_\text{S} + 6(I - I_\text{S}) + 9I = 0$$

得到

$$I = \frac{1}{15}V_\text{S} + \frac{6}{15}I_\text{S} = \frac{1}{15} \times 3 + \frac{6}{15} \times 2 = 1 (\text{A})$$

$9\,\Omega$ 电阻上的功率为

$$P_{9\,\Omega} = I^2 R = 9 \text{ W}$$

图 2-5　例 2-3 电路

从上面计算过程可以看出两个独立源对电流 I 的叠加作用。为进一步验证，下面用叠加定理再求解 I。让电压源 V_S 和电流源 I_S 分别单独作用，求出相应的电流成分，同时求出部分功率作为比较，电路如图 2-6 所示。

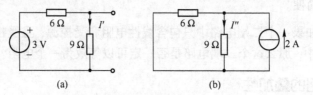

图 2-6　电源单独作用的电路

当电压源 V_S 单独作用时，电路如图 2-6(a) 所示，计算出电流和功率为

$$I' = \frac{3}{9+6} = 0.2(\text{A})$$

$$P'_{9\Omega} = 0.2^2 \times 9 = 0.36(\text{W})$$

当电流源 I_S 单独作用时，电路如图 2-6(b) 所示，计算出电流和功率为

$$I'' = \frac{6}{6+9} \times 2 = 0.8(\text{A})$$

$$P''_{9\Omega} = 0.8^2 \times 9 = 5.76(\text{W})$$

将两个电流成分进行叠加得到

$$I = I' + I'' = 1\,\text{A}$$

结果验证了电流 I 满足叠加定理。但是，各电源单独作用下的功率之和并不等于 $9\,\Omega$ 电阻上的真实功率，因此功率计算不符合叠加定理。

在利用叠加定理分析电路时要注意：

(1) 叠加定理只对线性电路的电压和电流变量成立，功率不服从叠加定理；

(2) 一个独立源单独作用的含义是将其他独立源置为零值；

(3) 零值电源的含义是电压源短路，电流源开路；

(4) 电路中的受控源作为线性元件处理，不能单独作用于电路，也不能置零。

例 2-4　图 2-7 所示为含受控源电路。(1) 用叠加定理求电流 I；(2) 若 10 V 电压源变为 11 V，求 I 的变化量 ΔI 和新的电流值 I'。

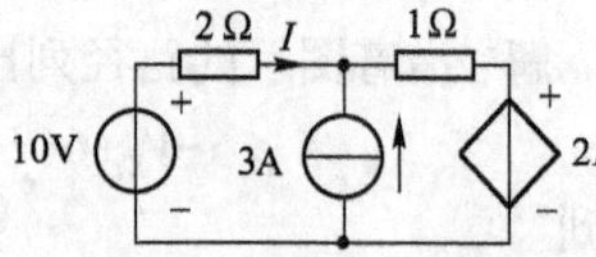

图 2-7　例 2-4 电路

解：(1) 让两个独立源分别单独作用，求两个电流成分，电路如图 2-8 所示。当 10 V 电压源单独作用时，由图 2-8(a) 列出回路的 KVL 方程，并求出电流成分 I_1

$$3I_1 + 2I_1 = 10$$

$$I_1 = 2\,\text{A}$$

当 3 A 电流源单独作用时，按图 2-8(b) 虚线列出回路的 KVL 方程，并求出电流成分 I_2

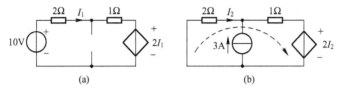

图 2-8　电源单独作用时求两个电流成分

$$2I_2+(I_2+3)+2I_2=0$$

$$I_2=-0.6\,\text{A}$$

由叠加定理得到两个电源同时作用时的电流 I

$$I=I_1+I_2=1.4\,\text{A}$$

（2）当 10 V 电压源变为 11 V 时，可以把增加的电压值作为一个 $\Delta V=1\,\text{V}$ 的电压源与 10 V 电压源串联，此时电路中共有 3 个独立源。根据线性电路的叠加性可知，I 的变化量 ΔI 是由 1 V 增量电压源 ΔV 引起的。因此，在求 ΔI 时，可以让 1 V 增量电压源 ΔV 单独作用，画出增量等效电路如图 2-9 所示。

由线性电路的齐次性和前面计算结果，可知

$$\Delta I = 0.2\,\text{A}$$

新的电流值 I' 为

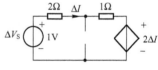

图 2-9　增量等效电路

$$I' = I+\Delta I = 1.4+0.2=1.6(\text{A})$$

例 2-5　用叠加定理求黑箱问题。图 2-10 所示电路中，方框内部为不含有独立源的线性电路，内部结构不详。已知：当 $V_\text{S}=1\,\text{V}$，$I_\text{S}=1\,\text{A}$ 时，$V_2=0\,\text{V}$；当 $V_\text{S}=10\,\text{V}$，$I_\text{S}=0\,\text{A}$ 时，$V_2=1\,\text{V}$。求：当 $V_\text{S}=0\,\text{V}$，$I_\text{S}=10\,\text{A}$ 时 V_2 的值是多少？

解：由叠加定理可知

$$V_2=K_1V_\text{S}+K_2I_\text{S}$$

代入已知条件得

$$\begin{cases}K_1+K_2=0\\10K_1=1\end{cases}\quad\text{解得}\quad\begin{cases}K_1=0.1\\K_2=-0.1\end{cases}$$

当 $V_\text{S}=0\,\text{V}$，$I_\text{S}=10\,\text{A}$ 时

$$V_2=0.1V_\text{S}-0.1I_\text{S}=0.1\times0-0.1\times10=-1(\text{V})$$

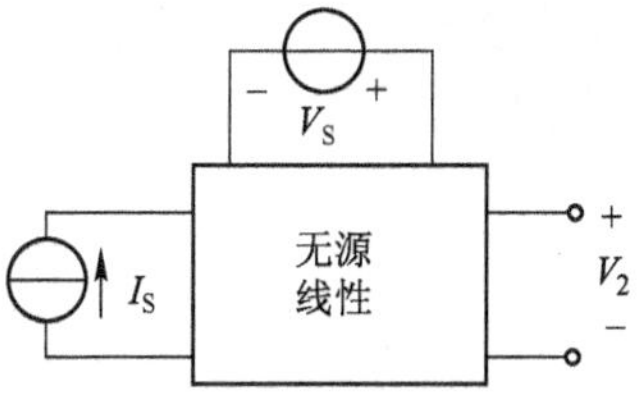

图 2-10　例 2-5 电路

思考题 2-2　叠加定理中关于零电源的含义是什么？

思考题 2-3　为什么功率不满足叠加性？如何用叠加定理计算功率？

2.2　等效分析法

2.2.1　等效电路

一个完整的电路可以划分为若干个子电路，它们只通过理想导线与其余部分电路相连接，导线连接点称为**端子**；子电路通过其端子影响其余部分电路，如图 2-11 所示。在有些电路分析问题中，对子电路内部的变量不感兴趣，只关心其端子上电压和电流的特性，以及它对其余部分电路的影响，这时子电路的作用就像一个电路元件一样。

应用中，最常见的是有两个端子的子电路，也称为**二端电路**（或二端网络），如图 2-12 所示。二端电路的两个端子构成一个**端口**，二端电路的外特性完全由端口上电压 v 与电流 i 的关系来确定。当只考虑二端电路对外电路的影响时，不同的二端电路不管其内部结构如何，只要端口上 v–i 关系相同，它们对外电路的作用就相同。具有相同端口 v–i 关系的电路被称为**等效电路**，即它们相互**等效**。

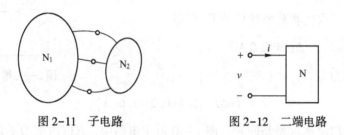

图 2-11　子电路　　　　　　　图 2-12　二端电路

这里所谓的等效是指端口 v–i 关系的等效，包括两个含义。以图 2-13 为例：（1）如果 N_1 与 N_2 相互等效，则当它们分别接到任意相同的网络 N 时，在端口上及 N 内部的任何变量都不会受到影响，即对任何不同的外电路 N，N_1 和 N_2 都可以相互替代；（2）等效是对外部而言的，N_1 和 N_2 内部的结构和变量分布可以不同。

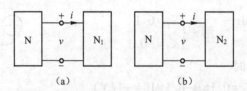

（a）　　　　　　　　　　（b）

图 2-13　判断 N_1 与 N_2 对 N 是否等效

现举一例说明以上两个含义。假定电路 N 为一个测试电压源 V_S，将它接到三个不同的二端电路上，如图 2-14 所示，其中虚线框内分别为二端电路 N_1，N_2，N_3。

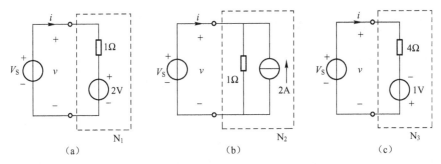

图 2-14　测试电路加到三个二端电路上

对三个二端电路写出端口 v-i 关系。

N_1：$v = i+2$

N_2：$v = i+2$

N_3：$v = 4i -1$

绘制它们的 v-i 曲线，如图 2-15 所示。可见，N_1 与 N_2 的 v-i 特性相同，对于任意外电压 V_S，N_1 和 N_2 都产生相同的电流，因此 N_1 与 N_2 对外等效，而 N_3 则不同。

相互等效的 N_1 和 N_2 对外等效，而内部变量是不同的。例如，当 $i=1$ A 时，两个网络中 $1\,\Omega$ 电阻上流过的电流分别为 1 A 和 3 A，消耗的功率也不同。

在图 2-14 中，假设外加电压 $V_S = 3$ V，经计算可知对三个网络均有 $i = 1$ A。图 2-15 中 N_3 的 v-i 曲线在 $V_S = 3$ V 时与 N_1

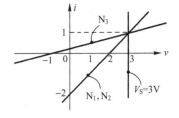

图 2-15　N_1，N_2 与 N_3 的
v-i 曲线

和 N_2 的 v-i 曲线相交。这说明在 $V_S = 3$ V 这种特殊的外加电压条件下，可以用 N_3 替代 N_1 或 N_2。当外电路确定时，这种替代不影响外电路的变量。但与等效的含义不同，一旦外部电压变化了，N_3 就不能替代另外两个电路。

实际中，常用较简单的二端电路去等效替换较为复杂的电路，再去计算剩余网络 N 中的变量，使分析得到简化。这种方法称为等效分析法。

求一个二端电路的等效电路有三种不同的方法。第一种方法是根据等效电路的定义，设法计算出或测量出原电路端口上的 v-i 关系表达式或伏安特性曲线（这里应为直线），再根据这个 v-i 关系表达式找到等效电路。第二种方法是根据事先推导出的电路元件组合的等效关系，将电路逐步变形化简，这个过程称为**等效变换**。第三种方法是利用 2.3 节介绍的戴维南定理和诺顿定理求取简化的等效电路。下面将讨论等效变换中常用到的二端元件组合的等效关系。

思考题 2-4　在图 2-12 显示的二端电路中，已知 $v=5i-10$，画出 v-i 曲线，再画出二端电路 N 以电压源和电阻串联组合的等效电路。

2.2.2　二端元件串并联等效关系

1. 电阻元件串并联

前面一章已经讨论过，多个电阻元件串联时可以等效为一个电阻，阻值为各串联电阻阻值之和。

$$R = R_1 + \cdots + R_n = \sum_{k=1}^{n} R_k$$

多个电阻元件并联后可以等效为一个电阻元件，其电导值和电阻值分别为

$$G = G_1 + \cdots + G_n = \sum_{k=1}^{n} G_k$$

$$\frac{1}{R} = \frac{1}{R_1} + \cdots + \frac{1}{R_n} = \sum_{k=1}^{n} \frac{1}{R_k}$$

2. 理想电源串并联

根据理想电源的特性及基尔霍夫定律可知，若干电压源串联组合，从端口上看相当于一个电压源，其电压等于各个串联电压源电压的代数和，即 $V_S = \sum_{k=1}^{n} V_{Sk}$，如图 2-16 所示。

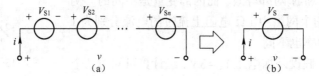

图 2-16　电压源的串联等效

可以写出图 2-16 所示电路左面串联支路端口电压的表达式来验证等效关系成立。注意，串联支路的电流仍然取决于外电路，这正是一个电压源的特性。

若干电流源并联组合，从端口上看相当于一个电流源，如图 2-17 所示，其电流等于各个并联电流源电流的代数和，即 $i_S = \sum_{k=1}^{n} i_{Sk}$。

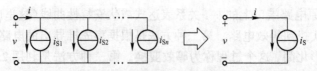

图 2-17　电流源的并联等效

可以写出图 2-17 所示电路左面并联电路端口电流的表达式来验证等效关系成立。注意，并联电路的电压仍然取决于外电路，这正是一个电流源的特性。

3. 无效伴随网络

在图 2-18 所示电路中，N 是理想电流源以外的任何元件或二端电路。根据 KCL，图 2-18 中端口电流 i 就是其中电流源的电流 i_S。由于电流源的电压不确定，电流源与 N 串联后的总端口电压 v 仍是一个不确定的值，取决于外电路，因此电流源与任何二端电路 N 串联后对外仍然相当于一个电流源。在特殊情况下，当电流源电流为零时，它相当于开路线，如图 2-19 所示。因此，任何电路与开路线串联后仍等效为开路线。与电流源串联的二端电路可称为**无效伴随网络**。

图 2-18　任意电路与电流源串联 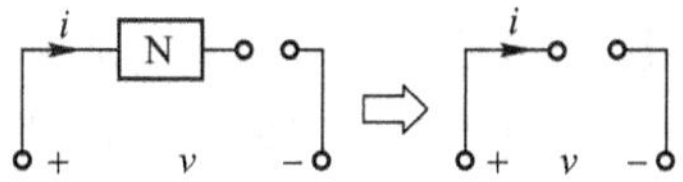　　　　　图 2-19　任意电路与开路线串联

在图 2-20 所示电路中，N 是理想电压源以外的任何元件或二端电路。根据 KVL，图 2-20 所示电路左图中端口电压 v 就是其中电压源的电压 v_S。由于电压源的电流不确定，电压源与 N 并联后的网络端口电流 i 仍是一个不确定的值，取决于外电路，因此并联后的组合对外等效为一个电压源。

特殊情况下，当电压源电压为零时，相当于短路线，如图 2-21 所示。因此，任何电路与短路线并联后对外仍等效为短路线。与电压源并联的二端电路可称为无效伴随网络。

 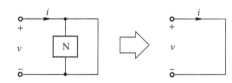

图 2-20　任意电路与电压源并联　　　　　图 2-21　任意电路与短路线并联

例 2-6　化简图 2-22(a) 所示二端电路。

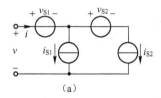 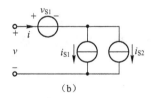 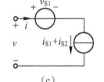

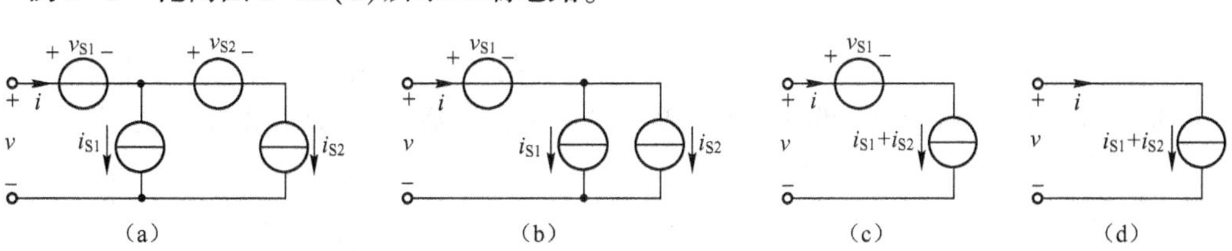

　（a）　　　　　　（b）　　　　　　（c）　　　　　　（d）

图 2-22　例 2-6 电路

解：图 2-22(a) 是一个梯形结构，从端口看，是电压源 v_{S1} 与其右侧的电路串联，因此需要先简化右侧三个元件的组合。其中，电压源 v_{S2} 与电流源 i_{S2} 串联，可以用如图 2-22(b) 所示的电流源 i_{S2} 等效。图 2-22(b) 中的电流 i_{S1} 与电流源 i_{S2} 并联，可以用如图 2-22(c) 所示的

一个电流源 $i_{S1}+i_{S2}$ 等效。图 2-22(c)中的电压源 v_{S1} 与电流源 $i_{S1}+i_{S2}$ 串联，又可以用如图 2-22(d)所示的电流源 $i_{S1}+i_{S2}$ 等效。因此最终得到简化的电路为一个电流源。

思考题 2-5 一个理想电压源与一个理想电流源的串联和并联组合，分别可以等效为什么特性？

2.2.3 实际电源模型的相互转换

图 2-23(a)所示是理想电压源与电阻串联的二端电路，可以作为实际电压源的模型；图 2-23(b)所示为电流源与电阻的并联电路，可作为实际电流源的模型。这两种实际电源模型又称为有伴电源。当其中的电阻具有非零有限电阻值时，两种电路模型可以进行等效转换。

假设两个模型中电阻相同，对图 2-23 中两个电路分别写出端口伏安特性关系式

（a）$v = Ri + V_S$

（b）$v = R(i+I_S) = Ri + RI_S$

若两电路对外等效，必须有 $V_S = RI_S$，或 $I_S = V_S/R$。在图 2-23 中，画出了两个电路做等效变换时参数之间的关系。

要注意，当实际电压源模型 $R=0$ 或实际电流源模型 $R\to\infty$ 时，两个电路分别成为理想电压源和理想电流源，不能相互转换。

例 2-7 求图 2-24 所示电路的简化等效电路。

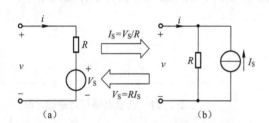

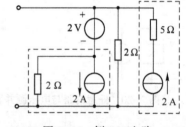

图 2-23 两种实际电源模型等效转换   图 2-24 例 2-7 电路

解：逐步运用基本等效变换关系进行变换，化简的步骤列在图 2-25 中。在图 2-24 中，每一步要进行等效变换的部分都用虚线框表示出来了，请读者辨别所用的变换类型。

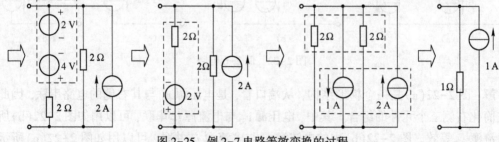

图 2-25 例 2-7 电路等效变换的过程

思考题2-6 图2-23所示的等效转换关系,如果电压源或电流源之一方向反转,等效关系是否还成立? 如何验证?

思考题2-7 图2-23所示的两个电路,如果端口上假设的电压或电流参考方向不同,等效关系是否还成立?

2.2.4 含受控源电路的等效变换

当电路中含有受控源时,只要受控源的控制量处于被变换的那部分电路之外,便可以将受控源当作独立源来处理。这时,以上讨论的涉及独立电源的等效关系也适合于受控源。

例2-8 化简图2-26(a)所示二端电路。

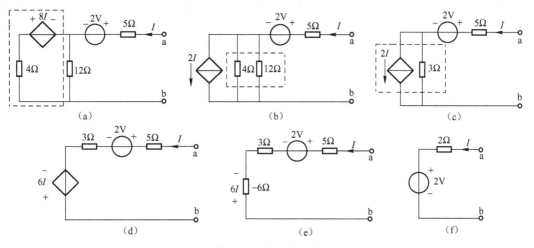

图 2-26 例 2-8 电路

解: 图2-26(a)所示电路中受控源的控制量电流 I 处在端口上,因此对受控源支路进行变换不会让控制量消失。将受控源看成独立源,进行实际电源模型的等效变换(虚线框表示等效变换的部分),逐步得到图2-26(b),图2-26(c)和图2-26(d)的变换结果。在图2-26(d)所示电路中可以合并串联的电阻和电压源,但是合并后电压源的电压包含电流变量,并不是最简电路。为此,可以用两种方法继续简化。

一种方法是列写端口电压-电流关系,从中得到等效电路参数。对图2-26(d)所示电路端口可写出

$$v_{ab} = 5I + 2 + 3I - 6I = 2I + 2$$

可知 ab 端口左侧可等效为 2 V 电压源与 2 Ω 电阻的组合,如图2-26(f)所示电路。

另一种方法是将图2-26(d)中受控源等效为一个电阻后继续进行等效变换,等效的条件是能把控制变量直接转移到受控源两端。考虑到电路中控制变量电流 I 从负极到正极流过受控电压源,因此图2-26(d)中受控电压源可等效为一个电阻,有

$$R = -6I/I = -6\,\Omega$$

得到图 2-26(e)中包含负电阻的电路。合并其中的 3 个电阻得到图 2-26(f)所示的简化等效电路。

2.2.5　星形与三角形电阻电路的等效变换

图 2-27(a)电路称为星形(或 T 形、丫形)电路,图 2-27(b)电路称为三角形(△形、π形)电路,这两种电路都是三端电路。根据基尔霍夫定律,电路端口电压与电流满足

$$v_{12}+v_{23}+v_{31}=0$$
$$i_1+i_2+i_3=0$$

所以,在三个端口电压与三个端口电流中分别只有两个是独立的,只要用两个端口电压、电流关系就可表征一个三端电路。对图 2-27(a)、图 2-27(b)所示的两个电路,若已知它们的 v_{23},v_{31} 与 i_1,i_2 之间的关系相同,则这两个三端电路对外电路来说就是相互等效的。

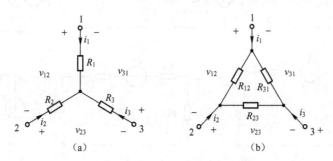

图 2-27　星形与三角形电阻电路

利用这种等效的概念,我们可以将一个丫形电路变成一个△形电路,反之亦然。写出两个电路端口伏安特性 $v_{31}=f_1(i_1,i_2)$ 和 $v_{23}=f_2(i_1,i_2)$,比较电流 i_1,i_2 的系数,可以得到丫形电路与△形电路相互等效的条件。

将△形电路变换成丫形电路的变换公式为:

$$\begin{cases} R_1 = \dfrac{R_{31}R_{12}}{R_{12}+R_{23}+R_{31}} \\[3mm] R_2 = \dfrac{R_{12}R_{23}}{R_{12}+R_{23}+R_{31}} \\[3mm] R_3 = \dfrac{R_{23}R_{31}}{R_{12}+R_{23}+R_{31}} \end{cases} \tag{2-1}$$

将丫形电路变换成△形电路的变换公式如下:

$$\begin{cases} R_{12} = \dfrac{R_1 R_2 + R_2 R_3 + R_3 R_1}{R_3} \\[3mm] R_{23} = \dfrac{R_1 R_2 + R_2 R_3 + R_3 R_1}{R_1} \\[3mm] R_{31} = \dfrac{R_1 R_2 + R_2 R_3 + R_3 R_1}{R_2} \end{cases} \tag{2-2}$$

在对称情况下，$R_{12} = R_{23} = R_{31} = R_\triangle$，此时式(2-1)可简化为

$$R_1 = R_2 = R_3 = \frac{1}{3} R_\triangle \tag{2-3}$$

同样，在对称情况下，$R_1 = R_2 = R_3 = R_\curlyvee$，此时式(2-2)可简化为

$$R_{12} = R_{23} = R_{31} = 3R_\curlyvee \tag{2-4}$$

利用 Y-△ 变换，可将某些非串并联电阻电路变成串并联电阻电路来求解。

例 2-9　求图 2-28 所示电路中电流 i。

解： 利用 Y-△ 变换可将其变换成电阻混联电路来求解。对图 2-28 电路有几种 Y-△ 变换方式，都可将原电路变换成串并联电路。为了便于求解，在变换过程中最好能保留待求量所在支路，因此，采用图 2-29(a) 的变换方式，由式(2-1)可求得

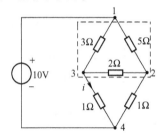

图 2-28　例 2-9 电路

$$R_1 = \frac{3 \times 5}{3 + 5 + 2} = 1.5\,(\Omega)$$

$$R_2 = \frac{2 \times 5}{3 + 5 + 2} = 1\,(\Omega)$$

$$R_3 = \frac{2 \times 3}{2 + 5 + 2} = 0.6\,(\Omega)$$

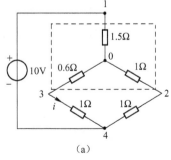

(a)

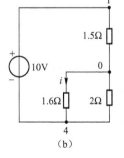

(b)

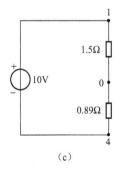

(c)

图 2-29　变换求解

变换后的电路如图 2-29(a) 所示。利用电阻串并联将其进一步变换，得到如图 2-29(b) 和图 2-29(c) 所示电路。由图 2-29(c) 求得

$$v_{04} = 10 \times \left(\frac{0.89}{1.5 + 0.89} \right) = 3.72 \, (\text{V})$$

再由图 2-29(b)求得

$$i = \frac{v_{04}}{1.6} = \frac{3.72}{1.6} = 2.33 \, (\text{A})$$

思考题 2-8 试对电阻网络 Y-△ 变换的公式进行推导。

2.3 戴维南定理和诺顿定理

以上讨论的等效方法中，由线性元件和独立源组成的复杂二端电路经过等效变换方法都可以简化成一个电阻与一个电源的组合。线性含源二端电路的这个性质可以归结为戴维南定理和诺顿定理，从而得到更一般化的方法来简化线性含源二端电路。

2.3.1 戴维南定理和诺顿定理概述

戴维南定理指出：任意一个线性含独立源的二端电路 N 均可等效为一个电压源 V_{OC} 与一个电阻 R_0 相串联的支路；其中 V_{OC} 为该电路端口的开路电压，R_0 为该电路中全部独立源置零后端口的等效电阻。

根据戴维南定理求出的电压源与等效电阻的串联电路称为**戴维南等效电路**，如图 2-30 所示。

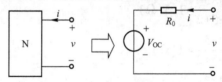

图 2-30 戴维南等效电路

戴维南定理可以用叠加定理来证明。假设电路 N 的端口上加有电流源 i，如图 2-31(a)所示。现在要计算出端口电压 v，以确定端口的伏安特性。利用叠加定理求 v 的方法如图 2-31(b)和 2-31(c)所示。

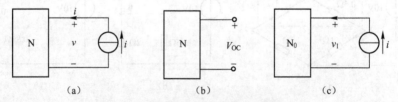

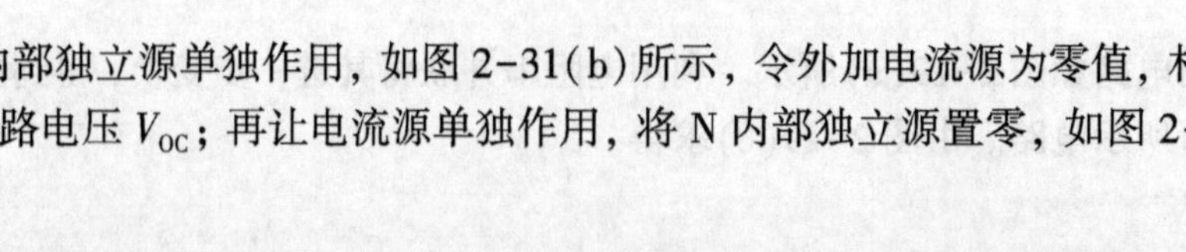

(a)   (b)   (c)

图 2-31 用叠加定理证明戴维南定理

先让 N 内部独立源单独作用，如图 2-31(b)所示，令外加电流源为零值，相当于 N 端口开路，得到开路电压 V_{OC}；再让电流源单独作用，将 N 内部独立源置零，如图 2-31(c)所示。

由线性电路的齐次性,可知 v_1 与 i 成线性关系($v_1=iR_0$),即 N_0 相当于一个电阻(戴维南等效电阻)。由叠加定理可知,当电流源与 N 内部独立源同时作用时,端口上的电压为

$$v=iR_0+V_{OC}$$

根据这个 v–i 关系可知,N 可以等效为图 2-30 所示的 R_0 与 V_{OC} 串联等效电路。

戴维南定理说明,一个含有独立源和线性元件的二端电路,其端口上的伏安特性是 v–i 平面上的一条直线,并且可以由 R_0 和 V_{OC} 这两个参数唯一确定。当电路中没有独立源时,V_{OC} 为零,电路相当于一个线性电阻。

根据 2.2 节讨论的实际电源模型的等效关系,可以想到含源二端电路还可以用实际电流源模型来表示。这个结论可以表述为**诺顿定理**:任意线性含独立源的二端电路均可等效为一个电流源 I_{SC} 与一个电阻 R_0 相并联的组合;其中 I_{SC} 为该电路端口的短路电流,R_0 为该电路中全部独立源置零后端口的等效电阻。

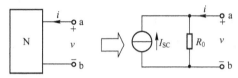

图 2-32　诺顿等效电路

由诺顿定理得到的电流源和电阻的并联组合称为诺顿等效电路(图 2-32)。和戴维南定理类似,可以用叠加定理证明诺顿等效电路的存在。

诺顿定理说明,一个含有独立源和线性元件的二端电路,其端口上的伏安特性是 v–i 平面上的一条直线,并且可以由 R_0 和 I_{SC} 这两个参数唯一确定;当电路中没有独立源时,I_{SC} 为零,电路相当于一个线性电阻。

对于同一个线性含源二端电路,其戴维南等效电路与诺顿等效电路应该是等效的。当戴维南等效电路或诺顿等效电路中的等效电阻 R_0 为非零的有限值时,两个等效电路之间存在等效关系,如图 2-33 所示。

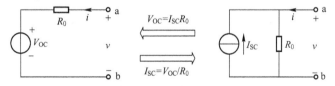

图 2-33　戴维南等效电路与诺顿等效电路的关系

如果知道一种等效电路,就能确定另外一种等效电路。但是,若 $R=0$,则只存在戴维南等效电路(理想电压源);若 $R\to\infty$,则只存在诺顿等效电路(理想电流源)。

2.3.2　戴维南(诺顿)定理的应用

戴维南定理和诺顿定理明确指出了任意线性含源二端电路都可以用电阻与独立源的简单

组合来等效这个一般结论。同时，定理本身也提供了得到等效电路的方法。至此，除了在前面章节讨论的两种方法，即直接找出电路端口上的 $v-i$ 关系式从而得到等效电路，以及用等效变换将电路逐步化简的方法，还可以采用直接计算等效电路参数的方法。

按照戴维南(诺顿)定理直接计算等效电路参数 V_{OC}、I_{SC} 和 R_0 的具体方法如下。

1)求开路电压 V_{OC} 或短路电流 I_{SC}

去掉外电路，用支路变量法、等效变换法和第 2.4 节讨论的规范化方法求解。

2)求戴维南等效电阻 R_0

有两种方法可以计算等效电阻。方法一可称为定义法。按照定理中的定义，将内部独立源置零，外加电源，求端口上电压与电流比值($R_0 = v/i$)，如图 2-34(a)所示。方法二是开短路法。设电路的戴维南等效电路如图 2-34(b)所示，将端口短路并求出短路电流 I_{SC}。从图 2-34(b)中看出，R_0 可以由 $R_0 = V_{OC}/I_{SC}$ 得出。开短路法是利用 V_{OC} 和 I_{SC} 求 R_0 的间接方法。采用这种方法时要注意开路电压和短路电流的参考方向。

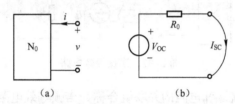

图 2-34 戴维南等效电阻 R_0 的求取

例 2-10 用戴维南定理求图 2-35(a)所示电路中变量 I 的值。

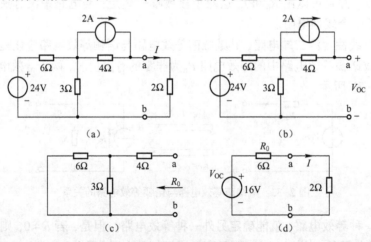

图 2-35 例 2-10 电路

解：用戴维南等效方法求解，先求图 2-35(a)所示电路中 ab 左侧戴维南等效电路。

(1) 断开 2 Ω 的电阻，如图 2-35(b)所示。由 KVL 计算开路电压 V_{OC}

$$V_{OC} = 2 \times 4 + 24 \times \frac{3}{6+3} = 16(\text{V})$$

（2）按定义将 ab 左侧电路中独立源置零，如图 2-35(c) 所示。计算 ab 左侧等效电阻 R_0

$$R_0 = 4 + 6 // 3 = 4 + 2 = 6(\Omega)$$

（3）画出 ab 左侧等效电路，并在端口连接 2 Ω 电阻，如图 2-35(d) 所示，用该电路计算电流

$$I = 16/(6+2) = 2(\text{A})$$

例 2-11　用戴维南定理化简图 2-36(a) 所示二端电路。

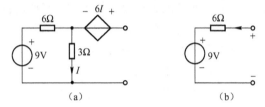

图 2-36　例 2-11 电路

解：首先，按图 2-37(a) 电路中 V_{OC} 的参考方向计算端口开路电压

$$V_{OC} = 6I + 3I = 9I = 9\,\text{V}$$

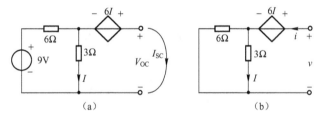

图 2-37　例 2-11 求解过程

再计算等效电阻 R_0（尝试用两种方法计算）。

（1）定义法：如图 2-37(b) 所示，将内部独立源置零，求 v/i。根据线性电路的齐次性，令 $I = 1\,\text{A}$

$$v = 6 + 3 = 9(\text{V})$$
$$i = 1 + 1/2 = 3/2(\text{A})$$
$$R_0 = v/i = 6\,\Omega$$

（2）开短路法：求短路电流，将原电路端口短路，如图 2-37(a) 所示，写出

$$3I + 6I = 0\,\text{A} \quad \rightarrow \quad I = 0\,\text{A}$$
$$I_{SC} = 9/6 = 1.5(\text{A})$$
$$R_0 = \frac{V_{OC}}{I_{SC}} = \frac{9}{1.5} = 6(\Omega)$$

根据所求出的参数，可得出戴维南等效电路如图 2-36(b)所示。

2.3.3 最大功率传输

作为戴维南定理的一个应用，这里讨论从二端电路或实际电源获取最大功率的问题。一个实际电压源可以用理想电压源与电阻的串联作为其模型，一个线性含源二端电路也可以等效为这样的电源模型。在信号传输和处理电路中，含源电路就是信号源，让负载从信号源获得尽可能大的功率是有意义的。当实际电源的开路电压和内阻(戴维南等效电阻)一定时，怎样的负载能从电源获得最大的功率呢？利用戴维南等效电路计算负载电阻上的功率，并找出负载获得最大功率的条件，其结论就是**最大功率传输定理**，定理内容如下。

对于给定的线性有源二端电路，其负载获得最大功率的条件是负载电阻等于二端电路的戴维南等效电阻。满足此条件的负载称为最大功率匹配负载，此时负载与电源内阻匹配。

对最大功率传输的条件可以做如下简单推导。

图 2-38(a)中二端电路的戴维南等效电路所连接负载电阻 R_L 的功率可以写成

$$P_L = I^2 R_L = \left(\frac{V_{OC}}{R_0+R_L}\right)^2 R_L = V_{OC}^2 \frac{R_L}{(R_0+R_L)^2}$$

负载功率随负载电阻值变化的情况如图 2-38(b)所示。将负载电阻值作为变量，求负载功率的极大值，可知当 $R_L = R_0$ 时，负载可以获得最大功率，该最大功率为

$$P_{max} = V_{OC}^2 \frac{R_L}{(R_0+R_L)^2}\bigg|_{R_L=R_0} = \frac{V_{OC}^2}{4R_0} \tag{2-5}$$

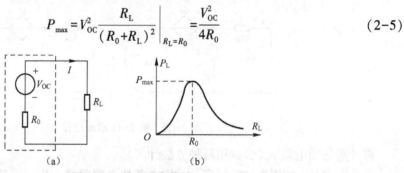

图 2-38　最大功率传输

例 2-12　(1) 试求图 2-39(a)所示电路中最大功率匹配的条件和负载可获得的最大功率。(2) 计算匹配时电源发出的功率，并由此计算电源至负载的功率传输效率。

解：(1) 去掉负载电阻，求图 2-39(b)所示电路 ab 左端戴维南等效电路参数

$$V_{OC} = \frac{10}{2+8+10} \times 20 = 10\,(V)$$

$$R_0 = (2+8)\,/\!/\,10 = 5\,(\Omega)$$

所以，当 $R_L = R_0 = 5\,\Omega$ 时负载可以获得最大功率

$$P_{Lmax} = \frac{V_{OC}^2}{4R_0} = 5\,W$$

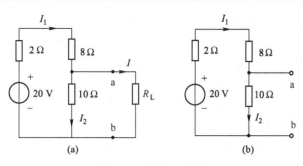

图 2-39　例 2-12 图

（2）计算图 2-39（a）所示电路中电源支路的电流

$$I_1 = \frac{20}{10+10 /\!\!/ 5} = 1.5(\text{A})$$

电压源发出的功率为

$$P_S = 20 \times I_1 = 30(\text{W})$$

电源的传输效率 η 定义为负载获得功率与所有电源发出功率的比值。在本例中

$$\eta = 5/30 = 1/6 = 16.7\%$$

本例电路中，在最大功率传输条件下，电压源功率的利用率不高。最大功率传输考虑了当电源或信号源本身的戴维南等效参数已经确定时外部负载获取最大功率的条件。当需要考虑电源传输效率时，应该尽量减少电源设备内部损耗，如对于实际电压源应尽量减小其内阻。

思考题 2-9　一个实际电源端口开路电压为 8 V，端口连接 3 kΩ 电阻时电压变为 6 V。求该电源戴维南等效电阻阻值。

2.4　结点分析法

电路各支路变量求解的基本方法，是依据第 1 章给出的元件约束和连接约束，为支路变量建立方程。当电路规模很大时，直接求解支路变量造成方程数过多。此前的方法针对不同问题采用不同变量和不同方式来减少方程个数。方法虽灵活，但缺少统一步骤，同样不适于大规模复杂电路的分析。因此，需要有规则的、高效率的通用方法来完成复杂电路的求解。在电路理论中这些方法被称为"系统化"或"规范化"的方法，可以用于计算机软件对大规模电路自动建立方程并求解。常用的两种分析方法是结点分析法和网孔分析法。以下讨论这两种方法的原理和应用。

2.4.1　结点方程

在对复杂的大规模电路进行分析时，直接计算各支路电压或电流的计算量很大，需要选择一些变量来建立方程，以减少求解变量的个数。所选择的一组变量，首先应该可以用来确定所有的支路电压和电流，即变量是足够的或完备的。同时，这组变量应该是相互独立的，这能保证变量的个数最少。此外，为这组变量建立方程应该有简单、规范的方法。下面要说明的结点电压就是这样一组变量。

结点电压是电路中各结点相对参考点的电压。

如图 2-40 所示电路中，选结点 d 为参考点，结点 a,b, c 到结点 d 之间的电压分别为 V_a, V_b 和 V_c。若电路中有 n 个结点，结点电压数为 $n-1$。在实际电路中，结点电压数通常比支路电压数要少很多。

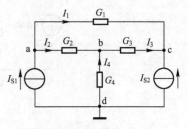

图 2-40　结点电压

电路中任何支路电压都可以用结点电压来表示，因为任何支路必在某两个结点 i, j 之间，支路电压 $V_{ij}=V_i-V_j$。再由支路电压和元件约束就可以唯一确定支路电流。因此，结点电压变量是完备的。

结点电压是从各结点到参考点的电压，仅由结点电压不能构成任何闭合路径，所以结点电压不受 KVL 约束，是相互独立的。独立性意味着结点电压是个数最少的一组电压变量，缺少一个则电路的支路电压就不能完全确定。

由于电路中可以得到 $n-1$ 个独立的 KCL 方程，所以如果能将 KCL 方程中的电流变量用结点电压来表示，就能为求解结点电压提供足够的方程。以图 2-40 所示电路为例，选结点 d 为参考点，对 a，b，c 三个结点写出 KCL 方程

$$\begin{cases} I_1+I_2-I_{S1}=0 \\ -I_2+I_3-I_4=0 \\ -I_1-I_3-I_{S2}=0 \end{cases} \qquad (2\text{-}6)$$

图 2-40 所示电路中只包含电导和电流源。利用元件约束关系，把电导支路的电流用支路电压与电导的乘积表示，再用结点电压表示各支路电压，得到

$$\begin{cases} G_1(V_a-V_c)+G_2(V_a-V_b)=I_{S1} \\ -G_2(V_a-V_b)+G_3(V_b-V_c)+G_4V_b=0 \\ -G_1(V_a-V_c)-G_3(V_b-V_c)=I_{S2} \end{cases} \qquad (2\text{-}7)$$

将式(2-7)整理，得

$$(G_1+G_2)V_a-G_2V_b-G_1V_c=I_{S1} \qquad (2\text{-}8a)$$

$$-G_2V_a+(G_2+G_3+G_4)V_b-G_3V_c=0 \qquad (2\text{-}8b)$$

$$-G_1V_a-G_3V_b+(G_1+G_3)V_c=I_{S2} \qquad (2\text{-}8c)$$

方程组(2-8)称为**结点方程**。结点方程的建立可以按照式(2-7)的方式列写用电导和结点电压表示的 KCL 方程，然后再整理成为式(2-8)的结点方程，还可以按照式(2-8)结点方程自身的规律直接建立结点方程。

结点方程的系数和右端常数有如下的规律。

（1）(G_1+G_2)、$(G_2+G_3+G_4)$ 和 (G_1+G_3) 分别是连接在结点 a、结点 b 和结点 c 上所有电

导的电导值之和，分别称为结点 a、结点 b 和结点 c 的**自电导**。自电导是某结点电压在本结点的结点方程中的系数。

（2）相邻结点电压在本结点方程中的系数称为**互电导**，是两个结点间所有电导的电导值之和的负值。例如，出现在方程(2-8a)中的 $-G_2$ 为结点 a，b 之间的互电导，$-G_1$ 为结点 a，c 之间的互电导。

（3）每个结点方程的等号右端项为流入该结点的独立电流源电流的代数和。

一般地，具有 n 个结点的电路，可列出 $m=n-1$ 个结点方程，形式如下

$$\begin{cases} G_{11}V_1+G_{12}V_2+\cdots+G_{1m}V_m=I_{S11} \\ G_{21}V_1+G_{22}V_2+\cdots+G_{2m}V_m=I_{S22} \\ \qquad\qquad\vdots \\ G_{m1}V_1+G_{m2}V_2+\cdots+G_{mm}V_m=I_{Smm} \end{cases}$$

其中，G_{ii} 为第 i 结点的自电导；G_{ij} 为第 i 结点与结点 j 的包含负号的互电导；I_{Sii} 为流入结点 i 全部独立电流源电流代数和。按以上规律可用观察法建立结点电压方程。

2.4.2　用结点分析法求解电路

选取结点电压为求解变量，列写结点方程分析电路的方法称为**结点分析法**。结点分析法适用于平面和非平面电路的分析，特别是多数元件都连接在公共参考点的电子电路。借助于计算机技术和建立方程的改进方法，结点方程可以用来分析大规模电路，在工程实际中应用广泛。在电路分析中，手工进行结点分析的一般步骤是：

（1）选定参考结点及结点电压变量；

（2）列写结点电压表示的 KCL 方程，或直接按照规律建立结点方程；

（3）求解结点电压；

（4）用结点电压导出其他感兴趣的电路变量。

例 2-13　用结点分析法求图 2-41 电路中各独立源放出的功率。

解：观察图 2-41 所示电路，可见电路中有 5 个结点，取最下面结点为参考结点。余下 4 个结点中，电压源正极性结点的结点电压已知。将 15 Ω 电阻上端短路线连接的两个结点看作一个结点，取结点 1，2 这两个独立结点的结点电压 v_1，v_2 作为求解变量。第一种方法是列写 v_1，v_2 所在结点的 KCL 方程。

$$\begin{cases} \dfrac{v_1-30}{6}+\dfrac{v_1}{15}+\dfrac{v_1-v_2}{12}+\dfrac{v_1-v_2}{60}=1 \\ \dfrac{v_2-50}{5}+\dfrac{v_2-v_1}{12}+\dfrac{v_2-v_1}{60}=-1 \end{cases}$$

方程的等号左端为各个电导支路流出结点电流之和，等号右端为流入结点的电流源电流。对方程进行整理，得到结点方程

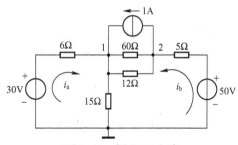

图 2-41　例 2-13 电路

$$\begin{cases}\left(\dfrac{1}{6}+\dfrac{1}{15}+\dfrac{1}{12}+\dfrac{1}{60}\right)v_1-\left(\dfrac{1}{12}+\dfrac{1}{60}\right)v_2=6\\[2mm]-\left(\dfrac{1}{12}+\dfrac{1}{60}\right)v_1+\left(\dfrac{1}{5}+\dfrac{1}{12}+\dfrac{1}{60}\right)v_2=9\end{cases}\qquad(2\text{-}9)$$

第二种方法是按照规律直接列写结点方程。为减少结点数，可将原来电路中电压源与电阻串联作为一个支路，转换成电流源与电阻的并联，如图 2-42 所示。

观察图 2-42 所示电路，可知结点 v_1 和结点 v_2 的自电导分别为

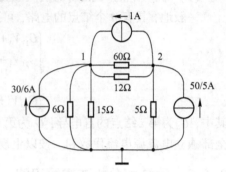

$$G_{11}=\left(\frac{1}{6}+\frac{1}{15}+\frac{1}{12}+\frac{1}{60}\right)\mathrm{S}\qquad G_{22}=\left(\frac{1}{5}+\frac{1}{12}+\frac{1}{60}\right)\mathrm{S}$$

结点 v_1、结点 v_2 之间的互电导为

$$G_{12}=G_{21}=\left(\frac{1}{12}+\frac{1}{60}\right)\mathrm{S}$$

流入结点 v_1 和结点 v_2 的电流源电流分别为

$$I_{\mathrm{S}11}=\frac{30}{6}+1=6\,(\mathrm{A})\qquad I_{\mathrm{S}22}=\frac{50}{5}-1=9\,(\mathrm{A})$$

图 2-42   将电源进行变换后的电路

由此可直接写出结点方程式(2-9)。熟练之后，可不画出上述支路变换结果图(图 2-42 电路)，直接对图 2-41 所示电路建立结点方程，过程中考虑到电压源和电阻支路对方程两端的影响即可。

将方程化简，得到

$$\begin{cases}10v_1-3v_2=180\\-v_1+3v_2=90\end{cases}$$

解出 $v_1=30\,\mathrm{V}\qquad v_2=40\,\mathrm{V}$

按照题目要求，需要计算各支路变量

$$v_{12}=v_1-v_2=-10\,\mathrm{V}$$

$$i_{\mathrm{a}}=\frac{30-v_1}{6}=0\,(\mathrm{A})$$

$$i_{\mathrm{b}}=\frac{50-v_2}{5}=2\,(\mathrm{A})$$

再计算各独立源提供的功率

$$P_{50\mathrm{V}}=50\times i_{\mathrm{b}}=100\,(\mathrm{W})$$

$$P_{30\mathrm{V}}=30\times i_{\mathrm{a}}=0\,(\mathrm{W})$$

$$P_{1\mathrm{A}}=v_{12}\times1=-10\,(\mathrm{W})$$

2.4.3   纯电压源支路的处理

当电路中含有纯电压源支路时，应尽量把该支路的一端选为参考点，这样该支路另一端

结点电压即为已知，无须为该结点列结点方程。若纯电压源支路的两端都不是参考点，则需要为纯电压源支路两端的结点电压建立方程。这时要注意，在列结点方程时，该支路电流不能忽略，因为结点方程实质上是结点的 KCL 方程。由于纯电压源支路的电流不能用电导与支路电压乘积来表示，而是取决于外电路，因此可以为该电压源支路假定一个电流变量，列方程时先把这个电流作为已知电流来处理，再将该支路两端结点电压的关联关系作为辅助方程加入。

例 2-14　用结点分析法确定图 2-43 所示电路中的电压 v_{12}。

解：选结点 5 为参考结点，则 $v_4 = 50\,\text{V}$ 为已知，但 30 V 电压源支路两端均不在参考点。为此，假定该支路电流为 I，列写结点 1,2,3 的结点方程如下

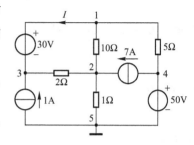

图 2-43　例 2-14 电路

$$\left(\frac{1}{5}+\frac{1}{10}\right)\cdot v_1 - \frac{1}{10}v_2 - \frac{1}{5}\times 50 = -I \qquad (1)$$

$$-\frac{1}{10}v_1 + \left(\frac{1}{2}+1+\frac{1}{10}\right)v_2 - \frac{1}{2}v_3 = 7 \qquad (2)$$

$$-\frac{1}{2}v_2 + \frac{1}{2}v_3 = 1 + I \qquad (3)$$

再加上辅助方程

$$v_1 - v_3 = 30 \qquad (4)$$

将方程(1)和(3)相加，再将方程(4)代入相加得到的式子和方程(2)，化简得到

$$0.8v_1 - 0.6v_2 = 26$$

$$-0.6v_1 + 1.6v_2 = -8$$

从中解出

$$v_1 = 40\,\text{V},\ v_2 = 10\,\text{V},\ v_{12} = v_1 - v_2 = 30\,\text{V}$$

2.4.4　含受控源电路的结点分析

当电路中含有受控源时，可以先把受控源当作独立源来处理，建立结点方程，然后将控制量用结点电压来表示。当受控电压源单独出现在一个支路上时，也要像例 2-14 那样仔细处理。

例 2-15　用结点分析法确定图 2-44 电路中 5 Ω 电阻的功率。

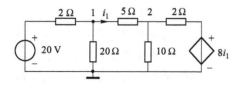

图 2-44　例 2-15 电路

解：先将 $8i_1$ 受控源当作独立源来列写结点 1 和 2 的结点方程，过程中把两个电压源与电阻串联支路变换为电流源与电阻并联。

$$\left(\frac{1}{2}+\frac{1}{5}+\frac{1}{20}\right)v_1-\frac{1}{5}v_2=\frac{20}{2}$$

$$-\frac{1}{5}v_1+\left(\frac{1}{5}+\frac{1}{10}+\frac{1}{2}\right)v_2=\frac{8i_1}{2}$$

将控制量 i_1 用结点电压表示，得辅助方程

$$i_1=\frac{1}{5}(v_1-v_2)$$

将辅助方程代入结点方程后化简，得

$$0.75v_1-0.2v_2=10$$
$$-v_1+1.6v_2=0$$

从中解出

$$v_1=16\,\text{V},\quad v_2=10\,\text{V}$$

计算出

$$i_1=(16-10)/5=1.2\,(\text{A}),\quad P_{5\Omega}=5\times i_1^2=7.2\,(\text{W})$$

　　思考题 2-10　结点分析最适合于包含什么元件的电路？建立结点方程时为什么要对纯电压源支路假设电流变量？

　　思考题 2-11　试总结归纳建立结点方程时对独立源和受控源的处理规则。

2.5　网孔分析法

2.5.1　网孔方程

　　在规范化分析方法中，可以选一组电流变量作为求解变量。与结点分析法类似，要求这组电流变量能表示出所有的支路电流，且电流变量之间相互独立；同时，还要有规范化的方法来为它们建立方程。网孔电流就是这样一组变量。

　　网孔电流是沿每个网孔边界构成的闭合路径自行流动的假想电流，如图 2-45 所示电路中的 I_1，I_2 和 I_3。网孔电流的个数等于网孔数。对于 b 条支路 n 个结点的平面电路，网孔电流个数为 $b-(n-1)$。

　　网孔电流是完备的，一个电路的网孔电流足够用来表示电路中所有的支路电流。例如，图 2-45 所示电路中电阻 R_1 的电流就是网孔电流 I_1，R_4 支路电流可以用 I_1-I_2 来表示，其余类推。网孔电流也是相互独立的，因为每个网孔电流都沿着各自的网孔流动，流入某结点后，又必从该结点流出。因此，网孔电流之间不受 KCL 方程约束。

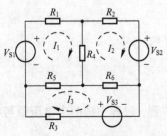

图 2-45　网孔电流

　　对于 b 条支路 n 个结点的平面电路，沿电路中网孔可列

出 $b-n+1$ 个独立 KVL 方程。对于只包含电阻和电压源的电路，将电阻支路电压用网孔电流表示，就可以为求解网孔电流建立足够的方程。

对图 2-45 所示电路中的 3 个网孔，沿着图中标出的网孔电流的流动方向，可以列出以网孔电流为变量的 KVL 方程如下

$$\begin{cases} R_1 I_1 + R_4(I_1 - I_2) + R_5(I_1 - I_3) = V_{S1} \\ R_2 I_2 + R_6(I_2 - I_3) + R_4(I_2 - I_1) = -V_{S2} \\ R_3 I_3 + R_5(I_3 - I_1) + R_6(I_3 - I_2) = V_{S3} \end{cases}$$

整理后得到网孔方程如下

$$\begin{cases} (R_1 + R_4 + R_5)I_1 - R_4 I_2 - R_5 I_3 = V_{S1} \\ -R_4 I_1 + (R_2 + R_4 + R_6)I_2 - R_6 I_3 = -V_{S2} \\ -R_5 I_1 - R_6 I_2 + (R_3 + R_5 + R_6)I_3 = V_{S3} \end{cases}$$

一般情况下，对于有 $m = b-n+1$ 个网孔的电路，其网孔方程由下面 m 个线性方程组成

$$\begin{cases} R_{11}I_1 + R_{12}I_2 + \cdots + R_{1m}I_m = V_{S11} \\ R_{21}I_1 + R_{22}I_2 + \cdots + R_{2m}I_m = V_{S22} \\ \qquad\qquad\vdots \\ R_{m1}I_1 + R_{m2}I_2 + \cdots + R_{mm}I_m = V_{Smm} \end{cases}$$

网孔方程左端的系数均为电阻，方程右端常数是网孔中电压源的电压，其规律性可以归纳为以下 3 点。

（1）一个网孔电流变量 I_i 在本网孔的方程中，变量系数 R_{ii} 为本网孔所有电阻阻值之和，称为**自电阻**。

（2）其他网孔电流 I_j 在本网孔方程中的系数 R_{ij} 称为**互电阻**，其大小为该电流所在网孔与本网孔公共支路上所有电阻之和；当相邻网孔电流 I_j 在公共电阻上与本网孔电流 I_i 方向相同时，互电阻为正，否则为负。

（3）方程右侧常数 V_{Sii} 为沿本网孔电流方向上全部电压源电压升的代数和。

通过观察电路，按照上述规律可以写出网孔方程。

2.5.2　用网孔分析法求解电路

选取网孔电流为求解变量，列写网孔方程的方法为**网孔分析法**。网孔分析法适合求解网孔数量较少，且要求支路电流变量的场合。要注意，网孔的概念只适用于平面电路，因此网孔分析法只能分析平面电路。用网孔分析法分析电路的一般步骤为：

（1）选网孔电流为变量，在电路中标出网孔电流方向；

（2）按照规律列出网孔方程；

（3）解出网孔电流；

（4）利用网孔电流求出其他要求的变量。

例2-16 用网孔分析法求图 2-46 所示电路中支路电流 I_3。

解：（1）选网孔电流变量为 I_{m1} 和 I_{m2}，在图 2-46 中标出参考方向。

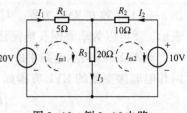

图 2-46　例 2-16 电路

（2）列网孔方程

$$\begin{cases} (5+20)I_{m1}-20I_{m2}=20 \\ -20I_{m1}+(10+20)I_{m2}=-10 \end{cases}$$

其中，（5+20）为第一个网孔的自电阻阻值大小，（10+20）为第二个网孔的自电阻阻值大小，-20 是两个网孔的互电阻阻值大小。求解出网孔电流

$$\begin{cases} I_{m1}=1.14\ \text{A} \\ I_{m2}=0.43\ \text{A} \end{cases}$$

（3）求支路电流 I_3

$$I_3=I_{m1}-I_{m2}=0.71\ \text{A}$$

2.5.3　电流源支路的处理

当电路中含有电流源支路时，流经该支路的网孔电流受到电流源约束，且该支路的电压不能由本支路的 $v\text{-}i$ 特性确定，而是取决于外电路，这对于网孔分析法来说属于难处理的支路。当电流源支路处于边界网孔时，流经该支路的网孔电流已知，无须列方程。当电流源支路处于两网孔公共支路上时，在列网孔方程时需要考虑电流源支路的电压，要为电流源假设电压变量，并在列方程时要把该电压变量暂时看作已知电压；为了这个多出来的变量，需要添加电流源支路上两个网孔电流受到的 KCL 约束方程作为辅助方程。

例2-17 用网孔分析法分析图 2-47 所示电路。

电路中 2 A 电流源处于边界网孔上，网孔电流 I_2 为已知；3A 电流源处于网孔 1 和网孔 3 的公共支路上，假设该支路电压为 V，在列写网孔方程时，将 V 作为已知电压源来处理。

对图 2-47 所示电路列出网孔方程和辅助方程如下：

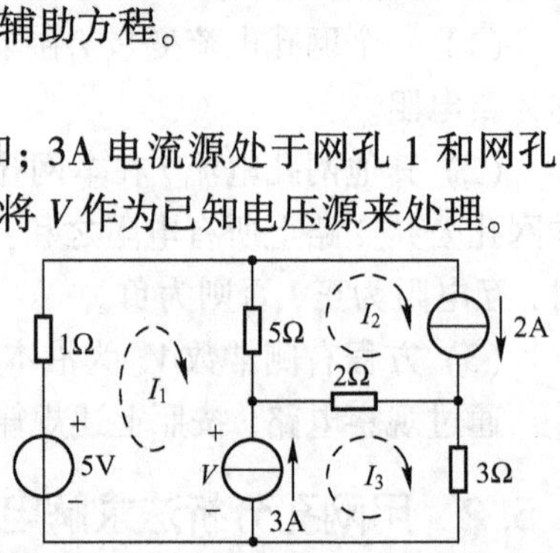

$$\begin{cases} (1+5)I_1-5I_2=5-V \\ I_2=2 \\ -2I_2+5I_3=V \\ I_3-I_1=3 \end{cases}$$

图 2-47　例 2-17 电路

其中第 4 个方程是对 3 A 电流源支路增加的辅助方程。求解网孔电流和电压 V

$$\begin{cases} I_1=4/11=0.364(\text{A}) \\ I_2=2\ \text{A} \\ I_3=37/11=3.36(\text{A}) \\ V=141/11=12.8(\text{V}) \end{cases}$$

2.5.4 含受控源电路的网孔分析

当电路中含有受控源时，在列网孔方程时可先把受控源作为独立源看待，再把控制量用网孔电流来表示。

例 2-18 求图 2-48 所示电路中网孔电流 i_1 和 i_2。

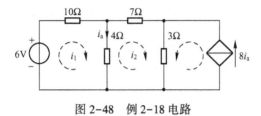

图 2-48 例 2-18 电路

解：本例中，受控电流源处于边界网孔中，该网孔电流在列方程时可看作已知电流。先对 i_1, i_2 列出网孔方程，然后将控制量 i_a 用网孔电流来表示

$$\begin{cases} (10+4)i_1 - 4i_2 = 6 \\ -4i_1 + (4+7+3)i_2 + 3\times 8i_a = 0 \\ i_a = i_1 - i_2 \end{cases}$$

将方程化简得

$$\begin{cases} 14i_1 - 4i_2 = 6 \\ 20i_1 - 10i_2 = 0 \end{cases}$$

从中解出 $i_1 = 1\,\text{A}$，$i_2 = 2\,\text{A}$。

思考题 2-12 网孔分析最适合于包含什么元件的电路？什么情况下需要增加求解变量？

思考题 2-13 试总结和归纳建立网孔方程时对独立源和受控源的处理规则。

2.6 运放电路分析

2.6.1 运放

运放是运算放大器的简称。实际运放是很多个晶体管组成的集成电路，是多端有源器件。运放的应用非常广泛，种类也很多。运放基本功能是放大电压，特点是高增益、高输入电阻和低输出电阻。图 2-49 所示为一种运放的芯片实物图和引脚示意图。其主要的功能引脚包括电压输入端（V^+ 和 V^-），电压输出端（V_o），电源输入端（V_S^+ 和 V_S^-）。

在电路分析中只研究运放的主要外部特性，即它的输入电压与输出电压之间的关系。电路分析中的运放模型是实际运放的近似和简化模型，如图 2-50 所示。

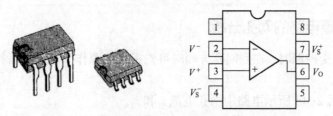

图 2-49 一种运放的芯片实物图及其引脚示意图

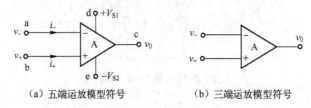

（a）五端运放模型符号 （b）三端运放模型符号

图 2-50 运放电路符号

图 2-50（a）所示为带电源端的五端运放模型符号。运放元件的五个端子功能如下：a 为反相输入端，b 为同相输入端，c 为输出端，d 为正电源端，e 为负电源端。在许多电路图中，电源端可以省略，只画出三个端子，如图 2-50（b）所示。图 2-50 中的 A 表示运放的电压放大倍数，或**开环增益**。

运放的两个输入端之间的特性相当于一个很大阻值的电阻，两个输入端的电流很小。运放的输出电压 v_0 是输出端相对于电源接地端的电压，其特性近似为理想受控电压源。输出电压 v_0 与两个输入端的电压差值 v_d（$v_d = v_+ - v_-$）的关系如图 2-51 所示。

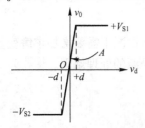

图 2-51 运放电压特性曲线

图 2-51 中显示，在 v_d 绝对值比较大时，输出电压 v_0 为正饱和电压 V_{S1} 或负饱和电压 $-V_{S2}$。实际运放的饱和电压值与运放型号和供电电压有关，在这里认为两个饱和电压就是供电电压。当 v_d 绝对值在一个很小的范围内时，输出电压 v_0 与输入端的电压差值 v_d 成线性关系，v_0 与 v_d 的比值 A 称为运放的**开环增益**。由于当 v_+ 升高时 v_0 升高，而当 v_- 升高时 v_0 降低，故称 b 为同相输入端，a 为反相输入端。

图 2-51 所示的运放电压特性曲线两个坐标并不成比例，实际上线性部分的斜率 A 值可高达 10^6 以上，v_d 取值的线性范围非常小。这意味着对于微小的 v_d 电压幅度值，输出电压 v_0 即可进入饱和区。图 2-52 给出了通过在运放输入端施加电压波形来测试其输出波形的例子。图 2-52 中运放的反相输入端接地，同相输入端连接幅度为 1 V 的正弦电压源，这样运放的输入电压差 v_d 即 v_+，是输入正弦波。从图 2-52 中可以看到，只要输入电压差 v_d 大于 0，输出电压 v_0 就是正饱和电压 $+V_{S1}$；一旦 v_d 变为负值，输出电压 v_0 立即变为负饱和电压 $-V_{S2}$。这说明，对于普通幅度的输入电压信号，运放自身不能实现线性放大功能。

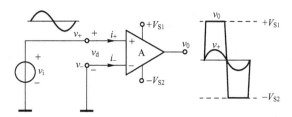

图 2-52　没有负反馈的运放电路

2.6.2　运放电路的负反馈原理

　　为了实现对电压信号的线性放大, 限制输入幅度到微伏以下是不合理的; 直接降低运放芯片的开环增益来满足实际放大倍数的要求也是不现实的, 因为这样不仅难以满足不同运放应用的不同需求, 而且在制造工艺上也很难达到增益指标的一致性和增益曲线的线性程度。解决的办法是, 利用外部电路实现负反馈。

　　图 2-53 给出了实现两倍电压放大的运放电路实例, 用来解释利用负反馈实现线性放大的原理。在图 2-53 所示电路中, 输入信号电压仍然连接到运放的同相输入端; 增加的负反馈电路是两个电阻构成的分压电路; 运放的输出电压经过分压反馈到运放的反相输入端; 可以认为电路中运放的输入端电流为零。

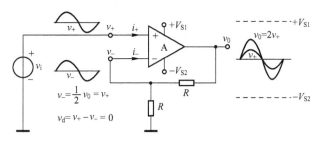

图 2-53　增加负反馈的运放电路

　　由于运放反相输入端对地电压升高会使得输出电压下降, 所以将输出电压的一部分加入到反相输入端就形成了所谓 "负反馈"。其含义是, 反馈到输入端的电压作用到运放上会抵抗输出电压变化的趋势, 让输出电压维持在一个平衡点上。具体到图 2-53 所示的电路, 运放输出电压 v_0 必须时刻保持为输入电压 v_i 的两倍。这是因为一旦输出电压稍微高于 $2v_i$, 经过反馈电阻分压到达反相输入端的电压 v_- 也会升高且高于同相输入端电压 v_+, 这时运放本身极高的开环增益会立即做出调整使得输出电压下降, 直到输入端满足 $v_+ = v_-$。

　　从以上讨论可以看出, 当存在负反馈电路时, 运放就相当于一个高灵敏度的电压比较器, 或是误差放大器, 它时刻检查输出反馈电压与输入电压之间的误差, 并通过调整输出电压来消除这个误差, 如此便实现了输出电压保持在输入电压的特定比值附近。这个比值是由反馈电路决定的, 与运放的开环增益 A 无关。只要开环增益足够高, 输入端误差就很小, 输出电压就足够接近输入电压的特定比值。在图 2-53 所示电路中, 在忽略误差的情况下, 输出电压与输入电压关系为 $v_0/v_i = 2$, 这个电压比值称为运放电路的**闭环增益**。

实际电路中还有其他不同的方法可以构成负反馈电路, 对它们的作用可以进行类似的分析。

2.6.3 运放的受控源模型

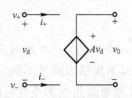

图 2-54 运放的受控源模型

在实际运放电路中, 运放的外接元件构成的负反馈电路可以保证运放的输入电压 v_d 处于 $(-d, d)$ 内, 运放工作在线性区域内。当运放工作在线性区域内时, 输出电压与输入端电压差成比例。同时, 运放输入端电阻通常比外电路电阻的阻值高很多, 可以认为运放的输入电流为零。因此, 在线性区域内运放可等效为如图 2-54 所示的受控源模型, 其外特性可以简化表示为

$$i_+ = i_- = 0$$
$$v_0 = Av_d = A(v_+ - v_-)$$

利用运放的受控源模型可以定量分析前面讨论的带有负反馈的运放电路特性, 以下用一个例子说明当运放开环增益很高时, 电路的闭环增益与开环增益无关。

例 2-19 分析图 2-53 所示同相放大器电路的电压比 $\dfrac{v_0}{v_i}$。

解: 对图 2-53 所示电路中的运放用受控源模型等效, 得到图 2-55 所示的受控源电路。为分析输出电压与输入电压关系, 写出

$$v_0 = Av_d$$
$$v_d = v_i - \frac{1}{2}v_0$$

解得

$$v_0 = \frac{Av_i}{1 + \dfrac{A}{2}} = \frac{2v_i}{\dfrac{2}{A} + 1}$$

由于运放的开环增益 A 很高 $(A \gg 2)$, 所以

$$v_0 \approx 2v_i$$
$$v_d = v_0/A \approx 0$$

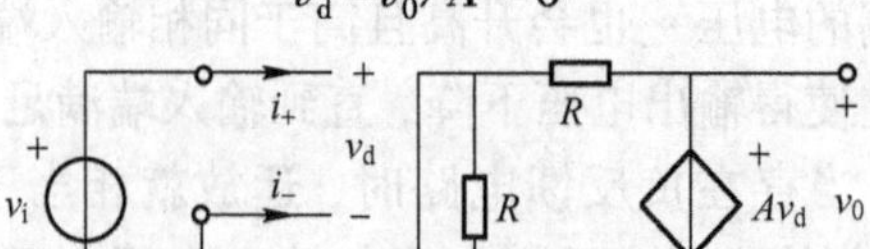

图 2-55 同相放大器等效电路

这意味着当 A 很大时，比值 $\dfrac{v_0}{v_i}$ 与 A 无关，完全取决于外接电阻的阻值。这对于实际电路的分析和设计有利，因为这样实际运放中 A 的分散性和非线性的影响可以被排除掉。此外，当 A 很大时，v_d 绝对值很小；当 $A \to \infty$ 时，$v_d \to 0$。

2.6.4　理想运放模型

实际运放开环增益很高，在分析计算中通常可以视为无穷大，这时其特性如图 2-56(a) 所示。同时，可认为运放输入电阻为无穷大，输出电阻为零。由此得到的模型称为理想运放。理想运放的电路符号如图 2-56(b) 所示。

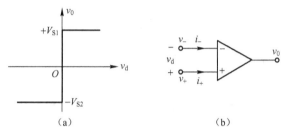

图 2-56　理想运放特性和电路符号

在运放的线性应用中，负反馈电路总是存在的，它用来保证运放的输入端电压差 v_d（$v_d = v_+ - v_-$）为零。此时运放的输出电压取决于外部反馈电路，与运放的开环增益无关。因此，在电路中理想运放对于电路变量的约束只体现在输入端。理想运放输入端的特性为

$$\begin{cases} i_+ = i_- = 0 \\ v_d = v_+ - v_- = 0 \end{cases}$$

理想运放的输入端特性中，一方面端子电流恒为零，类似于开路；另一方面两个输入端之间电压恒为零，又类似于短路。这个性质不同于通常的短路和开路，通常称为理想运放输入端的**虚短路特性**。

在本书中出现的含运放的电路中，除了特别标明外，运放均视作理想运放。在分析含理想运放的电路时，输入端的虚短路特性是理想运放对电路变量施加的唯一约束条件。下面用三个例题说明如何利用虚短路特性分析含理想运放的电路。

例 2-20　分析图 2-57 所示反相放大器电路的输出电压与输入电压的关系。

解：由于运放同相端接地，根据虚短路特性，反相输入端的电位为零，称为**虚地**。考虑到流入反相输入端的电流为零，在该结点列 KCL 方程

$$\frac{v_i - 0}{R_1} = \frac{0 - v_0}{R_f}$$

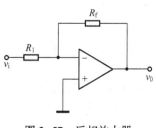

图 2-57　反相放大器

得到

$$v_0 = -\frac{R_f}{R_1}v_i$$

电路的输出电压与输入电压极性相反,且当输入的为正弦波时,输出波形与输入波形相位相反,所以称为反相放大器。

例 2-21 求图 2-58 所示同相放大器电路的电压比 $\dfrac{v_0}{v_i}$。

解: 此电路即例 2-19 所分析的电路。这里利用理想运放特性得到更简便的分析方法。对运放的反相输入端结点列写 KCL 方程

$$\frac{v_-}{R_1} = \frac{v_0 - v_-}{R_f}$$

由虚短路特性知 $v_i = v_-$,所以有 $v_0 = \left(1 + \dfrac{R_f}{R_1}\right)v_i$。

本电路的输出电压与输入电压比 $\dfrac{v_0}{v_i}$ 为正值,在任何时刻输出电压与输入电压极性相同,因此称为同相放大器。

例 2-22 分析图 2-59 所示电压跟随器电路。

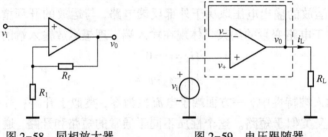

图 2-58 同相放大器   图 2-59 电压跟随器

解: 对图 2-59 所示电路,考虑到输入端虚短路特性,可以写出

$$v_0 = v_- = v_+ = v_i$$

即输出电压等于输入电压,与输出端所接负载无关。此电路可以作为两级电路中间的隔离缓冲电路。

现在假定当图 2-59 输出端连接的负载电阻 R_L 阻值发生变化时,负载电流 i_L 和负载功率也会随之变化。电路中输入电源 v_i 提供的功率为零,显然 R_L 消耗的能量由运放电路来提供,因此运放模型为有源元件。此外,由于理想运放的输入端电流为零,而流出图 2-59 所示电路虚线框的电流代数和不为零,看起来违反了基尔霍夫电流定律,这是因为图中的运放符号省略了电源端线。考虑电源端线上的电流后,电流之和应符合基尔霍夫电流定律。

思考题 2-14 定性分析例 2-20 反相放大器电路中负反馈是如何实现的?

思考题 2-15　电压跟随器在电路中是如何起到隔离和缓冲作用的？

2.6.5　含运放电路的结点分析

含运放电路的分析通常是计算输出电压与输入电压关系，以及输入电阻等。对于复杂的含理想运放的电路，采用结点分析法分析较为方便，即用结点方程结合理想运放的输入端虚短路特性来求解。因为运放输出端为理想电压源性质，运放输出电流取决于外电路，列写结点方程时需要增加电流变量，所以在不需要分析运放输出电流时，不要对运放输出端结点列写结点方程。

例 2-23　证明在图 2-60 所示电路中当 $\dfrac{R_4}{R_3}=\dfrac{R_5}{R_6}$ 时，输出电压 $v_0=k(v_2-v_1)$，k 为常数。

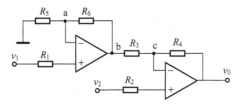

图 2-60　例 2-23 电路

解：对两个运放的反相输入端列出结点方程，要注意到理想运放输入端电流为零，并在列方程时把运放输出端结点电压作为已知电压。

$$\left(\frac{1}{R_5}+\frac{1}{R_6}\right)v_a=\frac{v_b}{R_6} \tag{1}$$

$$\left(\frac{1}{R_3}+\frac{1}{R_4}\right)v_c=\frac{v_b}{R_3}+\frac{v_0}{R_4} \tag{2}$$

由虚短路特性知

$$v_a=v_1 \qquad v_c=v_2$$

代入方程（1）有

$$v_b=\left(1+\frac{R_6}{R_5}\right)v_1$$

代入方程（2）有

$$v_0=\left(1+\frac{R_4}{R_3}\right)v_2-\frac{R_4}{R_3}\left(\frac{R_6}{R_5}+1\right)v_1=\left(1+\frac{R_4}{R_3}\right)v_2-\left(1+\frac{R_4}{R_3}\right)v_1=k(v_2-v_1)$$

其中

$$k=\left(1+\frac{R_4}{R_3}\right)$$

本章要点

■ 线性电路是指由独立源和线性元件组成的电路。线性电路满足齐次性和叠加性。齐次性是指当电路中存在唯一独立源时，电路中其他支路变量都与此电源值成比例关系变化。叠加性是指电路中多个独立源在某个支路上产生的电压或电流可以看成是各个独立源单独作用时产生的电压或电流的叠加。

- 具有相同端口 v-i 关系的电路相互等效。
- 利用基本二端元件连接的等效关系可以逐步简化二端电路，称为等效变换法。
- 含有独立源和线性元件的二端电路可以等效为独立电压源与电阻的串联组合，或等效为独立电流源与电阻的并联组合，分别称为戴维南等效电路和诺顿等效电路。等效电路中的独立电压源为端口的开路电压，独立电流源为端口的短路电流。
- 一个电阻从含有独立源的二端电路中获得最大功率的条件是其阻值等于二端电路的戴维南等效电阻。此结论称为最大功率传输定理。
- 对于电路中参考结点以外的结点列写以结点电压为求解变量的 KCL 方程，得到的一组方程为结点方程。对于连接了电导和电流源的结点，可以按规律得到结点方程；对于电压源支路，需要考虑增加电流变量；对于受控源支路，可以对其先按照独立源来处理然后再增加辅助方程。结点分析法是重要的建立方程的方法。
- 沿着网孔列出的以网孔电流为求解变量的 KVL 方程，称为网孔方程。对于包含电阻和电压源的网孔，可以按照规律直接写出网孔方程；对于电流源支路，需要考虑增加支路电压变量；对于受控源，可以对其先按照独立源处理，再将控制量用网孔电流来表示。
- 理想运放在电路中的特性表现在其输入端的虚短路特性。
- 含运放的电路适合用结点分析法求解，通常不列写运放输出端结点的结点方程，同时需要补充运放输入端虚短路特性约束方程。

习题

2-1　如题 2-1 图所示电路，当 $V_S = 120\,\text{V}$ 时，求得 $I_1 = 3\,\text{A}$，$V_2 = 50\,\text{V}$，$P_3 = 60\,\text{W}$。若 V_S 变为 $60\,\text{V}$，则 I_1、V_2、P_3 各等于多少？

2-2　利用电路的齐次性求题 2-2 图所示电路中的 v_0。

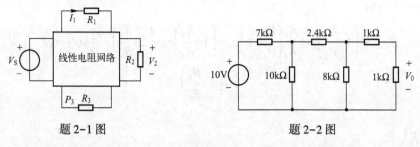

题 2-1 图   题 2-2 图

2-3　利用叠加定理求出题 2-3 图所示电路中 i_0，用 Multisim 仿真软件验证叠加方法的正确性。

2-4　设题 2-4 图中的 48 V 电源突然降低为 24V，求电流 I_2 有多大的变化。

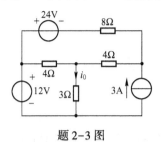
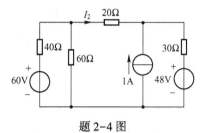

题 2-3 图　　　　　　　　　　　　　题 2-4 图

2-5　用叠加定理求题 2-5 图中的 I_x。

2-6　有一线性无源电路 N_0，如题 2-6 图所示，其内部结构不详。已知当 $V_S = 5\,V$，$I_S = 2\,A$ 时，$I_2 = 1\,A$；当 $V_S = 2\,V$，$I_S = 4\,A$ 时，$I_2 = 2\,A$。求：当 $V_S = 1\,V$，$I_S = 1\,A$ 时，I_2 的电流值为多少？

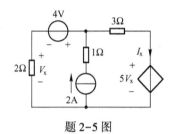
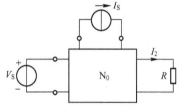

题 2-5 图　　　　　　　　　　　　　题 2-6 图

2-7　题 2-7 图为一种数字/模拟转换电路模型，其中开关 2^0，2^1，2^2 分别与三位二进制数相对应。当二进制数为"1"时开关接入电压 V_S，为"0"时开关接地。设 $V_S = 12\,V$，用叠加定理和等效方法求二进制数分别为"111"及"101"时的输出电压 V_0。

2-8　为题 2-8 图中的每个电路找出 AB 端子间由一个电阻和一个电源组成的等效电路。

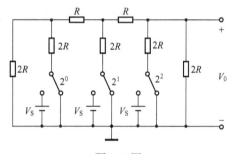

题 2-7 图

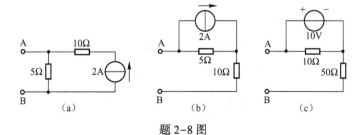

（a）　　　　　　（b）　　　　　　（c）

题 2-8 图

2-9　化简题 2-9 图所示的各二端电路。

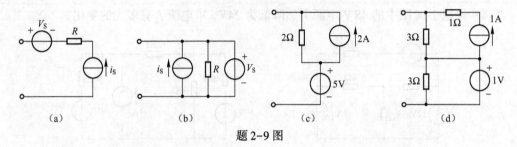

（a）　　　　（b）　　　　（c）　　　　（d）

题 2-9 图

2-10 测得具有如题 2-10(a) 图所示的 v、i 参考方向的二端电路的特性曲线如题 2-10 (b) 图所示，求出该二端电路的等效电路。

2-11 用化简的方法求题 2-11 图所示电路中的 v_x 和 i_x。

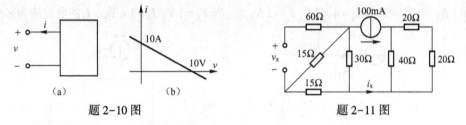

（a）　　　　　　（b）

题 2-10 图　　　　　　　　　　题 2-11 图

2-12 已知题 2-12(a) 图所示二端电路的输入电阻为 $200\,\Omega$。

（1）解释方框中的部分电路必定含有有源元件（受控源）的原因。

（2）假定题 2-12(a) 图所示电路中方框部分电路如题 2-12(b) 图所示。设 $R = 10\,\Omega$，试确定使 $R_{IN} = 200\,\Omega$ 的 β 值。

2-13 利用等效变换方法化简题 2-13 图所示的二端电路。

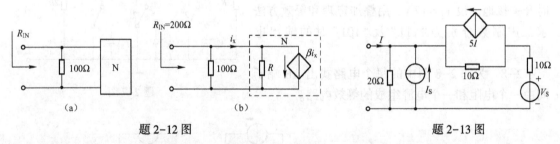

（a）　　　　　　（b）

题 2-12 图　　　　　　　　　　题 2-13 图

2-14 求题 2-14 图所示各二端电路的输入电阻 R_{ab}。

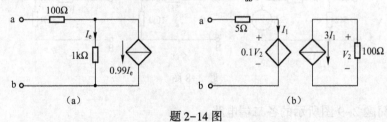

（a）　　　　　　（b）

题 2-14 图

2-15 利用 Υ-△ 变换求题 2-15 图所示电路的等效电阻 R_{ab}（图中所有电阻均为 1 Ω）。

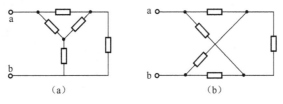

题 2-15 图

2-16 题 2-16 图所示为桥 T 形电路。利用 Υ-△ 变换方法化简电路，证明 $v_0 = v_S/2$。

2-17 （1）找出题 2-17 图所示电路的戴维南或诺顿等效电路。

（2）计算电路在 AB 端接 10 Ω 电阻时所获功率。

（3）有一 5 V 电压源正极接 A，负极接 B，计算该电压源获得的功率。

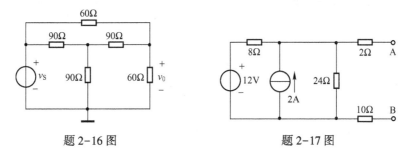

题 2-16 图 题 2-17 图

2-18 题 2-18 图所示电路中，已知 $V_2 = 12.5$ V，若将 ab 两端短路，短路电流 $I_{SC} = 10$ mA，求二端电路 N 在 ab 两端的戴维南等效电路。

2-19 求题 2-19 图所示电路的戴维南等效电路。

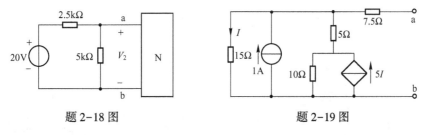

题 2-18 图 题 2-19 图

2-20 题 2-20 图所示电路为用运放构成的反相放大器的等效电路。

（1）求从负载电阻 R_L 向左看进去的戴维南等效电路。

（2）当 A 趋向无穷大时，上面求出的等效电路有什么变化？控制电压 v_d 会发生什么变化？

2-21 调整题 2-21 图所示电路中的负载电阻 R_L，使其获得最大功率。求出此最大功率及其对应的 R_L 值。

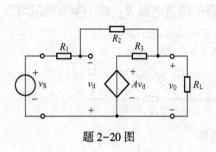

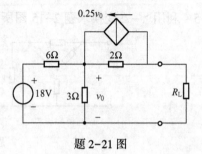

题 2-20 图　　　　　　　　题 2-21 图

2-22　对题 2-22 图中的两个电路，调整 R_L 的值使其获得最大功率，并求出该最大功率值和此时的 v_0/v_S。

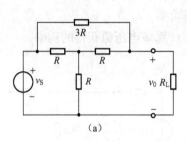
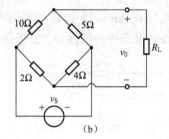

（a）　　　　　　　（b）

题 2-22 图

2-23　若已知一个电路的结点方程如下，试画出一种电路结构。

$$1.6V_1 - 0.5V_2 - V_3 = 1$$
$$-0.5V_1 + 1.6V_2 - 0.1V_3 = 0$$
$$-V_1 - 0.1V_2 + 3.1V_3 = 0$$

2-24　用结点分析法求题 2-24 图中的 V_a、V_b 及 V_c。

2-25　用结点分析法计算题 2-25 图所示电路中的 V_a 与 V_b。

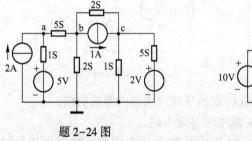
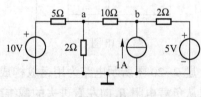

题 2-24 图　　　　　　　　题 2-25 图

2-26　用结点分析法求题 2-26 图所示电路中 v_x 和 i_x，并求出 v_{S1} 放出的功率。

2-27　用结点分析法求题 2-27 图中的 V_a。

2-28　用网孔分析法求解题 2-28 图所示电路中的 I_1、I_2 及 I_3。

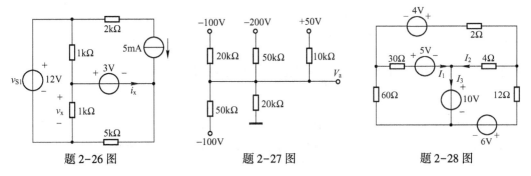

题 2-26 图　　　　　　题 2-27 图　　　　　　题 2-28 图

2-29　用网孔分析法重做题 2-26。

2-30　已知网孔方程如下所示，试画出一种可能的电路结构。

$$\begin{cases} 10I_1 - 5I_2 = 10 \\ -5I_1 + 10I_2 - I_3 = 10 \\ -I_2 + 10I_3 = 10 \end{cases}$$

2-31　用网孔分析法求题 2-31 图所示电路中的 V_1 及 V_2。

2-32　用结点分析法和网孔分析法两种方法求题 2-32 图所示电路中的 I_A 及受控电源的功率。

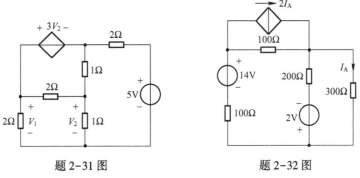

题 2-31 图　　　　　　　　　题 2-32 图

2-33　用结点分析法求题 2-33 图所示电路中的 V_0。

2-34　用结点分析法或网孔分析法求解出题 2-34 图所示电路中的 V_A 及 I_B。

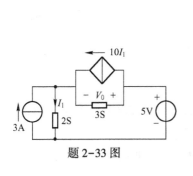

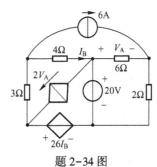

题 2-33 图　　　　　　　　　题 2-34 图

2-35　求出题 2-35 图所示电路 v_0 与 v_{S1} 和 v_{S2} 的关系。

2-36　题 2-36 图所示为含运放的电路，当负载电阻 R_L 在一定取值范围内时，从 R_L 向左看进去的二端电路相当于一个 $i = \dfrac{v_S}{R}$ 的电流源，即 i_L 值与 R_L 无关。

（1）推导出上述结论。

（2）用 Multisim 仿真软件验证上述结论。设 $v_S = 5\,\mathrm{V}$，$R = 5\,\mathrm{k}\Omega$，让负载电阻 R_L 在 $1 \sim 10\,\mathrm{k}\Omega$ 之间线性变化，给出 i_L 随 R_L 变化的曲线，并对曲线的非水平部分做出解释。

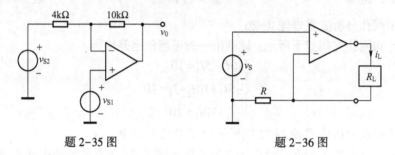

题 2-35 图　　　　　　　　　题 2-36 图

2-37　用结点分析法求题 2-37 图电路的电压增益 v_0/v_S，并用 Multisim 仿真分析验证。

2-38　给定含理想运放的电路如题 2-38 图所示。

（1）用结点分析法求电压增益 v_0/v_i。

（2）求由电压源 v_i 看进去的输入电阻。

（3）用 Multisim 仿真软件计算问题（1）和（2）。

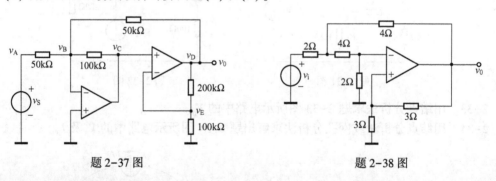

题 2-37 图　　　　　　　　　题 2-38 图

2-39　给定含理想运放的电路如题 2-39 图所示。

（1）求电压增益 v_0/v_i。

（2）求由电压源 v_i 看进去的输入电导。

2-40　如题 2-40 图所示为有 3 个输入端的反相求和电路，其电压的输入输出关系为

$$v_0 = -(v_1 + 3v_2 + 6v_3)$$

设反馈电阻 $R_f = 54\,\mathrm{k}\Omega$，计算输入电阻 R_1, R_2, R_3 的取值。

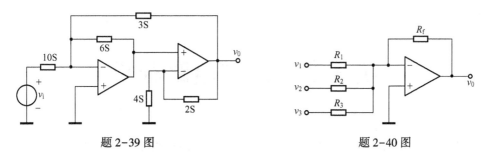

题 2-39 图　　　　　　　　　　　　　题 2-40 图

2-41　题 2-41 所示电路为负电阻变换电路,可将正电阻变为负电阻。(1)试证明当 cd 端接电阻 R 时,从 ab 端看进去的等效电阻为 $R_i = -R$;(2)用 Multisim 仿真软件参数扫描的方法,在 ab 端加测试电流源,通过求电压 v_i 来验证上述结论。

2-42　题 2-42 图为性能改进的桥 T 形反相放大器电路。

(1) 计算其电压增益 $K(K = v_0/v_S)$。

(2) 设计一个桥 T 形反相放大器,使其实现 $K = -500$,$R_{IN} \geq 10\,k\Omega$。

(3) 设计一个简单反相放大器,使其实现同样的指标。

(4) 比较(2),(3)方案中元件值的分散程度(最大阻值与最小阻值之比)和最大电阻值。

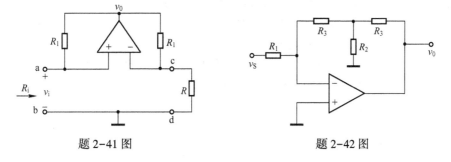

题 2-41 图　　　　　　　　　　　　　题 2-42 图

第3章 动态电路分析

提要 本章讨论动态电路的经典分析方法，介绍动态元件及其特性，动态电路方程的建立、求解和动态响应的分解，然后重点讨论一阶电路响应特点及简化分析方法，以及二阶动态电路固有响应的形式。

3.1 动态元件

3.1.1 电容元件

实际电容器通常是由某种绝缘介质隔开的两个导电极板构成的。在外电路作用下，电容器一个极板上一定数量的电子被移走，该极板等效带有正电荷$+q$，同时，另一个极板上会移来相同数量的电子，带有负电荷$-q$。电容器可以储存能量，能量储存在两极板间的电场中。

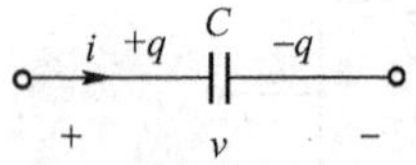

图 3-1 电容元件

电路分析中用**电容元件**作为实际电容器或电路中电容效应的理想模型。电容元件的电路符号如图 3-1 所示。线性非时变电容元件的电荷 q 与电压 v 成正比，即

$$q = Cv \tag{3-1}$$

比例系数 C 被称为电容值，简称电容。电容的单位为法拉（F）。实际电容的大小常常为 10^{-6}F 或 10^{-12}F 数量级，用微法（μF）或皮法（pF）表示。

由式(3-1)可得电容元件两端的电压与电流的关系为

$$i = C \frac{\mathrm{d}v}{\mathrm{d}t} \tag{3-2}$$

式(3-2)所表示的电压与电流关系是在关联参考方向下的关系。当采用非关联参考方向时，需要加负号。

某时刻电容元件的电流与该时刻其端电压的大小无关，而与电压的变化率成正比。例如，当电容元件上的电压为常数（直流）时，电流为零，表明只有变化的电压才能引起电流，因此称电容元件为**动态元件**。

电容元件的另一个特性是记忆特性。将式(3-2)两边对时间积分，得到

$$v(t) = \frac{1}{C} \int_{-\infty}^{t} i(\tau) \mathrm{d}\tau = v(0) + \frac{1}{C} \int_{0}^{t} i(\tau) \mathrm{d}\tau \tag{3-3}$$

其中 $v(0) = \dfrac{1}{C} \displaystyle\int_{-\infty}^{0} i(\tau)\,\mathrm{d}\tau$ 为电容在 $t=0$ 时刻的初始电压。

式(3-3)表明 t 时刻电容电压与该时刻电流无关,而是与该时刻之前电流的历史有关,是以前电流值的积累,具有记忆电流的功能,因此也称电容元件为**记忆元件**。如果将 $t=0$ 时刻作为分析问题的时间起点,则在 $t<0$ 期间电流的积累可以用电容的初始电压 $v(0)$ 表示。

电容的记忆性使其可以用来作为计算机的数据存储器。动态存储器的一个比特就是一个电容器上的电压,电压的高低代表比特"1"或比特"0"。当一个比特单元被写入"1",就相当于这个电容器被充电为高电压,则这个电压能被记忆一段时间,数据就被存储了。

下面讨论电容元件的功率和能量特性。

在电压与电流的关联参考方向下,电容元件的瞬时吸收功率为

$$p = vi = Cv\,\frac{\mathrm{d}v}{\mathrm{d}t} \tag{3-4}$$

与电阻元件不同,电容元件的瞬时功率可正可负,且会随时间变化。电容可能吸收功率,也可能放出功率。电容吸收的能量以电场能量的形式储存在电容两极板间,所以称电容元件为**储能元件**。电容元件某一时刻的储能为

$$w = \int_{-\infty}^{t} Cv\,\frac{\mathrm{d}v}{\mathrm{d}\tau}\mathrm{d}\tau = \frac{1}{2}Cv^2(t) - \frac{1}{2}Cv^2(-\infty) \tag{3-5}$$

设 $v(-\infty)=0$,则电容元件的瞬时储能为

$$w = \frac{1}{2}Cv^2(t) \tag{3-6}$$

例如,假设 $1\,\mu\mathrm{F}$ 的电容上有 $20\,\mathrm{V}$ 的电压,则该电容元件储存的电能为

$$w = \frac{1}{2}\times10^{-6}\times20^2 = 200(\mu\mathrm{J})$$

式(3-6)表明任意时刻电容元件的储能总是大于或等于零,因此电容元件为**无源元件**。

使用新材料和新结构制造的超级电容可以达到法拉量级的电容量。由于电容储能与电容量成比例关系,所以超级电容可以作为电源来用。与化学电池相比较,超级电容用于供电具有可以瞬间大电流放电、充电快、无记忆特性和低温特性好等优点,可用于汽车发动机起动器、电动工具、闪光灯和智能仪表等应用场合。

例 3-1 假定用超级电容以 $1\,\mathrm{mA}$ 恒定电流供电,电容初始电压为 $5.5\,\mathrm{V}$,要求供电 10 小时后电压不低于 $3.0\,\mathrm{V}$。试确定电容器的最小电容量。

解: 由电容的伏安特性 $i = C\dfrac{\mathrm{d}v}{\mathrm{d}t}$,在恒定电流下,可以写出

$$i = C\,\frac{\Delta v}{\Delta t}$$

因此,最小电容值

$$C = i \cdot \Delta t / \Delta v = 10^{-3} \times 36000 / (5.5 - 3.0) = 36/2.5 = 14.4 \text{(F)}$$

例 3-2　图 3-2(a)所示电路中，$v_S(t)$ 的波形如图 3-2(b)所示，试画出电流 $i(t)$ 的波形。

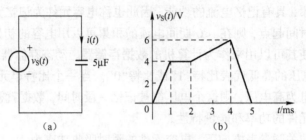

图 3-2　例 3-2 电路

解：利用式(3-2)可得电流 $i(t)$ 的波形如图 3-3 所示。

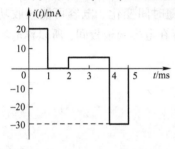

图 3-3　电流 $i(t)$ 的波形

电容元件的一个重要性质是其电压的连续性。在通常的电路中，电容的电流为有限值。从式(3-2)中可以看出，若电压在某时刻不连续，则在该时刻会出现无限大电流。从式(3-6)来看，电压突变则要求电容储能突变，需要瞬间无限大的功率，这在实际电路中不可能实现。

在电路分析中，电容电压的连续性通常表示为

$$v_C(t_0^+) = v_C(t_0^-) \tag{3-7}$$

其中符号 t_0^- 和 t_0^+ 分别表示任一时刻 t_0 的前、后瞬间

$$t_0^- = \lim_{\Delta t \to 0}(t_0 - \Delta t), \quad t_0^+ = \lim_{\Delta t \to 0}(t_0 + \Delta t)$$

在某些特殊情况下，当采用理想电路模型时，电路局部可以通过无限大的电流(例如理想电压源、理想导线等)，此时电容上的电压可能会发生突变。这类特殊电路模型的分析，将在后面讨论。

当电容元件进行串并联时，可以进行等效处理。等效的公式类似于电导串并联公式。若有 N 个电容并联，则这 N 个电容并联后可等效为一个电容 C

$$C = C_1 + C_2 + \cdots + C_N \tag{3-8}$$

并联后电容量增大。若有 N 个电容串联，则这 N 个串联电容也可以等效为一个电容 C，且满足

$$\frac{1}{C} = \frac{1}{C_1} + \frac{1}{C_2} + \cdots + \frac{1}{C_N} \tag{3-9}$$

串联等效电容小于参加串联的任一电容值。

思考题 3-1　电容可以提供能量，那么如何理解电容是无源元件？

思考题 3-2　设所有电容的初始电压为零，用基尔霍夫定律和电容伏安特性证明式(3-8)

和式(3-9)。

3.1.2　电感元件

实际电感器通常由绕在磁性材料上的线圈构成。当线圈中流过电流时，在线圈内部及其周围产生磁场。若穿过线圈的磁通量为 ϕ（单位为韦伯，Wb），线圈的匝数为 N，则称 $N\phi$ 为**磁链 ψ**。磁链是电感电流的函数。由物理学定律可知，当电感元件上的电流随时间变化时，磁链 ψ 也随时间变化，电感线圈将产生感应电压，以抵抗电流的变化。

电感元件的符号如图 3-4 所示，它是表示磁链与电流成正比关系的理想化模型。电感元件的磁链 ψ 与电流 i 的关系为

$$\psi = Li \tag{3-10}$$

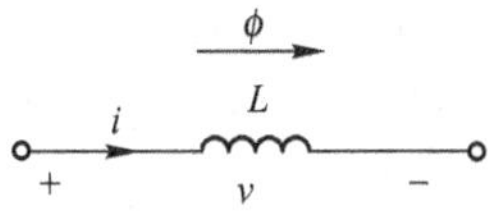

其中 L 称为电感元件的电感值，简称电感。电感的单位为亨利（H）。当电感较小时，可用毫亨（mH）或微亨（μH）表示。

图 3-4　电感元件

在实际的电感器中，空心电感器的电感为常数，而铁芯电感器的电感与电流有关，不是常数，只能在一定条件下近似为常数，以简化计算。本书只讨论理想化的线性电感模型，其电感值为常数。

当电感元件两端电压与电流采用图 3-4 所示关联参考方向时，依据电磁感应定律，电感元件伏安关系为

$$v = L\frac{\mathrm{d}i}{\mathrm{d}t} \tag{3-11}$$

电感元件的电压与电感元件的瞬时电流值无关，而与电流的变化率有关。只有变化的电流才能产生电压，若该电流为常数（直流），则感应电压为零，所以称电感元件为动态元件。

式(3-11)电感元件的伏安特性也可以写成积分形式。对式(3-11)等号两端项对时间积分得到

$$i = \frac{1}{L}\int_{-\infty}^{t} v(\tau)\,\mathrm{d}\tau = i(0) + \frac{1}{L}\int_{0}^{t} v(\tau)\,\mathrm{d}\tau \tag{3-12}$$

其中，$i(0) = \dfrac{1}{L}\displaystyle\int_{-\infty}^{0} v(\tau)\,\mathrm{d}\tau$ 是在 $t=0$ 时刻电感初始电流。

式(3-12)说明电感电流瞬时值与当前时刻电感电压取值无关，而是与电感电压的历史有关，体现了电感对于电压的记忆作用，因此称电感元件为记忆元件。电感电流初始值 $i(0)$ 反映了 $t=0$ 时刻以前电感元件上电压的积累。

在电压和电流的关联参考方向下，电感元件的瞬时吸收功率为

$$p = vi = Li\frac{\mathrm{d}i}{\mathrm{d}t} \tag{3-13}$$

式(3-13)说明电感功率的正负会随时间变化，即电感元件可能会吸收功率，也可能会放出功率。与电阻元件不同，电感元件的瞬时吸收功率不会以热能或其他能量形式消耗掉，而

是以磁能的形式储存在电感线圈形成的磁场中，所以称电感元件为储能元件。电感元件在某一时刻的储能为

$$w = \int_{-\infty}^{t} Li \frac{di}{d\tau} d\tau = \frac{1}{2}Li^2(t) - \frac{1}{2}Li^2(-\infty)$$

通常认为 $i(-\infty) = 0$，所以有电感元件的瞬时能量为

$$w = \frac{1}{2}Li^2(t) \tag{3-14}$$

式(3-14)表明任意时刻电感元件的储能总是大于或等于零，这说明电感放出的能量总不会超过其以前吸收的能量，因此电感元件为无源元件。

例 3-3 已知图 3-5(a)为 $L = 50$ mH 电感元件的电流波形，求该电感元件的电压、功率和能量波形。

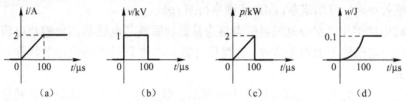

图 3-5　例 3-3 电路

解： 由式(3-11)可知，电感电压等于电流变化率乘以电感值。对图 3-5(a)所示的电流进行微分并乘以 0.05 后，得到如图 3-5(b)所示电感电压的波形。

用图 3-5(a)所示的电流乘以图 3-5(b)所示的电压，得到如图 3-5(c)所示的功率波形。

按式(3-14)对图 3-5(a)的电流进行平方后再乘以 $L/2$，得到如图 3-5(d)所示的电感储能波形。

电感元件的一个重要性质是其电流的连续性。从电感元件伏安特性式(3-11)中可看出，若电感电流在某时刻不连续，则在该时刻应出现无限大电压，这在实际电路中不可能实现。

在电路分析中，电感电流的连续性通常表示为

$$i_L(t_0^+) = i_L(t_0^-) \tag{3-15}$$

在某些特殊情况下，当采用理想电路模型时，电路局部可以产生无限大的电压(例如理想电流源等)，此时电感的电流可能会发生突变。这类特殊电路模型的分析，将在后面讨论。

电感元件的串并联组合等效为一个电感元件。等效电感的计算类似于电阻的串并联计算。若有 N 个电感元件串联，则等效电感为

$$L = L_1 + L_2 + \cdots + L_N \tag{3-16}$$

若有 N 个电感元件并联，则等效电感为

$$\frac{1}{L} = \frac{1}{L_1} + \frac{1}{L_2} + \cdots + \frac{1}{L_N} \tag{3-17}$$

思考题 3-3 对照式(3-2)和式(3-11)不难发现,将 L 与 C 对换、v 与 i 对换后,一个关系式将转换为另一个关系式。如果两个公式或模型抽去物理含义后它们的数学表达式相同,就称它们之间存在**对偶关系**。试归纳本节中具有对偶关系的概念和表达式。

3.2 动态电路方程

3.2.1 动态电路

至少包含一个动态元件的电路被称为**动态电路**。如图 3-6 所示,由于动态元件可以储存能量,动态电路在某个时刻的响应不仅与电路中当时的输入激励有关,还与电路当时的储能状态有关。电容的储能为 $w_C = \frac{1}{2}Cv^2$,电感的储能为 $w_L = \frac{1}{2}Li^2$。因此,电容电压和电感电流代表了电路的储能状态,称为**状态变量**。例如,在图 3-6(a)中,电路中并没有电源激励;当开关闭合后,电阻上出现电压波形是因电路中电容能量的释放引起的,即开关动作引起了一个状态改变的过程。

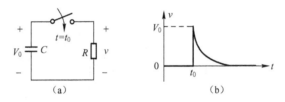

图 3-6 初始能量引起的响应

电路的特性是由组成电路的元件的特性和各元件相互连接的拓扑关系决定的。如果电路中各元件的参数和连接关系不变,激励方式不变(假定各个激励均为直流或幅度恒定的周期信号),则经过足够长时间后,电路中动态元件的储能达到稳定,或呈稳定周期变化,称电路进入**稳定状态(稳态)**。

当电路元件的参数、电路的连接关系或激励信号发生突变时,称电路发生**换路**。换路往往可以用开关动作描述。处于稳态的电路换路后,原来的稳态被打破,电路将向一种新的稳态转化。电路从一种稳态向另一种稳态过渡时所处的状态称为**暂态**或**动态**。动态电路分析主要是分析过渡过程中电路变量的变化规律。

图 3-7 和图 3-8 对动态电路的暂态和稳态进行了示意描述。图 3-7(a)和图 3-7(c)分别为直流激励下的电阻电路和动态电路。图 3-7(b)和图 3-7(d)分别为直流激励下的电阻电路和动态电路的响应波形。与电阻电路不同,开关闭合后动态电路电压响应不能立即达到

稳态电压，需要从电容的零储能状态逐渐过渡到稳定储能状态。

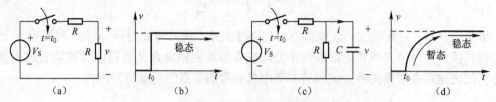

图 3-7　直流激励下的电阻电路和动态电路

图 3-8 对比了正弦激励下电阻电路与动态电路的不同。图 3-8(a) 和图 3-8(c) 分别为电阻电路和动态电路，而图 3-8(b) 和图 3-8(d) 对比了它们的响应波形。电阻电路在开关闭合的瞬间立即进入正弦稳态，而动态电路由于电容充放电的惯性，要经过一段时间电容的能量交换才能达到平衡，进入正弦稳态。正弦稳态与直流稳态不同，电容电压和储能都会发生周期变化。

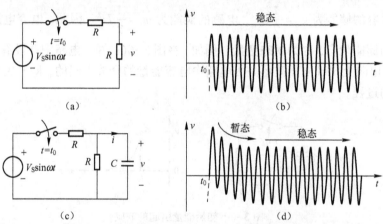

图 3-8　正弦交流激励下的电阻电路和动态电路

3.2.2　动态电路方程的建立

动态电路含有电容或电感，电容和电感的伏安关系是微积分的关系，描述动态电路的数学模型是微分方程。对于简单电路，可以根据两种约束建立单变量微分方程。

例 3-4　为图 3-9 所示电路中的电容电压和电流建立动态电路方程。

解：列出回路的 KVL 方程，可得

$$v_R + v_C = v_S$$

依据元件约束关系，可得

$$v_R = Ri, \quad i = C\frac{\mathrm{d}v_C}{\mathrm{d}t}$$

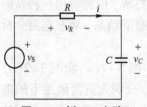

图 3-9　例 3-4 电路

将元件伏安关系代入 KVL 方程，替换其中的 v_R，然后按照

一阶导数项进行归一化, 得到关于电容电压的动态电路方程为

$$\frac{\mathrm{d}v_C}{\mathrm{d}t}+\frac{1}{RC}v_C=\frac{1}{RC}v_\mathrm{S} \tag{3-18}$$

为了建立电流变量的微分方程, 写出电容元件伏安特性积分形式

$$v_C=\frac{1}{C}\int i\mathrm{d}t$$

将电阻和电容电压用电流 i 表示, 并代入 KVL 方程得到

$$Ri+\frac{1}{C}\int i\mathrm{d}t=v_\mathrm{S}$$

方程两边对时间求导, 并按照一阶导数项进行归一化, 得到方程如下

$$\frac{\mathrm{d}i}{\mathrm{d}t}+\frac{1}{RC}i=\frac{1}{R}\frac{\mathrm{d}v_\mathrm{S}}{\mathrm{d}t}$$

对比电容电压和电流的方程可以看出, 两个方程左侧的形式相同, 右侧与电路的激励或其导数成线性关系。

例 3-5 以电感电流为变量, 写出图 3-10 所示电路的动态电路方程。

解: 写出上端结点的 KCL 方程

$$i_R+i_L=i_\mathrm{S}$$

依据电阻和电感的元件约束关系可得

$$i_R=\frac{v_L}{R},\ v_L=L\frac{\mathrm{d}i_L}{\mathrm{d}t}$$

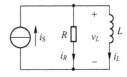

图 3-10 例 3-5 电路

将元件约束关系代入 KCL 方程, 替换其中的 i_R, 按电流导数项归一化, 得到关于电感电流的动态电路方程为

$$\frac{\mathrm{d}i_L}{\mathrm{d}t}+\frac{R}{L}i_L=\frac{R}{L}i_\mathrm{S}$$

用类似的方法可以为电路中其他变量建立方程。对同一个电路, 这些方程左边的系数相同。

从以上两个例题可以看出, 对于只包含一个动态元件的线性电路, 描述其电路变量的方程是一阶常系数线性微分方程, 因此将这类电路称为**一阶动态电路**。若以 y 为变量, 一阶动态电路微分方程的一般形式为

$$\frac{\mathrm{d}y}{\mathrm{d}t}+ay=f(t) \tag{3-19}$$

其中系数 a 由电路元件参数决定, $f(t)$ 与电路中激励电源表达式或其导数成线性关系。

例 3-6 以电容电压为变量, 写出图 3-11 所示电路的动态电路方程。

解: 本电路包含两个动态元件, 写出回路的 KVL 方程

$$v_R+v_L+v_C=v_\mathrm{S}$$

写出无源元件的伏安特性表达式

$$v_R = Ri, \quad v_L = L\frac{\mathrm{d}i}{\mathrm{d}t}, \quad i = C\frac{\mathrm{d}v_c}{\mathrm{d}t}$$

将电阻电压和电感电压用电容电压来表示

$$v_R = RC\frac{\mathrm{d}v_c}{\mathrm{d}t}$$

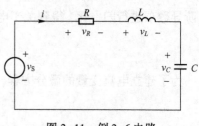

图 3-11　例 3-6 电路

$$v_L = L\frac{\mathrm{d}i}{\mathrm{d}t} = LC\frac{\mathrm{d}^2 v_c}{\mathrm{d}t^2}$$

代入 KVL 方程后, 按照最高阶导数归一化, 得到关于电容电压的动态电路方程为

$$\frac{\mathrm{d}^2 v_c}{\mathrm{d}t^2} + \frac{R}{L}\frac{\mathrm{d}v_c}{\mathrm{d}t} + \frac{1}{LC}v_c = \frac{1}{LC}v_\mathrm{S} \tag{3-20}$$

用类似的方法, 可以为电路中其他变量建立方程。可以验证, 这个电路所有变量的方程左侧的系数都是相同的, 方程为线性常系数二阶微分方程。

由二阶微分方程描述的动态电路被称为**二阶动态电路**。以 y 为变量, 二阶动态电路微分方程的一般形式为

$$\frac{\mathrm{d}^2 y}{\mathrm{d}t^2} + a_1\frac{\mathrm{d}y}{\mathrm{d}t} + a_0 y = f(t) \tag{3-21}$$

方程左侧的系数 a_1 和 a_0 由电路的元件参数确定, 方程右侧的函数形式取决于电路中电源或其导数的函数形式。

一般情况下, 由 N 个独立储能元件组成的动态电路, 变量用 N 阶微分方程描述, 称为 **N 阶动态电路**。本章仅涉及在直流激励条件下一阶和二阶动态电路的分析。对于其他形式信号激励下的电路和高阶电路的分析, 直接采用高阶微分方程求解的计算量较大, 一般采用变换域分析方法或利用计算机辅助工具进行分析。

3.2.3　动态响应

对换路以后的动态电路建立微分方程, 并通过求解微分方程得到电路动态响应的方法称为动态电路分析的**经典法**。

线性常微分方程的常用解法是按照齐次解(通解, y_h)加特解(y_p)的方法求解。以下用两个例子说明一阶电路的经典法求解过程, 并给出一阶动态响应的一般表达式。

例 3-7　图 3-12 所示电路中, 电容的初始电压为 1 V, $t=0$ 时开关闭合, 求 $t>0$ 时的 $v_C(t)$。

解: 当开关闭合后构成单回路, 其中电容电压满足的方程已经在例 3-4 中得到

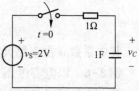

图 3-12　例 3-7 电路

$$\frac{\mathrm{d}v_C}{\mathrm{d}t}+\frac{1}{RC}v_C=\frac{1}{RC}v_S$$

将元件参数代入方程

$$\frac{\mathrm{d}v_C}{\mathrm{d}t}+v_C=2$$

方程的解由齐次解和特解构成，即

$$v_C=v_{Ch}+v_{Cp}$$

由齐次方程的特征方程 $s+1=0$ 得到特征根 $s=-1$，得到齐次解为

$$v_{Ch}=K\mathrm{e}^{-t}$$

特解与非齐次微分方程右侧形式相同。设特解为

$$v_{Cp}=A$$

将特解代入非齐次微分方程得

$$A=2$$

完全解表达式为

$$v_C(t)=v_{Ch}+v_{Cp}=K\mathrm{e}^{-t}+2$$

将初始值 $v_C(0)=1$ 代入完全解表达式

$$v_C(0)=1=K+2$$

解得 $K=-1$，代入完全解表达式，得到 $t>0$ 时电容电压的动态响应

$$v_C(t)=(-\mathrm{e}^{-t}+2)\ \mathrm{V},\quad t>0$$

例 3-8　如图 3-13(a) 所示电路在 $t<0$ 时已处于稳态，$t=0$ 时刻换路，求 $t>0$ 时 i_L 的波形。

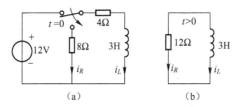

图 3-13　例 3-8 电路

解：$t>0$ 时电感电流由图 3-13(b) 所示电路确定。对该电路写出 KCL 方程

$$i_L+i_R=0$$

再将电阻电流表示为

$$i_R=L\frac{\mathrm{d}i_L}{\mathrm{d}t}/R=\frac{3i_L'}{12}=\frac{1}{4}i_L'$$

代入 KCL 方程得到微分方程

$$i_L'+4i_L=0$$

此微分方程为齐次方程，容易看出其通解为 $i_L = K\mathrm{e}^{-4t}$。

要确定常数 K，需要知道电感电流初始值。由于换路之前电路已经稳定，在 12 V 直流激励下，电感稳态电流为 $i_L(0^-) = 12/4 = 3(\mathrm{A})$。在开关动作瞬间，电感电流不能突变，因此 $i_L(0^+) = i_L(0^-) = 3\,\mathrm{A}$。代入通解表达式，得到

$$i_L = 3\mathrm{e}^{-4t}(\mathrm{A}),\ t>0$$

二阶动态电路中，对于不同的动态元件参数，齐次解的形式有多种，具体的情况将在 3.6 节讨论。这里仅对图 3-11 所示二阶电路的一种简单情况给出经典法求解的过程示例。

例 3-9　假设某二阶电路在换路之后（$t>0$）的电路如图 3-14 所示，已知 $v_C(0^+) = 0\,\mathrm{V}$，$i(0^+) = 2\,\mathrm{A}$，$v_\mathrm{S} = 1\,\mathrm{V}$，求解 $v_C(t)$。

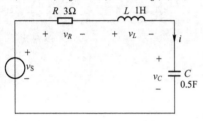

图 3-14　例 3-9 电路

解： 将电路参数代入例 3-6 求出的微分方程式（3-20）中，得到

$$\frac{\mathrm{d}^2 v_C}{\mathrm{d}t^2} + 3\frac{\mathrm{d}v_C}{\mathrm{d}t} + 2v_C = 2$$

特征方程为

$$s^2 + 3s + 2 = 0$$

特征根

$$s_1 = -1,\quad s_2 = -2$$

齐次解为

$$v_{Ch} = K_1\mathrm{e}^{-t} + K_2\mathrm{e}^{-2t}$$

特解与微分方程右侧形式相同。设特解 $v_{Cp} = A$，代入微分方程，得

$$0 + 0 + 2A = 2$$

所以 $A = 1$，特解为

$$v_{Cp} = 1$$

该微分方程的完全解表达式为

$$v_C(t) = v_{Ch} + v_{Cp} = K_1\mathrm{e}^{-t} + K_2\mathrm{e}^{-2t} + 1$$

由初始条件可知 $v_C(0^+) = 0$，$\dfrac{\mathrm{d}v_C(0^+)}{\mathrm{d}t} = \dfrac{i(0^+)}{C} = 4$，代入完全解表达式，确定待定系数

$$\begin{cases} v_C(0^+) = K_1 + K_2 + 1 = 0 \\ \dfrac{\mathrm{d}v_C(0^+)}{\mathrm{d}t} = -K_1 - 2K_2 = 4 \end{cases}$$

解得

$$\begin{cases} K_1 = 2 \\ K_2 = -3 \end{cases}$$

得到动态响应

$$v_C(t) = 2e^{-t} - 3e^{-2t} + 1, \quad t > 0$$

思考题 3-4　设一阶动态响应变量为 y，其特解为 $y_p(t)$，初始条件为 $y(0^+)$，试推导出一阶动态响应的一般形式。

3.3　初始值与直流稳态值的计算

在求解动态电路响应时需要确定响应的初始值。响应的初始值与电路初始状态有关，而电路初始状态又取决于其换路前一刻的状态。在直流电源激励的情况下，电路换路前状态往往就是直流稳态。变量的直流稳态值也可用在简化的一阶电路三要素法中。下面讨论变量的直流稳态值和初始值的一般计算方法。

3.3.1　直流稳态等效电路

直流稳态是指稳定电路在直流激励条件下，经过无限长的时间，电路中所有电压和电流都为常数时的状态。直流稳态条件下电压和电流已不再变化，因此电容电流为零，电容相当于开路，如图 3-15(a) 所示；电感电压为零，电感相当于短路，如图 3-15(b) 所示。在实际计算中，并不需要理论上的无限长时间，只要响应变化的成分足够小，就可以认为达到稳态。

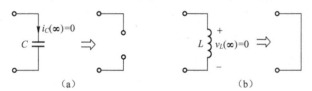

图 3-15　电容和电感的直流稳态等效

根据动态元件在直流稳态下的特性，在求直流激励下一般变量的稳态值时，应首先将电容开路，电感短路，画出仅由直流电源和电阻组成的**直流稳态等效电路**，然后利用电阻电路的分析方法求解任意变量的稳态值。

例 3-10　电路如图 3-16(a) 所示，$t=0$ 时开关由触点 a 倒向触点 b。假设换路前瞬间电路已处于稳态，求 $i_L(0^-)$，$i(0^-)$，$i_L(\infty)$ 和 $i(\infty)$。

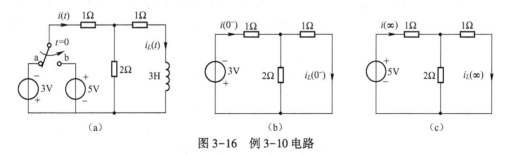

图 3-16　例 3-10 电路

解：换路前电路处于稳态，作出 $t=0^-$ 瞬间的稳态等效电路如图 3-16(b) 所示，其中电感用短路代替，因此有

$$i(0^-) = -\frac{3}{1+\frac{1\times2}{1+2}} = -\frac{9}{5}(\text{A})$$

$$i_L(0^-) = -\frac{9}{5}\times\frac{2}{2+1} = -\frac{6}{5}(\text{A})$$

在 $t\to\infty$ 时，直流稳态等效电路如图 3-16(c) 所示，其中，电感用短路代替。由于开关已经倒向触点 b，电压源为触点 b 所在支路电压源。因此有

$$i(\infty) = \frac{5}{1+\frac{1\times2}{1+2}} = 3(\text{A})$$

$$i_L(\infty) = 3\times\frac{2}{2+1} = 2(\text{A})$$

3.3.2　初始时刻等效电路

电路变量的初始值是指电路变量在换路后瞬间的值。由于变量在换路前后可能会发生突变，所以若在 $t=t_0$ 时刻发生换路，就约定用 t_0^+ 表示换路后瞬时，用 t_0^- 表示换路前瞬间。

动态电路变量的瞬时值与激励和储能有关，电路储能由电感电流和电容电压确定。电路变量在 t_0^+ 瞬间的值由电路在 t_0^+ 瞬间电容电压与电感电流，以及 t_0^+ 瞬间的输入激励共同确定。

电容电压和电感电流的初始值可依据换路特性确定。换路瞬间，当电路中电压和电流均为有限值时，电容上的电压和电感中的电流保持连续，称为**换路定律**，即 $v_C(t_0^+)=v_C(t_0^-)$，$i_L(t_0^+)=i_L(t_0^-)$。

对直流激励的电路，若换路前电路已进入稳态，$v_C(t_0^-)$ 和 $i_L(t_0^-)$ 可以用上面介绍的直流稳态电路分析方法求得；若换路前电路还未进入稳态，可根据已知的换路前电容电压和电感电流的表达式求得，然后再依据换路定律可确定 $v_C(t_0^+)$ 和 $i_L(t_0^+)$。

除了电容电压和电感电流以外，其他变量有可能发生突变。其他变量在 t_0^+ 瞬间的值，可以根据 t_0^+ 瞬间的等效电路求得。如图 3-17 所示，若在 t_0^+ 瞬间电容上的电压为 $v_C(t_0^+)=V_0$，电感中的电流为 $i_L(t_0^+)=I_0$，则电容可以用电压值为 V_0 的直流电压源替代，电感可以用电流

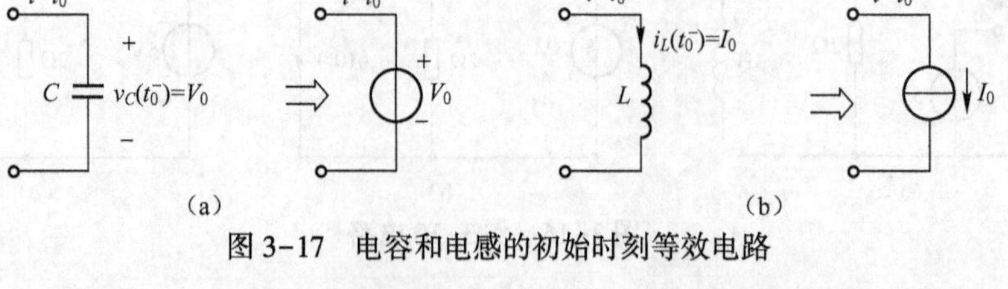

图 3-17　电容和电感的初始时刻等效电路

值为 I_0 的直流电流源替代，得到仅由直流电源和电阻构成的 t_0^+ 瞬间的**初始时刻等效电路**。利用这个等效电路来求解其他变量在 t_0^+ 瞬间的初始值。

例 3-11　求例 3-10 电路中的 $i_L(0^+)$，$i(0^+)$。

解：　由例 3-10 求出的 $i_L(0^-)$，然后根据换路定律，可画出如图 3-18 所示的 $t=0^+$ 初始时刻等效电路。其中，电感用电流为 $i_L(0^+)=i_L(0^-)=-1.2\,\text{A}$ 的电流源替代。列写左边网孔的网孔方程

$$3i(0^+)-2i_L(0^+)=5\,\text{A}$$

求得

$$i(0^+)=\frac{13}{15}\text{A}$$

例 3-12　如图 3-19 所示电路在开关断开前已处于稳态。$t=0$ 时开关断开，求图中所标出变量在 $t=0^-$，$t=0^+$，$t\to\infty$ 时刻的变量值。

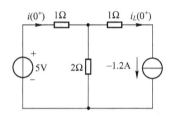

图 3-18　例 3-11 的 $t=0^+$ 初始时刻等效电路

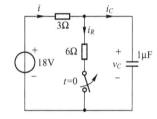

图 3-19　例 3-12 电路

解：开关断开前电路处于稳态，所以，在 $t=0^-$ 瞬间的等效电路如图 3-20(a) 所示。其中，电容用开路代替，开关处于闭合状态。因此有

$$i_C(0^-)=0\,\text{A}$$

$$v_C(0^-)=\frac{6}{3+6}\times18=12(\text{V})$$

$$i(0^-)=i_R(0^-)=\frac{18}{3+6}=2(\text{A})$$

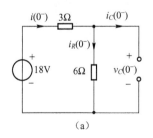 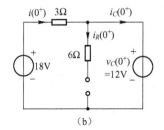 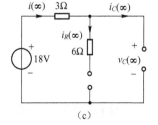

図 3-20　例 3-12 等效电路

在 $t=0^+$ 时，根据换路定律，可画出如图 3-20(b)所示初始时刻等效电路。其中，电容用电压为 $v_C(0^+)=v_C(0^-)=12\text{ V}$ 的电压源替代，由此可得

$$v_C(0^+)=v_C(0^-)=12\text{ V}$$

$$i_C(0^+)=i(0^+)=\frac{18-12}{3}=2\text{ (A)}$$

$$i_R(0^+)=0\text{ A}$$

在 $t\rightarrow\infty$ 时，直流稳态等效电路如图 3-20(c)所示。其中，电容用开路代替，开关处于断开状态，因此有

$$i_C(\infty)=i(\infty)=i_R(\infty)=0\text{ A}$$

$$v_C(\infty)=18\text{ V}$$

例 3-13　已知图 3-21(a)所示电路在开关断开前已处于稳态，求：$v(0^+)$，$i(0^+)$；$v'(0^+)$，$i'(0^+)$。

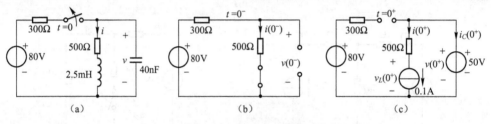

图 3-21　例 3-13 电路

解：开关断开前电路处于稳态，在 $t=0^-$ 瞬的直流稳态等效电路如图 3-21(b)所示。其中，电容用开路代替，电感用短路代替，开关处于闭合状态，因此有

$$i(0^-)=80/800=0.1\text{ (A)}$$

$$v(0^-)=80\times\frac{500}{800}=50\text{ (V)}$$

根据换路定律，可画出在 $t=0^+$ 瞬间的初始时刻等效电路如图 3-21(c)所示。其中，电容用电压为 $v_C(0^+)=v_C(0^-)=50\text{ V}$ 的电压源替代，电感用电流为 $i_L(0^+)=i_L(0^-)=0.1\text{ A}$ 的电流源替代。

依据电容元件和电感元件上的伏安关系可得到两个变量的一阶导数初始值为

$$v'(0^+)=\frac{1}{C}i_C(0^+)=-\frac{1}{C}i(0^+)=\frac{-0.1}{40\times10^{-9}}=-2.5\times10^6\text{ (V/s)}$$

$$i'(0^+)=\frac{1}{L}v_L(0^+)=\frac{-0.1\times500+50}{2.5\times10^{-3}}=0\text{ (A/s)}$$

3.3.3　电容电压和电感电流的突变

在实际电路中，因为电容电流和电感电压是有限值，电容电压和电感电流不能突变，所以

换路定律成立。但在有些条件下，电容电压或电感电流在两个不等数值之间的跃变用时非常短，过渡时间可以忽略掉，其变化可以近似作为突变处理。在电路模型中也允许电容电压或电感电流发生突变，前提是在电路中可以出现无限大的电流或电压。下面讨论两种突变情况的处理。

第一种突变情况如图 3-22 所示，在开关动作后，电容元件直接与理想电压源并联，电感元件直接与理想电流源串联。假设换路前动态元件的储能为零，即 $v_C(0^-)$ 为零，$i_L(0^-)$ 为零，由于换路后瞬间的电路必须满足基尔霍夫定律，即 $v_C(0^+)=V_S$，$i_L(0^+)=I_S$，从而使电容上的电压与电感中的电流发生了突变，称为**强迫突变**。

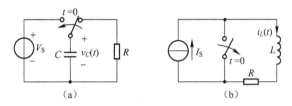

图 3-22　强迫突变电路

对于图 3-22(a)所示电路，在开关动作后的瞬间，由于受到 KVL 约束，电容电压必须从零跳变为 V_S。在 $t=0$ 瞬间，电容电压突变造成电容电流 i_C（$i_C=\mathrm{d}v_C/\mathrm{d}t$）为无限大。在开关动作后电压源与电容构成的回路中，理想电压源和理想导线都可以通过无限大的电流，电路中的变量并不违反基尔霍夫定律。通过提供瞬间无限大电流，电压源在无限短的时间内向电容转移了达到新电压值所需的电荷。类似地，在图 3-22(b)所示电路的开关动作后瞬间，由于受到 KCL 约束，电感电流必须跳变到电流 I_S，电流源可以在跳变瞬间提供无限大电压以满足基尔霍夫定律。

第二种突变情况如图 3-23 所示。对于图 3-23(a)所示电路，假设两个电容在换路前瞬间的电压之和不等于 V_S，则在换路后瞬间两个电容电压至少有一个需要突变，这样由电容和电压源所构成回路的电压才能满足基尔霍夫电压定律。对于图 3-23(b)所示电路，若在换路前瞬间两电感的电流值不相同，换路后瞬间为了让两个电感支路所构成结点上的电流满足基尔霍夫电流定律，就要求至少有一个电感电流发生突变。在这种情况下，两个电容的电荷、两个电感的磁链在瞬间重新分配，称为**再分配突变**。下面简单讨论在这种突变情况下如何确定初始值。

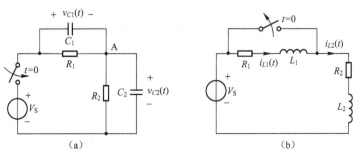

图 3-23　再分配突变电路

对于图 3-23(a) 所示电路, 假设换路前瞬间电路已达稳态, 两电容的电压为零, 即

$$v_{C1}(0^-) = v_{C2}(0^-) = 0 \tag{3-22}$$

换路后, 为满足基尔霍夫电压定律, 要求电容电压突变为

$$v_{C1}(0^+) + v_{C2}(0^+) = V_S \tag{3-23}$$

电容电荷的瞬间转移是通过电压源和两个电容构成的回路进行的。电压源约束了两电容电压之和, 并可为此提供任意的瞬间电流。两个电容电压的最终比例取决于两个电容通过结点 A 瞬间转移的电荷量。为了确定通过结点 A 的转移电荷量, 对结点 A 列出 KCL 方程

$$-C_1 \frac{\mathrm{d}v_{C1}}{\mathrm{d}t} + C_2 \frac{\mathrm{d}v_{C2}}{\mathrm{d}t} - \frac{v_{C1}}{R_1} + \frac{v_{C2}}{R_2} = 0$$

在结点 A 包含的支路电流中, 电容电流可为无限大, 其他支路电流为有限值。因此, 在无限短时间内, 只有电容支路转移的电荷不为零。设开关动作发生在一个无穷小的时间区间内 $\Delta t = 0^+ - 0^-$, 由上式计算此区间通过结点 A 的电荷量

$$-C_1 \Delta v_{C1} + C_2 \Delta v_{C2} - \frac{v_{C1}}{R_1} \Delta t + \frac{v_{C2}}{R_2} \Delta t = 0$$

由于电容电压必须为有限值(受到 KVL 约束), 当 Δt 趋向于零时, 电阻支路转移的电荷为零, 而两电容支路转移的电荷与各电容本身电荷的变化量相对应, 它们满足的约束关系为

$$-C_1 \Delta v_{C1} + C_2 \Delta v_{C2} = -\Delta q_1 + \Delta q_2 = 0$$

上式表明, 在换路前后瞬间, 连接在结点 A 上的两个电容的总电荷保持不变。注意, Δq_1 前面有负号是因为 v_{C1} 参考极性的负极在结点 A 上。将上式改写成换路前后瞬间的电荷关系

$$q_{C2}(0^+) - q_{C1}(0^+) = q_{C2}(0^-) - q_{C1}(0^-)$$

再将其表示为换路前后瞬间的电容电压关系

$$C_2 v_{C2}(0^+) - C_1 v_{C1}(0^+) = C_2 v_{C2}(0^-) - C_1 v_{C1}(0^-) \tag{3-24}$$

由式(3-22)、式(3-23)和式(3-24), 可解得换路后电容电压初始值

$$\begin{cases} v_{C1}(0^+) = \dfrac{C_2}{C_1 + C_2} V_S \\[3mm] v_{C2}(0^+) = \dfrac{C_1}{C_1 + C_2} V_S \end{cases}$$

一般情况下, 当换路后出现仅由电容和电压源构成的回路时, 电容电压有可能发生突变。此时, 连接到同一个结点的电容上的电荷要重新分配, 但换路前后这些电容的总电荷保持不变。换路后的电容电压值可以据此原理来计算。

对于图 3-23(b) 所示电路, 假设换路前瞬间电路已达稳态, 则

$$\begin{cases} i_{L1}(0^-) = 0 \\[3mm] i_{L2}(0^-) = \dfrac{V_S}{R_2} \end{cases} \tag{3-25}$$

换路后，为满足基尔霍夫电流定律的要求，两电感电流突变为

$$i_{L1}(0^+) = i_{L2}(0^+) \tag{3-26}$$

电感电流的突变表明每个电感的磁链都发生了突变。沿着两个电感所在的回路列写 KVL 方程，并将其中电感电压表示为磁链的变化率，然后考察换路前后瞬间各电感磁链的变化量，可得到结论：在换路前后瞬间，回路中两个电感的磁链之和保持不变，即

$$\psi_{L1}(0^+) + \psi_{L2}(0^+) = \psi_{L1}(0^-) + \psi_{L2}(0^-)$$

或

$$L_1 i_{L1}(0^+) + L_2 i_{L2}(0^+) = L_1 i_{L1}(0^-) + L_2 i_{L2}(0^-) \tag{3-27}$$

由式(3-25)、式(3-26)和式(3-27)可解出换路后电感电流初始值为

$$i_{L1}(0^+) = i_{L2}(0^+) = \frac{L_2 V_S}{(L_1 + L_2) R_2}$$

一般情况下，当换路后出现仅由电感和电流源支路构成的结点时，电感电流可能发生突变。此时，在任何包含多个电感的回路中，各电感磁链重新分配，但回路中这些电感磁链的总和不变。换路后的电感电流可以据此原理来计算。

电容电压或电感电流的突变将会使电路中产生无限大电流或无限大电压，这是由电路模型的理想化造成的。在实际电路中这类突变是不存在的，因为实际电源、实际电感和电容、实际导线都会有电阻(尽管有时很小)。除本节外，本章所涉及的电路均不考虑这类突变。

3.4　直流激励一阶动态电路的动态响应

一阶动态电路的动态响应可以用前面介绍的经典法，即求解微分方程的方法求得。对于直流激励条件下的一阶动态电路，通过研究动态响应一般表达式的特征，可以在电路中直接计算这些特征，得到求解直流激励条件下一阶动态电路的响应的更直观和简便的方法。

3.4.1　时间常数

对于一阶动态电路的任意变量 y，式(3-19)给出了微分方程的标准形式

$$\frac{dy}{dt} + ay = f(t)$$

设该一阶动态响应特解为 $y_p(t)$，初始条件为 $y(0^+)$，可推导出一阶动态响应的一般形式为

$$y(t) = [y(0^+) - y_p(0^+)] e^{-at} + y_p(t) \tag{3-28}$$

其中 $s = -a$ 是特征方程的根。由于该方程自变量为时间，所以 s 又称为特征频率或故有频率。a 取决于电路元件参数。对于稳定电路 $a > 0$，电路的齐次解随着时间增长而衰减，逐渐趋向于零。因此，齐次解指数部分代表了响应中暂时存在的成分，称为暂态响应。

实际应用中，为了便于计算和测量暂态响应衰减的速度，定义电路的**时间常数**为

$$\tau = \frac{1}{a}$$

其中，τ 的单位为秒。这样式(3-28)可以写成

$$y(t)=\left[y(0^+)-y_p(0^+)\right]e^{-\frac{t}{\tau}}+y_p(t) \tag{3-29}$$

用时间常数可以方便地衡量一阶电路过渡过程进行的快慢。响应中暂态成分的指数衰减波形 $e^{-\frac{t}{\tau}}$ 如图3-24所示。波形衰减的程度取决于比值 t/τ 的大小。当 $t=\tau$ 时，波形下降到初始值的0.368倍。当 $t=4\tau$ 时，波形下降到初始值的0.018倍。在实际应用中，经过 $4\tau\sim5\tau$ 的时间后，指数部分已经足够小，可认为暂态过程结束，电路已经达到稳态。

时间常数可以在实验室中通过测量波形得到。在分析计算时，可以从电路中直接计算出电路的时间常数。

在发生换路之后的一阶动态电路中，从动态元件的两端看出去的电路总可以用戴维南或诺顿等效变换转化为电压源与电阻串联或电流源与电阻并联的形式。因此，换路后的两种动态元件的一阶电路可以分别等效成图3-25(a)和3-25(b)所示的形式。

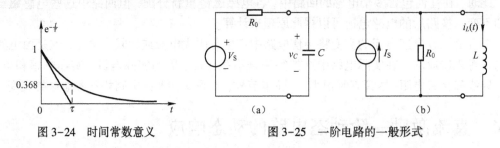

图3-24　时间常数意义　　　　　　　　图3-25　一阶电路的一般形式

设图3-25(a)所示电路为包含电容元件的动态电路(一阶RC电路)的等效电路。对比式(3-18)，可得到该电路以 v_c 为变量的动态方程为

$$\frac{dv_c}{dt}+\frac{1}{R_0C}v_c=\frac{1}{R_0C}V_s,\quad t>0 \tag{3-30}$$

这里出现在方程中的电阻是从电容两端看出去的戴维南等效电阻 R_0。可以验证，对于一般的包含一个电容元件的线性电路，其中所有变量方程的特征根都相同，所有变量的暂态响应成分都以同一个时间常数衰减变化，形式为 $e^{-\frac{t}{R_0C}}$。因此，一阶RC电路的时间常数可确定为

$$\tau=R_0C \tag{3-31}$$

对于图3-25(b)所示含有电感的一阶动态电路在 $t=0$ 瞬间换路后的等效电路，以 i_L 为变量的一阶微分方程为

$$\frac{di_L}{dt}+\frac{R_0}{L}i_L=\frac{R_0}{L}I_s,\quad t>0$$

这里出现在方程中的电阻是从电感两端看出去的戴维南等效电阻 R_0。可以验证，对于一般的包含一个电感元件的动态电路(一阶RL电路)，其中所有变量方程的特征根都相同，所有变量的暂态响应成分都以同一个时间常数衰减变化，形式为 $e^{-\frac{R_0}{L}t}$。因此，一阶RL电路的

时间常数可确定为

$$\tau = \frac{L}{R_0} \tag{3-32}$$

时间常数是描述一阶动态电路的重要参数。对于任意一个一阶电路，只要将从动态元件两端看出去的电路用戴维南或诺顿等效电路等效，都可以直接用式（3-31）和式（3-32）计算时间常数 τ。

思考题 3-5 证明图 3-24 中曲线在 $t=0$ 时刻的切线与时间轴相交的时间坐标为时间常数 τ。

3.4.2 三要素法

在直流激励下的一阶动态电路，可以从电路中直接得到响应的表达式，而不需要建立微分方程。假设在 $t=0$ 时刻发生换路，重写出一阶动态响应的一般形式

$$y(t) = [y(0^+) - y_p(0^+)] e^{-\frac{t}{\tau}} + y_p(t)$$

在直流激励条件下，特解 $y_p(t)$ 是一个常数。当时间趋向于无穷大时，指数部分趋向于零，变量的稳态值就是其特解。因此，可以将直流激励下响应的特解表示为

$$y_p(t) = y_p(0^+) = y(\infty)$$

直流激励下一阶动态响应的一般形式可以写成为如下形式

$$y(t) = [y(0^+) - y(\infty)] e^{-\frac{t}{\tau}} + y(\infty) \quad t>0 \tag{3-33}$$

因此，电路的响应可以完全由其初始值 $y(0^+)$、稳态值 $y(\infty)$ 和时间常数 τ 这三个量确定，称之为直流激励一阶动态响应的三要素。这三要素都可以从电路中直接计算，而不必列写微分方程。从电路中找到三要素，由式（3-33）写出电路响应的方法称为简化方法，或**三要素法**。

用三要素法求解直流激励一阶动态电路响应的步骤归纳如下。

（1）求初始值 $y(0^+)$：首先确定电容电压或电感电流的初始值，可以根据换路之前的状态用换路定律得到，可能需要画出换路前瞬间 $t=0^-$ 时刻的等效电路；对于其他变量，需要画出换路后瞬间 $t=0^+$ 的初始时刻等效电路，其中，电容用电压为 $v_C(0^+)$ 的电压源替代，电感用电流为 $i_L(0^+)$ 的电流源替代，然后求出所要求的变量的初始值 $y(0^+)$。

（2）求稳态值 $y(\infty)$：画出换路后电路的直流稳态等效电路（电容相当开路，电感相当短路），然后求出所要求的变量的稳态值 $y(\infty)$。

（3）求时间常数 τ：在换路后的电路中，求出动态元件两端的戴维南等效电阻 R；对含有电容的一阶动态电路，其时间常数为 RC；对含有电感的一阶动态电路，其时间常数为 L/R。

（4）求动态响应：用三要素表达式（3-33）写出响应表达式。

例 3-14 如图 3-26（a）所示，开关动作前电路处于稳态，求开关动作后的 $v_C(t)$ 和 $i_C(t)$。

解： 开关动作前电路处于稳态，不难求出

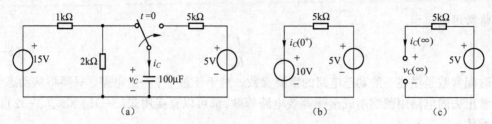

图 3-26   例 3-14 电路

$$v_C(0^+) = v_C(0^-) = \frac{2}{2+1} \times 15 = 10(\text{V})$$

画出 $t = 0^+$ 瞬间的等效电路, 如图 3-26(b) 所示, 得

$$i_C(0^+) = \frac{5-10}{5} = -1(\text{mA})$$

画出在 $t \to \infty$ 时的等效电路, 如图 3-26(c) 所示, 得

$$v_C(\infty) = 5\text{ V}$$

$$i_C(\infty) = 0\text{ A}$$

开关动作后从电感两端看出去的戴维南等效电阻为 $5\text{ k}\Omega$, 时间常数为

$$\tau = RC = 5 \times 10^3 \times 100 \times 10^{-6} = 0.5(\text{s})$$

由三要素公式可得 $v_C(t)$ 和 $i_C(t)$ 的完全响应为

$$v_C(t) = [v_C(0^+) - v_C(\infty)]\text{e}^{-\frac{t}{\tau}} + v_C(\infty) = (10-5)\text{e}^{-\frac{t}{0.5}} + 5 = (5\text{e}^{-2t} + 5)(\text{V}), \quad t > 0$$

$$i_C(t) = [i_C(0^+) - i_C(\infty)]\text{e}^{-\frac{t}{\tau}} + i_C(\infty) = (-1-0)\text{e}^{-\frac{t}{0.5}} + 0 = -\text{e}^{-2t}(\text{mA}), \quad t > 0$$

例 3-15   如图 3-27(a) 所示, 开关动作前电路处于稳态, 求开关动作后的 $i_L(t)$, $v_0(t)$。

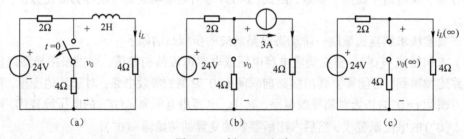

图 3-27   例 3-15 电路

解: 开关动作前电路处于稳态, 可得

$$i_L(0^+) = i_L(0^-) = \frac{24}{2 + \frac{4 \times 4}{4+4}} \times \frac{4}{4+4} = 3(\text{A})$$

画出 $t = 0^+$ 瞬间的等效电路, 如图 3-27(b) 所示, 得

$$v_0(0^+) = 24 - 3 \times 2 = 18(\text{V})$$

画出在 $t \to \infty$ 时的等效电路，如图 3-27(c) 所示，得

$$i_L(\infty) = \frac{24}{2+4} = 4(\text{A})$$

$$v_0(\infty) = \frac{4}{2+4} \times 24 = 16(\text{V})$$

开关动作后从电感两端看出去的戴维南等效电阻为 $6\,\Omega$，时间常数为

$$\tau = \frac{L}{R} = \frac{2}{6} = \frac{1}{3}(\text{s})$$

由三要素公式可得 $i_L(t)$，$v_0(t)$ 的完全响应为

$$i_L(t) = [i_L(0^+) - i_L(\infty)]\text{e}^{-\frac{t}{\tau}} + i_L(\infty) = (3-4)\text{e}^{-\frac{t}{1/3}} + 4 = (-\text{e}^{-3t} + 4)(\text{A}), \quad t>0$$

$$v_0(t) = [v_0(0^+) - v_0(\infty)]\text{e}^{-\frac{t}{\tau}} + v_0(\infty) = (18-16)\text{e}^{-\frac{t}{1/3}} + 16 = (2\text{e}^{-3t} + 16)(\text{V}), \quad t>0$$

例 3-16　图 3-28(b) 所示电路为一继电器驱动电路，由一个内阻为 $10\,\Omega$ 的实际脉冲电压源 v_S 和一个具有 $15\,\Omega$ 绕组电阻的 400 mH 的实际驱动线圈组成。当继电器驱动线圈中电流上升到 150 mA 时，驱动线圈中铁芯吸力使开关触点吸合；当继电器驱动线圈中电流回落到 40 mA 时，继电器将释放触点。假设电感的初始储能为零，求当驱动电压波形如图 3-28(a) 所示时，触点吸合的时间长度。

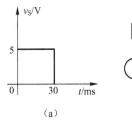
(a)
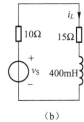
(b)
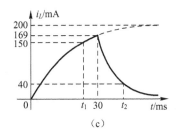
(c)

图 3-28　例 3-16 电路和波形

解：由图 3-28(b) 可知时间常数为

$$\tau = \frac{400 \times 10^{-3}}{10 + 15} = 16(\text{ms})$$

(1)　在 $0 \leqslant t \leqslant 30\,\text{ms}$ 期间，电感初始电流为零，输入电压为 5 V，其中

$$i_L(0^+) = 0\,\text{mA}$$

$$i_L(\infty) = \frac{5}{10+15} = 0.2(\text{A}) = 200(\text{mA})$$

由三要素公式得

$$i_L(t) = [i_L(0^+) - i_L(\infty)]\text{e}^{-\frac{t}{\tau}} + i_L(\infty) = (0-200)\text{e}^{-\frac{t}{16}} + 200$$

$$= 200(1 - e^{-\frac{t}{16}})(\mathrm{mA}), \quad 0 \leqslant t \leqslant 30\ \mathrm{ms}$$

其波形如图 3-28(c) 中 $0 \leqslant t \leqslant 30\ \mathrm{ms}$ 实线部分。设当 $t = t_1$ 时，$i_L(t_1) = 150\ \mathrm{mA}$，即

$$150 = 200(1 - e^{-\frac{t_1}{16}})$$

解得

$$t_1 = -16\ln\left(1 - \frac{150}{200}\right) \approx 22.2\,(\mathrm{ms})$$

表示在 $t_1 = 22.2\ \mathrm{ms}$ 时，继电器的触点吸合。

（2）在 $t > 30\ \mathrm{ms}$ 期间，输入电压变为零。

由 $0 \leqslant t \leqslant 30\ \mathrm{ms}$ 期间的 $i_L(t)$ 可知，在 30 ms 后脉冲电压回到零的前一瞬间，电感电流为

$$i_L(30\ \mathrm{ms}^+) = i_L(30\ \mathrm{ms}^-) = 200(1 - e^{-\frac{30}{16}}) \approx 169\,(\mathrm{mA})$$

电路再次达到稳态后

$$i_L(\infty) = 0\ \mathrm{mA}$$

由三要素公式得

$$i_L(t) = \left[i_L(30\ \mathrm{ms}^+) - i_L(\infty) \right] e^{-\frac{t-30}{\tau}} + i_L(\infty) = (169 - 0)\,e^{-\frac{t-30}{16}} + 0$$

$$= 169\,e^{-\frac{t-30}{16}}(\mathrm{mA}), \quad t > 30\ \mathrm{ms}$$

其波形如图 3-28(c) 中 $t > 30\ \mathrm{ms}$ 的实线部分。设当 $t = t_2$ 时，$i_L(t_2) = 40\ \mathrm{mA}$，即

$$40 = 169\,e^{-\frac{t_2 - 30}{16}}$$

解得

$$t_2 = 30 - 16\ln\left(\frac{40}{169}\right) \approx 53.1\,(\mathrm{ms})$$

所以，继电器吸合时间长度为 $t_2 - t_1 \approx 53.1 - 22.2 = 30.9\,(\mathrm{ms})$。

3.5　动态响应的分解与叠加

　　线性电路的动态响应可以分解为不同成分的叠加，且各成分有明确的物理意义。动态响应的分解与叠加有助于加深对动态响应特点的理解。

3.5.1　零输入与零状态响应

　　换路后动态电路的完全响应不仅与输入激励有关，而且与电路的初始储能有关。电容电压和电感电流表征了电路的储能状态，换路后瞬间电容电压和电感电流的数值表征了换路后电路的初始储能状态，如图 3-29 所示。当电容电压和电感电流初始值为零时，

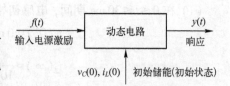

图 3-29　输入激励和初始储能
共同引起响应

电路的初始储能为零，称为**零初始状态**，或零状态。

若电路换路后的输入激励为零，电路响应仅由初始储能引起，称为**零输入响应**，用 $y_x(t)$ 表示。

若电路换路后的初始储能为零，电路响应仅由输入激励引起，称为**零状态响应**，用 $y_f(t)$ 表示。

若电路换路后既具有一定的初始储能，又存在输入激励，则在这两者共同作用下电路的响应称为**完全响应**。完全响应是零状态响应和零输入响应的线性叠加。

$$y(t) = y_x(t) + y_f(t)$$

例 3-17 求出图 3-30 所示每个电路中换路后的变量，并判断响应成分。

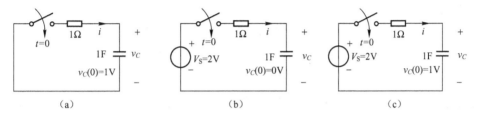

图 3-30 例 3-17 电路

解： 图 3-30(a) 所示电路：换路后电路中没有输入激励，因此电路所有变量均由电容的初始电压引起，为零输入响应。用三要素法容易求出

$$v_C(t) = v_{Cx}(t) = e^{-t}(V), \quad i(t) = i_x(t) = -e^{-t}(A)$$

图 3-30(b) 所示电路：换路后电路中有直流电压源激励，而电容初始电压为零，因此电路中变量为零状态响应。用三要素法求出

$$v_C(t) = v_{Cf}(t) = 2(1-e^{-t})(V), \quad i(t) = i_f(t) = 2e^{-t}(A)$$

图 3-30(c) 所示电路：换路后电路中有直流电压源激励，电容初始电压也不为零，因此电路中变量为输入和初始状态共同引起的完全响应。用三要素法计算

$$v_C(t) = [v_C(0^+) - v_C(\infty)]e^{-t} + v_C(\infty) = (1-2)e^{-t} + 2 = (-e^{-t} + 2)(V)$$

$$i(t) = [i(0^+) - i(\infty)]e^{-t} + i(\infty) = (1-0)e^{-t} + 0 = e^{-t}(A)$$

对于图 3-30(c) 所示电路中的完全响应，也可以利用叠加定理，将零输入响应和零状态响应相加得到，前提是已经分别计算出了这两个响应成分。根据对图 3-30(a) 和图 3-30(b) 所示电路的计算结果，可以写出

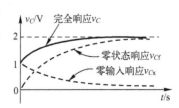

$$v_C(t) = v_{Cx}(t) + v_{Cf}(t) = e^{-t} + 2(1-e^{-t}) = (-e^{-t} + 2)(V)$$

$$i(t) = i_x(t) + i_f(t) = -e^{-t} + 2e^{-t} = e^{-t}(A)$$

图 3-31 给出了电容电压的零输入响应、零状态响应及叠加后完全响应的波形。

图 3-31 电容电压的零状态
响应和零输入响应

把电路中完全响应分解为零输入响应和零状态响应的叠加,体现了电路的线性性质。因此,当电路的输入或初始状态单独变化时,相应的响应成分也会成比例地变化,这被称为零状态线性和零输入线性。

例 3-18 图 3-30(c)所示电路中,如果电压源电压变为 6 V,电容电压的完全响应会如何变化?

解: 当图 3-30(c)所示电路的电压源电压为 2 V 时,已经知道电容电压的零输入和零状态响应成分分别为

$$v_{Cx}(t) = e^{-t} \text{ V}, \quad v_{Cf} = 2(1 - e^{-t}) \text{ V}$$

现在电压源电压变为原来的 3 倍,根据零状态线性,电容电压的零状态成分也会变成原来的 3 倍,即

$$v_{Cf1}(t) = 3 \times 2(1 - e^{-t}) = 6(1 - e^{-t}) \text{ (V)}$$

因此电容电压的完全响应会变为

$$v_{C1}(t) = v_{Cx}(t) + v_{Cf1}(t) = e^{-t} + 6(1 - e^{-t}) = (-5e^{-t} + 6) \text{ (V)}$$

思考题 3-6 对于给定的电容电压完全响应的表达式,能否直接从表达式中找出其零输入成分和零状态成分?对于电容电流完全响应的表达式是否可以?为什么?

3.5.2 固有响应与强迫响应

完全响应分解为零输入响应和零状态响应是从引起响应的来源划分的。响应的另一种分解法是根据响应成分的变化形式来划分。对应于电路的固有频率形式的响应称为电路的**固有响应**,对应于外加激励函数形式的响应称为电路的**强迫响应**。

电路动态方程的解,可以表示为齐次解加特解,其中齐次解的变化形式取决电路本身,与输入激励无关,为固有响应,用 $y_h(t)$ 表示。固有响应形式取决于特征方程的根,因此特征方程的根称为**固有频率**或**特征频率**。特解的形式取决于输入激励的变化形式,是强迫响应,用 $y_p(t)$ 表示。因此,完全响应可以看成是固有响应与强迫响应的叠加 $y(t) = y_h + y_p$。

从响应的表达式来看,一阶电路响应表达式和二阶电路响应表达式中的固有响应和强迫响应可以通过电路激励形式和电路特征根对应函数形式区分出来。

$$y(t) = \underbrace{[y(0^+) - y_p(0^+)]e^{-at}}_{\text{固有响应}} + \underbrace{y_p(t)}_{\text{强迫响应}}$$

$$y(t) = \underbrace{K_1 e^{s_1 t} + K_2 e^{s_2 t}}_{\text{固有响应}} + \underbrace{y_p(t)}_{\text{强迫响应}}$$

例 3-19 指出图 3-30(c)所示电路完全响应中的固有响应和强迫响应成分。

解: 完全响应为

$$v_C(t) = (-e^{-t} + 2) \text{ V}$$

$$i(t) = e^{-t} \text{ A}$$

电路中电源为直流,强迫响应也为直流,$v_{Cp} = 2 \text{ V}$,$i_p = 0 \text{ A}$。

固有频率为一阶电路方程的特征根 $s = -1$，　$v_{Ch} = -e^{-t}$ V，　$i_h = e^{-t}$ A。

3.5.3 暂态响应与稳态响应

在稳定电路的完全响应中，有一部分响应会随时间的推移，其幅度越来越小，最终衰减为零，称为**暂态响应**，用 $y_t(t)$ 表示。响应中最终剩下的部分称为**稳态响应**，用 $y_s(t)$ 表示。完全响应可以看成是暂态响应与稳态响应的叠加，$y = y_t + y_s$。

完全响应的三种分解方式是按照不同角度观察响应性质的，三种方式是相互交叉的。零输入响应一定是固有响应，而零状态响应中一般会包含固有响应和强迫响应。在稳定电路（固有频率或固有频率的实部小于零的电路）中，固有响应属于暂态响应，而强迫响应取决于激励的形式。在直流和正弦激励下，不为零的强迫响应就属于稳态响应。

例如，在图 3-30(c) 所示电路中，其电容电压完全响应的三种分解方式为

$$v_C(t) = \underset{\text{零状态响应 } v_{Cf}(t)}{(2 - 2e^{-t})} + \underset{\text{零输入响应 } v_{Cx}(t)}{e^{-t}}$$

$$= \underset{\substack{\text{固有响应 } v_{Ch}(t) \\ \text{暂态响应 } v_{Ct}(t)}}{-e^{-t}} + \underset{\substack{\text{强迫响应 } v_{Cf}(t) \\ \text{稳态响应 } v_{Cs}(t)}}{2}$$

3.5.4 阶跃响应

1. 阶跃信号

电路中电源值的跳变和电路中的某些开关动作引起的电压或电流突变，可以用阶跃信号来表示。**阶跃信号**是指以单位阶跃函数形式变化的电压和电流。

时间变量 t 的单位阶跃函数定义为

$$u(t) = \begin{cases} 1, & t > 0 \\ 0, & t < 0 \end{cases}$$

其波形如图 3-32(a) 所示。图 3-32(b) 所示为延迟的单位阶跃函数 $u(t - t_0)$。

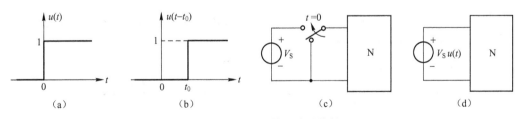

图 3-32 阶跃函数和阶跃信号

跳变的电源可以用单位阶跃函数来表示。例如，图 3-32(c) 所示电路中，二端电路端口上由于开关的动作，端口电压从 0 变为 V_S。可以把开关和直流电压源用一个阶跃电压源来表

示,如图 3-32(d) 所示。

　　阶跃信号具有单边性,利用阶跃信号可更方便描述电路的响应。例如,如图 3-33(a) 所示的一阶动态响应为单边指数信号,可以分段表示为

$$v(t) = \begin{cases} 0, & t<0 \\ V_0(1-e^{-t}), & t\geq 0 \end{cases}$$

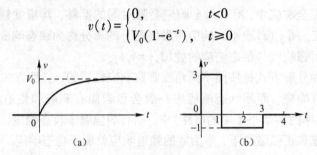

图 3-33　单边指数信号和阶梯信号

　　利用阶跃信号可以简洁地表示为 $v(t) = V_0(1-e^{-t})u(t)$。

　　利用阶跃信号还可以表示复杂的阶梯信号。例如,图 3-33(b) 所示的阶梯信号,可以表示为阶跃信号和延时阶跃信号的线性加权和,即

$$v(t) = 3u(t) - 4u(t-1) + u(t-3)$$

2. 阶跃响应

　　电路在零状态条件下对阶跃信号激励的响应称为**阶跃响应**,如图 3-34(a) 所示,其中 $g(t)$ 表示某变量的阶跃响应。对于线性非时变电路,当输入为延迟到 t_0 的阶跃信号时,输出是电路阶跃响应的延迟,波形不变,只是向后延迟,如图 3-34(b) 所示。

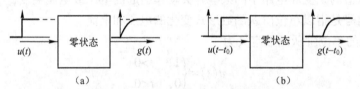

图 3-34　阶跃响应和延迟阶跃响应

　　例 3-20　求图 3-35(a) 所示一阶动态电路以电容电压 v 和电流 i 为输出的阶跃响应。

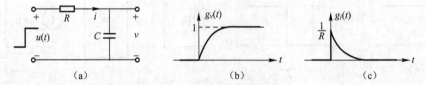

图 3-35　RC 电路的阶跃响应

　　解: 由于阶跃响应为零状态响应,所以电容初始电压 $v(0^+)$ 为零。在输入电压为阶跃信号 $u(t)$ 时,电容电压稳态值 $v(\infty) = 1\,\text{V}$。

假设输入跳变之前电路已处于稳态,电容电流在 $t<0$ 时为零。在 $t=0^+$ 时刻,电容电流初始值 $i(0^+)=[1-v(0^+)]/R=1/R$。稳态时,电容电流 $i(\infty)$ 为零。

电路的时间常数 $\tau=RC$。用三要素法写出两个变量的阶跃响应为

$$g_v(t)=(1-e^{-\frac{t}{RC}})u(t)$$

$$g_i(t)=\frac{1}{R}e^{-\frac{t}{RC}}u(t)$$

电容电压和电容电流的阶跃响应波形分别如图 3-35(b)和图 3-35(c)所示。

对于线性非时变电路,如果输入激励可以分解为阶跃信号和延迟阶跃信号之和

$$f(t)=a_0u(t)+a_1u(t-t_1)+a_2u(t-t_2)+\cdots$$

则电路对于 $f(t)$ 激励的零状态响应可看成是各延迟阶跃信号单独作用于电路时电路响应的叠加。

$$y(t)=a_0g(t)+a_1g(t-t_1)+a_2g(t-t_2)+\cdots$$

例 3-21 图 3-36(a)所示电路中,输入电压 v_S 的波形如图 3-36(b)所示,求 $v_C(t)$ 的零状态响应。

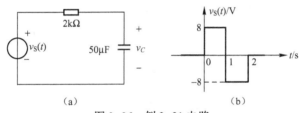

图 3-36 例 3-21 电路

解:电路的时间常数为

$$\tau=RC=(2\times10^3)\times(50\times10^{-6})=0.1(s)$$

根据例 3-20 结果,电容电压的阶跃响应为

$$g_v(t)=(1-e^{-\frac{t}{RC}})u(t)=(1-e^{-10t})u(t)$$

将输入电压波形用阶跃函数表示,有

$$v_S(t)=8u(t)-16u(t-1)+8u(t-2)$$

所以 $v_C(t)$ 零状态响应为三个阶跃响应的叠加,即

$$v_C(t)=[8(1-e^{-10t})u(t)-16[1-e^{-10(t-1)}]u(t-1)+8[1-e^{-10(t-2)}]u(t-2)](V)$$

3.6 二阶电路的固有响应

3.6.1 二阶电路固有响应类型

3.2 节介绍了二阶电路方程建立和求解的过程。二阶电路的特征方程有两个根,这两个

特征根在不同电路参数组合下取值形式不同，因此电路的固有响应形式也有不同的类型，需要分别考虑。将前面得到的二阶动态电路微分方程的一般形式重写如下。

$$\frac{\mathrm{d}^2 y}{\mathrm{d}t^2} + a_1 \frac{\mathrm{d}y}{\mathrm{d}t} + a_0 y = f(t)$$

其对应的特征方程为

$$s^2 + a_1 s + a_2 = 0$$

解出两个特征根或电路固有频率为

$$s_{1,2} = -\frac{a_1}{2} \pm \sqrt{\left(\frac{a_1}{2}\right)^2 - a_2}$$

根据系数 a_1 和 a_2 的相对大小，固有频率 s_1 和 s_2 可能为两个不同实数，两个相同实数，或一对共轭复数。因此，固有响应 $y_x(t) = K_1 \mathrm{e}^{s_1 t} + K_2 \mathrm{e}^{s_2 t}$ 也要相应地写成三种不同的实函数形式。下面以一个 RLC 串联二阶电路为例加以说明。

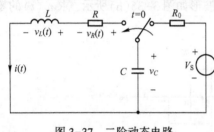

图 3-37　二阶动态电路

如图 3-37 所示电路，换路后为 RLC 串联单回路电路。根据 3.2 节的讨论，换路后电容电压满足如下方程

$$\frac{\mathrm{d}^2 v_C}{\mathrm{d}t^2} + \frac{R}{L} \frac{\mathrm{d}v_C}{\mathrm{d}t} + \frac{1}{LC} v_C = 0$$

特征方程为

$$s^2 + \frac{R}{L} s + \frac{1}{LC} = 0$$

特征根为

$$s_{1,2} = -\frac{R}{2L} \pm \sqrt{\left(\frac{R}{2L}\right)^2 - \frac{1}{LC}}$$

可以看出，固有频率 s_1, s_2 的值取决于元件参数，由 $\Delta = \left(\frac{R}{2L}\right)^2 - \frac{1}{LC}$ 来判别。下面按判别式 Δ 大于零、等于零和小于零的三种情况讨论响应的特点。

1）判别式 Δ 大于零

此时 $R > 2\sqrt{L/C}$，回路中串联电阻比较大，电路称为**过阻尼**。固有频率为两个不等的实根，$s_1 = -\alpha_1$，$s_2 = -\alpha_2$，响应形式为两个指数衰减函数之和。

$$v_C(t) = K_1 \mathrm{e}^{-\alpha_1 t} + K_2 \mathrm{e}^{-\alpha_2 t}$$

过阻尼固有响应波形如图 3-38（a）所示。

2）判别式 Δ 等于零

此时 $R = 2\sqrt{L/C}$，回路中串联电阻为一个临界值，电路称为**临界阻尼**。固有频率为两个相等的实根，即 $s = s_1 = s_2 = -\alpha$，临界阻尼固有响应为指数衰减与一次多项式的乘积。

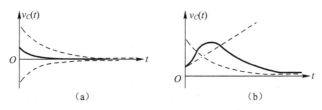

图 3-38　过阻尼和临界阻尼波形

$$v_C(t) = (K_1 + K_2 t)\,\mathrm{e}^{-\alpha t}$$

临界阻尼固有响应波形如图 3-38(b)所示。

3) 判别式 Δ 小于零

此时 $R < 2\sqrt{L/C}$，回路中串联电阻较小，电路称为**欠阻尼**。固有频率为两个共轭复根

$$s_{1,2} = -\frac{R}{2L} \pm \mathrm{j}\sqrt{\frac{1}{LC} - \left(\frac{R}{2L}\right)^2} = -\alpha \pm \mathrm{j}\omega_\mathrm{d}$$

其中

$$\alpha = \frac{R}{2L}$$

$$\omega_\mathrm{d} = \sqrt{\frac{1}{LC} - \left(\frac{R}{2L}\right)^2} = \sqrt{\omega_0^2 - \alpha^2}$$

固有频率的虚部 ω_d 称为阻尼振荡角频率，而 $\omega_0 = \sqrt{\dfrac{1}{LC}}$ 称为自由振荡角频率。固有响应以时间为变量的实函数表达式为

$$v_C(t) = \mathrm{e}^{-\alpha t}(K_1 \cos\omega_\mathrm{d} t + K_2 \sin\omega_\mathrm{d} t)$$

或者

$$v_C(t) = A\mathrm{e}^{-\alpha t}\sin(\omega_\mathrm{d} t + \theta)$$

欠阻尼固有响应波形如图 3-39(a)所示，相当于幅度按指数规律衰减的正弦函数。

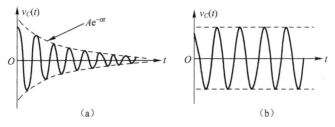

图 3-39　欠阻尼和无阻尼波形

以上三种情况下的响应表达式中，K_1, K_2, A 和 θ 为实常数，由初始条件确定。

在欠阻尼情况下，若 R 为零，则固有响应变成等幅正弦振荡，如图 3-39(b)所示，此时

称为无阻尼振荡，表达式可写为

$$v_C(t) = K_1 \cos\omega_d t + K_2 \sin\omega_d t = A\sin(\omega_d t + \theta)$$

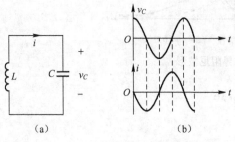

（a）　　　　　　　（b）

图 3-40　无阻尼 LC 电路的自由振荡波形

由电感和电容两种不同性质动态元件组成的回路，在电路中损耗较小时（欠阻尼情况），由于电场能量和磁场能量的相互转换，电容电压和电流不会单调衰减，而是会形成振荡波形，这是由于电容电压和电感电流变化的"惯性"决定的。在无阻尼理想情况下，电路中没有能量消耗，振荡波形会一直存在下去，如图 3-40 所示。

当电路中有损耗时，能量在交换过程中会被电路的电阻吸收，逐渐减少。在过阻尼情况下，电路中电阻的损耗较大，以至于初始能量在第一次交换时即衰减殆尽，不能形成往复振荡。临界阻尼情况下电路处于振荡的边缘。

以上以电容电压为例讨论了固有响应的不同形式。对于图 3-37 所示电路中的其他变量，由于它们的固有频率与电容电压的固有频率相同，它们的固有响应形式的判别条件也与电容电压的相同，因此同一个二阶电路中所有变量的固有响应都具有相同的形式。

例 3-22　在图 3-37 所示电路中，$C = 0.25\,\mu\text{F}$，$L = 1\,\text{H}$，$V_S = 15\,\text{V}$。开关闭合前，电路已达稳态。求开关闭合后电容电压固有响应为临界阻尼时 R 的电阻值，并写出响应表达式。

解：根据前面讨论，换路后，当电阻值满足 $R = 2\sqrt{L/C}$ 时，电容电压响应为临界阻尼形式，因此可确定电阻值为

$$R = 2\sqrt{\frac{L}{C}} = 2\sqrt{\frac{1}{0.25 \times 10^{-6}}} = \frac{2}{0.5 \times 10^{-3}} = 4\,(\text{k}\Omega)$$

此时，固有频率

$$s_{1,2} = -\frac{R}{2L} \pm \sqrt{\left(\frac{R}{2L}\right)^2 - \frac{1}{LC}} = -\frac{R}{2L} = -\frac{4 \times 10^3}{2 \times 1} = -2000$$

固有响应形式为

$$v_C(t) = (K_1 + K_2 t)\,e^{-2000t}$$

由已知条件可得 $i(0^+) = 0\,\text{A}$，$v_C(0^+) = 15\,\text{V}$，$v_C'(0^+) = -\dfrac{1}{C}i(0^+) = 0$，代入上式得

$$v_C(t) = (15e^{-2000t} + 30000te^{-2000t})\,\text{V}, \quad t > 0$$

思考题 3-7　分析图 3-40 的 LC 自由振荡电路中电容电压和电感电流波形与能量交换的过程。

思考题 3-8　对于电阻、电感和电容并联构成的二阶电路，利用元件参数 R、L 和 C 表示电路固有响应为过阻尼、临界阻尼和欠阻尼的条件。

3.6.2　二阶动态电路分析举例

在考虑了固有响应有可能出现的不同形式后，一个二阶动态电路可以用经典法来求得响应的时间表达式，求解的一般步骤如下。

（1）用两类约束关系列写变量的微分方程。

（2）根据特征方程求出电路的固有频率。

（3）由固有频率确定固有响应的形式。

（4）对于存在电源激励的电路，确定其方程的特解。

（5）找出变量的初始条件，确定响应表达式中的待定常数。

例 3-23　图 3-41（a）所示电路在开关闭合前已达稳态，求开关闭合后电感电流 i_L 的动态响应。

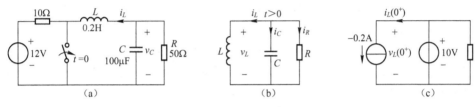

图 3-41　例 3-23 电路

解：开关闭合后，开关左侧电路对 i_L 求解没有影响，由图 3-41（b）确定电感电流响应。写出上端结点的 KCL 方程

$$i_L + i_C + i_R = 0$$

将电容电流和电阻电流用电感电流来表示

$$i_C = Cv' = CLi''_L, \quad i_R = v/R = Li'_L/R$$

代入 KCL 方程，整理后得到微分方程

$$i''_L + \frac{1}{RC}i'_L + \frac{1}{LC}i_L = 0$$

特征方程为

$$s^2 + \frac{1}{RC}s + \frac{1}{LC} = 0$$

将元件参数代入上式得到

$$s^2 + 200s + 5 \times 10^4 = 0$$

求出固有频率

$$s_1, \ s_2 = -100 \pm j200$$

由此可知固有响应为欠阻尼形式。设电感电流动态响应表达式为

$$i_L = e^{-100t}(K_1\cos 200t + K_2\sin 200t)$$

开关闭合前电路已处于稳态, 故有

$$i_L(0^+)=i_L(0^-)=-\frac{12}{10+50}=-0.2(\mathrm{A})$$

$$v_C(0^+)=v_C(0^-)=12\times\frac{50}{10+50}=10(\mathrm{V})$$

画出 $t=0^+$ 时刻等效电路如图 3-41(c)所示, 可知电感两端电压为 10 V。计算初始值, 有

$$i_L'(0^+)=\frac{1}{L}v_L(0^+)=\frac{10}{0.2}=50$$

将初始条件代入 i_L 及其一阶导数表达式, 确定待定常数

$$\begin{cases}i_L(0^+)=K_1=-0.2\\i_L'(0^+)=-100K_1+200K_2=50\end{cases}\Rightarrow\begin{cases}K_1=-0.2\\K_2=0.15\end{cases}$$

得到电感电流动态响应为

$$i_L=\mathrm{e}^{-100t}(-0.2\cos200t+0.15\sin200t)$$

例 3-24 写出如图 3-42 所示由理想运放、电阻和电容组成的有源 RC 电路关于变量 $v_0(t)$ 的微分方程, 并分析其固有响应类型为过阻尼、临界阻尼和欠阻尼的条件。

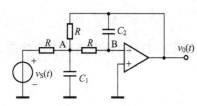

图 3-42　例 3-24 有源二阶电路

解: 采用结点分析法建立微分方程。以结点电压为变量, 列出除运放输出结点以外的各结点的 KCL 方程, 并考虑理想运放两个输入端虚短路的特性。结点方程为

$$\begin{cases}\dfrac{v_A-v_S}{R}+\dfrac{v_A-v_0}{R}+\dfrac{v_A-v_B}{R}+C_1\dfrac{\mathrm{d}v_A}{\mathrm{d}t}=0 & \text{结点 A}\\[2mm]\dfrac{v_B-v_A}{R}+C_2\dfrac{\mathrm{d}(v_B-v_0)}{\mathrm{d}t}=0 & \text{结点 B}\\[2mm]v_B=0 & \text{虚短路}\end{cases}$$

整理后, 得

$$\frac{\mathrm{d}^2v_0}{\mathrm{d}t^2}+\frac{3}{RC_1}\frac{\mathrm{d}v_0}{\mathrm{d}t}+\frac{1}{R^2C_1C_2}v_0=-\frac{v_S}{R^2C_1C_2}$$

特征方程为

$$s^2+\frac{3}{RC_1}s+\frac{1}{R^2C_1C_2}=0$$

解得, 特征根为

$$s_{1,2}=-\frac{3}{2RC_1}\pm\sqrt{\frac{9}{4R^2C_1^2}-\frac{1}{R^2C_1C_2}}=-\frac{3}{2RC_1}\pm\frac{3}{2RC_1}\sqrt{1-\frac{4C_1}{9C_2}}$$

通过对特征根的表达式分析可知, 当 $9C_2>4C_1$ 时, 固有响应为过阻尼; 当 $9C_2=4C_1$ 时,

固有响应为临界阻尼；当 $9C_2<4C_1$ 时，固有响应为欠阻尼。

若换路后，电路的输入激励不为零，则微分方程的右侧可能不为零，这时，响应的完全解为齐次解(固有响应)加特解(强迫响应)。

本章要点

- 动态元件具有动态特性和记忆特性。电容的动态特性体现在其电流依赖于电压的变化；电感的动态特性体现在其电流变化时才能感应出电压。电容电压记忆了其电流变化的历史，电感电流记忆了其电压变化的历史。
- 动态元件具有储存能量的能力。电容元件储存的能量与其电压平方成比例，电感元件储存的能量与其电流平方成比例。
- 动态元件的存在使电路可以储存能量。电路中变量在某一时刻的取值不仅与输入有关，还与电路储能有关。电路储能状态称为电路的状态。电容电压与电感电流代表了电路的状态。
- 在某时刻电路的结构突然变化，或者电源值发生跳变时，称为发生换路。换路会引起电路中变量的变化。当电压和电流均为有限值时，电容电压和电感电流只能连续变化而不能突变。电容电压和电感电流在换路前后保持不变的特性称为动态元件的换路特性。
- 至少包含一个动态元件的电路称为动态电路。一阶电路和二阶电路分别包含一个和两个动态元件，对应方程分别为一阶和二阶微分方程。当电路含有更多独立的动态元件时，称之为高阶动态电路。
- 采用两类约束建立微分方程，求解换路后电路变量的方法，称为经典法。
- 动态元件的换路特性可以用来计算电路变量的初始值。在换路发生后的瞬间，电容等效为电压源，电感等效为电流源。在直流稳态下，电容相当于开路，电感相当于短路，得到的等效电路可确定变量的稳态值。
- 一阶电路过渡过程的长短取决于电路的时间常数，而时间常数可以用动态元件参数与从动态元件两端看去的等效电阻来计算。
- 在直流电源激励下，一阶电路的响应可以由其初始值、稳态值和电路时间常数唯一确定。在电路中计算这三个要素进而直接写出响应表达式的方法是一种计算捷径，称为三要素法。
- 电路变量的动态响应按因果关系可以分为零输入响应和零状态响应；按照响应形式可以分为固有响应和强迫响应；按照响应是否持续可以分为暂态响应和稳态响应。线性电路中完全响应是这些互补成分的叠加。阶跃响应是电路对于单位阶跃信号的零输入响应。
- 含有电感和电容的二阶电路的固有响应形式取决于电路储能能力与电路消耗能量速率的相对大小，与电路中元件参数有关。当电路的固有频率为不等的负实数、相等的负实数与共轭复数时，响应形式分别为过阻尼、临界阻尼与欠阻尼形式。

习题

3-1　求通过一个 $30\,\mu\mathrm{F}$ 的电容元件的电流 $i(t)$、功率 $p(t)$ 及储能 $w(t)$ 的波形。电容电压的两种波形如题 3-1 图所示。

3-2　求一无初始电压的 $30\,\mu\mathrm{F}$ 电容元件的端电压 $v(t)$、功率 $p(t)$ 及储能 $w(t)$ 波形。电容电流的波形如题 3-2 图所示。

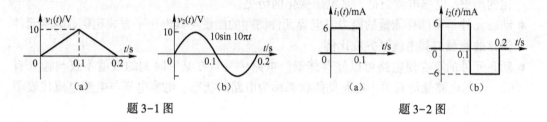

题 3-1 图　　　　　　　　　　　　　　题 3-2 图

3-3　写出如题 3-3(a) 和(b) 图所示电路中指定变量在 $t>0$ 时的动态方程。

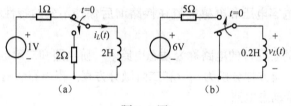

题 3-3 图

3-4　写出如题 3-4 (a) 和(b) 图所示电路中指定变量在 $t>0$ 时的动态方程。

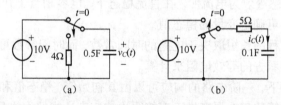

题 3-4 图

3-5　(1) 题 3-5 图所示电路中 v_S 在 $t=0$ 时开始作用于电路，求 $t>0$ 时 v 和 i 的动态方程。

(2) 若 $v_\mathrm{S}=3\,\mathrm{V}$，$v(0^+)=0\,\mathrm{V}$，求出 v 和 i 的表达式。

3-6　(1) 在 $t>0$ 时电路如题 3-6 图所示，试列出 v 的动态方程。

(2) 设 $v(0^+)=10\,\mathrm{V}$，求 v 的表达式。

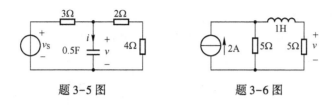

　　　　题 3-5 图　　　　　　　　　　题 3-6 图

　　3-7　题 3-7 图所示电路中，已知 $i_1(0^+)=2\,\mathrm{A}$，$v_C(0^+)=4\,\mathrm{V}$，求 $t=0^+$ 及 $t\to\infty$ 时电路中指定变量的数值。

　　3-8　试求出题 3-8 图所示电路的初始值 $v_{C1}(0^+)$、$v_{C2}(0^+)$ 及稳态值 $v_{C1}(\infty)$、$v_{C2}(\infty)$。设 $v_{C2}(0^-)$ 为零，且开关动作前电路已处于稳态。

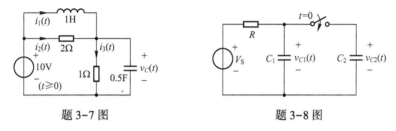

　　　　题 3-7 图　　　　　　　　　　题 3-8 图

　　3-9　试求出题 3-9 图所示电路的初始值 $i_{L1}(0^+)$、$i_{L2}(0^+)$ 及稳态值 $i_{L1}(\infty)$、$i_{L2}(\infty)$。

　　3-10　如题 3-10 图所示电路，换路前已处于稳态，求开关闭合后的 $i_R(0^+)$、$i_L(0^+)$ 及 $i_R(\infty)$、$i_L(\infty)$，用三要素法写出 $i_R(t)$ 及 $i_L(t)$。

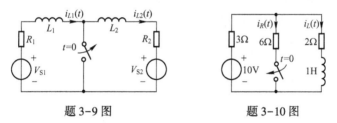

　　　　题 3-9 图　　　　　　　　　　题 3-10 图

　　3-11　题 3-3 图所示电路在开关动作前已处于稳态，计算指定变量初始值并求出变量表达式。

　　3-12　题 3-4 图所示电路在开关动作前已处于稳态，计算指定变量初始值并求出变量表达式。

　　3-13　题 3-13 图所示电路在开关动作前已处于稳态，开关在 $t=0$ 时刻断开，求：

　　（1）$i_1(0^-)$ 和 $i_2(0^-)$；

　　（2）$i_1(0^+)$ 和 $i_2(0^+)$；

　　（3）$t>0$ 时的 $i_1(t)$。

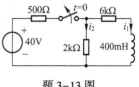

题 3-13 图

3-14 电路如题 3-14 图所示，已知 $v_C(0^+)$ 为零，求 $v_C(t)$。

3-15 题 3-15 图所示电路在换路前已达稳态，求 $v(t)$ 和 $i(t)$。

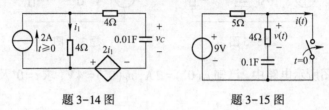

题 3-14 图   题 3-15 图

3-16 题 3-16 图所示电路，开关接于触点 1，并处于稳态，在 $t=0$ 时开关切换到触点 2，求 $t>0$ 时的 $i_0(t)$。

3-17 题 3-17 图所示电路，开关动作前电路已处于稳态，在 $t=0$ 时开关切换，求 $t>0$ 时的 $v_0(t)$。

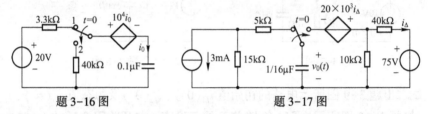

题 3-16 图   题 3-17 图

3-18 题 3-18 图所示电路，已知在 $t>0$ 时，$i_L(t)=(-2e^{-20t}+1)$ A，求 $i_L(0)$，R 和 L。

3-19 题 3-19 图所示电路已处于稳态。在 $t=0$ 时刻，a,b 两点间电路短路。求 ab 两点短路后，两点间的短路电流 i_{ab} 达到 114 A 所需的时间。

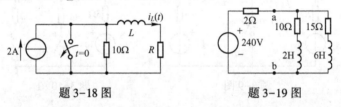

题 3-18 图   题 3-19 图

3-20 求题 3-20 图所示电路在 $t>0$ 时，变量 i 的零输入响应、零状态响应、暂态响应、稳态响应和完全响应。

3-21 在 $t>0$ 时动态电路如题 3-21 图所示，已知当 $v_s=1$ V 时，$v_C(t)=(1.5e^{-at}+0.5)$ V。若 $v_s=2$ V，$v_C(t)=?$

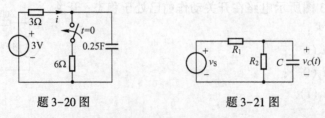

题 3-20 图   题 3-21 图

3-22 在题 3-22 图所示电路中，已知 $t>0$ 时 $v_C(t) = (2e^{-t} - 3e^{-2t} + 1) \text{V}$；若 $v_S = 2 \text{V}$，则 $v_C(t) = (-2e^{-2t} + 2) \text{V}$。试写出当 $v_S = 1 \text{V}$ 时，变量 $v_C(t)$ 的零输入响应、零状态响应、暂态响应、稳态响应，以及固有响应与强迫响应成分。

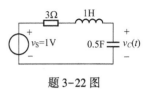

题 3-22 图

3-23 用阶跃函数表示题 3-23(a) 和 (b) 图所示波形。

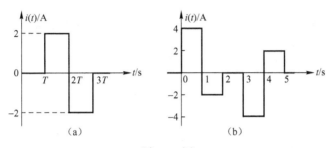

题 3-23 图

3-24 在题 3-24(b) 图所示电路中，当 $v_S(t)$ 为题 3-24(a) 图所示脉冲函数时，求 $i_L(t)$。

3-25 在题 3-25(a) 图所示电路中：

(1) 求变量 i 的阶跃响应；

(2) 当电源电压波形如题 3-25(b) 图所示时，求 i 的零状态响应。

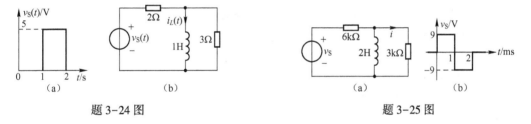

题 3-24 图　　　　　　　　　　　　　　题 3-25 图

3-26 题 3-26 图所示电路，当灯两端电压上升到 15 V 时，灯点亮，此时灯可等效为一只 $10 \text{k}\Omega$ 的电阻。一旦灯点亮，只有当灯两端电压下降到 5 V 时，灯才熄灭。当灯熄灭时，可等效为开路。设电路已工作很长一段时间，在 $t=0$ 时刻灯熄灭，求：

(1) 灯两端电压的一个完整周期的表达式；

(2) 每分钟灯点亮的次数；

(3) 用 Multisim 软件仿真该电路的功能，并找出让灯每分钟点亮 12 次的电阻阻值。

3-27 (1) 对题 3-27(a) 图所示电路求以 v_S 为输入，v_0 为输出时的阶跃响应。

(2) 已知题 3-27(a) 图中 v_S 的波形如题 3-27(b) 图所示，求 v_0 的波形表达式。

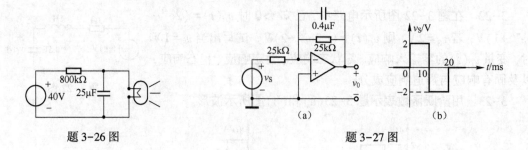

题 3-26 图   题 3-27 图

3-28   如题 3-28 图所示电路，写出 (a) 图中 $v_C(t)$ 及 (b) 图中 $i_L(t)$ 的动态方程，并判断固有响应形式。

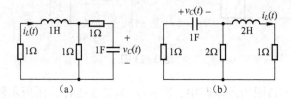

题 3-28 图

3-29   已知电阻、电感、电容并联电路中的 R、L、C 分别为 2000 Ω、250 mH 和 10 nF。

(1) 求描述电压响应方程的特征方程的根。

(2) 指出固有响应是过阻尼、欠阻尼，还是临界阻尼？

(3) R 为多少时会导致阻尼振荡频率为 12 krad/s。

(4) 利用在 (3) 中求出的 R 值，求解特征方程的根。

(5) R 为多少时会导致临界阻尼响应？

3-30   在题 3-30 图所示电路中，已知 $v_C(0^+)=1\,\mathrm{V}$，$i_C(0^+)=2\,\mathrm{A}$，用下列元件值求 $v_C(t)$。

(1) $R=1/5\,\Omega$，$L=1/4\,\mathrm{H}$，$C=1\,\mathrm{F}$。

(2) $R=1/4\,\Omega$，$L=1/4\,\mathrm{H}$，$C=1\,\mathrm{F}$。

(3) $R=1/2\,\Omega$，$L=1/4\,\mathrm{H}$，$C=1\,\mathrm{F}$。

(4) $R\to\infty$，$L=1/4\,\mathrm{H}$，$C=1\,\mathrm{F}$。

3-31   在题 3-31 图所示电路中 50 nF 电容的初始储能为 90 μJ，电感的初始储能为零。换路后电流 i 的固有频率为 -1000 和 -4000。求：

(1) R 和 L；

(2) 开关闭合后瞬间的初始值 $i(0^+)$ 和 $\dfrac{\mathrm{d}i(0^+)}{\mathrm{d}t}$；

(3) $i(t)$，$t>0$。

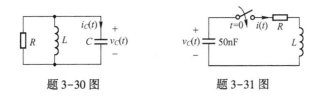

题 3-30 图　　　　　　　　题 3-31 图

3-32　求题 3-32 图所示电路的零状态响应 $v_C(t)$。

3-33　题 3-33 图所示电路的初始储能为零，开关在 $t=0$ 时刻闭合，求 $t>0$ 时的 $v_0(t)$。

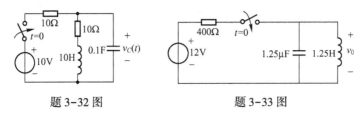

题 3-32 图　　　　　　　　题 3-33 图

3-34　题 3-34 图所示电路已处于稳态，在 $t=0$ 时电压源的电压突然跳变到 250 V，求 $t>0$ 时的 $v_C(t)$。

3-35　题 3-35 图所示电路开关断开前已处于稳态，求 $t>0$ 时的 $v_0(t)$。

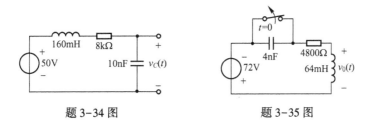

题 3-34 图　　　　　　　　题 3-35 图

3-36　将题 3-36(a) 图所示周期电压信号加到题 3-36(b) 图所示积分电路中，当经过足够长时间后，电压 v_0 也变为周期信号。

（1）求电路的时间常数 τ。

（2）以电压开始上升为时间原点（$t=0$），求出 $v_0(t)$ 一个周期的波形表达式，并画出波形。

（3）若 2 kΩ 电阻变成 10 kΩ，重新计算 $v_0(t)$ 的一个周期波形。

（4）利用 Multisim 仿真方法测量并画出 $v_s(t)$、$v_0(t)$ 的波形，并说明时间常数是如何影响 $v_0(t)$ 波形的，以及在什么条件下输出电压与输入电压为近似积分关系。

3-37　题 3-37 图所示二阶零输入电路，

（1）列出 v_0 的动态方程。

（2）判断 μ 为何值时，v_0 随时间增长、衰减或等幅振荡？

（3）若 $R=500\,\Omega$，$L=1\,\mathrm{mH}$，$C=1\,\mathrm{nF}$，求在 v_0 随时间衰减的情况下，v_0 为临界阻尼波形时

对应的 μ 取值。

（4）用 Multisim 参数扫描和动态分析功能，验证以上计算结果（提示：可设 v_0 初始电压为非零值，在瞬态分析中设初始条件为 User-defined）。

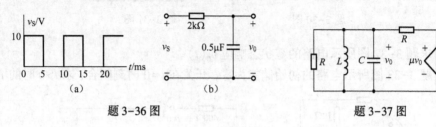

题 3-36 图　　　　　　　　　　题 3-37 图

第 4 章　正弦稳态电路分析

提要　线性电路在单一频率正弦电源激励下的稳态响应可以用相量法来求解。本章先介绍正弦量的特征及其相量表示，引入两类约束关系的相量形式，然后重点讨论利用阻抗与导纳进行的相量电路分析，最后讨论正弦稳态电路功率的特点和计算方法。

4.1　正弦量与正弦稳态响应

4.1.1　正弦量

正弦量是指随时间按正弦函数形式变化的电压和电流，是最常见的变量形式。在工程应用中，正弦量容易产生和传送。在各类动力传送和信息传输系统中，正弦电压和电流是传递能量或信息的主要载体。从理论分析的角度来看，由于复杂的周期性信号可以分解成许多正弦信号的叠加，研究电路对正弦激励的响应是研究电路对其他时变信号响应的基础。正弦电压和正弦电流也称为正弦信号。正弦量属于交流量，在正弦电压和电流激励下的电路又称为正弦交流电路。这里要讨论的是电路对正弦激励的稳态响应。

以正弦电流为例，正弦量的一般表达式为

$$i(t) = I_{\mathrm{m}}\sin(\omega t + \theta) = I_{\mathrm{m}}\sin\left(\frac{2\pi}{T}t + \theta\right) \qquad (4-1)$$

对应的波形如图 4-1 所示。

在式(4-1)中，$i(t)$ 为变量瞬时值，I_{m} 为**振幅**或**最大值**。变量 $\omega t + \theta$ 是随时间变化的角度，称为瞬时相位。θ 是在 $t=0$ 时的相位，称为初始相位或**初相**。初相与时间起点的选取有关。ω 是相位随时间变化的速率，称为**角频率**，单位为弧度/秒（rad/s）。

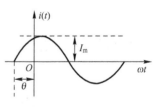

图 4-1　正弦电流波形

最大值、角频率和初相决定了正弦量的瞬时值，称为正弦量的特征值，也叫正弦量的三要素。角频率和周期频率有时都简称为频率，可以根据具体情况和单位加以区分。

例 4-1　已知正弦电压的最大值 $V_{\mathrm{m}} = 10\,\mathrm{V}$，频率 $f = 50\,\mathrm{Hz}$，初相 $\theta_v = -\pi/3$，求角频率和周期，写出电压瞬时值表达式，画出波形图。

解：

$$\omega = 2\pi f = 100\pi \approx 314\,(\mathrm{rad/s})$$

$$T = \frac{1}{f} = \frac{1}{50} = 20(\text{ms})$$

$$v(t) = v_m \sin(\omega t + \theta_v) = 10\sin\left(100\pi t - \frac{\pi}{3}\right) \approx 10\sin\left(314t - \frac{\pi}{3}\right)(\text{V})$$

波形如图4-2(a)所示。若时间轴用 t 表示，波形如图4-2(b)所示。

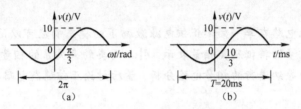

图4-2　正弦电压波形

4.1.2　正弦量的相位差

在正弦稳态电路中，正弦量之间的相位关系对电路特性有很大影响，对于同频率的正弦量，除了关注它们的大小，还要比较它们相位的不同。在稳态电路分析中，正弦量被认为是无始无终的。因此，单独考察一个正弦量的初相值是没有意义的，通常要比较两个或多个正弦量相位的相对关系。不同正弦量之间相位的差别用相位差来描述。

式(4-1)为正弦量的一般形式。由于正弦量 $I_m\sin(\omega t + \theta)$ 也可以写成 $I_m\cos(\omega t + \theta + 90°)$，所以对同一个正弦量，用正弦函数表示的初相与用余弦函数表示的初相不同。本书中约定采用正弦函数来表示相位。

设有两个同频率正弦量 $f_1(t) = A_1\sin(\omega t + \theta_1)$，$f_2(t) = A_2\sin(\omega t + \theta_2)$，它们之间的**相位差**定义为

$$\varphi_{12} = \varphi_1 - \varphi_2 = (\omega t + \theta_1) - (\omega t + \theta_2) = \theta_1 - \theta_2$$

因此同频率正弦量的相位差等于初相差。图4-3给出了四种常见相位关系。

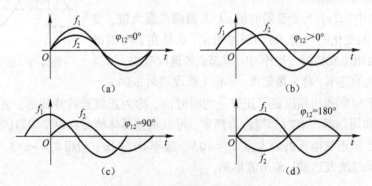

图4-3　相位差的几种情况

对于图 4-3(a)，称 f_1 与 f_2 同相。

对于图 4-3(b)，称 f_1 超前 f_2，或 f_2 落后 f_1，超前(或落后)的角度为 $|\varphi_{12}|$。

对于图 4-3(c)，f_1 与 f_2 的相位差为 90°，称 f_1 与 f_2 正交。

对于图 4-3(d)，f_1 与 f_2 的相位差为 180°，称 f_1 与 f_2 反相。

以上在比较两个信号的相位差时，是用 f_1 相位减去 f_2 相位，相当于以 f_2 相位为基准。当比较多个信号相位时，一般也是以其中一个作为相位参考基准。

在比较相位时应该注意：

(1) 只有同频率的正弦量才可以比较相位关系；

(2) 在同一问题或同一电路中，可选定一个变量，令其初始相位为零，其余变量与该变量相比较，称该变量为参考正弦量；

(3) 相位超前与落后是相对的，一般在计算中限定相位差取值的范围为 $\varphi = -180°$ ~180°。

例 4-2　如图 4-4(a)所示电容元件，已知 $v = \sin t\,\text{V}$，试比较 v 和 i 的相位关系。

解：由电容元件的伏安特性可知

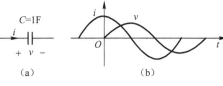

图 4-4　电容元件

$$i = C\frac{\mathrm{d}v}{\mathrm{d}t} = \frac{\mathrm{d}}{\mathrm{d}t}\sin t = \cos t = \sin(t+90°)\,\text{A}$$

v 与 i 的相位差为

$$\varphi = \theta_v - \theta_i = 0 - 90° = -90°$$

电压和电流的波形如图 4-4(b)所示，表明电压落后电流 90°，或电流超前电压 90°。本例表明正弦信号求导后得到的信号仍为同频率正弦信号，后者相位比前者超前了 90°。

例 4-3　已知 $i_1 = 3\sin(\omega t + \varphi_1)$，$i_2 = 4\sin(\omega t + \varphi_2)$。当两电流相位差 φ_{12} 分别为 0°，90°，180°时，求 $i = i_1 + i_2$ 的波形。

解：只需要比较 i_1 与 i_2 的相位差，可假设 $\varphi_2 = 0°$，则 $\varphi_{12} = \varphi_1$

当 $\varphi_{12} = 0°$ 时，

$$i = i_1 + i_2 = 3\sin\omega t + 4\sin\omega t = 7\sin\omega t$$

当 $\varphi_{12} = 90°$ 时，

$$i = i_1 + i_2 = 3\sin(\omega t + 90°) + 4\sin\omega t = \sqrt{3^2 + 4^2}\sin\left(\omega t + \arctan\frac{3}{4}\right) = 5\sin(\omega t + 36.9°)$$

当 $\varphi_{12} = 180°$ 时，

$$i = i_1 + i_2 = 3\sin(\omega t + 180°) + 4\sin\omega t = -3\sin\omega t + 4\sin\omega t = \sin\omega t$$

三种相位差对应的波形如图 4-5 所示。

从上图可以看出，对于相同频率的正弦信号，相位差对信号的叠加结果有很大的影响。当相位相同时，两信号的瞬时值的绝对值相加，当相位相反时，两信号瞬时值的绝对值相减。在这两种极端情况之间，信号的瞬时值可按三角函数运算关系得到。正弦电路中对信号的处

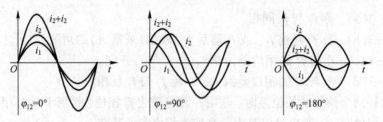

图 4-5　正弦量相位的影响

理包括对幅度和相位两个方面，因此，在后面的分析内容中，要特别注意电路中不同变量的相位关系，这也是正弦电路分析与直流电路分析主要的不同点之一。

4.1.3　正弦量的有效值

在工程应用中，经常用有效值来衡量正弦量的幅度，**有效值**又称为均方根值。一般周期电流 i 的有效值定义为

$$I = \sqrt{\frac{1}{T} \int_0^T i^2 \mathrm{d}t}$$

对于正弦电流 $i = I_{\mathrm{m}} \sin(\omega t + \theta)$，可以得到其有效值与最大值的关系

$$I^2 = \frac{1}{T} \int_0^T I_{\mathrm{m}}^2 \sin^2(\omega t + \theta) \, \mathrm{d}t = \frac{I_{\mathrm{m}}^2}{2T} \int_0^T \left[1 - \cos 2(\omega t + \theta) \right] \mathrm{d}t = \frac{I_{\mathrm{m}}^2}{2}$$

$$I = I_{\mathrm{m}} / \sqrt{2} = 0.707 I_{\mathrm{m}}$$

类似地，可得到正弦电压有效值与其最大值的关系

$$V = V_{\mathrm{m}} / \sqrt{2} = 0.707 V_{\mathrm{m}}$$

因此，对于正弦电压或电流，其有效值是其最大值的 0.707 倍。有效值在计算正弦量产生的平均功率时很有用。例如，正弦电流 i 在一个电阻上产生的瞬时功率 p 和平均功率 P 分别为

$$p = i^2 R$$

$$P = \bar{p} = \frac{1}{T} \int_0^T p \mathrm{d}t = \frac{R}{T} \int_0^T i^2 \mathrm{d}t = R I^2$$

这表明，正弦电流在电阻上产生的平均功率相当于大小为其有效值 I 的直流电流在该电阻上产生的功率。

本书中约定用大写字母 V 和 I 分别表示正弦电压和电流的有效值。在实际应用中，交流电压表、电流表指示的电压值或电流值均为有效值。例如，日常生活中交流电源为 220 V，是指有效值 $V = 220\,\mathrm{V}$，最大值 $V_{\mathrm{m}} = 311\,\mathrm{V}$ 的正弦电压。

4.1.4　正弦稳态响应

当把正弦信号加到含有动态元件的线性稳定电路中时，电路中将会出现暂态响应和稳态

响应，稳态响应与输入信号有相同的形式。下面以一个 RL 电路为例说明。

例 4-4　图 4-6 所示电路中，$L=1\,\text{H}$，$R=2\,\Omega$，$v_S=10\sin t$ V，$i_L(0)=1\,\text{A}$。考察电路中各响应变量的稳态响应。

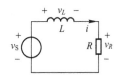

图 4-6　电路对正弦激励的响应

解：列出各变量满足的 KVL 方程

$$Li'+Ri=v_S$$

$$v_L+R\frac{1}{L}\int v_L=v_S$$

$$L\frac{v'_R}{R}+v_R=v_S$$

代入元件参数，得到微分方程

$$i'+2i=v_S,\quad v'_L+2v_L=v'_S,\quad v'_R+2v_R=2v_S$$

确定初始条件

$$i(0^+)=1\,\text{A},\quad v_R(0^+)=2\,\text{V},\quad v_L(0^+)=v_S(0^+)-v_R(0^+)=-2\,\text{V}$$

将初始条件和输入信号 v_S 代入微分方程求解可得

$$i=3e^{-2t}+4\sin t-2\cos t=\left[3e^{-2t}+2\sqrt5\sin(t-26.6°)\right](\text{A})$$

$$v_L=-6e^{-2t}+2\sin t+4\cos t=\left[-6e^{-2t}+2\sqrt5\sin(t+63.4°)\right](\text{V})$$

$$v_R=6e^{-2t}+8\sin t-4\cos t=\left[6e^{-2t}+4\sqrt5\sin(t-26.6°)\right](\text{V})$$

可以看出，三个变量中稳态响应均为与 v_S 频率相同的正弦信号，只是幅度和相位各不同。

一般情况下，线性稳定电路的固有响应随时间衰减，为暂态响应。在正弦电源激励下，电路的强迫响应是与激励信号频率相同的正弦量，为电路的稳态响应。在单一频率正弦激励下，由于正弦信号及其任意阶微分的线性组合，仍为同频率的正弦信号，所以各支路电压、电流均为同频率的正弦信号。

当电路中暂态响应消失后，电路中的各变量频率相同，幅度和相位恒定，称此时的电路处在**正弦稳态**。将处于正弦稳态的电路中变量的求解和电路特性的分析称为电路的正弦稳态分析。正弦稳态电路的分析不需要建立微分方程，而是采用相量分析法。

思考题 4-1　电路中哪些约束关系可以让正弦量的相位发生变化？

思考题 4-2　频率为 f 的正弦信号作用到线性电路中会产生不同于 f 的新频率吗？为什么？

4.2　正弦相量

4.2.1　正弦量的相量表示

同频率正弦信号的幅度和相位参数可以用一个复数来表示，称为**相量**。利用相量的代数运算可以代替以时间为变量的三角函数计算。

正弦量的相量表示基于如下欧拉公式

$$e^{jx} = \cos x + j \sin x$$

其中，$j^2 = -1$。将其中的实变量 x 换成瞬时相位，再将两边乘以 I_m，可以写出

$$I_m e^{j(\omega t + \theta_i)} = I_m \cos(\omega t + \theta_i) + j I_m \sin(\omega t + \theta_i)$$

正弦电流 i 可以表示为

$$i(t) = I_m \sin(\omega t + \theta_i) = \text{Im}(I_m e^{j(\omega t + \theta_i)}) = \text{Im}(I_m e^{j\theta_i} e^{j\omega t}) = \text{Im}(\dot{I}_m e^{j\omega t})$$

其中 Im( ) 为取虚部运算，$\dot{I}_m = I_m e^{j\theta_i}$ 为一复常数，它包含了正弦电流的幅度和相位信息。由于该复数的模就是正弦电流的振幅或最大值，所以称该复数为正弦电流的**振幅相量**或**最大值相量**。类似地，也可以定义有效值相量为

$$\dot{I} = \frac{\dot{I}_m}{\sqrt{2}} = \frac{I_m}{\sqrt{2}} e^{j\theta_i} = I e^{j\theta_i}$$

因此，正弦电流 $i(t)$ 也可以用有效值相量表示为

$$i(t) = \text{Im}(\sqrt{2} \dot{I} e^{j\omega t})$$

类似地，可定义正弦电压 $v = V_m \sin(\omega t + \theta_v)$ 的最大值相量 $\dot{V}_m = V_m e^{j\theta_v}$，有效值相量 $\dot{V} = V e^{j\theta_v}$，电压 v 可以表示为

$$v = V_m \sin(\omega t + \theta_v) = \text{Im}(\dot{V}_m e^{j\omega t}) = \text{Im}(\sqrt{2} \dot{V} e^{j\omega t})$$

所以，用相量可以唯一地表征一个频率已知的正弦量。当电路中各个电压和电流变量的频率相同时，不同变量的区别在于它们的幅度和初相不同，用相量就可以代表不同的正弦信号。

相量可以表示为模和相角的形式，也可以表示为实部与虚部的形式，以方便不同运算。例如，电流相量可以表示为

$$\dot{I}_m = I_m e^{j\theta} = I_m \angle \theta$$

或者

$$\dot{I}_m = x + jy$$

其中，$I_m \angle \theta$ 是 $I_m e^{j\theta}$ 的简化表示方式。相量两种形式的转换关系为

$$\begin{cases} x = I_m \cos\theta \\ y = I_m \sin\theta \end{cases} \quad \begin{cases} I_m = \sqrt{x^2 + y^2} \\ \theta = \arctan\left(\dfrac{y}{x}\right) \end{cases}$$

例 4-5 已知正弦电流和电压时间表达式为 $i = 10\sqrt{2} \sin(\omega t - 60°)$ A，$v = 220\sqrt{2} \cos(\omega t + 30°)$ V。求它们的最大值相量和有效值相量。

解：正弦电流的最大值相量和有效值相量分别为

$$\dot{I}_{\mathrm{m}} = 10\sqrt{2}\angle 60° \text{ A}, \quad \dot{I} = 10\angle 60° \text{ A}。$$

对于正弦电压，由于 $v = 220\sqrt{2}\cos(\omega t + 30°) = 220\sqrt{2}\sin(\omega t + 120°)$ V，所以最大值相量和有效值相量分别为

$$\dot{V}_{\mathrm{m}} = 220\sqrt{2}\angle 120° \text{ V}, \quad \dot{V} = 220\angle 120° \text{ V}。$$

在正弦稳态电路分析中，与正弦量相关的量有瞬时值、最大值、有效值、最大值相量和有效值相量，它们分别用各自的约定符号来表示。要特别注意不同符号的含义，避免混淆。表 4-1 归纳了这些符号的含义。

表 4-1 电流和电压符号的含义

符 号	含 义	表 达 式	
$i(t)$，$v(t)$	瞬时值	$i(t) = I_{\mathrm{m}}\sin(\omega t + \theta_i)$ $= \sqrt{2}I\sin(\omega t + \theta_i)$	$v(t) = V_{\mathrm{m}}\sin(\omega t + \theta_v)$ $= \sqrt{2}V\sin(\omega t + \theta_v)$
I，V	有效值	$I = I_{\mathrm{m}}/\sqrt{2}$	$V = V_{\mathrm{m}}/\sqrt{2}$
I_{m}，V_{m}	最大值	$I_{\mathrm{m}} = \sqrt{2}I$	$V_{\mathrm{m}} = \sqrt{2}V$
$\dot{I}$，$\dot{V}$	有效值相量	$\dot{I} = Ie^{j\theta_i}$	$\dot{V} = Ve^{j\theta_v}$
$\dot{I}_{\mathrm{m}}$，$\dot{V}_{\mathrm{m}}$	最大值相量	$\dot{I}_{\mathrm{m}} = I_{\mathrm{m}}e^{j\theta_i}$	$\dot{V}_{\mathrm{m}} = V_{\mathrm{m}}e^{j\theta_v}$

4.2.2 相量图

在复平面上用有向线段表示相量，称为**相量图**。相量线段的长短代表正弦量的最大值或有效值，与实轴的夹角代表正弦量的初始相位，如图 4-7 所示。

相量与正弦量的对应关系可以用图 4-8 来形象地解释。在图 4-8 中，如果让最大值相量的端点从角 θ 开始，以角速度 ω 围绕原点旋转，则随着时间变化的复数 $I_{\mathrm{m}}e^{j(\omega t + \theta)} = \dot{I}_{\mathrm{m}}e^{j\omega t}$ 就是一个旋转相量。旋转相量在虚轴上的投影就是正弦量 $i(t) = I_{\mathrm{m}}\sin(\omega t + \theta)$。相量在一周的旋转过程中在虚轴的投影与该电流一个周期的瞬时值相对应。

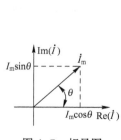

图 4-7 相量图

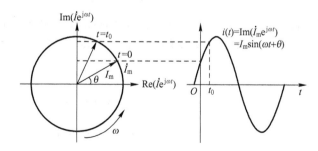

图 4-8 旋转相量与正弦量的对应关系

可以看出，相量本身只代表一个正弦量的幅度和相位，要完整表示一个正弦量，需要再乘上频率信号 $e^{j\omega t}$，以及取虚部运算。在分析电路时要时刻注意相量与其代表的正弦变量的区别：$i(t)$ 是正弦量的时间表达式，是随时间变化的实数；$\dot{I}_m$ 是 $i(t)$ 的幅度和相位特征的表达，是不随时间变化的复常数。

由于相量包含有正弦量的幅度和相位信息，所以用相量图可以直观比较不同正弦量的大小和相位关系。

例 4-6 已知一组正弦电压的频率为 50 Hz，电压的有效值相量分别为

$$\dot{V}_1 = 110\,\text{V}, \quad \dot{V}_2 = (-55 - \text{j}95.5)\,\text{V}, \quad \dot{V}_3 = (-55 + \text{j}95.5)\,\text{V}$$

画出相量图，比较它们的相位关系，并写出对应的时间函数。

解：将相量变为极坐标表示方式，并画出如图 4-9 所示的相量图。

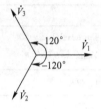

$$\dot{V}_1 = 110\angle 0°\,\text{V}$$

$$\dot{V}_2 = \sqrt{55^2 + 95.5^2}\,\angle \arctan\frac{-95.5}{-55} = 110\angle -120°\,\text{V}$$

图 4-9 电压相量图

$$\dot{V}_3 = \dot{V}_2^* = 110\angle 120°\,\text{V}$$

可以看出三个电压相位依次相差 120°。计算正弦电压的角频率

$$\omega = 2\pi f = 2 \times 3.14 \times 50 = 314\,(\text{rad/s})$$

写出电压时间函数

$$v_1(t) = 110\sqrt{2}\,\sin\omega t\,\text{V}$$

$$v_2(t) = 110\sqrt{2}\,\sin(\omega t - 120°)\,\text{V}$$

$$v_3(t) = 110\sqrt{2}\,\sin(\omega t + 120°)\,\text{V}$$

4.2.3 相量的运算性质

由于同频率正弦量在进行加减运算、微分和积分运算后仍得到相同频率的正弦量，所以可以将这些正弦量的时间函数运算关系变换为它们所对应的相量之间的运算关系，用复代数运算取代三角函数运算，从而用代数方程取代微积分方程。

设有正弦量 $i(t)$，$i_1(t)$ 和 $i_2(t)$，它们对应的有效值相量分别为 $\dot{I}$，$\dot{I}_1$ 和 $\dot{I}_2$，可以证明正弦量的时域运算与其对应相量的运算有如下映射关系

$$ki(t) \leftrightarrow k\dot{I} \tag{4-2}$$

$$i_1(t) \pm i_2(t) \leftrightarrow \dot{I}_1 \pm \dot{I}_2 \tag{4-3}$$

$$\frac{\mathrm{d}i}{\mathrm{d}t} \leftrightarrow \mathrm{j}\omega\dot{I} \tag{4-4}$$

$$\int i \mathrm{d}t \leftrightarrow \frac{\dot{I}}{\mathrm{j}\omega} \tag{4-5}$$

式(4-2)中，k 是一个实常数，表示时间函数的比例运算对应了相量的比例运算。这个对应关系是很明显的。

对式(4-3)，可以写出下面的旋转相量表示式来证明。

$$
\begin{aligned}
i_1(t) \pm i_2(t) &= \mathrm{Im}(\sqrt{2}\,\dot{I}_1 \mathrm{e}^{\mathrm{j}\omega t}) \pm \mathrm{Im}(\sqrt{2}\,\dot{I}_2 \mathrm{e}^{\mathrm{j}\omega t}) \\
&= \mathrm{Im}(\sqrt{2}\,\dot{I}_1 \mathrm{e}^{\mathrm{j}\omega t} \pm \sqrt{2}\,\dot{I}_2 \mathrm{e}^{\mathrm{j}\omega t}) \\
&= \mathrm{Im}(\sqrt{2}\,(\dot{I}_1 \pm \dot{I}_2)\mathrm{e}^{\mathrm{j}\omega t})
\end{aligned}
$$

式(4-3)说明正弦量的和差可以通过相量加减运算来得到。某些情况下，相量加减可以在复平面上用相量图的几何关系直观表示出来。

对于式(4-4)，可以写出

$$\frac{\mathrm{d}i}{\mathrm{d}t} = \frac{\mathrm{d}}{\mathrm{d}t}\mathrm{Im}(\sqrt{2}\,\dot{I}\,\mathrm{e}^{\mathrm{j}\omega t}) = \mathrm{Im}\left(\sqrt{2}\,\dot{I}\,\frac{\mathrm{d}}{\mathrm{d}t}\mathrm{e}^{\mathrm{j}\omega t}\right) = \mathrm{Im}(\sqrt{2}\,\mathrm{j}\omega\,\dot{I}\,\mathrm{e}^{\mathrm{j}\omega t})$$

类似地，对式(4-5)可以写出

$$\int i \mathrm{d}t = \int \mathrm{Im}(\sqrt{2}\,\dot{I}\,\mathrm{e}^{\mathrm{j}\omega t})\mathrm{d}t = \mathrm{Im}\left(\sqrt{2}\,\dot{I}\int \mathrm{e}^{\mathrm{j}\omega t}\mathrm{d}t\right) = \mathrm{Im}\left(\sqrt{2}\,\frac{1}{\mathrm{j}\omega}\dot{I}\,\mathrm{e}^{\mathrm{j}\omega t}\right)$$

这里运算对应关系只对正弦量稳态响应成立，不需要考虑积分初始值。

注意，由于 $\mathrm{j}\omega\dot{I} = \mathrm{j}\omega I\mathrm{e}^{\mathrm{j}\theta} = \omega I\mathrm{e}^{\mathrm{j}\left(\theta+\frac{\pi}{2}\right)}$，正弦量的微分运算会使得对应的相量发生 90°相位变化。类似地，积分运算会让正弦量对应的相量发生负 90°变化。

上面的四种对应关系表明，由于电路的两类约束引起的电路中正弦稳态变量的加减、比例和微积分运算都可映射成为对应相量的复代数运算。因此，用相量运算作为正弦量运算的替代工具可以使计算得到简化。

例 4-7　已知正弦电流瞬时值 $i_1 = 6\sin(\omega t+30°)\,\mathrm{A}$，$i_2 = 4\sin(\omega t+60°)\,\mathrm{A}$，求 i_1+i_2。

解：同频率正弦量相加，可利用相量求解。先写出对应的最大值相量，求出相量和。

$$\dot{I}_{\mathrm{m1}} = 6\angle 30° = 6\cos 30° + \mathrm{j}6\sin 30° = (5.2+\mathrm{j}3)\,(\mathrm{A})$$

$$\dot{I}_{\mathrm{m2}} = 4\angle 60° = (2+\mathrm{j}3.5)\,(\mathrm{A})$$

$$\dot{I}_{\mathrm{m1}} + \dot{I}_{\mathrm{m2}} = 7.2+\mathrm{j}6.5 = 9.67\angle 41.9°\,(\mathrm{A})$$

再写出对应的正弦量

$$i_1+i_2 = 9.67\sin(\omega t+41.9°)\,\mathrm{A}$$

例 4-8　用相量法求例 4-4 中电感电压 v_L 的稳态解。

解：已知 v_L 满足方程为 $v_L' + 2v_L = v_\mathrm{s}'$，$v_\mathrm{s} = 10\sin t\,\mathrm{V}$

设 v_L 稳态解的最大值相量为 $\dot{V}_{Lm} = V_\mathrm{m}\angle\varphi$

设电压源的最大值相量为 $\dot{V}_{Sm} = 10\angle 0° \text{V}$

则微分方程对应的相量方程为

$$j\omega\dot{V}_{Lm} + 2\dot{V}_{Lm} = j\omega\dot{V}_{Sm}$$

将 $\omega = 1\,\text{rad/s}$ 和电压相量代入，得

$$(2+j)\dot{V}_{Lm} = j10$$

解出电感电压的最大值相量

$$\dot{V}_{Lm} = \frac{j10}{2+j} = 2(1+j2) = 2\sqrt{5}\,\angle 45°\,(\text{V})$$

所以 v_L 的正弦稳态解为 $v_L(t) = 2\sqrt{5}\sin(t+63.4°)\,\text{V}$

    思考题 4-3 为什么采用相量进行正弦量运算时要求频率相同？

    思考题 4-4 若有同频率正弦电流满足 $i = i_1 + i_2$，且 i_1 幅度高于 i_2。下面三个等式成立的条件是什么？ $(1)\,I = I_1 + I_2$；$(2)\,I = I_1 - I_2$；$(3)\,I^2 = I_1^2 + I_2^2$。

4.3 两类约束关系的相量形式

    在单一频率条件下，正弦稳态电路中正弦变量的加、减和微积分运算都可以变换为相量运算。利用相量表示可以将微分方程变换成相量复代数方程，使计算得到简化。实际上，对正弦稳态电路的求解不需要列出变量的微分方程，就可以从电路图直接得到正弦相量所满足的约束方程。为此，需要讨论电路变量的两类约束关系的相量形式。

4.3.1 基尔霍夫定律的相量形式

    对于电路变量的瞬时值，电路的连接关系使这些变量受到基尔霍夫定律规定的线性约束。对于正弦稳态响应来说，它们所对应的相量也一定会受到同样的线性约束。

    设正弦稳态电路中某结点有 n 条支路相连，这些支路电流变量受到基尔霍夫电流定律约束，表示为

$$\sum_{k=1}^{n} i_k(t) = 0$$

在单一频率正弦稳态电路中，各电流 $i_k(t)$ 均为同一频率的正弦量，将其用有效值相量表示，可得到

$$\sum_{k=1}^{n} i_k(t) = \sum_{k=1}^{n} \text{Im}(\sqrt{2}\,\dot{I}_k e^{j\omega t}) = \sqrt{2}\,\text{Im}\left[\left(\sum_{k=1}^{n}\dot{I}_k\right)e^{j\omega t}\right] = 0$$

上式在任何时间都成立，需要其中相量之和为零，由此得到 KCL 的相量形式为

$$\sum_{k=1}^{n}\dot{I}_k = 0$$

类似地, 对于处在一个闭合路径上的 m 个正弦电压 $v_k(t)$, KVL 可表示为

$$\sum_{k=0}^{m} v_k(t) = 0$$

其对应的 KVL 的相量形式为

$$\sum_{k=0}^{m} \dot{V}_k = 0$$

以上相量形式的基尔霍夫方程中, 有效值相量受到了基尔霍夫定律的线性约束。容易推知, 最大值相量也受到同样的线性约束。

例 4-9　图 4-10(a) 所示电路中, 已知 $v_1 = 5\sin(\omega t + \varphi)$ V, $v_2 = V_{2m}\cos\omega t$ V, $v_3 = 3\sin\omega t$ V。试确定 V_{2m} 和 φ。

解: 写出电压的最大值相量形式

$$\dot{V}_{1m} = 5\angle\varphi, \quad \dot{V}_{2m} = V_{2m}\angle 90°, \quad \dot{V}_{3m} = 3\angle 0°$$

根据相量形式的 KVL 方程可得

$$\dot{V}_{1m} = \dot{V}_{2m} + \dot{V}_{3m}$$

将电压相量代入 KVL 方程得到

$$5\angle\varphi = jV_{2m} + 3$$
$$5\cos\varphi + j5\sin\varphi = jV_{2m} + 3$$

所以

$$\begin{cases} 5\cos\varphi = 3 \\ 5\sin\varphi = V_{2m} \end{cases}$$

解出　　$\varphi = 53.1°$, 　$V_{2m} = 4$ V

实际上, 若画出如图 4-10(b) 所示的电压的相量图, 从图中按相量的几何关系也可得到同样结果。

思考题 4-5　将相量形式的 KVL 中的各相量首尾相连画在一个相量图中会得到什么样的图形?

4.3.2　元件伏安特性的相量形式

由于独立源的伏安关系的相量形式可以直接根据相量的定义得到, 所以下面仅讨论电阻、电感和电容元件伏安关系的相量形式。

以下讨论中假设元件两端的电压与电流取关联参考方向。设电流、电压的瞬时值及其有效值相量分别为

$$i(t) = I_m\sin(\omega t + \theta_i) \quad \Leftrightarrow \quad \dot{I} = I\angle\theta_i$$

$$v(t) = V_m\sin(\omega t + \theta_v) \quad \Leftrightarrow \quad \dot{V} = V\angle\theta_v$$

1. 电阻元件

对于线性电阻，其时间变量表示的伏安关系为

$$v(t) = Ri(t)$$

对于正值电阻，其两端电压与电流的有效值与相位的关系为

$$\begin{cases} V = RI \\ \theta_v = \theta_i \end{cases}$$

在关联参考方向下，电阻两端电压与电流同相位，其相量形式为

$$\dot{V} = R\dot{I} \quad \text{或} \quad \dot{V}_{\mathrm{m}} = R\dot{I}_{\mathrm{m}}$$

电阻两端电压与电流波形、相量图和电阻元件相量模型如图 4-11 所示。

图 4-11(c) 中的 R 描述的是电阻元件电压相量与电流相量的比值，单位为欧姆。因此，这里的电阻元件符号代表了电阻元件的相量伏安关系，为电阻元件的相量模型。

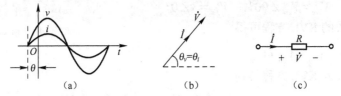

图 4-11 电阻两端电压与电流波形、相量图和电阻元件相量模型

2. 电感元件

线性电感的时间变量伏安特性为

$$v(t) = L\frac{\mathrm{d}i}{\mathrm{d}t}$$

在正弦稳态下，将 $i(t)$ 表达式代入上式

$$v(t) = L\frac{\mathrm{d}}{\mathrm{d}t}\left[I_{\mathrm{m}}\sin(\omega t + \theta_i)\right] = \omega LI_{\mathrm{m}}\cos(\omega t + \theta_i) = \omega LI_{\mathrm{m}}\sin\left(\omega t + \theta_i + \frac{\pi}{2}\right)$$

与电压 $v(t) = V_{\mathrm{m}}\sin(\omega t + \theta_v)$ 比较，可知电感两端正弦电压电流的幅度与相位关系为

$$\begin{cases} V_{\mathrm{m}} = \omega LI_{\mathrm{m}} \\ \theta_v = \theta_i + 90° \end{cases}$$

电感元件相量伏安关系为

$$\dot{V}_{\mathrm{m}} = \mathrm{j}\omega L\dot{I}_{\mathrm{m}} \quad \text{或} \quad \dot{V} = \mathrm{j}\omega L\dot{I}$$

在关联参考方向下，电感两端电压超前流过电感电流相位 $\pi/2$。电感两端电压与电流波形，相量图和电感元件相量模型如图 4-12 所示。

图 4-12(c) 中的 $\mathrm{j}\omega L$ 描述的是电感元件电压相量与电流相量的比值，单位为欧姆。与电阻不同，这个比值为虚数，称为电感元件的阻抗。图 4-12(c) 的符号为电感元件的相量

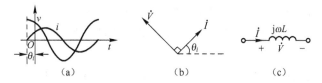

图 4-12　电感两端电压与电流波形、相量图和电感元件相量模型

模型。

3. 电容元件

线性电容的时间变量伏安特性为

$$i = C\frac{\mathrm{d}v}{\mathrm{d}t}$$

将 $v(t)$ 表达式代入上式

$$i(t) = C\frac{\mathrm{d}v}{\mathrm{d}t} = C\frac{\mathrm{d}}{\mathrm{d}t}\left[V_{\mathrm{m}}\sin(\omega t+\theta_v)\right]$$

$$= \omega CV_{\mathrm{m}}\cos(\omega t+\theta_v) = \omega CV_{\mathrm{m}}\sin\left(\omega t+\theta_v+\frac{\pi}{2}\right)$$

与电流表达式 $i(t) = I_{\mathrm{m}}\sin(\omega t+\theta_i)$ 进行比较，得到电容两端正弦电压电流的幅度与相位关系为

$$\begin{cases} I_{\mathrm{m}} = \omega CV_{\mathrm{m}} \\ \theta_i = \theta_v + 90° \end{cases}$$

电容元件相量伏安关系为

$$\dot{I}_{\mathrm{m}} = \mathrm{j}\omega C\dot{V}_{\mathrm{m}} \qquad 或 \qquad \dot{I} = \mathrm{j}\omega C\dot{V}$$

为了与电阻和电感伏安关系形式一致，电容元件的伏安关系也可写成

$$\dot{V}_{\mathrm{m}} = \frac{1}{\mathrm{j}\omega C}\dot{I}_{\mathrm{m}} = -\mathrm{j}\frac{1}{\omega C}\dot{I}_{\mathrm{m}} \qquad 或 \qquad \dot{V} = \frac{1}{\mathrm{j}\omega C}\dot{I} = -\mathrm{j}\frac{1}{\omega C}\dot{I}$$

在关联参考方向下，流过电容的电流超前其两端电压相位 $\pi/2$。电容两端电压与电流波形、相量图和电容元件相量模型如图 4-13 所示。

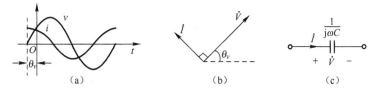

图 4-13　电容两端电压与电流波形、相量图和电容元件相量模型

图 4-13（c）中的 $1/\mathrm{j}\omega C$ 描述的是电容元件电压相量与电流相量的比值，是纯虚数，单位

为欧姆,称为电容元件的阻抗,该符号为电容元件的相量模型。

利用上述动态元件的相量伏安特性,可以避免复杂的微积分运算,用复代数运算来方便地分析正弦稳态响应。

例 4-10　将正弦电压 $v = 12\sin(60t + 45°)$ V 加到 $L = 0.1$ H 的电感上,求流过该电感的正弦稳态电流。

解:写出最大值电压相量 $\dot{V}_{\mathrm{m}} = 12\angle 45°$ V

由电感元件相量伏安特性 $\dot{V}_{\mathrm{m}} = j\omega L \dot{I}_{\mathrm{m}}$

求出电流相量为

$$\dot{I}_{\mathrm{m}} = \frac{\dot{V}_{\mathrm{m}}}{j\omega L} = \frac{12\angle 45°}{j \times 60 \times 0.1} = \frac{12\angle 45°}{6\angle 90°} = 2\angle -45°\,(\mathrm{A})$$

对应的正弦稳态电流为

$$i(t) = 2\sin(60t - 45°)\,\mathrm{A}$$

例 4-11　用相量法求图 4-14(a)所示电路中各变量的正弦稳态响应,已知 $v_{\mathrm{S}}(t) = 10\sin t$ V。

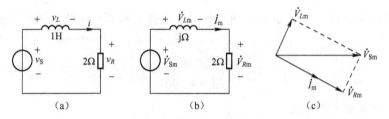

图 4-14　例 4-11 电路

解:把图 4-14(a)电路中的变量和元件特性用相量来表示,得到图 4-14(b)。将变量用其对应的最大值相量表示,其中 $\dot{V}_{\mathrm{Sm}} = 10\angle 0°$ V,同时将电阻和电感元件用它们的相量模型来替换,并标出电压相量与电流相量的比值。图 4-14(b)描述了相量之间的关系,称为电路的相量模型。用电路相量模型可直接写出两类约束关系的相量形式。

由 KVL 的相量形式

$$\dot{V}_{Lm} + \dot{V}_{Rm} = \dot{V}_{Sm}$$

由元件伏安特性的相量形式

$$\dot{V}_{Lm} = j\omega L \dot{I}_{\mathrm{m}} = j \dot{I}_{\mathrm{m}} \qquad \dot{V}_{Rm} = R \dot{I}_{\mathrm{m}} = 2 \dot{I}_{\mathrm{m}}$$

将两类约束结合,得到

$$(2 + j) \dot{I}_{\mathrm{m}} = \dot{V}_{Sm}$$

求解相量方程得到相量解

$$\dot{I}_\mathrm{m} = \frac{\dot{V}_\mathrm{Sm}}{2+\mathrm{j}} = \frac{10\angle 0°}{2+\mathrm{j}} = 2(2-\mathrm{j}) = 2\sqrt{5}\angle -26.6°(\mathrm{A})$$

$$\dot{V}_{Rm} = 2\cdot\dot{I}_\mathrm{m} = 4\sqrt{5}\angle -26.6°(\mathrm{V})$$

$$\dot{V}_{Lm} = \mathrm{j}\dot{I}_\mathrm{m} = 2\sqrt{5}\angle(90°-26.6°) = 2\sqrt{5}\angle 63.4°(\mathrm{V})$$

由此写出各变量的正弦稳态解为

$$i(t) = 2\sqrt{5}\sin(t-26.6°)\,\mathrm{A}$$

$$v_R(t) = 4\sqrt{5}\sin(t-26.6°)\,\mathrm{V}$$

$$v_L(t) = 2\sqrt{5}\sin(t+63.4°)\,\mathrm{V}$$

图 4-14(c)的相量图显示了各相量的相位关系。对照例 4-4 的分析结果中的稳态成分可验证相量法分析结果。

思考题 4-6　相量是否有参考方向？若采用非关联参考方向，相量形式的元件伏安关系是什么？

思考题 4-7　电感和电容元件的相量形式伏安特性与频率有关，其物理意义是什么？

4.4　阻抗与导纳

4.4.1　阻抗与导纳概述

前面介绍的基本元件的相量伏安关系确定了元件端口电压与电流相量之间的关系。如果将这些基本元件相互连接起来，其构成的端口电路的特性是否也能用一个复常数来表示呢？先考察由电阻和电感串联构成的简单支路，如图 4-15 所示。

如图标记出元件和端口的电压和电流相量，由相量形式的 KVL 及基本元件的相量伏安关系得到 RL 串联电路的相量伏安关系为

$$\dot{V} = \dot{V}_R + \dot{V}_L = R\dot{I} + \mathrm{j}\omega L\dot{I} = (R+\mathrm{j}\omega L)\dot{I}$$

其中，电压相量与电流相量的比值 $R+\mathrm{j}\omega L$ 是一个复数，具有电阻的量纲。与基本元件不同，这个复数同时包含了实部和虚部，称其为支路的阻抗。

一般情况下，在正弦稳态下的无独立源线性二端电路，其端口电压相量与电流相量之间的比例关系，可以用阻抗参数或导纳参数来描述。这种描述称为相量形式的欧姆定律。

如图 4-16 所示，线性无源二端电路 N_0 的**阻抗**定义为其端口上电压相量与电流相量

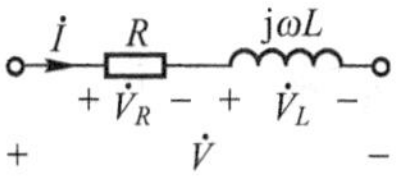

图 4-15　RL 串联的相量伏安关系 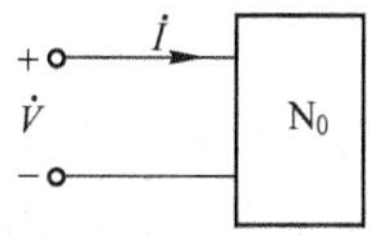　　　　图 4-16　二端电路阻抗

之比

$$Z = \frac{\dot{V}}{\dot{I}}$$

阻抗的单位为欧姆（Ω）。Z 为复常数，可以写成如下两种形式

$$Z = |Z| \angle \phi_z = R + jX$$

其中

$$\begin{cases} |Z| = \dfrac{V}{I} \\ \phi_z = \phi_v - \phi_i \end{cases}$$

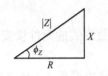

图 4-17　阻抗三角形

式中，$|Z|$ 为阻抗模，ϕ_z 为阻抗角。阻抗的实部 R 为等效电阻，虚部 X 为**电抗**。阻抗模、电阻、电抗和阻抗角的关系可以用一个三角形来表示，如图 4-17 所示。

阻抗角 ϕ_z 是二端电路端口上电压与电流的相位差，它反映了二端电路阻抗的性质。在 $\phi_z = 0$ 时，$Z = R$ 为纯电阻；在 $\phi_z > 0$ 时，电压相位超前于电流，称电路 N_0 为感性；在 $\phi_z < 0$ 时，电压相位落后于电流，称 N_0 为容性。$\phi_z \neq 0$ 说明电路中包含电感或电容元件，这时阻抗中含有电抗成分，因此称电感和电容为电抗元件。当二端电路中只含有电阻和电抗元件时，端口电压电流的相位差（阻抗角 ϕ_z）在 $-90°$ 与 $+90°$ 之间取值。

无源二端电路特性也可以用导纳参数来描述。**导纳**定义为二端电路端口上电流相量与电压相量之比。

$$Y = \frac{\dot{I}}{\dot{V}} = |Y| \angle \phi_Y = G + jB$$

其中 G 为等效电导，B 为**电纳**。导纳的单位为西门子（S）。导纳角 ϕ_Y 是端口上电流与电压的相位差，也能说明端口电路的性质。

对同一电路端口，其阻抗与导纳显然是倒数关系，即 $Z = \dfrac{1}{Y}$

对于基本无源元件电阻、电感和电容，根据它们的相量伏安特性可以写出

$$R = \frac{\dot{V}}{\dot{I}} \qquad j\omega L = \frac{\dot{V}}{\dot{I}} \qquad \frac{1}{j\omega C} = \frac{\dot{V}}{\dot{I}}$$

因此，电阻元件的阻抗和导纳为纯电阻或纯电导，电感和电容元件的阻抗和导纳为纯电抗或纯电纳。这三种基本无源元件的阻抗和导纳见表 4-2。

表 4-2　基本无源元件的阻抗和导纳

	阻　　抗	导　　纳
电阻	$Z_R = R$	$Y_R = \dfrac{1}{R} = G$
电感	$Z_L = jX_L = j\omega L$	$Y_L = \dfrac{1}{j\omega L} = jB_L$
电容	$Z_C = jX_C = -j\dfrac{1}{\omega C}$	$Y_C = j\omega C = jB_C$

表 4-2 中，电感的电抗称为**感抗**，感抗 $X_L > 0$。在正弦稳态电路中，感抗对正弦电流起阻碍作用；感抗值越大，对正弦电流的阻碍作用越大。感抗与频率有关，$X_L = \omega L$，频率越高，感抗越大，所以电感对于高频电流有阻隔作用。

电容的电抗称为**容抗**，容抗 $X_C = -1/\omega C < 0$。频率越低，容抗绝对值越大，因此电容对低频电流有阻隔作用。

注意，与电阻不同，感抗和容抗只对正弦稳态分析有意义，不适用于变量的瞬时值关系。

阻抗和导纳的概念统一了对基本无源元件和无源二端电路端口的相量伏安特性的描述。利用阻抗的概念可以对复杂的无源电路进行等效简化，用阻抗值或导纳值就可以代表一个无源二端电路的特性。

4.4.2　阻抗的连接组合

1. 阻抗的串联和并联等效

无源元件或二端电路的阻抗在串联或并联时，它们的总阻抗或总导纳可以用类似电阻串并联等效的方法求出。图 4-18 中显示了阻抗的串并联组合，图中用阻抗值代表一个二端电路。

当两个阻抗串联时，根据图 4-18(a)中所标电压和电流相量可以写出

$$\dot{V} = \dot{V}_1 + \dot{V}_2 = Z_1 \dot{I} + Z_2 \dot{I} = (Z_1 + Z_2)\dot{I}$$

所以等效阻抗 Z 为

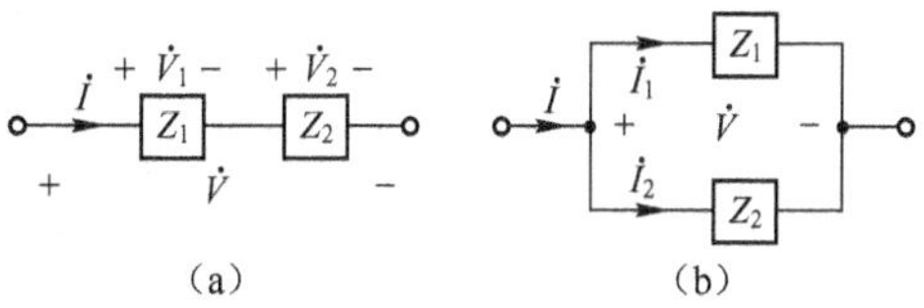

图 4-18　阻抗的串并联

$$Z = \frac{\dot{V}}{\dot{I}} = Z_1 + Z_2$$

即阻抗串联时，总阻抗等于各个阻抗值之和。对于多个阻抗串联也有同样的结论。

当阻抗并联时，按图 4-18(b)可写出导纳关系

$$Y = \frac{\dot{I}}{\dot{V}} = \frac{\dot{I}}{\dot{V}_1 + \dot{V}_2} = Y_1 + Y_2$$

即阻抗并联时，总导纳等于各个导纳之和。如果用阻抗来表示，则总阻抗为

$$Z = \frac{Z_1 Z_2}{Z_1 + Z_2}$$

上面的结论也可以推广到多个阻抗并联的情况。

2. 阻抗分压和分流

根据阻抗的定义，对于阻抗的串联组合，类似于电阻分压的阻抗分压公式成立。对于图 4-18(a)所示的阻抗串联，容易推导出每个阻抗元件上的电压相量与总电压相量的关系为

$$\dot{V}_1 = Z_1 \dot{I} = \frac{Z_1}{Z_1 + Z_2} \dot{V}$$

$$\dot{V}_2 = Z_2 \dot{I} = \frac{Z_2}{Z_1 + Z_2} \dot{V}$$

对于图 4-18(b)所示的阻抗并联，每个阻抗的电流相量与总电流相量的关系为

$$\dot{I}_1 = \frac{\dot{V}}{Z_1} = \frac{1/Z_1}{1/Z_1 + 1/Z_2} \dot{I} = \frac{Z_2}{Z_1 + Z_2} \dot{I}$$

$$\dot{I}_2 = \frac{\dot{V}}{Z_2} = \frac{1/Z_2}{1/Z_1 + 1/Z_2} \dot{I} = \frac{Z_1}{Z_1 + Z_2} \dot{I}$$

3. 星形-三角形阻抗网络的等效变换

与三端电阻网络的星形-三角形等效变换类似，由阻抗构成的星形网络和三角形网络也有同样形式的等效变换公式。图 4-19(a)为阻抗星形网络，图 4-19(b)为阻抗三角形网络。

可以推导出从星形转换到三角形的等效公式为

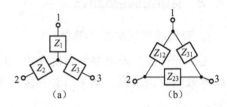

图 4-19 阻抗的星形和三角形网络

$$Z_{12} = (Z_1 Z_2 + Z_2 Z_3 + Z_3 Z_1)/Z_3$$
$$Z_{23} = (Z_1 Z_2 + Z_2 Z_3 + Z_3 Z_1)/Z_1$$
$$Z_{31} = (Z_1 Z_2 + Z_2 Z_3 + Z_3 Z_1)/Z_2$$

从三角形到星形的等效转换公式为

$$Z_1 = \frac{Z_{12} Z_{13}}{Z_{12} + Z_{23} + Z_{31}}, \quad Z_2 = \frac{Z_{12} Z_{23}}{Z_{12} + Z_{23} + Z_{31}}, \quad Z_3 = \frac{Z_{13} Z_{23}}{Z_{12} + Z_{23} + Z_{31}}$$

以下通过阻抗串并联连接计算的例子说明阻抗的分析方法和阻抗的性质。

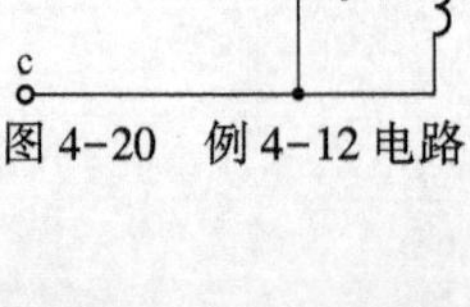

例 4-12 求图 4-20 所示电路 ac 端口的阻抗

图 4-20 例 4-12 电路

解：
$$Z = Z_{ab} + Z_{bc} = 60 + \frac{-j25 \times j20}{-j25 + j20}$$

$$= 60 + \frac{500}{-j5} = (60 + j100)(\Omega)$$

阻抗为感性，写成模和阻抗角的形式

$$Z = 116.6 \angle 59° \Omega$$

例 4-13　已知图 4-21 所示电路中 $R_1 = R_2 = 1\,\Omega$，$L = 0.2\,H$，$C = 1\,F$，求阻抗 Z_{ac} 表达式，并求当 $\omega = 0, 1, 2, 3\,rad/s$ 时的阻抗值。

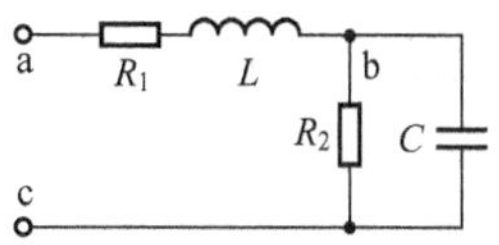

解：
$$Z_{ab} = R_1 + j\omega L = 1 + j\frac{\omega}{5}$$

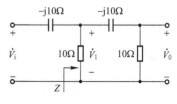

图 4-21　例 4-13 电路

$$Z_{cb} = \frac{1}{Y_{cb}} = \frac{1}{\dfrac{1}{R_2} + j\omega C} = \frac{1}{1 + j\omega}$$

$$Z_{ac} = Z_{ab} + Z_{bc} = 1 + \frac{j\omega}{5} + \frac{1 - j\omega}{1 + \omega^2}$$

$$Z_{ac}(\omega) = 1 + \frac{1}{1 + \omega^2} + j\left(\frac{\omega}{5} - \frac{\omega}{1 + \omega^2}\right) = R(\omega) + jX(\omega)$$

Z_{ac} 的实部 $R(\omega)$ 是等效电阻，虚部 $X(\omega)$ 是等效电抗，它们都与信号频率 ω 有关。当 $\omega = 0$ 时，$Z_{ac}(0) = R(0) = 1 + 1 = 2(\Omega)$。从电路上看，当直流信号作用于电路时，电容 C 相当于开路，电感 L 相当于短路，阻抗为 $R_1 + R_2 = 2\,\Omega$，结论相同。

当 ω 为其他 3 种频率值时，得到

$$\omega = 1: \quad Z(1) = 1.5 + j\left(\frac{1}{5} - \frac{1}{2}\right) = (1.5 - j0.3)(\Omega)$$

$$\omega = 2: \quad Z(2) = 1 + \frac{1}{5} + j\left(\frac{2}{5} - \frac{2}{5}\right) = (1.2 - j0)(\Omega)$$

$$\omega = 3: \quad Z(3) = 1 + \frac{1}{10} + j\left(\frac{3}{5} - \frac{3}{10}\right) = (1.1 + j0.3)(\Omega)$$

可见，对不同的工作频率，阻抗 Z_{ac} 有不同的阻值。当 $\omega = 1$ 时，Z_{ac} 为容性；当 $\omega = 2$ 时，Z_{ac} 为纯阻；当 $\omega = 3$ 时，Z_{ac} 为感性。

因此可得出结论：无源二端电路的阻抗和导纳取决于电路结构、元件参数和信号源频率。当电路结构参数确定时，阻抗和导纳都是频率的函数。

例 4-14　证明图 4-22 所示相移电路的输出电压 $\dot{V}_0$ 超前于输入电压 $\dot{V}_i$ 相位 90°。

解： 含有电抗元件的无源电路经常用来为信号产生相

图 4-22　例 4-14 电路

移，图 4-22 所示电路由两个 RC 电路级联而成。在给定信号频率下，当选取容抗绝对值与电阻值相同时，该电路输出电压相位超前输入电压相位 90°。

为推导电压相位关系，先用阻抗分压公式计算 $\dot V_1$ 与 $\dot V_i$ 关系，按图中标出位置向右看的阻抗 Z 为

$$Z = 10 /\!/ (10-\mathrm{j}10) = \frac{10(10-\mathrm{j}10)}{10+(10-\mathrm{j}10)} = (6-\mathrm{j}2)\,(\Omega)$$

根据分压公式

$$\dot V_1 = \frac{Z}{Z-\mathrm{j}10}\dot V_i = \frac{6-\mathrm{j}2}{6-\mathrm{j}12}\dot V_i = \frac{\sqrt{2}}{3}\angle 45°\dot V_i$$

再次利用分压公式

$$\dot V_0 = \frac{10}{10-\mathrm{j}10}\dot V_1 = \frac{\sqrt{2}}{2}\angle 45°\dot V_1$$

所以

$$\dot V_0 = \frac{\sqrt{2}}{2}\angle 45° \times \frac{\sqrt{2}}{3}\angle 45° \times \dot V_i = \frac{1}{3}\mathrm{j}\,\dot V_i$$

思考题 4-8 若一个二端电路阻抗为 $(5+\mathrm{j}10)\,\Omega$，导纳是否为 $\left(\frac{1}{5}+\mathrm{j}\frac{1}{10}\right)\mathrm{S}$？为什么？

思考题 4-9 假如一个二端电路中只可包含 RLC 无源元件，思考如下结论是否成立：(1)若二端电路阻抗实部为零，则电路中一定不包含电阻；(2)若二端电路阻抗为纯实数，则电路中一定不包含电抗元件。

思考题 4-10 一个阻抗与另一个阻抗串联后阻抗模值一定会变大吗？一个阻抗与另一个阻抗并联后阻抗模值一定会变小吗？

4.4.3 谐振电路

作为阻抗分析的例子，这里讨论两种特殊的阻抗导纳组合电路，如图 4-23(a)和图 4-24(a)所示，它们分别称为串联谐振电路和并联谐振电路。

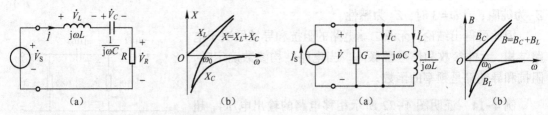

图 4-23 串联谐振电路和电抗曲线 图 4-24 并联谐振电路和电纳曲线

图 4-23(a)所示电路中，电压源右侧为 RLC 阻抗的串联组合，可写出其总阻抗为

$$Z = R + \mathrm{j}\left(\omega L - \frac{1}{\omega C}\right) = R + \mathrm{j}X$$

Z 的电抗成分 X 与 ω 有关，当外加的信号频率使得电抗 X 为零时，称电路发生了**串联谐振**，使电路产生谐振的频率称为**谐振频率**，可计算出 RLC 串联谐振电路的谐振频率为

$$\omega_0 = \frac{1}{\sqrt{LC}}$$

图 4-23(b) 所示曲线为电抗 X 随 ω 变化的曲线，其中 X_L 为感抗，X_C 为容抗，而总电抗 $X = X_L + X_C$。当 $\omega < \omega_0$ 时，$X_L < |X_C|$，$X < 0$，阻抗 Z 呈容性；当 $\omega > \omega_0$ 时，$X_L > |X_C|$，$X > 0$，阻抗 Z 呈感性；当 $\omega = \omega_0$ 时，$Z = R$ 为纯电阻。

串联谐振时电路处在一种特殊的状态，总阻抗为纯阻，阻抗模达到了最小值。端口电压 $\dot{V}_S$ 与电流 $\dot{I}$ 同相，I 达到最大值。实际电路中，谐振状态下的 X_L 或 $|X_C|$ 比 R 大很多，所以 $V_L = V_C \gg V_R$。由于此时 $V_R = V_S$，所以谐振时电抗元件上的工作电压可以远远高于输入电压。

例如，当 $X_L = |X_C| = 100R$ 时，$V_L = V_C = 100V_S$，所以串联谐振可以产生很高的电压。

图 4-24(a) 所示电路中，电流源右侧为 RLC 的并联，图中标出了 3 个元件的电导值。端口总导纳为

$$Y = G + \mathrm{j}\left(\omega C - \frac{1}{\omega L}\right) = G + \mathrm{j}B$$

可以推导出，当 $\omega = \omega_0 = \frac{1}{\sqrt{LC}}$ 时，导纳虚部 $B = 0$，$Y = G$，为纯电阻。称电路发生**并联谐振**，ω_0 称为并联谐振频率。

并联谐振电路的电容和电感的电纳随频率变化曲线如图 4-24(b) 所示，图中显示了总电纳随 ω 的变化情况，以及并联谐振频率 ω_0 的含义。

并联谐振时，电路端口上 $\dot{V}$ 与 $\dot{I}_S$ 同相，V 达到最大值。通常在谐振时，$G \ll \omega_0 C = \frac{1}{\omega_0 L}$，因此，谐振时电抗元件上电流 $I_C = I_L = V\omega_0 C = \frac{I_S}{G}\omega_0 C$ 将远远高于输入电流 I_S。

串联和并联谐振电路的阻抗或导纳随 ω 变化的特性可以用来实现滤波器，这方面的讨论请看第 6 章。

思考题 4-11　证明谐振电路在谐振状态下电感和电容储存能量之和为一个恒定值。

4.5　相量分析

前面的讨论中引入了相量形式的基尔霍夫定律和元件伏安特性。对于单一频率正弦激励下的线性稳定电路，可以利用电路的相量模型直接建立相量方程，求出稳态响应的相量解。

利用电路的相量模型，求变量的相量解从而确定电路稳态响应的方法称为相量分析。

用相量分析法求解正弦稳态电路需要满足两个条件。

（1）相量分析的对象必须是稳定的电路。稳定电路的含义是，对有界的信号输入只产生有界的输出，这样才能保证电路存在正弦稳态。当电路中含有受控源等有源元件时，有可能出现暂态响应随时间增长的不稳定电路。

（2）由于阻抗和导纳与频率有关，电路相量模型中的独立源必须是同一频率的正弦信号。如果有不同频率的电源同时存在，则必须利用电路的线性特性，让每一个频率的电源单独作用，并用该频率对应的相量电路求得相量解，然后在时间域内把对不同频率的响应进行叠加。

由于相量所受到的两类约束都是线性约束，所以在第 2 章讨论的线性电路的性质及其分析方法，即等效方法、规范化方法及线性电路的定理，都可直接应用于相量模型的分析。

正弦稳态电路分析的一般步骤是：

（1）将电路时域模型变为相量模型；

（2）按线性电路的分析方法求出相量解；

（3）将结果表示为时间函数。

其中，第（1）（3）步是简单而直接的。电路求解的重点是对相量电路模型的分析。

4.5.1 简单电路

例 4-15 用等效电路方法求图 4-25 所示电路的正弦稳态响应 $v(t)$，已知 $i(t) = 10\sqrt{2}$ $\sin 50000t$ mA。

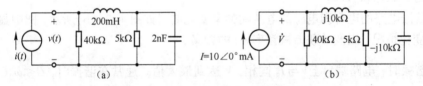

图 4-25　例 4-15 电路及其相量模型

解：画出电路的有效值相量模型如图 4-25（b）所示。其中电感阻抗为

$$j\omega L = j5 \times 10^4 \times 200 \times 10^{-3} = j10 \,(\text{k}\Omega)$$

电容阻抗为

$$\frac{1}{j\omega C} = -j\frac{1}{5 \times 10^4 \times 2 \times 10^{-9}} = -j10 \,(\text{k}\Omega)$$

在相量模型中求电流源右侧电路的阻抗。为此，先求出 5 kΩ 电阻与电容的并联阻抗

$$5 /\!/ (-j10) = \frac{5 \times (-j10)}{5 - j10} = 4 - j2 \,(\text{k}\Omega)$$

从电流源看进去的总等效阻抗为

$$Z = 40 /\!/ (j10+4-j2) = \frac{40 \times (j10+4-j2)}{40+j10+4-j2}$$

$$= 4.8+j6.4 = 8 \angle 53.1° \text{ (k}\Omega)$$

图 4-25(b)中端口电压相量为

$$\dot{V} = Z\dot{I} = 8 \times 10^3 \angle 53.1° \times 10 \times 10^{-3} \angle 0° = 80 \angle 53.1° \text{ V}$$

v 的时间函数为

$$v(t) = 80\sqrt{2} \sin(50000t+53.1°) \text{ V}$$

例 4-16　已知图 4-26(a)中电流表的读数 $A_1 = 6$ A，$A_2 = 8$ A，求电流表 A 的读数。

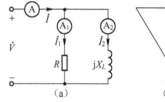

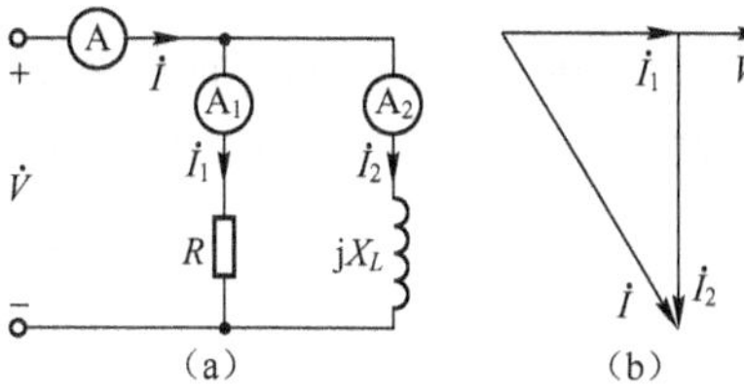

解：方法 1：用相量图求解。以端电压 $\dot{V}$ 为参考相量，则 $\dot{I}_1$ 与 $\dot{V}$ 同相，$\dot{I}_2$ 落后 $\dot{V}$ 相位 90°。画出相量图如图 4-26(b)所示。从相量的几何关系可得 $I = \sqrt{I_1^2+I_2^2} = \sqrt{6^2+8^2} = 10$（A）。

图 4-26　例 4-16 电路和相量图

方法 2：设端电压为 $\dot{V} = V \angle 0°$，则有

$$\dot{I}_1 = \frac{\dot{V}}{R} = 6 \angle 0° \text{ A}, \quad \dot{I}_2 = \frac{\dot{V}}{jX_L} = 8 \angle -90° \text{ A}$$

因此，$\dot{I} = \dot{I}_1+\dot{I}_2 = 6-j8 = 10 \angle -53.1°$（A），电流表 A 的读数为 10 A。

4.5.2　线性电路性质

例 4-17　已知图 4-27(a)所示正弦稳态电路的工作频率 $\omega = 1000$ rad/s，求从电压源看进去二端电路的阻抗。

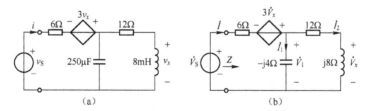

图 4-27　例 4-17 电路

解：做出电路的相量模型如图 4-27(b)所示，并标出有关相量的参考方向。

阻抗 $Z = \dot{V}_S/\dot{I}$ 为端口电压与电流相量的比值，与相量的具体数值无关。根据电路的齐次性，我们可以任意假定某一变量的数值，推出端口相量，再计算比值。现假定，$\dot{I}_2 = 1 \angle 0°$ A，从电路的右端推算各支路变量一直到端口电压和电流相量，过程如下

$$\dot{V}_x = j8\dot{I}_2 = j8 \text{ V}$$

$$\dot{V}_1 = (12+j8)\dot{I}_2 = (12+j8) \text{ V}$$

$$\dot{I}_1 = \dot{V}_1/(-j4) = (-2+j3) \text{ A}$$

$$\dot{I} = \dot{I}_1 + \dot{I}_2 = (-1+j3) \text{ A}$$

$$\dot{V}_S = 6\dot{I} - 3\dot{V}_x + \dot{V}_1 = (6+j2) \text{ V}$$

因此, 二端电路输入阻抗为

$$Z = \dot{V}_S/\dot{I} = -j2 \text{ } \Omega$$

例4-18　用戴维南定理求图4-28中 $v(t)$ 的正弦稳态响应。

解: 去掉电容 C_2, 画出图4-29(a)所示的相量二端电路, 求其戴维南等效电路。

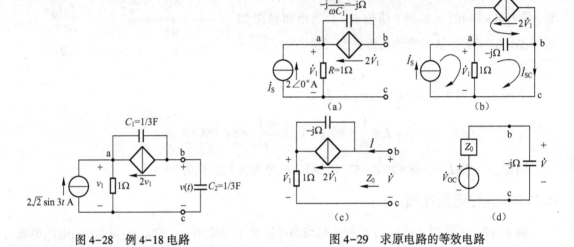

图4-28　例4-18电路　　　　　　图4-29　求原电路的等效电路

求开路电压

$$\dot{V}_1 = R\dot{I}_S = 2\angle 0° \text{ V}$$

$$\dot{V}_{OC} = \dot{V}_1 + j2\dot{V}_1 = (2+j4) \text{ V}$$

求端口短路电流。将 bc 短路如图4-29(b)所示, 标出网孔电流方向, 列网孔方程如下

$$\dot{I}_{SC}(1-j) + 2\dot{V}_1(-j) - \dot{I}_S R = 0$$

将 $\dot{V}_1 = R(\dot{I}_S - \dot{I}_{SC}) = 2 - \dot{I}_{SC}$ 代入上式可得

$$\dot{I}_{SC}(1-j) - j2(2-\dot{I}_{SC}) - 2 = 0$$

解出

$$\dot{I}_{SC} = \frac{2+j4}{1+j} \text{ A}$$

所以戴维南等效阻抗为

$$Z_0 = \frac{\dot{V}_{OC}}{\dot{I}_{SC}} = \frac{2+j4}{\dfrac{2+j4}{1+j}} = (1+j)\,(\Omega)$$

求 Z_0 的另一种方法是令内部独立源为零，求端口上电压与电流相量的比值。按照图 4-29(c) 所示电路，令 $\dot{V}_1 = 1\,V$，则 $\dot{I} = 1\,A$，端口电压相量 $\dot{V} = -j\dot{I} + 2j + 1 = (1+j)\,(V)$，从而得到等效阻抗

$$Z_0 = \dot{V}/\dot{I} = (1+j)\,\Omega$$

利用得到的等效电路连接电容，如图 4-29(d) 所示，从中计算出

$$\dot{V} = \dot{V}_{OC}\frac{-j}{Z_0 - j} = (2+j4)\frac{-j}{1+j-j} = 4 - 2j = 2\sqrt{5}\,\angle -26.6°\,(V)$$

所求的稳态响应为

$$v(t) = 2\sqrt{10}\sin(3t - 26.6°)\,V$$

4.5.3　规范化分析

例 4-19　给定图 4-30 所示的相量电路，试用结点分析法计算 $\dot{V}_1$，并求出从 ab 端口向右看去的阻抗 Z。

解： 两个结点电压为 $\dot{V}_1$ 和 $\dot{V}_2$，将受控电流源当作独立源处理，列出两个结点方程（注意相量结点方程的系数是复数，称为自导纳和互导纳）。然后再添加一个辅助方程，把控制量 $\dot{I}$ 用结点电压来表示。

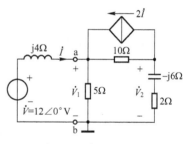

图 4-30　例 4-19 电路

$$\left(\frac{1}{10} + \frac{1}{5} - j\frac{1}{4}\right)\dot{V}_1 - \frac{1}{10}\dot{V}_2 = \frac{\dot{V}}{j4} + 2\dot{I}$$

$$-\frac{1}{10}\dot{V}_1 + \left(\frac{1}{10} + \frac{1}{2-j6}\right)\dot{V}_2 = -2\dot{I}$$

$$\dot{I} = (\dot{V} - \dot{V}_1)/j4$$

将方程简化之后，得到

$$(6-j15)\dot{V}_1 - 2\dot{V}_2 = -j180$$

$$(-2+j10)\dot{V}_1 + (3+j3)\dot{V}_2 = j120$$

从中解出

$$\dot{V}_1 = 9.62 - j3.94 = 10.4\,\angle -22.3°\,(V)$$

将 $\dot{V}_1$ 代入辅助方程

$$\dot{I} = (\dot{V} - \dot{V}_1)/j4 = (12 - 9.62 + j3.94)/j4 = 0.985 - j0.595 = 1.15\,\angle -31.1°\,(A)$$

计算出从 ab 端口向右看去的等效阻抗为

$$Z = \frac{\dot{V}_1}{\dot{I}} = \frac{10.4\angle -22.3°}{1.15\angle -31.1°} = 9.03\angle 8.8° = (8.92 + j1.39)(\Omega)$$

例 4-20　(1) 用结点分析法求图 4-31(a)含运放正弦稳态电路的相量输出-输入关系。

(2) 用该电路结构设计一个运放电路，使得当输入电压 $v_s(t) = 15\sin 2000t$ V 时，输出电压 $v_0(t) = 2\sin(2000t - 90°)$ V。限定 Z_1 和 Z_2 只能用电阻或电容来实现。

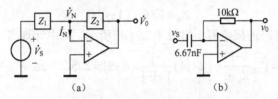

图 4-31　例 4-20 电路

解：(1) 对图 4-31(a)所示电路中理想运放的反相输入端结点列出结点方程

$$\left(\frac{1}{Z_1} + \frac{1}{Z_2}\right)\dot{V}_N = \frac{\dot{V}_S}{Z_1} + \frac{\dot{V}_0}{Z_2} - \dot{I}_N$$

将理想运放输入端的虚短路特性 $\dot{V}_N = 0$ V 和 $\dot{I}_N = 0$ A 代入结点方程后，可求出

$$\dot{V}_0 = -\frac{Z_2}{Z_1}\dot{V}_S$$

(2) 将输入和输出电压表示成最大值相量

$$\dot{V}_{Sm} = 15\angle 0° = 15 \; (V)，\quad \dot{V}_{0m} = 2\angle -90° = -j2 \; (V)$$

设计的目标是选择 Z_1 和 Z_2，使得 $-j2 = -\dfrac{Z_2}{Z_1}\cdot 15$，即 $Z_1 = -j7.5Z_2$，选定 Z_2 后 Z_1 随之确定。设计要求不能出现感抗，因此 Z_1 不能为电阻。若选 Z_2 为电阻，则 Z_1 为容抗。选择 $Z_1 = R = 10\,\mathrm{k}\Omega$，由 $Z_1 = -j7.5\times 10^4 = -j\dfrac{1}{\omega C}$，可求出 $C = (7.5\times 10^4 \times 2000)^{-1} = 6.67$ (nF)。满足设计要求的电路如图 4-31(b)所示。

例 4-21　用网孔分析法求图 4-32 所示相量电路中电压 $\dot{V}_2$ 和输入阻抗 Z。

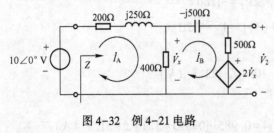

图 4-32　例 4-21 电路

解：如图选定网孔电流相量参考方向，先将受控源视为独立源，列出网孔方程，再将控制量用网孔电流表示，得到下面三个方程

$$(200 + 400 + j250)\dot{I}_A - 400\dot{I}_B = 10\angle 0°$$

$$-400\dot{I}_A + (400 + 500 - j500)\dot{I}_B = -2\dot{V}_x$$

$$\dot{V}_x = 400\,(\,\dot{I}_A - \dot{I}_B\,)$$

将方程化简得

$$(600 + j250)\dot{I}_A - 400\dot{I}_B = 10$$

$$400\dot{I}_A + (100 - j500)\dot{I}_B = 0$$

从中解出网孔电流

$$\dot{I}_A = (8.84 - j7.45)\,\text{mA}$$

$$\dot{I}_B = (-7.09 - j5.65)\,\text{mA}$$

再求输出电压和输入阻抗

$$\dot{V}_2 = 2\dot{V}_x + 500\dot{I}_B = 800\,(\,\dot{I}_A - \dot{I}_B\,) + 500\dot{I}_B = 800\,\dot{I}_A - 300\,\dot{I}_B$$

$$= 800 \times (8.84 - j7.45) \times 10^{-3} - 300 \times (-7.09 - j5.65) \times 10^{-3}$$

$$= 9.20 - j4.27 = 10.1\angle -24.9°\,(\text{V})$$

$$Z = \frac{10\angle 0°}{\dot{I}_A} = \frac{10\angle 0°}{8.84 - j7.45} \times 10^3 = (662 + j558)\,(\Omega)$$

4.6　正弦稳态功率

虽然一个元件或二端电路的瞬时功率可以用 $p = vi$ 简单表示,但是在工程应用中,经常需要计算或测量正弦交流电路的某些功率参数,并找到电路性质与这些功率相关参数的关系。以下介绍这些重要的功率参数及其计算方法。

4.6.1　基本元件的功率特性

如图 4-33 所示,设二端元件或子电路 N 端口上取关联参考方向的正弦电压和电流为

$$v(t) = V_m\sin(\omega t + \varphi)$$

$$i(t) = I_m\sin\omega t$$

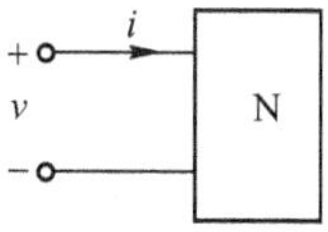

图 4-33　二端电路

则其瞬时功率为

$$p(t) = V_m\sin(\omega t + \varphi)\cdot I_m\sin\omega t \tag{4-6}$$

1. 电阻元件

电阻元件两端电压与电流的相位差 ϕ 为零,因此电阻元件的瞬时功率为

$$p(t) = V_m I_m\,(\sin\omega t)^2 = \frac{1}{2}V_m I_m(1 - \cos 2\omega t) \geqslant 0$$

电阻的瞬时功率为非负值,包含一个常数和一个以两倍电压或电流频率变化的成分。电

阻功率的平均值是电路中被消耗掉的功率。这项平均功率对应了电能向其他能量的转换，因此平均功率又被称为**有功功率**。有功功率的单位为瓦特（W）。电阻的有功功率可表示为

$$P = \bar{p} = \frac{1}{2}V_m I_m = VI = RI^2 = V^2/R$$

2. 电抗元件

电感元件的电压与电流相位差 $\phi = 90°$，电容元件的电压与电流相位差 $\phi = -90°$。它们的瞬时功率表示为

$$p(t) = \pm V_m I_m \sin\omega t \cos\omega t = \pm \frac{1}{2}V_m I_m \sin2\omega t$$

电感和电容的瞬时功率按照两倍电压或电流频率变化，平均值为零，因此电感和电容不产生有功功率。它们将某一时间段吸收的能量以磁场或电场能量的形式储存起来，然后在另一时间段再把储存的能量放回给电路。**无功功率**可用来衡量电抗元件与电路交换能量的最大速率。

电感的无功功率定义为

$$Q_L = \frac{1}{2}V_m I_m = VI$$

电容的无功功率定义为

$$Q_C = -\frac{1}{2}V_m I_m = -VI$$

无功功率的单位为乏（var）。注意电容元件的无功功率定义为负值，表示在相同电压或电流下，电容与电感的瞬时能量交换方向相反。

电抗元件的无功功率可以利用电抗值来计算。

$$Q_L = \omega L I^2 = V^2/\omega L$$

$$Q_C = -\frac{1}{\omega C}I^2 = -\omega C V^2$$

无功功率代表的能量交换虽然不能做功，但它在许多应用中却是很重要的。例如，电动机和变压器需要建立交流磁场才能工作，建立磁场所需的能量交换虽然没有做功，但却是必不可少的。

4.6.2 二端电路的功率特性

一般的用电负载可以看成是基本元件组合的二端电路，包含有电阻和电抗元件，其端口电压与电流的相位差为 φ。为考察其功率特性，可把端口电压分解为两个成分，一个成分 v_r 与电流同相，另一个成分 v_x 与电流相位正交：

$$v(t) = V_m \sin(\omega t + \varphi) = V_m \cos\varphi \sin\omega t + V_m \sin\varphi \cos\omega t = v_r + v_x$$

瞬时功率也相应地分为两部分：

$$p_r(t) = v_r \cdot i = V_\mathrm{m}\cos\varphi\sin\omega t \cdot I_\mathrm{m}\sin\omega t = VI\cos\varphi(1-\cos2\omega t)$$

$$p_x(t) = v_x \cdot i = V_\mathrm{m}\sin\varphi\cos\omega t \cdot I_\mathrm{m}\sin\omega t = VI\sin\varphi\sin2\omega t$$

二端电路的 v, i, p, p_r 和 p_x 的波形如图 4-34 所示。

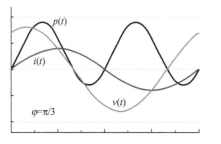 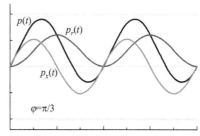

图 4-34　二端电路的 v, i, p, p_r 和 p_x 波形

可以看出，二端电路的瞬时功率 p 的两个成分中，第一项 $p_r(t)$ 的瞬时值为非负值，波形类似于电阻元件的瞬时功率，其平均值为 $VI\cos\varphi$，是真正被二端电路吸收的功率；第二项 $p_x(t)$ 是正弦波，类似于电抗元件的瞬时功率，能量以两倍于电压电流的频率在负载与外电路之间往返交换，平均值为零，最大值为 $VI\sin\varphi$。p_x 的存在是因为电路中含有电抗元件，使得端口上电压与电流有相位差而引起的。

二端电路的**有功功率**定义为其瞬时功率的平均值

$$P = VI\cos\varphi \tag{4-7}$$

二端电路的**无功功率**定义为 p_x 的最大值

$$Q = VI\sin\varphi \tag{4-8}$$

一般二端电路同时吸收有功功率和无功功率，两种成分的比例与阻抗角有关。当电路为一个电阻或可以等效为纯电阻时，φ 为零，就只有有功功率。当电路为一个电感或可以等效为纯电感时，$\varphi=90°$，其平均功率为零，无功功率 $Q=VI$。当电路为一个电容或可以等效为纯电容时，$\varphi=-90°$，其平均功率为零，无功功率 $Q=-VI$。

由上面讨论可知，电路吸收的平均功率不仅与 V, I 有关，还与 $\cos\varphi$ 有关。在工程上将 $\cos\varphi$ 定义为二端电路的**功率因数**

$$\lambda = \cos\varphi \tag{4-9}$$

其中 φ 为二端元件或电路端口电压与电流的相位差，又称为**功率因数角**。对于无源二端电路，$\varphi=\varphi_z$ 为阻抗角。功率因数代表了瞬时功率中电阻性功率所占的比例。小于 1 的功率因数分为两种：当 $\varphi>0$ 时，电流相位落后于电压相位，称为滞后功率因数；当 $\varphi<0$ 时，电流相位超前于电压相位，称为超前功率因数。

把二端电路有可能达到的最大平均功率定义为**视在功率**

$$S = VI \tag{4-10}$$

视在功率的单位是伏安（V·A）。由平均功率和无功功率的定义可以推导出

144

$$\begin{cases} P = S \times \cos\varphi \\ Q = S \times \sin\varphi \end{cases}$$

$$\begin{cases} S = \sqrt{P^2 + Q^2} \\ \varphi = \arctan\dfrac{Q}{P} \end{cases}$$

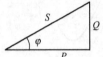

图 4-35　功率三角形

P、Q、S、φ 之间的关系可用功率三角形来表示，如图 4-35 所示。注意这个三角形与阻抗三角形是相似的。

由上述关系可以看出，功率因数是平均功率与视在功率的比值。视在功率表示用电设备要产生一定的功率所需要的伏安容量。用电设备中无功功率的存在使得其视在功率高于平均功率。对于一定的平均功率需求，设备需要的无功功率越大，视在功率就越大。设备本身及供电系统需要承受的电压 V 和电流 I 是由视在功率而非有功功率决定的，视在功率升高也就意味着设备成本增加。此外，在远距离电力传送时，无功功率成分引起的额外电流还会引起线路上的损耗。因此，对于大功率的用电设备，应使其功率因数尽量接近于 1，以减小无功功率造成的设备成本增加和电能传输损耗。

实际用电器大多为感性负载，其功率因数为滞后，数值小于 1。为提高设备功率因数，可以在设备本身或供电线路用户端并联电容来补偿设备的无功功率需求，使并联后的等效负载功率因数接近于 1，此方法称为功率因数补偿。

4.6.3　复功率与正弦功率计算

二端电路的**复功率**定义为

$$\tilde{S} = P + \mathrm{j}Q$$

复功率的单位是伏安（V·A）。复功率与视在功率、平均功率和无功功率有如下关系

$$S = |\tilde{S}|,\ \tilde{S} = S\angle\varphi$$

$$P = \mathrm{Re}(\tilde{S}),\ Q = \mathrm{Im}(\tilde{S})$$

因此，用复功率可以同时表示视在功率、平均功率、无功功率和功率因数角 φ。此外，复功率可以用电压和电流相量直接计算出来。设电路端口上取关联参考方向的电压和电流的有效值相量为 $\dot{V}$ 和 $\dot{I}$，且 $\dot{V} = V\angle\theta_v$，$\dot{I} = I\angle\theta_i$，则

$$\dot{V}\dot{I}^* = VI\angle(\theta_v - \theta_i) = VI\angle\varphi$$

所以

$$\tilde{S} = \dot{V}\dot{I}^* \tag{4-11}$$

在实际计算中，复功率可以为电路变量和参数与功率参数之间建立联系。根据需要可以用式(4-11)导出不同的计算公式，例如，若已知电路的阻抗 Z 和电流，可以导出

$$\tilde{S} = \dot{V}\dot{I}^* = Z\dot{I}\cdot\dot{I}^* = ZI^2 = RI^2 + \mathrm{j}XI^2$$

从而得到所需要的功率参数

$$P = RI^2 \qquad Q = XI^2$$

$$\varphi = \arctan \frac{X}{R}$$

$$\lambda = \cos\varphi = R/\mid Z \mid$$

在正弦功率计算中，还可以利用复功率的守恒性，即电路总复功率等于各个基本元件复功率之和

$$\widetilde{S} = \sum \widetilde{S}_K$$

或

$$P = \sum P_R$$

$$Q = \sum Q_L - \sum \mid Q_C \mid$$

电路的有功功率为各电阻性元件有功功率之和，无功功率是各电抗元件无功功率之和。可以看出在感性负载中加入电容可以抵消滞后无功功率，使得总的无功功率减小。

复功率守恒的物理意义是很明显的，其理论证明请参阅有关参考书。

例 4-22　求图 4-36 所示二端电路的 P、Q 和功率因数 $\cos\varphi$。

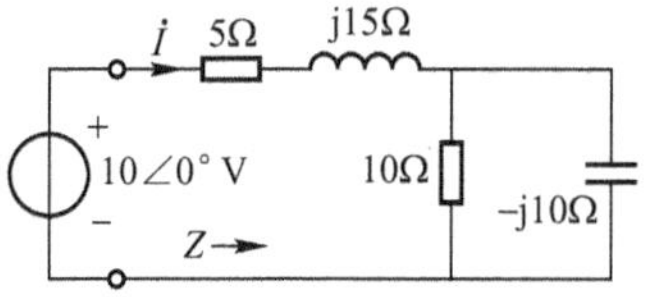

解： $Z = 5+j15+\dfrac{-j100}{10-j10} = 10+j10 = 10\sqrt{2}\angle 45°(\Omega)$

图 4-36　例 4-22 电路

所以

$$\lambda = \cos\varphi = \cos45° = 0.707(\text{滞后})$$

$$P = VI\cos\varphi = \frac{V^2}{\mid Z \mid}\cos\varphi = 5\ \text{W}$$

$$Q = VI\sin\varphi = \frac{V^2}{\mid Z \mid}\sin\varphi = 5\ \text{var}$$

例 4-23　一个感性用电负载工作在 240 V 电压下，其平均功率为 8kW，功率因数为 0.8。试计算负载的复功率和负载阻抗。

解： 根据功率三角形关系计算复功率步骤如下。

$$S = \frac{P}{\cos\varphi} = \frac{8\times10^3}{0.8} = 10(\text{kV}\cdot\text{A})$$

$$Q = \sqrt{S^2-P^2} = 6\ \text{kvar}$$

$$\widetilde{S} = (8+j6)(\text{kV}\cdot\text{A})$$

负载阻抗有以下两种不同的求法。

方法 1：分别求阻抗模和阻抗角。由 $P = VI\cos\varphi$ 得到电流有效值

$$I = \frac{P}{V\cos\varphi} = \frac{8000}{240 \times 0.8} = 41.67 \,(\text{A})$$

$$|Z| = \frac{V}{I} = \frac{240}{41.67} = 5.76 \,(\Omega)$$

$$\varphi = \arccos 0.8 = 36.9°$$

所以

$$Z = 5.76\angle 36.9° = (4.6 + j3.5)\,(\Omega)$$

方法 2：利用复功率导出公式来计算。

由

$$\widetilde{S} = \dot{V}\dot{I}^* = \dot{V}\left(\frac{\dot{V}}{Z}\right)^* = \frac{V^2}{Z^*}$$

得到

$$Z = \frac{V^2}{\widetilde{S}^*} = \frac{240^2}{(8 - j6) \times 10^3} = 5.76\angle 36.9°\,(\Omega)$$

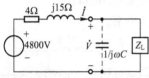

图 4-37　例 4-24 电路

例 4-24　图 4-37 所示电路为电力传输线模型，电压源与线路阻抗总和为 $(4 + j15)\,\Omega$，负载阻抗 Z_L 为 $(20 + j40)\,\Omega$。

（1）求有效值 V、I、电源复功率和功率传输效率。

（2）通过在负载处并联补偿电容可提高负载功率因数。若并联电容 C，使负载变为纯电阻，请计算此时有效值 V、I、电源复功率和功率传输效率。

解：（1）线路与负载总串联阻抗为 $(24 + j55)\,\Omega$，负载端电压、电流的有效值为

$$I = \frac{4800}{|24 + j55|} = 80.0\,(\text{A})$$

$$V = 80 \times |20 + j40| = 3580\,(\text{V})$$

电源的复功率为

$$\widetilde{S} = (24 + j55) \times 80^2 = (154 + j352) \times 10^3$$

功率传输效率为

$$\eta = \frac{P_L}{P} = \frac{20I^2}{(20 + 4)I^2} = \frac{20}{24} = 83\%$$

（2）在负载端并联电容 C 后，等效负载导纳为

$$Y_{eq} = j\omega C + \frac{1}{20 + j40} = \frac{20}{2000} + j\left(\omega C - \frac{40}{2000}\right)$$

只要取 $\omega C = \dfrac{40}{2000}$，纠正后的负载即为纯阻 $Z_{eq} = 100\,\Omega$，这时从电源看去的总阻抗为 $(104 + j15)\,\Omega$。再计算 V、I、电源发出的复功率及功率传输效率如下

$$I = \frac{4800}{|Z|} = \frac{4800}{|104 + j15|} = 45.7\,(\text{A})$$

$$V = 100I = 4570(\text{V})$$

$$\widetilde{S} = (104+\text{j}15)I^2 = (217+\text{j}31)(\text{kV} \cdot \text{A})$$

$$\frac{P_{\text{L}}}{P} = \frac{100}{100+4} = 96\%$$

上面的计算表明，提高负载的功率因数，可减小线路中电流，降低线路上的功率损耗，使电源发出的功率中有功功率比例提高，进而提高功率传输效率。

思考题 4-12　　为什么说提高功率因数对降低能耗及提高供电设备利用率具有重要意义？

4.6.4　最大功率传输定理

在通信和信号处理等实际应用中，经常需要从给定开路电压和电源内阻的信号源中获得最大功率。下面讨论正弦稳态下负载获得最大功率的条件。一个实际电源或一个线性含源二端电路的戴维南等效电路如图 4-38 所示。其中电源内阻抗和负载阻抗分别为 Z_{S} 和 Z_{L}。

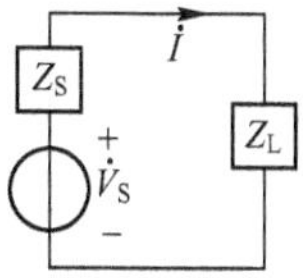

图 4-38　最大功率匹配

$$Z_{\text{S}} = R_{\text{S}}+\text{j}X_{\text{S}}, \ Z_{\text{L}} = R_{\text{L}}+\text{j}X_{\text{L}}$$

负载与信号源构成的回路中的电流为

$$\dot{I} = \frac{\dot{V}_{\text{S}}}{(R_{\text{S}}+R_{\text{L}})+\text{j}(X_{\text{S}}+X_{\text{L}})}$$

求出负载平均功率

$$P = I^2 R_{\text{L}} = \frac{V_{\text{S}}^2 R_{\text{L}}}{(R_{\text{S}}+R_{\text{L}})^2+(X_{\text{S}}+X_{\text{L}})^2} \tag{4-12}$$

欲使 P 最大，对于不同的负载约束条件，可以找到两种最大功率传输匹配负载。

1. 共轭匹配

当负载电阻和电抗均可独立变化，即阻抗模与幅角均可变时，为增大平均功率应该让 $X_{\text{L}} = -X_{\text{S}}$，这时式(4-12)可化为

$$P = \frac{V_{\text{S}}^2 R_{\text{L}}}{(R_{\text{S}}+R_{\text{L}})^2}$$

其中负载阻抗的实部 R_{L} 可变。由 $\dfrac{\partial P}{\partial R_{\text{L}}} = 0$ 可知，当 $R_{\text{L}} = R_{\text{S}}$ 时，负载将获得最大功率。所以

$$Z_{\text{L}} = Z_{\text{S}}^*$$

是获得最大功率的负载，此时称负载与电源内阻抗达到共轭匹配。负载能获得的最大功率为

$$P_{\text{max}} = \frac{V_{\text{S}}^2}{4R_{\text{S}}}$$

2. 模匹配

在很多情况下，可以改变负载阻抗的大小，但不能改变负载阻抗的性质，即负载阻抗的

模可变，但阻抗角不能变。此时设 $Z_L = |Z_L| \angle \varphi$ 并代入 $P = I^2 |Z_L| \cos\phi$，对 $|Z_L|$ 求导，可推导出在阻抗角 φ 不变的条件下 P 达到最大值的条件为 $|Z_L|^2 = R_S^2 + X_S^2$，即

$$|Z_L| = |Z_S|$$

此时负载的功率要用式(4-12)来计算，它小于共轭匹配时的最大功率 P_{max}。

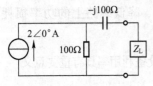

图4-39　例4-25电路

例4-25　图4-39所示电路为正弦稳态电路。求下列两种条件下负载 Z_L 能获得的最大功率和获得最大功率时负载的阻抗值：(1) Z_L 的电阻和电抗均可单独改变；(2) Z_L 为纯电阻，$Z_L = R_L$。

解： 先求出负载左端电路的戴维南等效电路参数

$$\dot{V}_{OC} = 100 \times 2 \angle 0° = 200 \angle 0° (V)$$

$$Z_S = 100 - j100 = 100\sqrt{2} \angle -45° (\Omega)$$

(1) 当 $Z_L = Z_S^* = (100 + j100)\ \Omega$ 时，负载与信号源达到共轭匹配，负载获得的最大功率为

$$P_{max} = \frac{V_{OC}^2}{4R_S} = 100\ W$$

(2) 当 $R_L = |Z_S| = 100\sqrt{2}\ \Omega$ 时，负载与信号源实现模匹配

$$\dot{V}_L = \dot{V}_{OC} \times \frac{R_L}{Z_S + R_L} = 108 \angle 22.5°\ V$$

$$P'_{max} = \frac{V_L^2}{R} = 82.3\ W$$

例4-26　一个高频振荡器作为正弦信号源，其开路电压有效值 $V_S = 1.2\ V$，戴维南等效阻抗 $Z_S = (6 + j8)\ k\Omega$。

(1) 选择共轭匹配的负载阻抗，并计算可获得的最大功率。

(2) 若负载阻抗角固定，$X/R = -7/24$，确定匹配的负载阻抗值及获得的最大功率。

解： (1) 当共轭匹配时，$Z_L = Z_S^* = (6 - j8)\ k\Omega$

$$P = P_{max} = \frac{V_S^2}{4R_S} = \frac{1.2^2}{4 \times 6} = 0.06 (mW)$$

(2) 负载为容性负载，$\varphi = \arctan(-7/24) = -16.3°$。模匹配时，$|Z_L| = |Z_S| = 10\ k\Omega$，可写成

$$Z_L = 10 \angle -16.3° = (9.6 - j2.8)\ (k\Omega)$$

$$P = \frac{R_L V_S^2}{(R_S + R_L)^2 + (X_S + X_L)^2} = \frac{9.6 \times 1.2^2}{(6 + 9.6)^2 + (8 - 2.8)^2} = 0.051 (mW)$$

思考题4-13　最大功率传输定理对于直流电路和正弦交流电路有何不同？怎样取得统一？

思考题4-14　证明模匹配条件下最大功率传输的匹配条件是 $|Z_L| = |Z_S|$。

本章要点

- 正弦电压和正弦电流是最普遍的交流电压和电流。正弦电压和电流的三个特征是它们的最大值(幅度)、频率(或角频率)和初始相位。
- 同频率的正弦变量的瞬时相位之差为一个常数,称为它们之间的相位差。相位差在约定的范围内有超前、滞后、同相和反相之分。
- 在正弦电源激励下线性电路达到稳态时,各变量均为与激励电源频率相同的正弦量,它们的幅度和相位各不相同。
- 一个正弦量所对应的相量是一个复数,其模值和幅角分别对应该正弦变量的幅度(或有效值)和初始相位角。正弦量与其相量的对应关系是唯一确定的。
- 正弦量的微分、积分和求和运算映射为其对应相量的复代数运算。因此,正弦稳态解满足的线性微分方程可映射为其相量满足的复代数方程。
- 电路分析的两类约束关系——基尔霍夫定律和元件时域特性都有对应的相量形式。
- 线性二端电路的阻抗定义为其端口电压与电流相量之比。阻抗是一个复数,用来统一描述 RLC 元件及其组合的相量伏安特性。复数的幅角称为阻抗角。阻抗角为正时电路为电感性,为负时电路为电容性。阻抗与频率有关。导纳是阻抗的倒数。
- 把电路中正弦稳态变量都替代为对应的相量,把元件参数都用阻抗或导纳代替,将得到描述正弦相量关系的电路相量模型。相量模型可用来分析计算电路的正弦稳态响应。此种方法称为相量分析。
- 线性电路的相量模型是线性的,因此第 2 章介绍的各种线性电路分析方法都可以用来分析相量模型,得到相量解,从而得到对应的正弦稳态响应。
- 衡量正弦稳态电路功率的参数有平均功率(有功功率)、无功功率、视在功率和功率因数。一个负载两端的电压和电流之间的相位差会影响负载的平均功率。电压与电流同相的成分产生有功功率,正交的成分产生无功功率。视在功率是一定电压和电流有效值条件下纯阻负载吸收的功率。功率因数是一个实际负载的有功功率与其视在功率的比值。二端电路的功率参数可用功率三角形描述。
- 复功率是一个复数,其实部为有功功率,虚部为无功功率。复功率可以用电压和电流相量直接计算出来,它为电路变量与功率参数之间建立了联系。

习题

4-1 已知正弦电流、电压的波形如题 4-1 图所示,写出电流、电压的瞬时表达式。

4-2 已知正弦电压 $v_{ab} = 311\sin(314t + \pi/3)$ V。

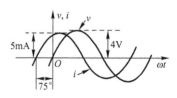

题 4-1 图

（1）求振幅、初相、周期、频率和 $t=0$ 时 v_{ab} 的值，并指出此时实际上哪点电位高？

（2）写出 v_{ba} 的表达式。

（3）画出 v_{ab} 的波形图。

4-3　已知 v，i 为同频正弦量，$f=50\,\text{Hz}$，$V_m=100\,\text{V}$，$I_m=2\,\text{A}$，v 比 i 相位超前 $T/6$。

（1）求 v，i 之间的相位差。

（2）以 v 为参考正弦量，写出 i，v 的瞬时式。

（3）若以 i 为参考正弦量，写出 v，i 的瞬时式。

4-4　写出下列有效值相量代表的正弦量，设 $\omega=200\,\text{rad/s}$。

（1）$\dot{V}_1=\dfrac{10+j10}{2-j3}$　　（2）$\dot{V}_2=(3-j8)5e^{-j\frac{\pi}{3}}$　　（3）$\dot{I}_1=\dfrac{10}{1+j3}$　　（4）$\dot{I}_2=\dfrac{1+j3}{1-j3}$

4-5　已知角频率 $\omega=10\,\text{rad/s}$，写出下列有效值相量对应的波形表达式，并利用相量相加法求出 $v_1(t)+v_2(t)$ 和 $i_1(t)+i_2(t)$。

（1）$\dot{V}_1=10\angle-30°$　　　　　　　　（2）$\dot{V}_2=60\angle140°$

（3）$\dot{I}_1=5j$　　　　　　　　　　　　（4）$\dot{I}_2=2$

4-6　用相量图求下列各组正弦量的和或差。

（1）$i_1(t)=3\cos(\omega t)\,\text{mA}$，　$i_2(t)=4\sin(\omega t-90°)\,\text{mA}$，求 $i(t)=i_1(t)+i_2(t)$。

（2）$i_1(t)=10\sin(314t)\,\text{A}$，　$i_2(t)=10\sin(314t-120°)\,\text{A}$，求 $i(t)=i_1(t)+i_2(t)$ 和 $i(t)=i_1(t)-i_2$ (t)。

（3）$v_1(t)=4\sin(\omega t)\,\text{V}$，$v_2(t)=7\sin(\omega t+90°)\,\text{V}$，$v_3(t)=3\sin(\omega t-90°)\,\text{V}$，求 $v(t)=v_1(t)+$ $v_2(t)+v_3(t)$。

4-7　已知正弦电压 $v_1(t)$ 的有效值相量 $\dot{V}_1=(-3+j4)\,\text{V}$，频率为 ω，利用相量运算找出超前 $v_1(t)$ 相位 90° 且振幅为 $10\,\text{V}$ 的正弦电压 $v_2(t)$。

4-8　已知电感 $L=10\,\text{mH}$，将其接到 $v(t)=2\sin\omega t\,\text{V}$ 的信号源上，求在下列频率时通过该电感的电流。

（1）$f=465\,\text{kHz}$

（2）$f=2\,\text{kHz}$

4-9　求题 4-9 图所示相量电路的等效阻抗 Z。写出阻抗的实部、虚部、模和幅角。

4-10　求题 4-10 图所示电路的等效阻抗 Z。

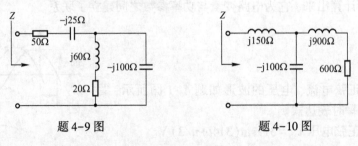

题 4-9 图　　　　　　　　　　题 4-10 图

4-11　加到一个线性二端电路的电压是 $v(t) = 200\sin(1000t+45°)$ V，在正弦稳态下，电路端口与电压为关联参考方向的电流 $i(t) = 20\sin1000t$ mA。

（1）求电路输入端的等效阻抗。

（2）当 $v(t) = 150\sin(1000t+90°)$ V 时，求稳态电流 $i(t)$。

4-12　已知题 4-12 图所示电路的 $R_1 = 1/2\,\Omega$，$R_2 = 1\,\Omega$，$L = 15$ mH，$C = 0.01$ F，求在信号源频率 $\omega = 100$ rad/s 时的 Z_{ab} 和 Y_{ab}。

4-13　题 4-13 图所示电路工作在正弦稳态下，$\omega = 5$ krad/s。

（1）计算使输入阻抗 Z 为纯阻的 C 值，并求出阻抗值。

（2）用 Multisim 软件验证计算的结果。

4-14　已知题 4-14 图所示电路中 $r = 8\,\Omega$，电源频率 $f = 50$ Hz，调节 $R = 10\,\Omega$ 时，电压表读数 $V_1 = V_2$。

（1）求出 L。

（2）用 Multisim 仿真方法验证计算结果。

4-15　已知题 4-15 图所示电路的 $v_1(t) = 5\sqrt{2}\sin(2\pi\times168\times10^3 t)$ V，输入阻抗的模为 $100\sqrt{5}\,\Omega$，求当 v_2 和 v_1 的相位差为 60° 时的 R、C 值，并指出电压的超前或落后关系。

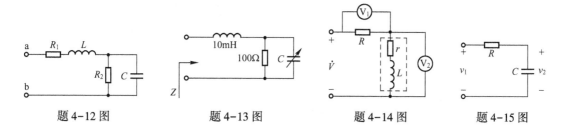

题 4-12 图　　　　题 4-13 图　　　　题 4-14 图　　　　题 4-15 图

4-16　已知 RLC 串联电路的 $R = 30\,\Omega$，$L = 0.01$ H，$C = 10\,\mu$F，$V = 10$ V，$\omega = 2000$ rad/s，求 $\dot{I}$、$\dot{V}_L$、$\dot{V}_C$，并画出相量图。

4-17　已知题 4-17 图所示电路的 $R = 2$ kΩ，$L = 0.2$ H，$C = 0.1\,\mu$F，$i_S(t) = 2\sqrt{2}\sin(2\pi\times796t)$ mA，求端电压和各支路电流，并画出相量图。

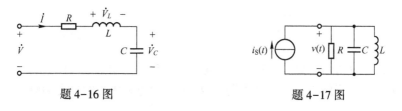

题 4-16 图　　　　　　　　题 4-17 图

4-18　已知 RLC 串联电路的电源频率为 f，电压有效值 $V_R = 3$ V，$V_L = 6$ V，$V_C = 2$ V，求当电源频率为 $f/2$，V_R 仍为 3 V 时的 V_L、V_C 及总电压 V。

4-19 已知题 4-19 图所示电路的 $V = 100\,V$，$I_L = 10\,A$，$I_C = 15\,A$，$\dot{V}$ 比 $\dot{V}_{ab}$ 超前 $\pi/4$，求 R、X_C 和 X_L 的值。

4-20 题 4-20 图所示电路为正弦稳态相量电路。用电路化简的方法求出 ab 左端的等效电路，并计算相量电压 $\dot{V}_x$。

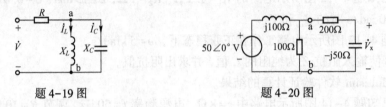

题 4-19 图   题 4-20 图

4-21 用叠加定理求题 4-21 图所示正弦稳态电路中的 v_x，已知 $\omega = 5\times10^4\,rad/s$。

4-22 求出题 4-22 图所示稳态电路中负载电阻左端电路的相量戴维南等效电路。利用相量等效电路求出 R_L 上的电压 $v(t)$ 和电流 $i(t)$。

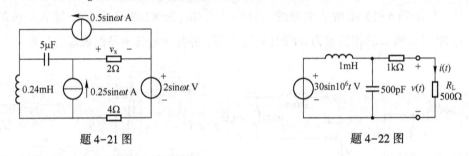

题 4-21 图   题 4-22 图

4-23 求题 4-23 图所示电路的相量戴维南等效电路。

4-24 题 4-24 图为正弦稳态相量电路。当 $Z_L = 0\,\Omega$ 时，接口处电流相量 $\dot{I} = (3.6-j4.8)\,mA$；当 $Z_L = -j40\,\Omega$ 时，接口电流相量 $\dot{I} = (10-j0)\,mA$。求电源电路的戴维南等效电路。

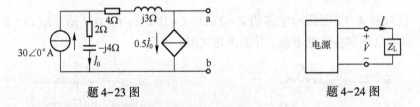

题 4-23 图   题 4-24 图

4-25 用结点分析法求题 4-25 图所示电路的稳态电压相量 $v_x(t)$。

4-26 用正弦相量结点分析法计算题 4-26 图所示电路中 i_x 的稳态响应。

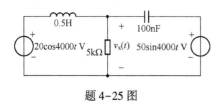

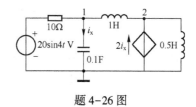

题 4-25 图　　　　　　　　　　　　题 4-26 图

4-27　用结点分析法求题 4-27 图所示电路中输入阻抗 Z_{IN} 和电压增益 $K = \dot{V}_0 / \dot{V}_S$。

4-28　用结点分析法求题 4-28 图所示电路中输出电压 v_0，已知 $v_S = 3\sin1000t$ V。

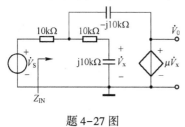

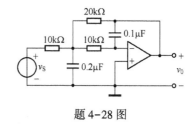

题 4-27 图　　　　　　　　　　　　题 4-28 图

4-29　用网孔分析法求题 4-29 图所示电路中响应相量 $\dot{I}$ 和 $\dot{V}$。

4-30　题 4-30 图所示电路为正弦稳态电路。

（1）用网孔分析法求 $\dot{I}_0$。

（2）求 ab 左端诺顿等效电路，再求 $\dot{I}_0$。

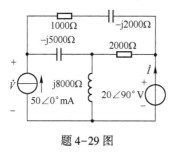

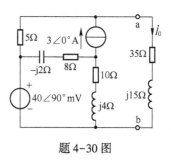

题 4-29 图　　　　　　　　　　　　题 4-30 图

4-31　求题 4-31 图所示电路的输入阻抗 Z_{IN} 和增益 $K = \dot{V}_0 / \dot{V}_S$。

4-32　已知题 4-32 图所示电路的 $v_S = 6\sin3000t$ V，用网孔分析法求 $i(t)$。

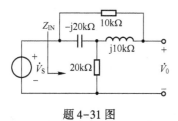

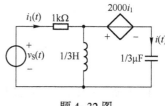

题 4-31 图　　　　　　　　　　　　题 4-32 图

4-33 已知题 4-33 图所示电路中 $v_S(t) = 5\sin(2t-45°)$ V，用结点分析法或网孔分析法求 $v(t)$。

4-34 已知题 4-34 图所示电路的 $V_{ab} = 100$ V，$I_2 = 8$ A，$r_2 = 9\,\Omega$，$|X_C| = 12\,\Omega$，电路消耗的总功率为 1000 W，求 r_1 和 X_L。

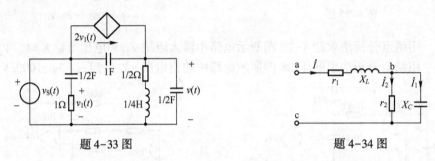

题 4-33 图   题 4-34 图

4-35 已知某无源二端网络的等效阻抗 $Z = (20+j25)\,\Omega$，端口电流 $i = 4\sqrt{2}\sin(\omega t+60°)$ A，求该网络的复功率、有功功率和无功功率。

4-36 题 4-9 图所示电路中，若输入电压有效值为 5 V，求 P，Q，S 和功率因数 λ。

4-37 一台设备上有一组 5 台感应电机同时工作，每台电机的功率为 6.4 kW，功率因数为 0.68 滞后，供电电源为 50 Hz、220 V。

(1) 求该设备总供电电流。

(2) 要提高设备功率因数到 0.95 滞后，求需要并联电容的容量和补偿后该设备的总电流。

4-38 用有效值为 220 V、频率为 50 Hz 的交流电源供给动力和照明用电。动力负载为 5 台 1.7 kW 的电动机，功率因数 $\cos\varphi = 0.8$（感性）；照明负载为 200 盏 40 W 电灯（电阻性）。求总电流、总功率和功率因数。若用并联电容器的方法将功率因数提高到 1，求电容量 C。

4-39 已知题 4-39 图所示电路的 $v_S = 10\sqrt{2}\sin1000t$ V，$Z_S = (50+j62.8)\,\Omega$，负载为 RC 并联电路，求负载和电源内阻抗共轭匹配时的 R、C 值和负载得到的最大功率。

4-40 (1) 求题 4-40 图所示电路中传递给负载电阻 R_L 的平均功率。(2) 求获得最大功率时的负载电阻值，并计算最大功率。

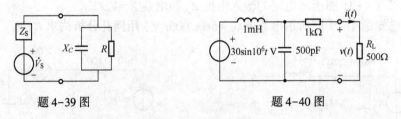

题 4-39 图   题 4-40 图

4-41 (1) 求题 4-41 图所示电路中负载得到的功率。

(2) 求在负载接口处可能获得的最大功率，说明获得最大功率时需要什么负载并求出元件参数。

4-42　(1) 求题 4-42 图所示电路在负载接口处可能获得的最大功率。

(2) 求负载吸收最大功率时 R 和 C 的值。

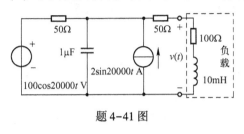
题 4-41 图

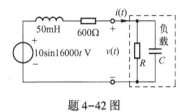
题 4-42 图

4-43　题 4-43 图所示电路为移相电路,调节 R_1 的中点接地。

(1) 证明当 $R=X_C$ 时, $\dot{V}_1$, $\dot{V}_2$, $\dot{V}_3$ 和 $\dot{V}_4$ 大小相同,相位依次差 90°。

(2) 用 Multisim 仿真软件的 AC 频率分析功能,固定电位器 R_1 中点接地,同时观测 $\dot{V}_1$, $\dot{V}_2$, $\dot{V}_3$, $\dot{V}_4$ 的响应曲线和当 $R=X_C$ 时的频率点。

4-44　题 4-44 图所示含运放的电路可以实现电容值的放大,利用较小电容 C 可得到大的电容量。试推导正弦稳态下电路输入阻抗 Z_i,并求出等效电容 C_{eq}。当 $R_1 = 100\ \Omega$, $R_2 = 100\ \mathrm{k\Omega}$ 时,等效电容 C_{eq} 是电路中电容 C 的多少倍?设计一个 Multisim 仿真试验,演示当 R_2 与 R_1 比值改变时等效电容 C_{eq} 随之改变。

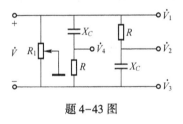
题 4-43 图

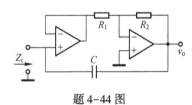
题 4-44 图

第 5 章　磁耦合电路和三相电路

提要　含互感、变压器的电路和三相电路是重要的应用交流电路类型。本章介绍利用正弦相量模型对这两种电路进行分析的方法。互感元件和理想变压器是对实际磁耦合器件的理想化抽象模型。本章讨论这两种模型的性质及相关电路的分析方法。三相电路部分主要介绍对称三相电路的基础概念和分析方法。

5.1　互感元件

5.1.1　互感电压

在讨论互感电压之前，先来回顾一下自感电压。在图 5-1 所示的电感线圈中，设电流 i 产生的磁通 Φ 与线圈的 N 圈导线交链，形成磁链 $\Psi = N\Phi$。如果线圈处在空气和非铁磁材料中，磁通与产生磁通的电流成比例。当采用了铁磁材料时，若能避免进入材料特性的磁饱和区，并忽略其磁滞特性，则磁通与励磁电流的关系也可按线性关系近似处理。这里设磁链与电流成比例，即 $L = \Psi/i$，其中 L 是一个常数，称为**自感**。

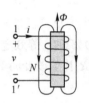

图 5-1　自感电压

当电流变化时在线圈两端产生**自感电压**

$$v = \frac{\mathrm{d}\Psi}{\mathrm{d}t} = L \cdot \frac{\mathrm{d}i}{\mathrm{d}t} \tag{5-1}$$

根据楞次定律，感应电压的作用是驱动外电路产生附加电流来抵消电流 i 变化引起的磁通变化，因此式（5-1）中线圈端口上感应电压与电流应为关联参考方向。

现在来观察互感现象。在图 5-2(a) 中，两个电感线圈在空间上靠近，第一个线圈中电流 i_1 产生的磁通 Φ_1 的一部分 Φ_{21} 与第二个线圈的 N_2 圈导线相交链形成 Ψ_{21}。互感磁链与产生磁通的电流之比是一个常数 $(M_{21} = \Psi_{21}/i_1)$，称其为线圈 II 相对于线圈 I 的互感系数，简称为**互感**，其单位与自感相同，为亨利（H）。

当 i_1 变化时会在第二个线圈上产生感应电压 v_{m2}，称为**互感电压**。

$$v_{m2} = M_{21} \cdot \frac{\mathrm{d}i_1}{\mathrm{d}t}$$

同样，在图 5-2(b) 中，流过线圈 II 的电流 i_2 在临近的线圈 I 上也会产生互感电压

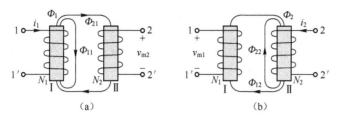

图 5-2 互感电压

$$v_{m1} = \frac{\mathrm{d}\Psi_{12}}{\mathrm{d}i_2} = M_{12}\frac{\mathrm{d}i_2}{\mathrm{d}t}$$

其中，M_{12} 称为线圈 I 相对于线圈 II 的互感系数。可以证明，两个线圈相对的互感系数是相同的，即

$$M_{21} = M_{12} = M$$

M 是这一对互感线圈之间的**互感系数**，简称为**互感**。

5.1.2 互感元件

一般情况下，两个互感线圈上都会有电流，因此每个线圈端口上的电压同时含有自感电压和互感电压，即端口电压与两个线圈上的电流变化都有关系。一对线圈的 4 个端子（两个端口）上的电压与电流的关系构成了一个四端元件，称为**互感元件**。

图 5-3(a) 中线圈 I 的自感为 L_1，线圈 II 的自感为 L_2，线圈之间互感为 M。每个线圈端口上的电流与电压取关联参考方向。每个线圈中的磁链包括自感和互感磁链。

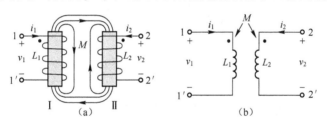

图 5-3 互感元件(互感电压与端电压极性相同)

$$\begin{cases} \psi_1(t) = L_1 i_1(t) + M i_2(t) \\ \psi_2(t) = L_2 i_2(t) + M i_1(t) \end{cases}$$

当 $i_1(t)$ 和 $i_2(t)$ 随时间变化时，根据电磁感应定律，有

$$\begin{cases} v_1(t) = \dfrac{\mathrm{d}\psi_1}{\mathrm{d}t} = L_1\dfrac{\mathrm{d}i_1}{\mathrm{d}t} + M\dfrac{\mathrm{d}i_2}{\mathrm{d}t} \\ v_2(t) = \dfrac{\mathrm{d}\psi_2}{\mathrm{d}t} = M\dfrac{\mathrm{d}i_1}{\mathrm{d}t} + L_2\dfrac{\mathrm{d}i_2}{\mathrm{d}t} \end{cases} \tag{5-2}$$

这就是图 5-3(a)所示互感元件的端口电压与电流的关系，用 L_1，L_2 和 M 三个参数表征。式(5-2)中，$L_1\dfrac{\mathrm{d}i_1}{\mathrm{d}t}$ 和 $L_2\dfrac{\mathrm{d}i_2}{\mathrm{d}t}$ 为两个线圈的自感电压，$M\dfrac{\mathrm{d}i_2}{\mathrm{d}t}$ 是 i_2 在线圈 I 产生的互感电压，$M\dfrac{\mathrm{d}i_1}{\mathrm{d}t}$ 则是 i_1 在线圈 II 产生的互感电压。

因为线圈端口上的电流电压都取关联参考方向，所以端口电压中自感电压为正，而互感电压则可能为正，也可能为负。互感电压的正负取决于互感磁通和自感磁通的参考方向是否一致，一致时为正，不一致时为负。互感磁通的方向与线圈的绕向及电流的参考方向有关。在图 5-3(a)中，互感磁通与自感磁通在两个线圈中方向相同，互感电压与自感电压极性相同。图 5-4(a)中显示了一种不同的情况，线圈 II 的绕向与图 5-3(a)相反而电流 $i_2(t)$ 方向不变，这时，互感磁通与自感磁通方向相反，端口电压中的互感电压为负，此时互感元件的端口伏安关系由式(5-3)给出。

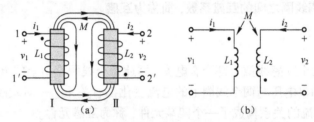

图 5-4　互感元件(互感电压与端电压极性相反)

$$\begin{cases} v_1(t)=\dfrac{\mathrm{d}\psi_1}{\mathrm{d}t}=L_1\dfrac{\mathrm{d}i_1}{\mathrm{d}t}-M\dfrac{\mathrm{d}i_2}{\mathrm{d}t} \\[2mm] v_2(t)=\dfrac{\mathrm{d}\psi_2}{\mathrm{d}t}=-M\dfrac{\mathrm{d}i_1}{\mathrm{d}t}+L_2\dfrac{\mathrm{d}i_2}{\mathrm{d}t} \end{cases} \tag{5-3}$$

思考题 5-1　当电流方向与电压参考方向关联时，自感电压 $v=L\dfrac{\mathrm{d}i}{\mathrm{d}t}$，而非关联时需要增加负号，即 $v=-L\dfrac{\mathrm{d}i}{\mathrm{d}t}$，为什么？

5.1.3　同名端

以上讨论中，互感电压的极性是根据电流方向和线圈的绕向，用物理定则来判断的。实际电路中线圈的结构和绕向通常是不可见的，在电路图中画出线圈结构和绕向也很不方便，为此引入了同名端标记的概念。

所谓**同名端**是指从互感元件两个线圈中各取一个端子，当电流分别从这两个端子流入时在两个线圈中所产生的磁通方向一致。

如图 5-3 中的端子 1 和 2 是同名端，1′ 和 2′ 也是同名端，而图 5-4 中的端子 1 和 2′、1′ 和 2 为同名端。同名端用符号"·"或"＊"表示。标定了同名端后，就可以画出互感元件的电路模型，如图 5-3(b) 和图 5-4(b) 所示。实际线圈的同名端可以根据已知的线圈绕向确定，也可以用测量方法确定。

根据同名端的含义可以推知，当流入一个互感线圈同名端的电流增长时，它在另一个线圈产生的互感电压的正极性在其同名端一侧。也可以形象地说，当一个线圈的电流和另一线圈的互感电压相对同名端参考方向一致时，互感电压为正。这是确定互感电压极性的便捷方法。

例 5-1　对图 5-5 所示的互感元件模型写出端口电压与电流关系。

解：根据图中同名端标记和端口变量的参考方向，先考察互感电压的极性。电流 i_1 从同名端流入，其增长变化在 2 端口产生互感电压 v_{m2}，其正极性在同名端一侧，与端口电压 v_2 的参考极性相反。在另一端口，电流 i_2 从同名端流出，考察其对左侧端口电压的影响，相当于一个电流从左侧电感的同名端流出，与电压 v_1 为非关联参考方向，因此，i_2 产生的互感电压对于 v_1 贡献为负。因此，得到如下端口电压与电流关系

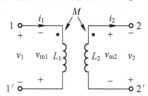

图 5-5　用同名端确定
互感电压的极性

$$\begin{cases} v_1 = L_1 \dfrac{\mathrm{d}i_1}{\mathrm{d}t} - M \dfrac{\mathrm{d}i_2}{\mathrm{d}t} \\[2mm] v_2 = -M \dfrac{\mathrm{d}i_1}{\mathrm{d}t} + L_2 \dfrac{\mathrm{d}i_2}{\mathrm{d}t} \end{cases}$$

在实际电路中，只有当两线圈位置靠得很近时才可能发生磁耦合。互感元件应该被理解为一个四端元件模型，磁场能量的耦合发生在元件的内部。但是，为了使电路图的结构简单明了，两个存在耦合的电感可以不画在一起，而用一对同名端表示两个电感之间存在耦合，并用其确定互感电压的极性。

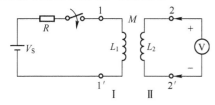

图 5-6　互感绕圈同名端的测量电路

转。试标出互感的同名端。

需要指出，以上讨论的互感电压的极性都是指参考方向，互感电压的实际方向则由参考方向和电流变化方向共同决定。

思考题 5-2　图 5-6 是互感线圈同名端测量电路，其中用电池、小电阻 R 和开关连接互感的线圈 Ⅰ。当开关接通的瞬间，观察到线圈 Ⅱ 端的电压表正向偏

5.1.4　互感元件的相量模型

在正弦稳态时，图 5-3(b) 互感元件的伏安关系式 (5-2) 的相量形式为

$$
\begin{cases}
\dot{V}_1 = j\omega L_1 \dot{I}_1 + j\omega M \dot{I}_2 \\
\dot{V}_2 = j\omega M \dot{I}_1 + j\omega L_2 \dot{I}_2
\end{cases}
$$

其中，$j\omega M = jX_M = Z_M$ 称为互感抗，单位为欧姆，其相量模型如图 5-7（a）所示。互感线圈间的相互联系可通过互感电压来反映。相量互感电压可看作电流控制电压源，控制常数就是互感抗。这样，图 5-7（a）互感相量模型可用图 5-7（b）的受控源电路等效。

下面通过一个例题来说明互感电压的影响及其处理方法。

例 5-2　在图 5-8 所示电路中，1、1′之间加有效值为 10 V 的正弦电压，电路参数为 $R_1 = R_2 = 3\,\Omega$，$\omega L_1 = \omega L_2 = 4\,\Omega$，$\omega M = 2\,\Omega$，试求端子 2、2′间的开路电压。

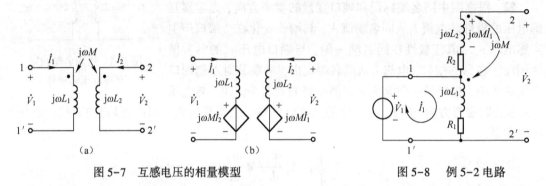

图 5-7　互感电压的相量模型　　　　图 5-8　例 5-2 电路

解：当端子 2、2′右侧开路时，R_2 及 L_2 中无电流，因此在线圈 L_1 中无互感电压，这时 R_1、L_1 与电源构成回路。取外加电压为参考正弦量，电路中的电流为

$$
\dot{I}_1 = \frac{\dot{V}_1}{R_1 + j\omega L_1} = \frac{10\angle 0^\circ}{3+j4} = 2\angle -53.1^\circ (\text{A})
$$

由于 R_2 及 L_2 中无电流通过，R_2 上无电压，L_2 上也没有自感电压。但是 $\dot{V}_2$ 并不等于 $\dot{V}_1$，因为 $\dot{I}_1$ 流过 L_1 时会在 L_2 中产生互感电压 $j\omega M \dot{I}_1$。电流由 L_1 的同名端流入，故 L_2 上的互感电压的正极性也在同名端，如图 5-8 所示，所以

$$
\dot{V}_2 = \dot{V}_1 + j\omega M \dot{I}_1 = 10 + j2\times 2\angle -53.1^\circ = 10 + 4\angle 36.9^\circ = 13.4\angle 10.3^\circ (\text{V})
$$

5.1.5　互感元件的串联和并联

1. 串联顺接

两个线圈串联，当异名端相接时称为顺接（或增强连接），如图 5-9（a）所示，这时互感电压和自感电压的极性相同，互感电压增强了每个线圈上的电压。写出端口电压与电流的关系

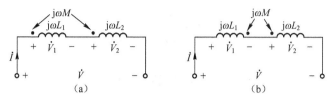

图 5-9 互感元件的串联

$$\dot{V} = \dot{V}_1 + \dot{V}_2 = j\omega L_1 \dot{I} + j\omega M \dot{I} + j\omega L_2 \dot{I} + j\omega M \dot{I} = (L_1 + L_2 + 2M)j\omega \dot{I} = j\omega L_{eq} \dot{I}$$

得到串联顺接时的等效电感 L_{eq} 为

$$L_{eq} = L_1 + L_2 + 2M \tag{5-4}$$

2. 串联反接

当两线圈的同名端相接时称为反接（或减弱型连接），如图 5-9(b) 所示。互感电压和自感电压的极性相反，减弱了每个线圈上的电压。写出端口电压与电流的关系

$$\dot{V} = \dot{V}_1 + \dot{V}_2 = j\omega L_1 \dot{I} - j\omega M \dot{I} + j\omega L_2 \dot{I} - j\omega M \dot{I} = (L_1 + L_2 - 2M)j\omega \dot{I} = j\omega L_{eq} \dot{I}$$

得到串联反接时的等效电感 L_{eq} 为

$$L_{eq} = L_1 + L_2 - 2M \tag{5-5}$$

可见两个具有互感的线圈串联时，其总电感并不等于两线圈的自感之和，而是被增强或减弱了 $2M$。由于实际的等效电感不能为负，因此有

$$M \leqslant (L_1 + L_2)/2 \tag{5-6}$$

3. 并联顺接

互感元件的两个线圈并联时也有两种接法。图 5-10(a) 所示电路为并联顺接，图 5-10(b) 所示电路为并联反接。

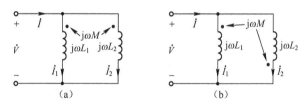

图 5-10 互感元件的并联

在正弦稳态下，顺接时的相量方程为

$$\begin{cases} j\omega L_1 \dot{I}_1 + j\omega M \dot{I}_2 = \dot{V} \\ j\omega M \dot{I}_1 + j\omega L_2 \dot{I}_2 = \dot{V} \end{cases}$$

从中解出两个电流后相加得到

$$\dot{I} = \dot{I}_1 + \dot{I}_2 = \frac{L_1 + L_2 - 2M}{\mathrm{j}\omega(L_1 L_2 - M^2)}\dot{V}$$

$$\frac{\dot{V}}{\dot{I}} = \mathrm{j}\omega\frac{L_1 L_2 - M^2}{L_1 + L_2 - 2M}$$

可见并联顺接时的等效电感

$$L_{\mathrm{eq}} = \frac{L_1 L_2 - M^2}{L_1 + L_2 - 2M} \tag{5-7}$$

4. 并联反接

图 5-10(b)所示电路为并联反接,用类似的方法可推出并联反接时的等效电感

$$L_{\mathrm{eq}} = \frac{L_1 L_2 - M^2}{L_1 + L_2 + 2M} \tag{5-8}$$

因为等效电感不能为负,式(5-7)和式(5-8)的分母恒为正,所以分子必为正,即

$$M \leqslant \sqrt{L_1 L_2} \tag{5-9}$$

式(5-9)说明互感系数小于两个线圈自感系数的几何平均值。因为几何平均值不大于它的算术平均值,所以若式(5-9)成立,则式(5-6)必定成立。因此,互感 M 的最大值只能为

$$M_{\max} = \sqrt{L_1 L_2} \tag{5-10}$$

5. 耦合系数

实际的互感 M 与互感的最大值之比可定义为**耦合系数**,用 k 表示

$$k = \frac{M}{\sqrt{L_1 L_2}} \tag{5-11}$$

耦合系数 k 是互感元件的重要参数,它反映了两线圈相互影响的程度。当 $k=1$ 时,称互感为全耦合,这时一个线圈电流产生的磁通全部与另一线圈环链;$k \approx 1$ 时称为紧耦合;k 比较小时称为松耦合;$k=0$ 时,两个线圈间无耦合。

思考题 5-3 在两个互感线圈中,一个线圈电流产生的磁通量有一部分穿过对方线圈,这部分所占比例就是耦合系数 k。用这个概念证明式(5-11)关系。

5.2 互感电路分析

5.2.1 一般分析方法

分析具有互感的电路,原则上与分析一般复杂电路没有什么区别。前面章节介绍的正弦稳态分析方法原则上都可以应用在互感电路分析中。由于相量互感电压可以看成电流控制电压源的电压,所以采用电流变量求解更方便。在列写电路方程时需要特别注意,互感电压的

极性要借助于前面讨论的同名端来判断。

例 5-3 求图 5-11 所示电路中的 i_1 和 i_2，已知 $v_S(t) = 2\sqrt{2}\sin t\,\text{V}$，耦合系数 $k = (1/\sqrt{2})\,\text{H}$。

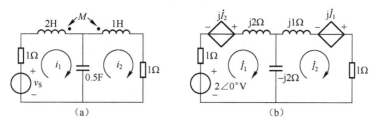

图 5-11　例 5-3 电路

解：先计算出互感

$$M = k\sqrt{L_1 L_2} = 1\,\text{H}$$

将图 5-11(a)所示电路按互感相量模型改画为图 5-11 所示电路(b)，并将其中互感电压用受控源来等效。注意，互感电压极性用同名端和电流参考方向来判断。例如，在图 5-11 (a)所示电路中，电流 i_2 从同名端流入右侧电感，在左面电感上产生的互感电压正极性在电感右端同名端上。因此，在图 5-11(b)所示电路中等效受控电压源右端为正极性。

对图 5-11(b)所示相量电路列出相量网孔方程

$$\begin{cases} \dot{I}_1(1+\text{j}2-\text{j}2) - \dot{I}_2(-\text{j}2) = 2\angle 0^\circ + \text{j}\dot{I}_2 \\ -\dot{I}_1(-\text{j}2) + \dot{I}_2(1+\text{j}-\text{j}2) = \text{j}\dot{I}_1 \end{cases}$$

简化方程，并求解出电流相量

$$\begin{cases} \dot{I}_1 + \text{j}\dot{I}_2 = 2\angle 0^\circ \\ \text{j}\dot{I}_1 + (1-\text{j})\dot{I}_2 = 0 \end{cases}$$

$$\begin{cases} \dot{I}_1 = \dfrac{6-\text{j}2}{5} = 1.26\angle -18.4^\circ\,(\text{A}) \\ \dot{I}_2 = \dfrac{2-\text{j}4}{5} = 0.89\angle -63.4^\circ\,(\text{A}) \end{cases}$$

得到电流的时间函数

$$\begin{cases} i_1 = 1.26\sqrt{2}\sin(t-18.4^\circ)\,\text{A} \\ i_2 = 0.89\sqrt{2}\sin(t-63.4^\circ)\,\text{A} \end{cases}$$

思考题 5-4　用上述方法求图 5-12 所示电路 ab 端口的等效电感，并验证 $M \leqslant \sqrt{L_1 L_2}$。

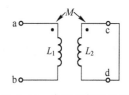

图 5-12　求端口等效电感

5.2.2　互感消去法

对于互感的某些连接方式，可以用等效方法消除互感电压，以简化分析过程。除了前面讨论的互感串联和并联外，当互感连接成具有公共端的 T 形或Π形时，也可以将含互感的电路用无互感的电路等效代替，称为**互感消去法**。这里以 T 形连接的互感为例介绍互感消去法。

如图 5-13(a)所示的电路为具有公共端的 T 形互感连接，同名端连接在公共端。从两个端口的外特性来看，可用图 5-13(b)中三个无耦合的电感 T 形网络来等效，下面给出等效电感值的确定方法。

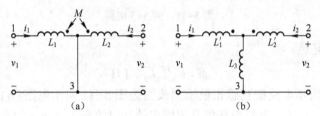

图 5-13　去耦等效电路

写出图 5-13(a)所示电路的伏安关系

$$\begin{cases} v_1 = L_1 \dfrac{di_1}{dt} + M \dfrac{di_2}{dt} \\[2mm] v_2 = M \dfrac{di_1}{dt} + L_2 \dfrac{di_2}{dt} \end{cases} \tag{5-12}$$

图 5-13(b)所示电路的伏安关系为

$$\begin{cases} v_1 = L_1' \dfrac{di_1}{dt} + L_3 \dfrac{d(i_1+i_2)}{dt} = (L_1'+L_3)\dfrac{di_1}{dt} + L_3 \dfrac{di_2}{dt} \\[2mm] v_2 = L_2' \dfrac{di_2}{dt} + L_3 \dfrac{d(i_1+i_2)}{dt} = L_3 \dfrac{di_1}{dt} + (L_2'+L_3)\dfrac{di_2}{dt} \end{cases} \tag{5-13}$$

当式(5-12)与式(5-13)中 $\dfrac{di_1}{dt}$ 和 $\dfrac{di_2}{dt}$ 的系数相等时，两电路等效，由此可得等效条件为

$$\begin{cases} L_3 = M \\ L_1' = L_1 - M \\ L_2' = L_2 - M \end{cases} \tag{5-14}$$

当互感的异名端相接时，类似的方法可得到等效电感，相当于式(5-14)中的 M 改变符号。

$$\begin{cases} L_3 = -M \\ L_1' = L_1 + M \\ L_2' = L_2 + M \end{cases} \tag{5-15}$$

注意,等效得到的电感值可能为负值,这只是端口对外等效的参数,并不意味着真实的负电感。用没有耦合的 T 形电感网络替代原来的互感,可以简化电路的分析。

例 5-4　用互感消去法再次分析图 5-11(a)所示电路。

解:　先将图 5-11(a)所示电路中的 T 形连接互感进行去耦等效,等效的三个电感分别为

$$L_1' = L_1 - M = 2 - 1 = 1 \, (\mathrm{H}), \quad L_2' = L_2 - M = 1 - 1 = 0 \, (\mathrm{H}), \quad L_3 = M = 1 \, \mathrm{H}$$

用这三个电感替代互感之后,画出相量电路如图 5-14 所示,电路得到简化。对简化的相量电路列写网孔方程

$$\begin{cases} \dot{I}_1 + \mathrm{j}\dot{I}_2 = 2\angle 0° \\ \mathrm{j}\dot{I}_1 + (1-\mathrm{j})\,\dot{I}_2 = 0 \end{cases}$$

方程就是例 5-3 中的相量网孔方程简化后的结果。互感消去法避免了在列写方程时对互感电压的处理,建立方程更简便,不容易出错。

思考题 5-5　用上述互感消去法求图 5-15 所示电路 ab 端口的等效电感(提示:此电路中可将 bd 连接成一个点,这样做并不影响电路中电流、电压受到的约束)。

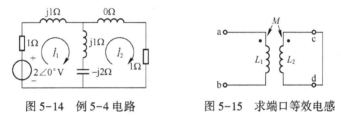

图 5-14　例 5-4 电路　　　　图 5-15　求端口等效电感

思考题 5-6　在图 5-13(a)中,假如异名端相连,试推导 T 形互感消去等效关系式(5-15)。

5.2.3　反映阻抗法

在工程应用中,有一类电路是用互感线圈把信号源回路和负载回路耦合起来,线圈之间采用非铁磁性材料或空气作为磁介质。这种互感耦合电路的耦合系数比较小,可以用线性互感电路作为模型,称为线性变压器或**空心变压器**电路。

图 5-16(a)所示电路为空心变压器电路的一般形式。电路中相互耦合的两个电感分别与信号源和负载构成两个回路。包含信号源的回路称为初级回路,包含负载的回路称为次级回路。

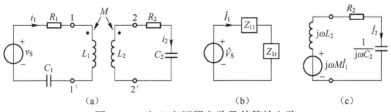

图 5-16　空心变压器电路及其等效电路

在正弦稳态下，对图 5-16(a) 可列出相量回路方程为

$$\begin{cases} Z_{11}\dot{I}_1 - j\omega M\dot{I}_2 = \dot{V}_S \\ -j\omega M\dot{I}_1 + Z_{22}\dot{I}_2 = 0 \end{cases} \tag{5-16}$$

其中，Z_{11} 和 Z_{22} 分别是包含自感抗在内的初级回路总阻抗和次级回路总阻抗。

$$Z_{11} = R_1 + j\left(\omega L_1 - \frac{1}{\omega C_1}\right)$$

$$Z_{22} = R_2 + j\left(\omega L_2 - \frac{1}{\omega C_2}\right)$$

由此解得

$$\dot{I}_1 = \frac{Z_{22}\dot{V}_S}{Z_{11}Z_{22} + \omega^2 M^2} = \frac{\dot{V}_S}{Z_{11} + \frac{\omega^2 M^2}{Z_{22}}} = \frac{\dot{V}_S}{Z_{11} + Z_{1r}} \tag{5-17a}$$

$$\dot{I}_2 = \frac{j\omega M\dot{I}_1}{Z_{22}} \tag{5-17b}$$

若次级开路 $\dot{I}_2 = 0$，由式 (5-16) 可知初级电流 $\dot{I}_1 = \dfrac{\dot{V}_S}{Z_{11}}$。对比式 (5-17a) 可知，$Z_{1r} = \dfrac{\omega^2 M^2}{Z_{22}}$ 是次级阻抗通过互感对初级电流的影响，称为次级回路在初级的**反映阻抗**，它反映了次级回路电流对初级互感电压的作用。Z_{1r} 与初级阻抗 Z_{11} 是串联关系。由式 (5-17a) 可画出初级等效电路如图 5-13(b)。利用包含反映阻抗的初级等效电路来计算初级回路电流的方法称为**反映阻抗法**。

当确定了初级回路电流之后，由式 (5-17b) 可得次级等效电路，如图 5-16(c) 所示。其中，等效电源 $j\omega M\dot{I}_1$，即初级电流在次级产生的互感电压。由图 5-16(c) 可计算出次级电流 $\dot{I}_2$。

将反映阻抗展开如下

$$Z_{1r} = \frac{\omega^2 M^2}{Z_{22}} = \frac{\omega^2 M^2}{R_2^2 + X_2^2}R_2 + j\frac{\omega^2 M^2}{R_2^2 + X_2^2}(-X_2) = R_{1r} + jX_{1r} \tag{5-18}$$

反映阻抗的实部 R_{1r} 可称为反映电阻，其值总为正，这是因为次级回路无电源，回路消耗的能量必须通过互感作用取自初级，相当于在初级线圈引入了一个等效的正电阻。根据式 (5-18)，这个反映电阻 R_{1r} 的功率可表示为

$$I_1^2 R_{1r} = I_1^2 \frac{\omega^2 M^2}{R_2^2 + X_2^2}R_2 = \frac{(\omega M I_1)^2}{R_2^2 + X_2^2}R_2 = I_2^2 R_2$$

由此可见，次级回路消耗的功率等于反映电阻消耗的功率。

式 (5-18) 中反映阻抗的虚部 X_{1r} 称为反映电抗，可看出反映电抗在性质上与次级电抗性

质相反,即次级为感性时,反映电抗为容性,反之亦然。

例 5-5　具有互感的相量电路如图 5-17(a)所示,求电流有效值 I_1、I_2,以及电源供出的功率和次级消耗的功率。

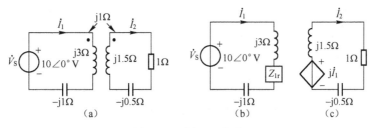

图 5-17　例 5-5 电路

解:用反映阻抗法,画出初级和次级等效回路如图 5-17(b)和图 5-17(c)所示,其中反映阻抗为

$$Z_{1r} = \frac{\omega^2 M^2}{Z_{22}} = \frac{1}{1+j} = \left(\frac{1}{2} - j\frac{1}{2}\right)(\Omega)$$

用等效初级回路计算初级电流

$$\dot{I}_1 = \frac{\dot{V}_S}{Z_{11} + Z_{1r}} = \frac{10}{j2 + \frac{1}{2} - j\frac{1}{2}} = (2 - j6)(A)$$

得到初级电流有效值

$$I_1 = 2\sqrt{10}\ A$$

电压源输出功率

$$P_S = \text{Re}(\dot{V}_S \dot{I}_1^*) = \text{Re}(10(2+j6)) = 20(W)$$

用等效次级回路计算次级电流

$$\dot{I}_2 = \frac{j\omega M \dot{I}_1}{Z_{22}} = \frac{j1 \times (2-j6)}{1+j1.5-j0.5} = (4-j2)(A)$$

得到次级电流有效值

$$I_2 = 2\sqrt{5}\ A$$

次级吸收功率即电源发出功率。作为验证,这里也计算出了反映阻抗和次级回路电阻吸收的功率,并对二者进行对比

$$P_{R1} = I_1^2 R_{1r} = (2^2+6^2) \times \frac{1}{2} = 20(W)$$

$$P_{R2} = I_2^2 R_{22} = (4^2+2^2) \times 1 = 20(W)$$

例 5-6　对于图 5-17(a)所示电路,先求出从次级电阻两端看去的戴维南等效电路,然

后再求次级电阻的吸收功率。

解：如图 5-18(a)所示，断开次级电阻，求 ab 端口的开路电压。

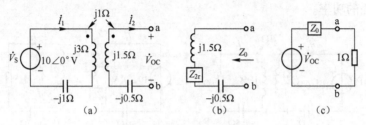

图 5-18　例 5-6 电路

当次级开路时，初级回路不受次级影响，初级电流只由初级回路阻抗确定 $\dot{I}_1=\dot{V}_S/Z_{11}$。次级开路电压即为线圈上互感电压，其极性由同名端确定。

$$\dot{V}_{OC}=j\omega M\dot{I}_1=j\omega M\frac{\dot{V}_S}{Z_{11}}=j1\times\frac{10}{j3-j1}=5(V)$$

在计算次级 ab 端口戴维南等效阻抗时，将初级电压源置零，求 ab 端口电压与电流相量之比。此时左侧回路变成无源回路，其对于右侧回路的影响可以等效为与右侧电感串联的反映阻抗，如图 5-18(b)所示。其中反映阻抗为

$$Z_{2r}=\frac{\omega^2 M^2}{Z_{11}}=\frac{1^2}{j3-j1}=-j0.5(\Omega)$$

如此求得 ab 端口等效阻抗为

$$Z_0=Z_{2r}+j1.5-j0.5=j0.5(\Omega)$$

画出戴维南等效电路并连接次级电阻，如图 5-18(c)所示，计算电流和电阻功率

$$\dot{I}_2=\frac{\dot{V}_{OC}}{Z_0+1}=\frac{5}{j0.5+1}=(4-j2)(A)$$

$$P_2=I_2^2 R_{22}=(4^2+2^2)\times1=20(W)$$

思考题 5-7　前面对于反映阻抗法关于初级等效回路和次级等效回路的推导中，若互感同名端位置不同，是否会影响反映阻抗？是否会影响次级等效回路？

思考题 5-8　用反映阻抗法求图 5-19 所示电路 ab 端口的等效电感。

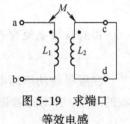

图 5-19　求端口
等效电感

5.3　变压器电路分析

实际的变压器是通过磁耦合传递能量的装置，应用广泛。变压器可用来改变供电电压的

高低,如电源变压器。变压器还可用来变换阻抗,达到阻抗匹配的目的,如级间变压器、输入输出变压器等。实际变压器是由两个或多个线圈(或称绕组)绕在同一个铁芯上构成的。考虑到变压器的损耗、漏磁通和铁磁材料非线性特性等因素,其实际运行特性的分析较为复杂。为了简化对变压器原理的介绍,这里仅讨论变压器的几种等效模型。在讨论中,假设线圈的电感为常数,借助前面讨论的互感原理来描述和解释变压器模型。

5.3.1　理想变压器

图 5-20(a)是变压器的结构示意图。其中,线圈Ⅰ和线圈Ⅱ绕在铁芯上,分别作为初级绕组和次级绕组。工作时初级绕组接电源,次级绕组接负载。铁芯由磁性材料做成,为线圈的磁通构成闭合通路。利用铁芯材料的高磁导率可以将两个线圈的磁通集中在铁芯中,实现线圈的紧密耦合,同时使线圈具有极高的电感量。

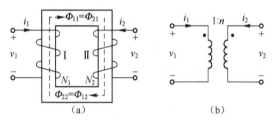

图 5-20　变压器结构和电路模型

若忽略一些次要因素,一个性能良好的变压器可用理想变压器作为模型。**理想变压器**是实际变压器理想化的结果,其理想化条件是:

(1) 无损耗;

(2) 无漏磁,即 $k=1$,为全耦合;

(3) 电感量 L_1、L_2 无限大,但二者比值为常量。

上述条件意味着忽略了变压器的铁芯损耗和线圈电阻损耗;认为磁通全部集中在铁芯磁路里而无漏磁;将铁芯的磁导率看作无限大,相当于线圈的电感量无限大,因而建立磁通所需要的激磁电流极小,可忽略不计。

图 5-20(b)是理想变压器的电路模型。由于电感无限大,电路模型中的线圈只是一种符号,不再具有电感的意义,这有别于互感元件,是需要注意的。

1. 电压变换

如图 5-20(a)所示,在理想化条件下,电流 i_1 产生的磁通 Φ_{11} 全部与线圈Ⅱ交链,电流 i_2 产生的磁通 Φ_{22} 也全部与线圈Ⅰ交链。因此,铁芯中的总磁通 $\Phi=\Phi_{11}+\Phi_{22}$,且两个线圈中磁通相同。线圈 N_1 的总磁链 $\psi_1=N_1\Phi$,线圈 N_2 的总磁链 $\psi_2=N_2\Phi$,这样有

$$v_1 = \frac{\mathrm{d}\psi_1}{\mathrm{d}t} = N_1 \frac{\mathrm{d}\varPhi}{\mathrm{d}t}$$

$$v_2 = \frac{\mathrm{d}\psi_2}{\mathrm{d}t} = N_2 \frac{\mathrm{d}\varPhi}{\mathrm{d}t}$$

因此

$$\frac{v_1}{v_2} = \frac{N_1}{N_2} = \frac{1}{n} \tag{5-19}$$

其中 $n = N_2/N_1$，称为匝比，又称为理想变压器的变比，它是理想变压器的唯一参数。

式(5-19)表明，理想变压器初、次级电压的大小与相应的匝数成正比。若 $N_1 > N_2$，则 $v_1 > v_2$，为降压变压器，反之为升压变压器。

2. 电流变换

为了导出变压器两端口电流关系，用线圈的电感参数表示初级绕组的相量电压

$$\dot{V}_1 = \mathrm{j}\omega L_1 \dot{I}_1 + \mathrm{j}\omega M \dot{I}_2$$

用初级线圈自感抗去除等式两边并移项，得到

$$\dot{I}_1 = \frac{\dot{V}_1}{\mathrm{j}\omega L_1} - \frac{M}{L_1}\dot{I}_2 \tag{5-20}$$

式(5-20)右端第一项是初级电感上的电流，其大小与线圈感抗成反比；当变压器铁芯的磁导率很高时，电感量极高，该项电流很小。右端第二项电流与次级电流成比例。对于理想变压器，令式(5-20)中的 L_1 趋向无穷大，得到

$$\dot{I}_1 = -\frac{M}{L_1}\dot{I}_2$$

对应的电流时间变量关系为

$$i_1 = -\frac{M}{L_1}i_2$$

在全耦合时，线圈产生的自感磁通和互感磁通相等，$\varPhi_{12} = \varPhi_{22}$，$\varPhi_{21} = \varPhi_{11}$。据此可得到

$$\frac{M}{L_1} = \sqrt{\frac{L_2}{L_1}} = \sqrt{\frac{N_2\phi_2/i_2}{N_1\phi_1/i_1}} = \sqrt{\frac{N_2\frac{M}{N_1}i_2/i_2}{N_1\frac{M}{N_2}i_1/i_1}} = \frac{N_2}{N_1} = n$$

可知比例系数 M/L_1 就是变压器的变比。因此理想变压器的端口电流关系为

$$i_1 = -\frac{N_2}{N_1}i_2 = -ni_2 \tag{5-21}$$

式(5-21)表明，理想变压器初、次级电流大小与两边相应的匝数比成反比。综合式(5-19)和式(5-20)的结论，对于图5-20(b)所示的理想变压器，其伏安特性关系为

$$\begin{cases} v_1 = v_2/n \\ i_1 = -ni_2 \end{cases} \tag{5-22}$$

要注意理想变压器电路符号中的同名端标记。理想变压器伏安关系中的正负号与同名端的位置和电流、电压的参考方向有关。对于图 5-21 所示的理想变压器，按其电压、电流的参考方向，其伏安关系为

$$\begin{cases} v_1 = v_2/n \\ i_1 = ni_2 \end{cases} \tag{5-23}$$

对于图 5-20(b)所示的理想变压器，计算其两个端口瞬时吸收功率之和，并考虑到理想变压器的伏安特性，得到

$$p = p_1 + p_2 = v_1 i_1 + v_2 i_2 = 0$$

因此，理想变压器两个端口瞬时吸收功率之和为零，既不消耗能量，也不储存能量，是一种传递能量的元件。

3. 阻抗变换

如图 5-22(a)所示的理想变压器，在正弦稳态下，当次级连接负载 Z_L 时，理想变压器初级的入端阻抗为

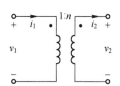

图 5-21　另一种次级电流参考方向

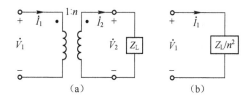

图 5-22　理想变压器的阻抗变换

$$Z_i = \frac{\dot{V}_1}{\dot{I}_1} = \frac{\dot{V}_2/n}{n\dot{I}_2} = \frac{1}{n^2}Z_L \tag{5-24}$$

式(5-24)中 Z_i 称为次级对初级的**折算阻抗**。可见，改变变比即可实现阻抗变换。因为 n 是实常数，所以，通过改变变压器的变比可变换折算阻抗的大小，但不会影响阻抗性质。由式(5-24)可得初级等效电路如图 5-22 (b)所示。

当次级开路时，i_2 为零且 i_1 为零。当次级短路时，初级也等效为短路。因此，当初级连接电压源时，应避免变压器次级短路。

例 5-7　在图 5-23(a)所示电路中，负载阻抗 $Z_L = (6-j8)\,\Omega$，求匹配变压器的变比 n，以使负载 Z_L 能获得最大功率，并计算此功率。

解：用理想变压器可将 Z_L 变换为初级端口的等效阻抗 Z_i，如图 5-23(b)所示。由于变压器只能改变阻抗的大小，不能改变阻抗的性质，所以变压器只能实现模匹配。当 $R_S = Z_i =$

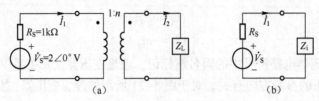

图 5-23　例 5-7 电路

$\dfrac{|Z_{L}|}{n^{2}}$时，折算阻抗 Z_{i} 可获得最大功率，此功率就是负载 Z_{L} 吸收的功率。所以

$$n=\sqrt{\frac{Z_{L}}{R_{S}}}=\sqrt{\frac{10}{1000}}=\frac{1}{10}$$

$$Z_{i}=\frac{Z_{L}}{n^{2}}=100\times(6-j8)=(600-j800)\,(\Omega)$$

$$\dot{I}_{1}=\frac{\dot{V}_{S}}{R_{S}+Z_{i}}=\frac{2\angle0°}{1600-j800}=1.1\angle26.6°\,(mA)$$

$$P_{L}=I^{2}Re[Z_{i}]=(1.1\times10^{-3})^{2}\times600=0.726\,(mW)$$

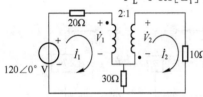

图 5-24　例 5-8 电路

例 5-8　计算图 5-24 所示电路中 10Ω 电阻吸收的功率。

解：电路中理想变压器的初、次级间有电路连接，构成两个回路。采用网孔分析法求解图中的网孔电流，在建立网孔方程时保留理想变压器端口电压，然后添加理想变压器的伏安关系。

网孔方程

$$(20+30)\dot{I}_{1}-30\dot{I}_{2}+\dot{V}_{1}=120$$

$$-30\,\dot{I}_{1}+40\dot{I}_{2}-\dot{V}_{2}=0$$

理想变压器特性

$$\dot{V}_{2}=-\frac{1}{2}\dot{V}_{1}$$

$$\dot{I}_{2}=-2\dot{I}_{1}$$

简化方程并求解，得到

$$-55\dot{I}_{2}-2\dot{V}_{2}=120$$

$$55\dot{I}_{2}-\dot{V}_{2}=0$$

$$\dot{I}_{2}=-120/165=-0.727\,(A)$$

$$P = I_2^2 \times 10 = 0.727^2 \times 10 = 5.3(\text{W})$$

思考题 5-9　当理想变压器的一个端口连接电压源、电流源、戴维南等效电路和诺顿等效电路时，从另一个端口看进去可分别等效为什么？

5.3.2　全耦合变压器

理想变压器要求的理想化条件在应用中不易全部满足。一个性能良好的变压器可以忽略其损耗。由于变压器铁芯材料的磁导率比空气的磁导率高很多，其漏磁通也可忽略不计，但受到有限磁导率和匝数限制，其绕组电感量不能被视为无穷大。与此对应的无损耗、全耦合、有限电感量的变压器模型称为**全耦合变压器**，它比理想变压器更接近于实际变压器。

理想变压器的初级电流与次级电流成比例，当次级没有连接负载而开路时，初级电流为零。实际变压器在次级开路时，其初级线圈上仍然存在很小的电流，称为空载电流。在不考虑变压器的损耗时，空载电流是在铁芯中建立磁通所需的激磁电流。在全耦合变压器模型中，激磁电流用流过激磁电感的电流来表示。

图 5-25(a)所示的变压器满足全耦合条件，其互感模型如图 5-25(b)所示，全耦合变压器模型如图 5-25(c)所示。以下讨论中假设变压器的自感和互感均为常数，借助互感模型得到全耦合变压器模型的参数。

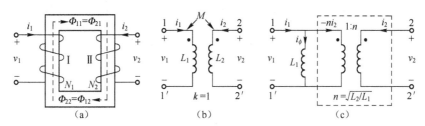

图 5-25　全耦合变压器及其等效电路

根据前面对于理想变压器电压变换关系的推导，可知在全耦合情况下，变压器两端电压的比例关系成立

$$\frac{v_1}{v_2} = \frac{N_1}{N_2} = \frac{1}{n}$$

其中的变比 n 在全耦合时可以用线圈的互感参数表示为

$$n = \frac{N_2}{N_1} = \frac{M}{L_1} = \frac{L_2}{M} = \sqrt{\frac{L_2}{L_1}}$$

在讨论理想变压器电流变换关系时，得到了电流关系式(5-20)，将其重写为

$$\dot{I}_1 = \frac{\dot{V}_1}{j\omega L_1} - n\dot{I}_2 = \dot{I}_\phi - \dot{I}_{01}$$

对应的电流关系式时间函数表达式为

$$i_1 = \frac{1}{L_1} \int_{-\infty}^{t} v_1(\tau) d\tau - n i_2 = i_\phi + i_{01} \tag{5-25}$$

在式(5-25)中，初级电流 i_1 包含两项。其中，第一项 i_ϕ 是流过初级电感的电流，其大小与初级线圈的感抗成反比；第二项电流 $i_{01} = -n i_2$，其大小与次级电流 i_2 为变比关系。排除了 i_ϕ 以后，v_1、v_2、i_{01} 和 i_2 构成了理想变压器关系，如图5-25(c)所示电路中虚框部分所示。

因此，全耦合的变压器可以等效为图5-25(c)所示的电路模型，它是初级电感 L_1 与一个变比为 $n (n = \sqrt{L_2/L_1})$ 的理想变压器的组合。

图5-25(c)所示电路中的电流 i_ϕ 是次级开路时的初级电流，它用来建立变压器工作所需要的互感磁通，因此 i_ϕ 称为激磁电流，L_1 称为激磁电感。当 L_1 趋于无限大时，i_ϕ 趋于零，电路模型即成为理想变压器。可见，理想变压器的电流变换关系是在激磁电感很高的情况下忽略了激磁电流的结果。

由于采用了铁芯，实际变压器的激磁电感并不是常数，而是与电流有关的量。但在适当的工作状态下，激磁电感的电感值可以近似等效为常数，并可通过测量来确定。为了分析方便，这里假设了激磁电感为常数，并可从互感参数中得到。

上述讨论表明，互感在全耦合情况下也可以等效为全耦合变压器模型来分析。

例5-9　互感电路如图5-26(a)所示，试求各电流和电压（各阻抗值的单位为 Ω）。

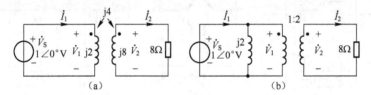

图5-26　例5-9电路

解：先判断耦合系数

$$k = \frac{M}{\sqrt{L_1 L_2}} = \frac{4}{\sqrt{16}} = 1$$

将电路等效为全耦合变压器的模型，如图5-26(b)所示。其变比

$$n = \sqrt{\frac{\omega L_2}{\omega L_1}} = \sqrt{\frac{8}{2}} = 2$$

次级 8Ω 电阻通过理想变压器折合到初级的阻抗为 $\frac{1}{n^2} \times 8 = 2(\Omega)$，得到初级电流

$$\dot{I}_1 = \left(\frac{1}{2} - j\frac{1}{2} \right) A$$

次级电压与电流为

$$\dot{V}_2 = n\dot{V}_1 = 2\times 1 \angle 0° = 2\angle 0°(\text{V})$$

$$\dot{I}_2 = \frac{\dot{V}_2}{8} = \frac{1}{4}\angle 0°(\text{A})$$

该电路也可直接按互感分析法进行计算。由图 5-26(a)考虑到互感电压，列写初、次级回路方程

$$j2\dot{I}_1 - j4\dot{I}_2 = 1$$

$$-j4\dot{I}_1 + (8+j8)\dot{I}_2 = 0$$

由此可解得

$$\dot{I}_1 = \left(\frac{1}{2} - j\frac{1}{2}\right)\text{A},\ \dot{I}_2 = \frac{1}{4}\text{A}$$

输出电压 $\dot{V}_2 = 8\dot{I}_2 = 2(\text{V})$。这个结果与用变压器模型求得的结果完全一致。

5.3.3　一般变压器模型

全耦合变压器考虑了有限电感的影响，但仍然忽略了漏磁、铁芯损耗及线圈电阻损耗，实际上这些因素都存在，并影响着变压器的性能。这些非理想特性可以通过进一步修改变压器模型来体现。首先考察图 5-27(a)所示变压器中漏磁通的影响。在非全耦合条件下，电流 i_1 产生的全部磁通 Φ_{11} 中只有一部分磁通 Φ_{21} 与次级线圈交链，没有与次级线圈交链的那部分磁通是漏磁通 Φ_{E1}。在等效电路中，漏磁通可以用漏感 L_{E1} 来表示。漏感只对自感电压有贡献，不影响互感电压。同样，次级线圈的漏磁通也用漏感 L_{E2} 来表示。从初、次级线圈磁通中减去各自的漏磁通后，其余的磁通全部与对方线圈交链，构成全耦合变压器。考虑了漏感的变压器模型如图 5-27(c)所示。

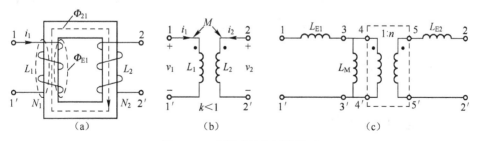

图 5-27　有漏感的变压器模型

在图 5-27(c)所示模型中，4-4′和5-5′端口为理想变压器，用虚线框出。3-3′和5-5′端口为包含激磁电感 L_M 的全耦合变压器。1-1′和2-2′端口为进一步考虑了漏感 L_{E1} 和 L_{E2} 的变

压器模型。在实际应用中，变压器模型中的电感参数可以通过测量获得。为了分析方便，这里假设已知线圈的互感参数 L_1、L_2 和 M，并利用这些参数得到了有漏感的变压器模型的等效参数。对图 5-27(c) 所示模型写出端口伏安特性表达式，再与图 5-27(b) 互感模型的伏安关系进行对比，可以得到如下关系式。

$$\begin{cases} L_{\mathrm{M}} = M/n \\ L_{\mathrm{E1}} = L_1 - M/n \\ L_{\mathrm{E2}} = L_2 - nM \end{cases} \tag{5-26}$$

在耦合系数 $k<1$ 的条件下，$\dfrac{M}{L_1} \ne \dfrac{L_2}{M} \ne \sqrt{\dfrac{L_2}{L_1}}$，等效模型中变比 n 可有不同定义。若取 $n = \sqrt{L_2/L_1}$，将 n 和 $M = k\sqrt{L_1 L_2}$ 代入式 (5-26) 中，可得有漏感的变压器模型参数为

$$\begin{cases} L_{\mathrm{M}} = kL_1 \\ L_{\mathrm{E1}} = L_1(1-k) \\ L_{\mathrm{E2}} = L_2(1-k) \end{cases} \tag{5-27}$$

若变压器的损耗不能忽略，可在变压器模型的初、次级分别串联线圈等效电阻 R_1 及 R_2，并在初级并联一个反映铁芯损耗的等效电阻 R_{M}，如图 5-28 所示。在实际应用中，可根据变压器的性能和使用条件建立相应的等效模型。

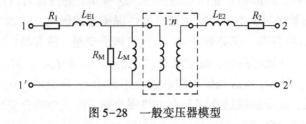

图 5-28 一般变压器模型

思考题 5-10 试推导有漏磁通的变压器模型等效参数的关系式 (5-26)，并计算变比取 $n=M/L_1$ 和 $n=L_2/M$ 两种参数时变压器模型的等效参数。

5.4 三相电路分析

5.4.1 三相电路的基本概念

供电系统一般采用三相制。三相制在发电、输电和用电方面有很多优点，所以得到了广泛应用。

三相电力系统是由三相电源、三相负载和三相输电线路组成的，而三相电源是由三个频率相同、振幅相同、相位差均为 120° 的正弦电压源组成的。实际中几乎所有电力都是以三相

系统来产生和传送的，单相设备需要的单相电源取自三相系统中的一相。

三相电源来源之一是三相发电机，图 5-29（a）为三相发电机示意图。其中定子 ax,by,cz 为三个完全相同、彼此相差 120°的绕组。当磁极（转子）以 ω 角速度匀速度旋转时就会分别产生三个频率、振幅相同，相位各差 120°的正弦电压。每个绕组的电压叫相电压。相电压经过正最大值的次序称为相序。

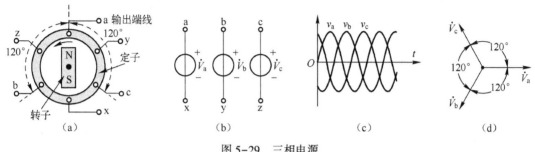

图 5-29　三相电源

若以 $v_a(t)$ 为参考正弦量，则有

$$\begin{cases} v_a(t) = V_m \sin\omega t \\ v_b(t) = V_m \sin(\omega t - 120°) \\ v_c(t) = V_m \sin(\omega t + 120°) \end{cases} \tag{5-28}$$

这相当于三个独立的正弦电压，如图 5-29（b）所示，电压波形如图 5-29（c）所示，对应的电压相量为

$$\begin{cases} \dot{V}_a = V \angle 0° \\ \dot{V}_b = V \angle -120° \\ \dot{V}_c = V \angle 120° \end{cases} \tag{5-29}$$

其相量图如图 5-29（d）所示，相序为 a-b-c，此相序称为正序或顺序，类似地，c-b-a 称为反序或逆序。

上述三相电压称为三相电源。显然其相电压之和为零

$$\dot{V}_a + \dot{V}_b + \dot{V}_c = 0 \tag{5-30}$$

5.4.2　三相电源的连接

在电力系统中，三相电源来自发电机的三个绕组，也可以来自三相变压器的次级绕组。每个绕组上的感应电压作为一个电压源。三个绕组端线可以采用不同的连接方式向外供电。

三相电源的第一种连接方式为星形连接或丫形连接，就是将末端连在一起，始端 a，b，c

与输电线连接,如图5-30(a)所示。在公共连接点可以引出一根线,与始端三根线共同构成**三相四线制供电**,而当没有公共点引出线时则称为**三相三线制供电**。

图5-30(a)中 a,b,c 端线称为相线或端线(俗称"火线"),n 端引出线称为中线。相线到中线间的三个电压称为**相电压**,相线之间的电压$\dot{V}_{ab},\dot{V}_{bc},\dot{V}_{ca}$称为**线电压**。

在星形连接时,三相电源的每个线电压是两个相电压之差,即

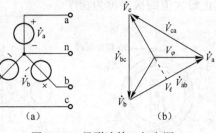

$$\begin{cases} \dot{V}_{ab} = \dot{V}_{a} - \dot{V}_{b} \\ \dot{V}_{bc} = \dot{V}_{b} - \dot{V}_{c} \\ \dot{V}_{ca} = \dot{V}_{c} - \dot{V}_{a} \end{cases} \quad (5\text{-}31)$$

图5-30 星形连接三相电源

根据式(5-31)的关系,可以画出相电压和线电压的相量图,如图5-30(b)所示。星形连接的电源的线电压与相电压的幅度和相位关系可以从相量图得到。

若以$\dot{V}_{a}$为参考相量,则线电压相量可以表示为

$$\begin{cases} \dot{V}_{ab} = \sqrt{3}\,V_{\varphi} \angle 30° = \sqrt{3}\,\dot{V}_{a} \angle 30° \\ \dot{V}_{bc} = \sqrt{3}\,V_{\varphi} \angle -90° = \sqrt{3}\,\dot{V}_{b} \angle 30° \\ \dot{V}_{ca} = \sqrt{3}\,V_{\varphi} \angle 150° = \sqrt{3}\,\dot{V}_{c} \angle 30° \end{cases}$$

可见三个线电压也是相位对称的,构成了一组三相电压。设 V_{ℓ} 和 V_{φ} 分别为线、相电压有效值,通过相量图中的几何关系,可有下面的结果

$$\frac{1}{2}V_{\ell} = V_{\varphi}\cos 30°$$

$$V_{\ell} = \sqrt{3}\,V_{\varphi}$$

即星形连接三相电源的线电压有效值是其相电压有效值的$\sqrt{3}$倍。在我国的供电系统中,民用低压配电电源为星形连接三相电源,相电压有效值是 220 V,线电压有效值是 380 V。

三相电源的第二种连接方式为三角形连接。把三个相电压源按照极性首末端依次连接的方式连接成三角形,从连接点处引出供电线,得到三根输出线之间的电压$\dot{V}_{ab},\dot{V}_{bc},\dot{V}_{ca}$就是电压源的电压,如图5-31所示。注意,因为三角形连接的三个电压源构成了回路,所以电压源极性的连接方式要满足三个电压之和为零。

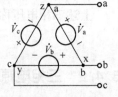

图5-31 三角形连接
三相电源

三角形连接时,三相电源输出线电压就是每相电源的电压,即 $V_{\ell} = V_{\varphi}$。这种连接方式多用于变电和输电的中间环节。

思考题 5-11　在三角形连接的三相电源中，当有一相电压源断开时，输出的三相电压是否有变化？

5.4.3　星形连接三相负载

在三相供电系统中，负载也按一定的方式连接，用三个负载组成三相负载。若三个负载相同，则称三相负载是对称的。对称三相负载与三相电源构成对称三相电路。工业用电中的三相电动机、三相变压器初级等可视为对称三相负载。一般情况下，负载为不对称负载，如居民生活用电。三相制供电系统实际是三个同频正弦电压作用下的复杂电路，在对称负载情况下，负载电压和电流具有特定的规律，可使分析计算大为简化，所以这里主要讨论对称三相电路。

首先讨论星形连接三相负载。如图 5-32(a)所示，一组三个负载接成星形，其端线和中点 o' 分别与三相四线制三相电源的相线和中线相连。由于三相电源是星形连接，所以电源和负载构成丫-丫连接三相电路，电路中每一相负载两端的电压分别是三相电源的一相电压。这种电路相当于三个单相电路，中线为三个单相电路的公共回线。

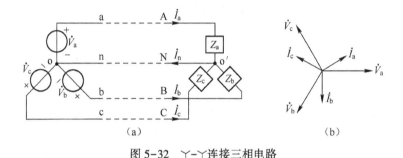

图 5-32　丫-丫连接三相电路

在分析三相电路时，把每相负载中的电流称为**相电流**，把连接负载的相线上的电流称为**线电流**。在星形负载电路中，这两种电流相同，即线电流等于相电流。若线路是理想导线，则负载相电流为

$$\dot{I}_a = \frac{\dot{V}_a}{Z_a}, \quad \dot{I}_b = \frac{\dot{V}_b}{Z_b}, \quad \dot{I}_c = \frac{\dot{V}_c}{Z_c} \tag{5-32}$$

当负载对称时，有 $Z_a = Z_b = Z_c$，三个负载上电流有效值相同，$I_\ell = I_\varphi$，且电流相量 $\dot{I}_a$、$\dot{I}_b$、$\dot{I}_c$ 也是相位对称的，如图 5-32(b)所示，所以有

$$\dot{I}_n = \dot{I}_a + \dot{I}_b + \dot{I}_c = 0 \tag{5-33}$$

这说明中线无电流，可省去中线。没有中线的三相供电方式称为**三相三线制**。在分析对称星形三相负载时，不管原来是否有中线，不管中线阻抗为多少，均可设想在 oo' 间用一根理想导线连接。

例5-10　已知对称三相三线制电源电压为380V，星形对称负载的每相阻抗为 $Z = 10\angle 10^\circ \Omega$，求电流相量。

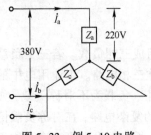

图 5-33　例 5-10 电路

解： 三相电路问题中，"电压"指线电压，为有效值。由于负载是对称的，所以可以假设电源是星形连接，并假设负载中点与电源中性点之间有一根导线相连，构成形如图 5-32(a) 所示的 Y-Y 对称三相电路。因此，图 5-33 所示电路中每相负载上电压有效值为

$$V_\varphi = \frac{380}{\sqrt{3}} = 220\,(\text{V})$$

每相负载上的电流有效值

$$I_\varphi = \frac{220}{10} = 22\,(\text{A})$$

假设 a 相负载电压为零相位 $\dot{V}_a = 220\angle 0^\circ \text{V}$，可以写出负载电流相量表达式如下

$$\dot{I}_a = \frac{\dot{V}_a}{Z} = \frac{220}{10\angle 10^\circ} = 22\angle -10^\circ\,(\text{A})$$

$$\dot{I}_b = 22\angle(-10^\circ - 120^\circ) = 22\angle -130^\circ\,(\text{A})$$

$$\dot{I}_c = 22\angle(-10^\circ + 120^\circ) = 22\angle 110^\circ\,(\text{A})$$

可见对称三相负载的相电流的相位是对称的。

当星形三相负载不对称时，必须采用四线制。只有依赖于中线的存在，三个单相电路中的负载才能相互独立，得到稳定的额定电压。这时尽管负载不对称，各相负载上的相电压仍对称，并等于电源相电压(忽略线路压降)。若无中线或中线断开，由于负载不对称，电源和负载的中点间将产生电位差，负载相电压便不对称。此时，各相负载获得电压高低不同，可能造成用电设备毁坏或欠压工作。因此不对称负载一定要用四线制，且中线不能断开。另外，由于负载相电流不对称，中线电流也不为零。在实际电路中，中线导线具有一定电阻，过大的中线电流会在中线上产生显著的电压降，这对供电质量和安全有不利影响，所以不对称系统的负载应尽量平衡配置。

5.4.4　三角形连接三相负载

三相负载的另一种连接方式是三角形连接，即三个负载连接成三角形，在连接点处连接电源的三根相线，如图 5-34(a) 所示。三角形负载的每相负载上的相电压就是线电压。

三角形连接的负载中，每个负载的电压是确定的，不会受其他负载的影响。由于不需要中线，所以在分析负载电压、电流时，只须知道电源的线电压，而不必追究三相电源的接法。

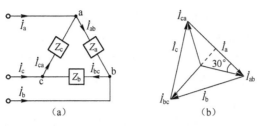

图 5-34　三角形三相负载

对于图 5-34(a)所示的三角形负载，可以分别计算出负载的相电流为

$$\dot{I}_{ab} = \dot{V}_{ab} / Z_a$$

$$\dot{I}_{bc} = \dot{V}_{bc} / Z_b$$

$$\dot{I}_{ca} = \dot{V}_{ca} / Z_c$$

图 5-34(a)所示电路中连接电源的端线上的电流为线电流。对于三角形负载，线电流与相电流不同，线电流可以用相电流表示为

$$\dot{I}_a = \dot{I}_{ab} - \dot{I}_{ca}$$

$$\dot{I}_b = \dot{I}_{bc} - \dot{I}_{ab} \qquad (5-34)$$

$$\dot{I}_c = \dot{I}_{ca} - \dot{I}_{bc}$$

当负载对称时，$Z_a = Z_b = Z_c$，三个负载上相电流有效值相同，电流相位对称，电流相量图如图 5-34(b)所示。

设相电流和线电流有效值分别为 I_φ 和 I_ℓ，由电流相量图可知

$$\frac{1}{2} I_\ell = I_\varphi \cos 30°$$

即

$$I_\ell = \sqrt{3}\, I_\varphi$$

对称三角形负载的线电流有效值是相电流有效值的 $\sqrt{3}$ 倍，线电流的相位对称，可以表示为

$$\begin{cases} \dot{I}_a = \sqrt{3}\, \dot{I}_{ab} \angle -30° \\ \dot{I}_b = \sqrt{3}\, \dot{I}_{bc} \angle -30° \\ \dot{I}_c = \sqrt{3}\, \dot{I}_{ca} \angle -30° \end{cases}$$

以上讨论了负载在星形和三角形连接时的相电压、相电流、线电压、线电流之间的关系。在讨论中忽略了三相线路的损耗，当线路损耗不可忽略时的处理方法将在后边的例子中加以说明。

在有些情况下，三相负载的连接方式取决于负载相电压的额定值和电源的线电压。当负载相电压的额定值与线电压相同时，负载应接成三角形。当电源线电压高于负载相电压时，负载应接成星形。例如，每相绕组的额定值为 220V 的三相电动机与线电压为 380V 的三相电源连接时，电动机绕组应作星形连接，而与线电压为 220V 的三相电源连接时电动机绕组应作三角形连接，这样，才能保证电动机在额定电压下正常运转。

由以上讨论可知，对称三相电路的特点为：各部分电流、电压都具有对称性，所以只要计算其中的一相即可知其余两相。

5.4.5　三相电路的功率

1. 对称三相负载的平均功率

以 $\dot{V}_a$、$\dot{V}_b$、$\dot{V}_c$ 和 $\dot{I}_a$、$\dot{I}_b$、$\dot{I}_c$ 分别表示三相电路的相电压和相电流，φ_a、φ_b、φ_c 表示每相电压与电流的相位差，则各相的平均功率为

$$P_a = V_a I_a \cos\varphi_a$$
$$P_b = V_b I_b \cos\varphi_b$$
$$P_c = V_c I_c \cos\varphi_c$$

三相负载总功率 $P = P_a + P_b + P_c$。

当负载对称时，设负载功率因数为 $\cos\varphi$，相电流有效值为 I_φ，三相负载总功率为

$$P = 3V_\varphi I_\varphi \cos\varphi \tag{5-35}$$

负载作星形连接时

$$I_\varphi = I_\ell, \ V_\varphi = \frac{V_\ell}{\sqrt{3}}$$

负载作三角形连接时

$$I_\varphi = \frac{I_\ell}{\sqrt{3}}, \ V_\varphi = V_\ell$$

将上述关系代入式(5-35)，得到在两种连接方式下对称三相负载总功率用线电压和线电流表示的表达式为

$$P = \sqrt{3} V_\ell I_\ell \cos\varphi \tag{5-36}$$

2. 对称三相负载的瞬时功率

设对称三相负载的 a 相电压为零相位，负载阻抗角为 φ，相电压和相电流瞬时表达式为 $v_a(t) = V_m \sin\omega t$，$i_a(t) = I_m \sin(\omega t - \varphi)$，则 a 相负载的瞬时功率为

$$p_a(t) = V_m \sin(\omega t) I_m \sin(\omega t - \varphi) = V_\varphi I_\varphi \cos\varphi - V_\varphi I_\varphi \cos(2\omega t - \varphi)$$

类似地写出其他两相负载的瞬时功率

$$p_b(t) = V_m \sin(\omega t - 120°) I_m \sin(\omega t - 120° - \varphi) = V_\varphi I_\varphi \cos\varphi - V_\varphi I_\varphi \cos(2\omega t + 120° - \varphi)$$

$$p_c(t) = V_m \sin(\omega t + 120°) I_m \sin(\omega t + 120° - \varphi) = V_\varphi I_\varphi \cos\varphi - V_\varphi I_\varphi \cos(2\omega t - 120° - \varphi)$$

三相负载的瞬时总功率为

$$p_a(t) + p_b(t) + p_c(t) = 3V_\varphi I_\varphi \cos\varphi = P \tag{5-37}$$

可见，对称三相负载总瞬时功率是与时间无关的常量。如果负载为三相电动机，则电动机的转矩恒定，无震动(转矩和功率成正比)，这正是三相制的优点之一。

例 5-11　已知三相电动机绕组的电阻 $R = 48\ \Omega$，感抗 $X_L = 64\ \Omega$，相电压的额定值为 220 V，求此电机分别接到线电压为 380 V 和 220 V 的三相电源时的相电流、线电流和消耗的功率。

解： 当线电压为 380 V 时，电动机的三个绕组应接成星形，如图 5-35(a)所示，此时负载相电压有效值 $V_\varphi = \dfrac{V_\ell}{\sqrt{3}} = \dfrac{380}{\sqrt{3}} = 220$ (V)，与额定电压值相符，所以电动机正常运转，此时

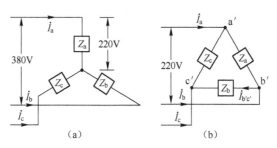

图 5-35　例 5-11 电路

$$I_\ell = I_\varphi = \frac{V_\varphi}{\sqrt{R^2 + X_L^2}} = \frac{220}{\sqrt{48^2 + 64^2}} = \frac{220}{80} = 2.75\ (\text{A})$$

$$P = 3I_\varphi^2 R = 3 \times 2.75^2 \times 48 = 1089\ (\text{W})$$

或

$$\cos\varphi = \frac{R}{|Z|} = \frac{48}{80} = 0.6\ (\text{滞后})$$

$$P = 3V_\varphi I_\varphi \cos\varphi = 3 \times 220 \times 2.75 \times 0.6 = 1089\ (\text{W})$$

当线电压为 220 V 时，电动机绕组应接成三角形，如图 5-35(b)所示，此时负载相电压有效值为

$$V_\varphi = V_\ell = 220\ \text{V}$$

$$I_\varphi = \frac{V_\varphi}{\sqrt{R^2 + X_L^2}} = \frac{220}{80} = 2.75\ (\text{A})$$

$$I_\ell = \sqrt{3}\, I_\varphi = 4.76\ \text{A}$$

此时，由于相电流与前面的结果相同，所以功率也与前面结果相同。

上例中，对于不同的线电压，采用了负载的不同接法，以保证负载得到要求的额定电压。

对于 380 V 供电，如果负载连接成三角形，显然可能会烧毁电动机绕组。对于 220 V 供电，如果负载连接成星形，则负载将低于额定电压工作。因此，这两种方式都是不合理的。

采用星形负载连接可以降低负载电压这一点，在实际应用中可以加以利用。比如，为了避免某些大功率电动机启动电流过大，可采用绕组的可变连接方式，启动时按照星形连接，电动机以较低的电压和电流启动，待达到一定转速后，再切换为三角形连接，把负载电压升高到额定电压值。

例 5-12 已知对称三相电路的电源线电压 $V_\ell = 380$ V，三角形负载阻抗 $Z_\varphi = (4.5 + \text{j}14)\ \Omega$，线路阻抗 $Z_\text{L} = (1.5 + \text{j}2)\ \Omega$，求线电流和负载的相电流。

解： 依照题意画出电路如图 5-36 所示，其中考虑了线路阻抗，并假设电源为星形连接。

方法 1：以电源中点为参考点，利用对称性，只列出结点 a 和结点 b 的结点方程

$$\begin{cases} \dot{V}_\text{a}\left(\dfrac{1}{Z_\text{L}} + \dfrac{2}{Z_\varphi}\right) - \dfrac{\dot{V}_\text{A}}{Z_\text{L}} - \dfrac{\dot{V}_\text{b}}{Z_\varphi} - \dfrac{\dot{V}_\text{c}}{Z_\varphi} = 0 \quad (1) \\[4mm] \dot{V}_\text{b}\left(\dfrac{1}{Z_\text{L}} + \dfrac{2}{Z_\varphi}\right) - \dfrac{\dot{V}_\text{B}}{Z_\text{L}} - \dfrac{\dot{V}_\text{a}}{Z_\varphi} - \dfrac{\dot{V}_\text{c}}{Z_\varphi} = 0 \quad (2) \end{cases}$$

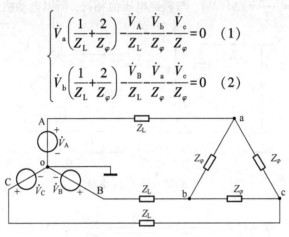

图 5-36　例 5-12 电路

两个方程作减，(1)−(2) 得到

$$(\dot{V}_\text{a} - \dot{V}_\text{b})\left(\frac{1}{Z_\text{L}} + \frac{2}{Z_\varphi}\right) - \frac{1}{Z_\text{L}}(\dot{V}_\text{A} - \dot{V}_\text{B}) + \frac{1}{Z_\varphi}(\dot{V}_\text{a} - \dot{V}_\text{b}) = 0$$

由 $\dot{V}_\text{ab} = \dot{V}_\text{a} - \dot{V}_\text{b}$，有

$$\dot{V}_\text{ab}\left(\frac{1}{Z_\text{L}} + \frac{3}{Z_\varphi}\right) = \frac{1}{Z_\text{L}}(\dot{V}_\text{A} - \dot{V}_\text{B})$$

$$\dot{I}_\text{ab} = \frac{\dfrac{1}{Z_\text{L}}(\dot{V}_\text{A} - \dot{V}_\text{B})}{\left(\dfrac{1}{Z_\text{L}} + \dfrac{3}{Z_\varphi}\right)Z_\varphi} = \frac{\dot{V}_\text{A} - \dot{V}_\text{B}}{Z_\varphi + 3Z_\text{L}} = \frac{220\angle 0° - 220\angle -120°}{4.5 + \text{j}14 + 4.5 + \text{j}6}$$

$$= \frac{380\angle 30°}{21.93\angle 65.77°} = 17.3\angle -35.8°\ (\text{A})$$

$$\dot{I}_A = \sqrt{3}\,\dot{I}_\varphi \angle -30° = \sqrt{3}\,I_\varphi \angle -65.8° = 30 \angle -65.8° (\text{A})$$

方法 2：采用等效变换的方法，把三角形负载等效为星形负载。根据对称负载的性质，在电源中点与负载中点之间连接中线，如图 5-37 所示，这样等效后不会影响线电流的计算结果。有了中线后，就变成了三个简单的单相电路问题。计算其中 a 相等效电路，如图 5-38 所示。

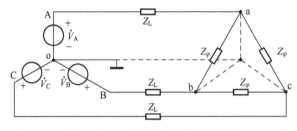 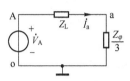

图 5-37　三角形负载等效为星形　　　　图 5-38　单相等效电路

由 $Z_\varphi = (4.5+j14)\ \Omega$ 和 $V_\varphi = V_{Ao} = 220\ \text{V}$，计算线电流相量

$$\dot{I}_a = \frac{\dot{V}_a}{Z_L + Z_\varphi/3} = \frac{220}{1.5+j2+1.5+j4.67} = 30.0 \angle -65.8° (\text{A})$$

回到图 5-37 所示原始电路中的三角形负载，计算出相电流

$$\dot{I}_{ab} = \frac{\dot{I}_a}{\sqrt{3}} \angle 30° = 17.3 \angle -35.8°\ \text{A}$$

由以上两种方法均可得到，线电流和相电流有效值分别为 $I_\ell = 17.3\ \text{A}$ 和 $I_\varphi = 30\ \text{A}$。

思考题 5-12　在供电电源连接方式不变的条件下，若三相负载允许在不同电压下工作，则采用哪种连接方式可以获得较大功率？两种连接方式负载功率相差多少倍？

本章要点

- 两个存在磁耦合的电感构成一个四端元件，称为互感元件。互感元件的每个端口上的电压包含自感电压和互感电压。一个电感上的互感电压是由流经另一个电感电流的变化引起的。
- 互感电压的极性可以根据同名端来判断。当流入互感一个同名端的电流增加时，它在互感另一个端口产生的互感电压的正极性在其同名端上。
- 互感耦合程度用耦合系数 $k = M/\sqrt{L_1 L_2}$ 衡量，$k = 1$ 时为全耦合。
- 在正弦稳态下，互感电压可以用电流控制电压源来表示，这是分析含有互感元件电路的一种基本方法。
- 将耦合电感进行串联或并联可以得到等效的二端电感。串联顺接为异名端相连，其互感增强等效电感；串联反接为同名端相连，其互感减弱等效电感。

- T形连接的互感三端电路可以用三个独立电感元件的 T 形连接来等效，称为互感消去法。
- 互感构成的两个互不连接的回路，初级回路连接电源，次级回路连接负载，称为空心变压器电路。在计算初级回路电流时，可将次级回路电流对其的影响用等效初级回路中的反映阻抗来等效。这种分析方法称为反映阻抗法。
- 理想变压器是实际变压器在无损耗、全耦合和无穷大电感条件下的理想化模型，其次级电压是初级电压的 n 倍，而初级流入电流是次级流出电流的 n 倍。n 称为变比。
- 理想变压器的两个端口的瞬时吸收功率之和为零，它既不吸收也不存储能量，而只是传递能量。
- 理想变压器可以进行阻抗变换，将次级连接的阻抗大小变为 $1/n^2$ 倍。
- 当实际变压器不能满足某些理想化条件时，可以通过在模型中增加激磁电感、漏感和损耗电阻的方式，得到更接近实际变压器特性的等效模型。全耦合的互感元件可以等效为初级电感与一个理想变压器的级联，称为全耦合变压器模型。
- 三相电源是三个共同供电的同频率正弦电压源，它们的幅度相同，相位依次相差120°。
- 三相电源可以连接成星形或三角形，以四线或三线方式供电，端线之间的电压称为线电压，端线与中线之间的电压称为相电压。
- 三个负载以星形或三角形连接构成三相负载。每相负载上的电流称为相电流，而供电线上的电流称为线电流。当各相负载相同时，该三相负载称为对称三相负载，与三相电源连接构成对称三相电路。在对称星形负载中，线电流等于相电流，线电压有效值为相电压的 $\sqrt{3}$ 倍；在对称三角形负载中，线电压等于相电压，线电流有效值为相电流的 $\sqrt{3}$ 倍。
- 三相负载的功率是各相负载功率之和。对称三相负载的瞬时功率为常数，等于其平均功率。

习题

5-1　标出题 5-1 图所示线圈的同名端。

5-2　在题 5-2 图所示电路中，开关在 $t=0$ 时闭合。求 $t>0$ 时 i_1 和 v_2 的时间表达式，并画出波形。

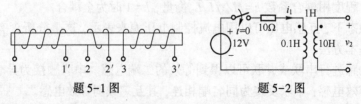

题 5-1 图　　　　　　题 5-2 图

5-3　写出如题 5-3 图所示电路的回路方程的正弦相量表达式。

5-4　求在如题 5-4 图所示电路中，当频率为 ω 时的 ab 端输入阻抗。

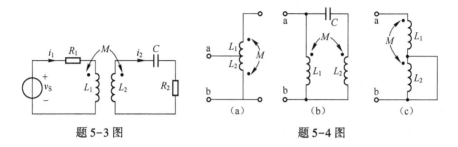

　　题 5-3 图　　　　　　　　　　题 5-4 图

　　5-5　已知如题 5-5 图所示电路中的 $L_1 = 0.01\,\text{H}$，$L_2 = 0.02\,\text{H}$，$C = 2\,\mu\text{F}$，$M = 0.01\,\text{H}$，求 ω 为何值可使输入阻抗 $Z = r$。

　　5-6　已知在如题 5-6 图所示电路中 $k = 1/2$，求 $\dot{V}_2$。

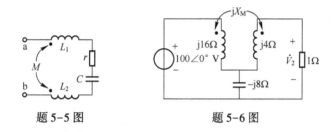

　　题 5-5 图　　　　　　　　　　题 5-6 图

　　5-7　已知在如题 5-7 图所示电路中的 $r = 10\,\Omega$，$L_1 = 4\,\text{mH}$，$L_2 = 6\,\text{mH}$，$M = 3\,\text{mH}$，$L_3 = 10\,\text{mH}$，$C = 100\,\mu\text{F}$，$v_S = 100\sqrt{2}\sin(1000t + 60°)\,\text{V}$，求 i_1。

　　5-8　求如题 5-8 图所示电路 ab 端的等效电感。

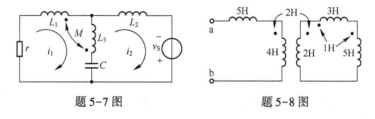

　　题 5-7 图　　　　　　　　　　题 5-8 图

　　5-9　求题 5-9 图所示电路中电流 $\dot{I}_1$、$\dot{I}_2$ 和 ab 右侧输入阻抗的值。

　　5-10　(1) 求题 5-10 图所示电路中次级电阻吸收的功率；(2) 若将图 5-10 中 4 Ω 电阻换为任意阻抗 Z_L，试确定该阻抗为何值时可获得最大功率，并求出此最大功率。

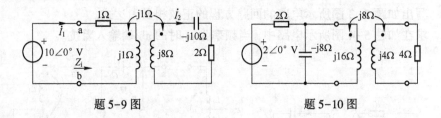

题 5-9 图   题 5-10 图

5-11 在题 5-11 图所示电路中,求:

(1) $\dot{V}_2$;

(2) 负载 Z_L 为何值时可获最大功率,并求出此功率。

5-12 变压器电路如题 5-12 图所示:

(1) 求相量 $\dot{I}_1$ 和 $\dot{V}_2$;

(2) 求独立源的平均功率;

(3) 若次级的同名端圆点在绕组下方,重复以上计算。

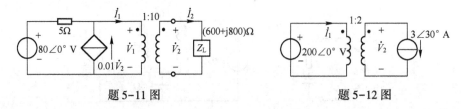

题 5-11 图   题 5-12 图

5-13 题 5-13 图(a)所示电力传输线路由电源、线路电阻和负载电阻构成,在题 5-13 图(b)中增加了升压和降压变压器。对(a)和(b)两种情况求电源输出功率、线路电阻上功率损耗、负载吸收功率,并计算电源效率(负载吸收功率与电源输出功率之比的百分数)。

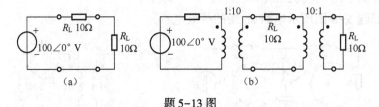

题 5-13 图

5-14 用变压器把一个阻值为 $25\,\Omega$ 的电阻连接至有效值为 $220\,V$ 的交流电压源上,要求从电压源看到的等效电阻为 $100\,\Omega$。画出电路图,求出变压器变比,并计算电源输出电流、负载电流和负载电压的有效值。

5-15 求如题 5-15 图所示电路的容抗 X_C 和变比 n 为何值时 Z 获得最大功率,并求此最大功率值。

5-16 求图 5-16 所示电路的输入阻抗 Z_i。

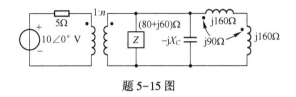

题 5-15 图

5-17　在题 5-17 图所示电路中，已知变压器线圈匝数 $N_1 = 90$，$N_2 = 15$，$N_3 = 45$，$Z_2 = R_2 = 8\,\Omega$，$Z_3 = R_3 = 5\,\Omega$，初级电压有效值 $V_1 = 120\,\text{V}$。求负载电压和电流有效值，并计算初级端口看进去等效阻抗 Z_1。

5-18　已知图 5-18 所示电路的 $\dot{V}_S = 100\angle 0°\,\text{V}$，$\dot{I}_S = 100\angle 0°\,\text{A}$，$R_1 = R_2 = 1\,\Omega$，$R_L = 10\,\Omega$，求负载获得最大功率时的变比、负载最大功率、次级电流。

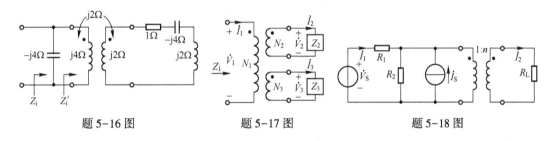

题 5-16 图　　　　　　题 5-17 图　　　　　　题 5-18 图

5-19　如题 5-19 图(a)所示电路，内阻为 R_S 的电源接一个不匹配的扬声器，其输入阻抗为 8Ω。

(1) 求此条件下扬声器得到的功率。

(2) 将一个音频匹配变压器置于扬声器和电源之间，如题 5-19 图(b)，使得 8Ω 的扬声器获得最大功率。求变压器的变比、输入阻抗、扬声器获得的功率。

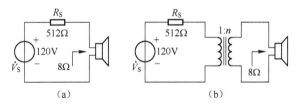

题 5-19 图

5-20　如题 5-20 图所示电路为对称三相电路，求：

(1) 相电压和相电流；

(2) 以 a 相为参考，画出相电压和相电流的相量图；

(3) 负载消耗的总功率。

5-21　题 5-21 图所示电路为 Y-Y 连接三相电路，相序为 a-b-c，求：

(1) 相位 θ_2，θ_3；

（2）每相负载的电流相量；

（3）线电压有效值、线电流有效值。

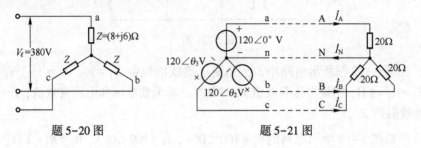

题 5-20 图 题 5-21 图

5-22 一个对称的三角形负载，其电阻值为 $20\,\Omega$，连接到星形三相电源上，线电压为 $208\,V$，求：

（1）电源的相电压；

（2）负载的相电压、相电流；

（3）线电流。

5-23 对称三相电源的相电压 $V_\varphi = 120\,V$，负载阻抗 $Z_\varphi = (12+j16)\,\Omega$，求：

（1）按 Y–Y 连接时的线电流有效值和吸收的总功率；

（2）按三角形–三角形连接时的线电流、相电流有效值和吸收的总功率。

5-24 如题 5-24 图所示对称三相电路的电源相电压有效值为 $220\,V$，$Z = (6+j8)\,\Omega$，求

（1）线电压有效值和线电流有效值；

（2）以 $\dot{V}_{AB}$ 参考，写出线电压和负载相电流的瞬时式；

（3）负载消耗的总功率。

5-25 如题 5-25 图所示对称三相电路中，$V_{AB} = 380\,V$，三相电动机吸收的功率为 $1.4\,kW$，功率因数 0.866（滞后），$Z = -j55\,\Omega$。求 V_{ab} 和电源端的功率因数。

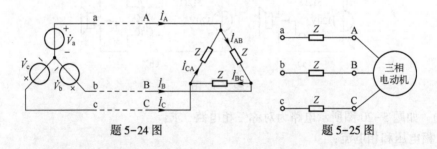

题 5-24 图 题 5-25 图

5-26 已知对称三相电路的电源线电压 $V_\ell = 380\,V$，三角形负载阻抗 $Z_\varphi = (4+j4)\,\Omega$，线阻抗 $Z_\ell = 1\,\Omega$，求线电流和负载的相电流。

5-27 如题 5-27 图所示电路中的 $\dot{V}_S$ 是频率 $f = 50\,Hz$ 的正弦电压源。若要使 $\dot{V}_{ao}$、$\dot{V}_{bo}$、

$\dot{V}_{co}$ 构成对称三相电压，试求 R、L、C 之间应当满足什么关系。设 $R = 20\,\Omega$，求 L 和 C 的值。

5-28　题 5-28 图示为对称三相电路，线电压为 380 V，$R = 300\,\Omega$，$Z = 100\angle 60°\,\Omega$，求：

（1）电源发出的复功率；

（2）线电流有效值。

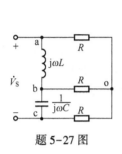

题 5-27 图

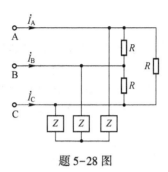

题 5-28 图

第6章 电路的频率特性

提要 本章将对正弦相量分析的概念进行了扩展，讨论了信号频率变化对电路响应的影响，引入了网络函数和电路频率特性的概念。结合网络函数的不同类型，分析了典型的一阶电路和二阶电路的频率特性。本章还讨论了谐振电路的频率特性与品质因数的关系，并简要介绍了频率特性的波特图描述。

6.1 网络函数和频率响应

6.1.1 网络函数

由正弦稳态电路分析结果可知，线性电路对于正弦激励的稳态响应是同样形式的正弦信号。激励与响应是线性关系，这种关系可以用激励和响应的相量关系来表示。由于电抗元件的存在，激励与响应的相量关系与激励信号的频率有关。把某频率下响应相量 $\dot{Y}$ 与激励相量 $\dot{X}$ 之比定义为**网络函数 $H(\omega)$**，即

$$H(\omega) = \frac{\dot{Y}}{\dot{X}} \tag{6-1}$$

网络函数 $H(\omega)$ 是角频率 ω 的函数，其形式依赖于电路的结构和元件参数。在已知激励信号角频率 ω 时，响应变量的相量可以由 $\dot{Y} = H(\omega)\dot{X}$ 确定。对于不同的角频率 ω，$H(\omega)$ 的幅度和相位不同，响应与激励的关系也不同，这就是网络函数的含义。

当定义网络函数的相量处于同一个端口上时，称 $H(\omega)$ 为**策动点函数**。$\dot{Y}$ 和 $\dot{X}$ 一个为电流相量，一个为电压相量，$H(\omega)$ 为策动点阻抗或策动点导纳。

当两个相量不在同一端口上时，称 $H(\omega)$ 为**传递函数**，此时不同相量对应 4 种类型的 $H(\omega)$，见表 6-1。

表 6-1 传递函数的 4 种类型

激励相量 $\dot{X}$	响应相量 $\dot{Y}$	转移函数 $H(\omega)$
电压	电压	转移电压比
电流	电流	转移电流比
电压	电流	转移电导
电流	电压	转移电阻

当讨论网络函数和电路频率特性时,经常不区分角频率 ω 和频率 f 而把两者都称为频率,但是在计算上要注意两者的区别。

例 6-1 求图 6-1 所示 RLC 电路以给定变量作为输出时的网络函数。

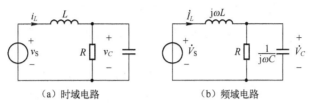

$\qquad$（a）时域电路$\qquad\qquad$（b）频域电路

图 6-1　例 6-1 电路

解:本例中,激励信号为 v_s,两个响应变量为 v_C 和 i_L。在正弦稳态下,电路的相量模型如图 6-1(b)所示。由于电路激励的频率是变量,因此相量电路又称为电路的频域模型。在相量模型中以 $\dot{I}_L$ 为响应写出网络函数 $H_1(\omega)$ 如下。由于 $H_1(\omega)$ 是同一端口电流相量与电压相量之比,因此 $H_1(\omega)$ 是策动点导纳。

$$H_1(\omega)=\frac{\dot{I}_L}{\dot{V}_s}=\frac{1}{\mathrm{j}\omega L+\dfrac{R/\mathrm{j}\omega C}{R+1/\mathrm{j}\omega C}}=\frac{RC\mathrm{j}\omega+1}{LRC(\mathrm{j}\omega)^2+L\mathrm{j}\omega+R}=\frac{(\mathrm{j}\omega+1/RC)/L}{(\mathrm{j}\omega)^2+\mathrm{j}\omega/RC+1/LC}$$

对于响应相量 $\dot{V}_C$,有 $\dot{V}_C=H_2(\omega)\dot{V}_s$,因此 $H_2(\omega)$ 为转移电压比。

$$H_2(\omega)=\frac{\dot{V}_C}{\dot{V}_s}=\frac{\dfrac{R/\mathrm{j}\omega C}{R+1/\mathrm{j}\omega C}}{\mathrm{j}\omega L+\dfrac{R/\mathrm{j}\omega C}{R+1/\mathrm{j}\omega C}}=\frac{R}{LRC(\mathrm{j}\omega)^2+L\mathrm{j}\omega+R}=\frac{1/LC}{(\mathrm{j}\omega)^2+\mathrm{j}\omega/RC+1/LC}$$

由上例可看出,网络函数是 $\mathrm{j}\omega$ 的两个多项式之比,多项式的系数均为实数且由电路元件参数所确定。由于网络函数是 $\mathrm{j}\omega$ 的有理函数,因此网络函数 $H(\omega)$ 又可以写为 $H(\mathrm{j}\omega)$。

对于复杂电路,在建立网络函数时,为了分析方便,经常定义复数 $s=\mathrm{j}\omega$。在建立网络函数时,用 s 来替代 $\mathrm{j}\omega$。

6.1.2　频率特性

从网络函数可以看出,电路的输入-输出关系与信号频率有关。当输入信号频率发生变化时,输出信号随之变化的特性,称为电路的**频率特性**或**频率响应**。

网络函数 $H(\mathrm{j}\omega)$ 一般为复数。在研究电路的频率特性时,把 $H(\mathrm{j}\omega)$ 的幅度和相位表示为

$$a(\omega)=\mid H(\mathrm{j}\omega)\mid=Y_\mathrm{m}/X_\mathrm{m} \tag{6-2}$$

$$\theta(\omega)=\angle H(\mathrm{j}\omega)=\phi_\mathrm{y}-\phi_\mathrm{x} \tag{6-3}$$

$a(\omega)$ 是电路变量的幅度比,而 $\theta(\omega)$ 是电路输出与输入间的相位差或相移。两者都是角频率或频率的函数,分别称为电路的**幅度频率特性**(简称幅频特性)和**相位频率特性**(简称相

频特性)。

将 $a(\omega)$ 和 $\theta(\omega)$ 随频率或角频率变化的规律描绘成的曲线, 分别称为幅频特性曲线和相频特性曲线。

例 6-2 图 6-2(a) 所示正弦稳态电路中, 输入为 v_S, 输出为 v_0, $R=100\,\Omega$, $L=0.01\,\mathrm{H}$。

(1) 求电路的频率特性, 画出频率特性曲线。(2) 当 $v_S=(10\sin2\pi\times10^3t+10\sin2\pi\times10^4t)\,\mathrm{V}$ 时, 求稳态响应 v_0。

解: (1) 作出图 6-2(a) 所示电路的相量电路如图 6-2(b) 所示, 写出传递函数。

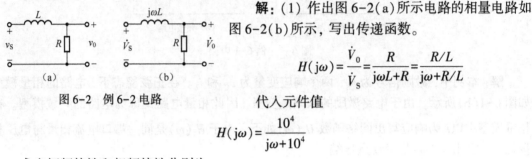

图 6-2 例 6-2 电路

$$H(\mathrm{j}\omega)=\frac{\dot{V}_0}{\dot{V}_S}=\frac{R}{\mathrm{j}\omega L+R}=\frac{R/L}{\mathrm{j}\omega+R/L}$$

代入元件值

$$H(\mathrm{j}\omega)=\frac{10^4}{\mathrm{j}\omega+10^4}$$

求出幅频特性和相频特性分别为

$$a(\omega)=|H(\mathrm{j}\omega)|=\frac{1}{\sqrt{1+\omega^2/10^8}}$$

$$\theta(\omega)=\angle H(\mathrm{j}\omega)=-\arctan\frac{\omega}{10^4}$$

幅频特性 $a(\omega)$ 是分压比的绝对值。当 ω 很小时, $a(\omega)$ 接近于 1; 当 ω 趋向无穷大时, $a(\omega)$ 趋向于零。从电路来看, 对于接近于直流的信号, 电感相当于短路, 输出电压与输入电压近乎相等。当信号频率很高时, 感抗比电阻高很多, 分压结果输出近似为零。相频特性 $\theta(\omega)$ 是输出电压与输入电压的相位差。当频率从零变化到无穷大时, $\theta(\omega)$ 从零变化到 $-90°$。从电路来看, 随着频率的升高, 电感和电阻串联阻抗越来越偏向于电感性质, 而输出电压与电流同相, 它与输入电压的相位差逐渐接近于 $-90°$。

画出频率特性曲线, 如图 6-3 所示, 其中横坐标是频率, 范围为从 10 Hz 到 100 kHz。

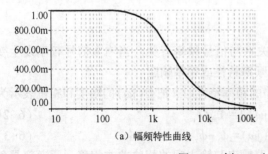

(a) 幅频特性曲线

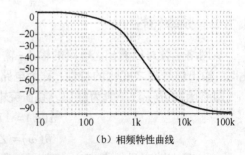

(b) 相频特性曲线

图 6-3 例 6-2 电路频率特性曲线

（2）对于线性电路，可以用 $H(\mathrm{j}\omega)$ 分别求出对 v_{S} 中两个频率成分的响应，然后叠加。

当 $\omega=2\pi\times10^3$ 时：$a(2\pi\times10^3)=0.847$，$\theta(2\pi\times10^3)=-32.1°$。

当 $\omega=2\pi\times10^4$ 时：$a(2\pi\times10^4)=0.157$，$\theta(2\pi\times10^4)=-80.9°$。

所以

$$v_0=\left[8.47\sin(2\pi\times10^3 t-32.1°)+1.57\sin(2\pi\times10^4 t-80.9°)\right]\text{ V}$$

比较输入 v_{S} 和输出 v_0 可以看出，电路的频率特性使输出 v_0 中较高频率信号的幅度有显著的衰减。

思考题 6-1　图 6-2 所示电路中，当 $\omega=10^4$ 时，幅频特性和相频特性的值分别为多少？从输入端看进去的阻抗是多少？

6.1.3　滤波器的类型

人们有意设计具有频率选择性的电路，让一部分信号频率成分通过电路到达输出，而抑制或衰减另一部分频率成分，这种电路统称为**滤波器**。滤波器电路的频率特性类型通常按照其幅度频率曲线来划分。图 6-4 显示了四种基本频率特性类型的幅频特性曲线。

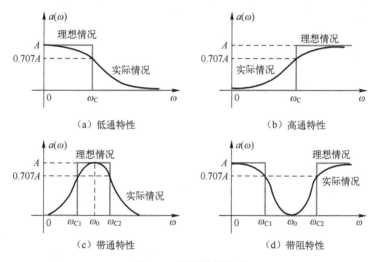

图 6-4　幅频特性类型

由图 6-4 所示的幅频特性曲线 $a(\omega)$ 可以看出，电路对某些频率范围内的信号有较大的衰减作用，对应的频率范围称为**阻带**；而对另一些频率范围内的取值，$a(\omega)$ 较大，信号受到的衰减作用很小，可以认为通过电路到达输出，所对应的频率范围称为**通带**。通带的边界称为**截止频率**，$\omega_{\mathrm{c}}=2\pi f_{\mathrm{c}}$。

图 6-4 中，竖直线和水平线表示了理想的滤波器特性，即，在阻带 $a(\omega)=0$，在通带 $a(\omega)=A$，阻带与通带界线分明。然而，实际的频率特性则是从通带到阻带逐渐过渡的，并没有明显的分界。因此，截止频率 ω_{c} 是根据某种规则定义的。通常将 $a(\omega)$ 下降到通带幅度

最大值的 $0.707\left(\dfrac{1}{\sqrt{2}}\right)$ 倍时所对应的频率点作为截止频率。这样定义的截止频率又称为半功率频率(或**半功率点**),因为在 ω_c 处输出电压或电流产生的功率恰好为通带幅度最大值频率处输出电压或电流所产生功率的一半。通带幅度最大值 A 又称为**通带增益**。

对于图 6-4(a)所示的频率特性类型,信号的低频成分可以通过电路,而信号的高频成分受到很大衰减,该频率特性称为**低通**特性。低通特性的通带是从零到 ω_c,阻带是从 ω_c 到无穷大。图 6-4(b)呈现的特性正好与图 6-4(a)相反,称为**高通**特性,其阻带是从零到 ω_c,通带是从 ω_c 到无穷大。

图 6-4(c)称为**带通**特性,它有一个有限宽度的通带。通带围绕着中心频率 ω_0,处在两个截止频率 ω_{C1} 和 ω_{C2} 之间;在通带两边是两个阻带。在带通电路的输出信号中,频率处在 ω_0 附近的信号成分可通过,频率远离中心频率的低频和高频信号成分将被衰减掉。图 6-4(d)称为**带阻**特性,它的幅频特性正好与带通特性相反,围绕着中心频率 ω_0、处在两个截止频率 ω_{C1} 和 ω_{C2} 之间的是阻带,阻带两侧是两个通带。在带阻电路的输出信号中,频率在 ω_0 附近的信号成分被衰减掉,而频率远离中心频率的低频和高频信号成分则可以通过。

幅频特性的通带对应的频率范围大小称为**带宽**,用 B 表示。低通的带宽 $B=\omega_c$;高通的带宽为无穷大。带通的带宽定义为两个截止频率之差,即 $B=\omega_{C2}-\omega_{C1}$。对于带阻,则用 $B=\omega_{C2}-\omega_{C1}$ 表示其阻带宽度。

6.2 低通和高通滤波器

6.2.1 一阶低通特性

最简单的低通电路是一阶 RC 或 RL 电路。由电抗元件的特性可以判断出,图 6-5 所示电路是最简单的一阶低通电路,其中 v_s 是输入电压,v_0 是输出电压。

写出两个电路的电压比传递函数如下

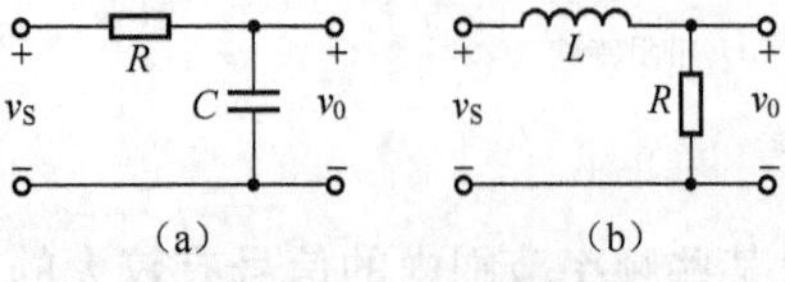

RC 电路:$H(j\omega)=\dfrac{\dot{V}_0}{\dot{V}_S}=\dfrac{1/j\omega C}{1/j\omega C+R}=\dfrac{1/RC}{j\omega+1/CR}=\dfrac{1}{1+j\omega CR}$

RL 电路:$H(j\omega)=\dfrac{\dot{V}_0}{\dot{V}_S}=\dfrac{R}{j\omega L+R}=\dfrac{R/L}{j\omega+R/L}=\dfrac{1}{1+j\omega L/R}$

图 6-5 一阶低通电路

可见,当频率趋于零时,输出电压幅度接近输入电压幅度。当频率趋于无穷大时,输出电压趋于零,电路呈低通特性。

一般情况下,一阶低通滤波电路的传递函数由式(6-4)给出

$$H(\mathrm{j}\omega) = \frac{k\omega_{\mathrm{C}}}{\mathrm{j}\omega+\omega_{\mathrm{C}}} = \frac{k}{1+\mathrm{j}\dfrac{\omega}{\omega_{\mathrm{C}}}} \tag{6-4}$$

其中 ω_{C} 是截止角频率。假定 k 为正值，低通特性的幅频特性和相频特性分别为

$$a(\omega) = \frac{k}{\sqrt{1+\left(\dfrac{\omega}{\omega_{\mathrm{C}}}\right)^2}}, \quad \theta(\omega) = -\arctan\frac{\omega}{\omega_{\mathrm{C}}} \tag{6-5}$$

画出幅频特性曲线和相频特性曲线分别如图 6-6(a) 和图 6-6(b) 所示。

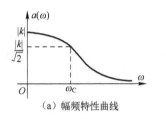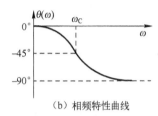

（a）幅频特性曲线　　　　　　　（b）相频特性曲线

图 6-6　一阶低通电路的频率特性曲线

从幅频特性曲线可以看出，输入信号中 $\omega \ll \omega_{\mathrm{C}}$ 的低频信号以低频增益 $|k|$ 通过电路，而 $\omega \gg \omega_{\mathrm{C}}$ 的高频成分在输出信号中受到很大衰减。对于截止频率，$a(\omega_{\mathrm{C}}) = \dfrac{|k|}{\sqrt{2}}$。对于图 6-5(a) 中的 RC 电路，$\omega_{\mathrm{C}} = \dfrac{1}{RC}$，对于图 6-5(b) 中的 RL 电路，$\omega_{\mathrm{C}} = \dfrac{R}{L}$。在相频特性中，相位差会随频率的升高从 0° 逐渐变化到 -90°。

一阶低通电路的幅频特性曲线从通带到阻带的过渡是缓慢的。此外，实际应用中在确定截止频率时，还要考虑到信号源内阻和输出端负载电阻的影响，如例 6-3 所述。

例 6-3　图 6-7 所示电路中，$R_{\mathrm{S}} = 50\,\Omega$，$R_{\mathrm{L}} = 200\,\Omega$。若取 R_{L} 上电压 $\dot{V}_0$ 作为输出，试确定电容 C 的值，使传递函数 $H(\omega) = \dfrac{\dot{V}_0}{\dot{V}_{\mathrm{S}}}$ 构成截止频率 $f_{\mathrm{C}} = 4\,\mathrm{kHz}$ 的低通特性。

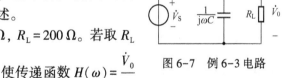

图 6-7　例 6-3 电路

解：先求出传递函数，列出结点电压方程

$$\left(\frac{1}{R_{\mathrm{S}}} + \mathrm{j}\omega C + \frac{1}{R_{\mathrm{L}}}\right)\dot{V}_0 = \frac{\dot{V}_{\mathrm{S}}}{R_{\mathrm{S}}}$$

得到

$$H(j\omega) = \frac{\dot{V}_0}{\dot{V}_S} = \frac{1}{R_S} \cdot \frac{1}{\dfrac{R_S + R_L}{R_S R_L} + j\omega C} = \frac{R_L}{R_S + R_L} \cdot \frac{1}{1 + j\omega C \cdot \dfrac{R_S R_L}{R_S + R_L}} = k \cdot \frac{1}{1 + \dfrac{j\omega}{\omega_c}}$$

可知

$$k = \frac{R_L}{R_S + R_L} = 0.8$$

$$\omega_c = \frac{R_S + R_L}{C R_S R_L} = \frac{1}{40C} = 2\pi f_c$$

所以，$C = \dfrac{1}{2\pi f_c \times 40} \approx 1\,\mu\text{F}$。

从例 6-3 结果可以看出：(1) 对于无源的简单 RC 低通滤波器电路，当输出端有负载时，其截止频率会受到负载电阻大小的影响，因此，无源滤波器的特性对负载阻值有要求；(2) 电路对于高频信号的衰减，依赖于高频时 R_S 与电容容抗的分压比，因此 R_S 阻值不能太小。但是，较大的 R_S 阻值又会造成电路在通带内分压比 k(通带增益) 降低，从而使通带输出电压受到较大的衰减。

例 6-4　验证图 6-8 所示电路具有低通特性，并选择元件值使其通带增益为 4，截止角频率 $\omega_c = 100\,\text{rad/s}$。

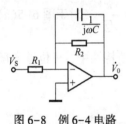

图 6-8　例 6-4 电路

解：对运放的反相输入端列写 KCL 方程，考虑到运放的虚短路特性，得到

$$\frac{\dot{V}_S}{R_1} = -\dot{V}_0 \left(\frac{1}{R_2} + j\omega C \right)$$

$$H(j\omega) = \frac{\dot{V}_0}{\dot{V}_S} = -\frac{R_2}{R_1} \cdot \frac{1}{1 + j\omega C R_2} = k \cdot \frac{1}{1 + j\dfrac{\omega}{\omega_c}}$$

因此，对照式 (6-4) 得，电路具有低通频率特性，且 $k = -\dfrac{R_2}{R_1}$，$\omega_c = \dfrac{1}{R_2 C}$。注意，基于电路的反相放大器结构，其通带电压比 $k < 0$。观察图 6-8 所示电路可以看出，当输入信号频率 $\omega \to 0$ 时，电容相当于开路，电路变成电阻性反相放大器，电压比为 $H(0) = -\dfrac{R_2}{R_1}$；当 $\omega \to \infty$ 时，电容电抗值逐渐减小，随着 ω 值增大而将输出电压 v_0 逐渐拉到零电位。

要使 $|k| = \dfrac{R_2}{R_1} = 4$，可选择 $R_1 = 10\,\text{k}\Omega$，$R_2 = 40\,\text{k}\Omega$，由 $\omega_c = \dfrac{1}{R_2 C}$ 可确定 $C = \dfrac{1}{R_2 \omega_c} = 250\,\text{nF}$。

思考题 6-2　在图 6-8 所示的有源低通电路中，当输出端连接的负载发生变化时会影响其频率特性参数吗？

6.2.2 一阶高通特性

简单的 RC 和 RL 一阶高通电路如图 6-9 所示。写出它们的电压比传递函数 $H(j\omega)=\dfrac{\dot{V}_0}{\dot{V}_S}$

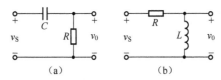

图 6-9 一阶高通电路

（a） $H(j\omega)=\dfrac{R}{R+\dfrac{1}{j\omega C}}=\dfrac{j\omega}{j\omega+\dfrac{1}{RC}}=\dfrac{j\omega CR}{1+j\omega CR}$

（b） $H(j\omega)=\dfrac{j\omega L}{R+j\omega L}=\dfrac{j\omega}{j\omega+R/L}=\dfrac{j\omega L/R}{1+j\omega L/R}$

简单的一阶高通电路输出取决于阻抗分压比。考察电路中电抗在频率趋向于零和趋向于无穷大时的电抗值，可以解释两个电路的高通特性。

一般情况下，一阶高通电路的传递函数由下式给出

$$H(j\omega)=k\,\frac{j\omega}{j\omega+\omega_C}=k\,\frac{j\dfrac{\omega}{\omega_C}}{1+j\dfrac{\omega}{\omega_C}} \tag{6-6}$$

其中，$|k|$ 是通带增益，ω_C 为截止频率。假定 $k>0$，写出一阶高通幅频特性和相频特性为

$$a(\omega)=\frac{k}{\sqrt{1+\left(\dfrac{\omega_C}{\omega}\right)^2}} \tag{6-7a}$$

$$\theta(\omega)=\arctan\frac{\omega_C}{\omega} \tag{6-7b}$$

图 6-10（a）和图 6-10（b）所示曲线分别为高通特性的幅频特性和相频特性曲线。当输入信号频率 $\omega \ll \omega_C$ 时，输出幅度很小；当 $\omega \gg \omega_C$ 时，信号以通常增益 $|k|$ 通过电路。在截止频率 ω_C 上，$a(\omega_C)=\dfrac{|k|}{\sqrt{2}}$。

对于图 6-9 所示的两个简单一阶电路，对比式（6-6）可知，两个电路的通带增益 $|k|=$

1。RC 电路的截止角频率 $\omega_C = \dfrac{1}{RC}$，RL 电路的截止角频率 $\omega_C = \dfrac{R}{L}$。

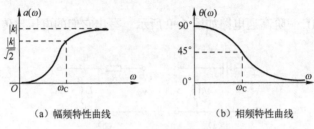

（a）幅频特性曲线   （b）相频特性曲线

图 6-10 一阶高通特性曲线

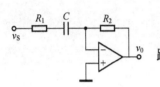

图 6-11 例 6-5 电路

例 6-5 验证图 6-11 所示电路具有高通频率特性。

解：在运放的反相输入端列写 KCL 方程，并利用运放的虚短路特性，得到

$$\dot{V}_S \cdot \frac{1}{R_1 + \dfrac{1}{j\omega C}} = -\frac{\dot{V}_0}{R_2}$$

整理后得

$$H(j\omega) = \frac{\dot{V}_0}{\dot{V}_S} = -\frac{R_2}{R_1} \cdot \frac{j\omega C R_1}{1 + j\omega C R_1}$$

对比式（6-6）可知此电路具有高通特性，其中 $k = -\dfrac{R_2}{R_1}$，$\omega_C = \dfrac{1}{R_1 C}$。

思考题 6-3 对于图 6-9（b）所示 RL 电路，如果输出端连接负载电阻 R_L，其大小对频率特性有什么影响？其中 R_L 和 R 的比例过大或过小会有什么问题？

6.2.3 高阶滤波器

  一阶低通和高通电路的幅频特性从通带到阻带过渡缓慢。要让通带尽量平坦且过渡带变窄，需要采用更多的电感和电容构成高阶低通或高通滤波器。高阶滤波器的设计理论比较复杂，目前已经有成熟的方法和电路结构来实现滤波器。根据对滤波器通带特性、阻带特性和过渡带特性的要求，选定滤波器类型，再通过查表或计算机工具计算，就可以得到电路结构和元件参数。这里仅通过一个分析例子，介绍二阶巴特沃斯低通滤波器电路及其频率特性。

  例 6-6 为图 6-12（a）所示的二阶低通滤波器建立网络函数，确定其截止频率，已知 $R_S = R_L = 50\,\Omega$，$L = 5\sqrt{2}\ \text{mH}$，$C = 2\sqrt{2}\ \mu\text{F}$。

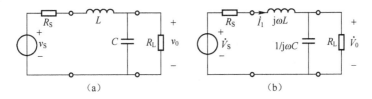

图 6-12 例 6-7 电路

解：画出该电路的相量模型，如图 6-12(b) 所示，标出支路变量。根据电路的齐次性，用假设输出的方法找出电压比。

设输出电压 $\dot{V}_0 = 1\,\mathrm{V}$，则 $\dot{I}_1 = 1 \cdot \left(\dfrac{1}{R_\mathrm{L}} + \mathrm{j}\omega C \right)$

$$\dot{V}_\mathrm{S} = \dot{I}_1 (R_\mathrm{S} + \mathrm{j}\omega L) + \dot{V}_0 = \left(\dfrac{1}{R_\mathrm{L}} + \mathrm{j}\omega C \right) (R_\mathrm{S} + \mathrm{j}\omega L) + 1$$

写出电压比传递函数

$$H(\mathrm{j}\omega) = \frac{\dot{V}_0}{\dot{V}_\mathrm{S}} = \frac{1}{\left(\dfrac{1}{R_\mathrm{L}} + \mathrm{j}\omega C \right) (R_\mathrm{S} + \mathrm{j}\omega L) + 1} = \frac{1}{(\mathrm{j}\omega)^2 LC + \mathrm{j}\omega (CR_\mathrm{S} + L/R_\mathrm{L}) + \left(1 + \dfrac{R_\mathrm{S}}{R_\mathrm{L}} \right)}$$

代入元件参数得到

$$H(\mathrm{j}\omega) = \frac{1/2}{(\mathrm{j}\omega)^2 \cdot 10^{-8} + \mathrm{j}\omega \cdot \sqrt{2} \times 10^{-4} + 1}$$

设 $x = \omega / 10^4$，写出幅频特性表达式

$$a(\omega) = | H(\mathrm{j}\omega) | = \frac{1/2}{| (\mathrm{j}x)^2 + \sqrt{2}\,\mathrm{j}x + 1 |} = \frac{1/2}{\sqrt{(1 - x^2)^2 + (\sqrt{2}\,x)^2}} = \frac{1/2}{\sqrt{1 + x^4}}$$

$$a(\omega) = \frac{1/2}{\sqrt{1 + \left(\dfrac{\omega}{10^4} \right)^4}} \tag{6-8}$$

显然电路的频率特性为低通，其截止角频率 $\omega_\mathrm{C} = 10^4\,\mathrm{rad/s}$，截止频率 $f_\mathrm{C} = \omega_\mathrm{C}/2\pi = 1.59\,\mathrm{kHz}$。具有式 (6-8) 形式幅频特性的电路称为二阶巴特沃斯低通滤波器。将具有相同通带增益和截止频率的一阶低通幅频特性和例 6-6 电路的幅频特性同时画出在图 6-13 中，可以看到二阶巴特沃斯低通滤波器在低频段幅度变化较小，在截止频率之后衰减更快，因此其特性优于简单的一阶低通滤波器。

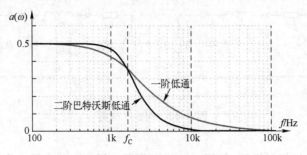

图 6-13　两种低通滤波器幅频特性的对比

6.3　带通和带阻滤波器

6.3.1　带通滤波器

带通滤波器的特性是让一个选定频率范围内的信号可以通过, 而把过低的频率成分和过高的频率成分都抑制掉。带通特性至少需要用两个电抗元件才可实现。

例 6-7　为图 6-14 所示的二阶有源 RC 带通滤波器建立网络函数, 已知 $C_1 = 100$ nF, $C_2 = 400$ nF, $R = 1$ kΩ。

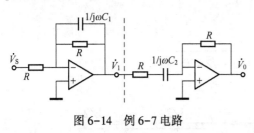

图 6-14　例 6-7 电路

解：由例 6-4, 第一级运放电路的传递函数

$$H_1(j\omega) = \frac{\dot{V}_1}{\dot{V}_S} = -\frac{1}{1+j\omega C_1 R} = -\frac{1/RC_1}{j\omega + 1/RC_1}$$

由例 6-5, 第二级运放电路的传递函数

$$H_2(j\omega) = \frac{\dot{V}_0}{\dot{V}_1} = -\frac{j\omega C_2 R}{1+j\omega C_2 R} = -\frac{j\omega}{j\omega + 1/RC_2}$$

由于运放输出可以看成理想电压源, 所以总的电压比传递函数等于两级运放传递函数的乘积

$$H(j\omega) = \frac{\dot{V}_0}{\dot{V}_S} = H_1(j\omega) H_2(j\omega) = \frac{j\omega/RC_1}{(j\omega + 1/RC_1)(j\omega + 1/RC_2)}$$

代入元件参数, 得到

$$H(j\omega) = \frac{j\omega \cdot 10^4}{(j\omega + 10^4)(j\omega + 2500)} = 0.8 \cdot \frac{12500 \cdot j\omega}{(j\omega)^2 + 12500 \cdot j\omega + 5000^2} \tag{6-9}$$

由例 6-7 可以看出, 二阶带通电路网络函数的分母为 $j\omega$ 的二次多项式, 分子只含有 $j\omega$ 的一次项。当频率很低和很高时, 传递函数的幅度都趋于零, 呈现带通特性。

为了得到二阶带通频率特性的共同特征和参数, 下面将从二阶频率特性的一般表达式进

行分析。二阶带通电路网络函数的一般形式为

$$H(\mathrm{j}\omega) = k\,\frac{\dfrac{\omega_0}{Q}\mathrm{j}\omega}{(\mathrm{j}\omega)^2 + \dfrac{\omega_0}{Q}\mathrm{j}\omega + \omega_0^2} \tag{6-10}$$

式(6-10)中，k 为实数，ω_0 为中心频率，Q 称为电路的品质因数。将式(6-10)变形为

$$H(\mathrm{j}\omega) = \frac{k\dfrac{\omega_0}{Q}\mathrm{j}\omega}{\omega_0^2 - \omega^2 + \mathrm{j}\dfrac{\omega_0}{Q}\omega} = \frac{k}{1 + \mathrm{j}Q\left(\dfrac{\omega}{\omega_0} - \dfrac{\omega_0}{\omega}\right)} \tag{6-11}$$

从中可得到二阶带通的幅频特性和相频特性

$$a(\omega) = \frac{|k|}{\sqrt{1 + Q^2\left(\dfrac{\omega}{\omega_0} - \dfrac{\omega_0}{\omega}\right)^2}} \tag{6-12}$$

$$\theta(\omega) = -\arctan Q\left(\frac{\omega}{\omega_0} - \frac{\omega_0}{\omega}\right) \tag{6-13}$$

由式(6-12)，幅频特性 $a(\omega)$ 在中心频率($\omega = \omega_0$)处达到最大值；当 $\omega \to 0$ 和 $\omega \to \infty$ 时，$a(\omega) = 0$。由式(6-13)，相频特性在 $\omega \to 0$ 时为 90°，在 $\omega = \omega_0$ 时为 0°，当 $\omega \to \infty$ 时逐渐趋于 $-90°$。画出幅频特性和相频特性曲线，如图 6-15(a)和图 6-15(b)所示。

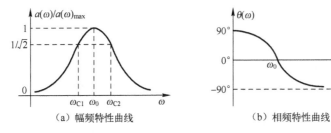

（a）幅频特性曲线　　　　　（b）相频特性曲线

图 6-15　二阶带通频率特性曲线

为了计算带宽，令式(6-12)中分母等于 $\sqrt{2}$，并设 $x = \dfrac{\omega}{\omega_0}$，得到 $Q^2\left(x - \dfrac{1}{x}\right)^2 = 1$，两边开方，有 $x - \dfrac{1}{x} = \pm\dfrac{1}{Q}$，所以

$$x^2 \pm \frac{1}{Q}x - 1 = 0$$

该方程有 4 个根，由于截止频率应为正值，所以取其中两个正根

$$x_{1,2} = \pm\frac{1}{2Q} + \sqrt{1+\frac{1}{4Q^2}}$$

对应于半功率带宽的上下截止频率为

$$\omega_{C1,C2} = \frac{\omega_0}{2Q}(\sqrt{1+4Q^2} \mp 1) \tag{6-14}$$

因此带宽为

$$B = \omega_{C2} - \omega_{C1} = \frac{\omega_0}{Q} \tag{6-15}$$

由式(6-14)，将 ω_{C1} 和 ω_{C2} 相乘后得到

$$\omega_{C1} \cdot \omega_{C2} = \omega_0^2 \tag{6-16}$$

这说明对应于 $a(\omega)$ 峰值的 ω_0 并非正好位于通带的中间，而是两个截止频率的几何平均值。

根据式(6-15)，若 $Q<1$，则 $B>\omega_0$；当 $B\gg\omega_0$ 时，称电路为宽带电路。若 $Q>1$，则 $B<\omega_0$；当 $B\ll\omega_0$ 时，称电路为窄带电路(如窄带滤波器、放大器等)。窄带电路应有较高的 Q 值。当 $Q\gg1$ 时称为"高 Q"电路，这时式(6-14)可近似为

$$\omega_{C1,C2} \approx \omega_0 \mp \frac{B}{2} \tag{6-17}$$

因此，高 Q 值带通的幅度最大值对应的角频率 ω_0 近似位于通带的算术中心。

例 6-8 确定图 6-14 所示带通滤波器的中心频率、通带宽度、品质因数和截止频率。

解：在例 6-7 中确定了传递函数为

$$H(j\omega) = 0.8 \cdot \frac{12500 \cdot j\omega}{(j\omega)^2 + 12500 \cdot j\omega + 5000^2}$$

对照二阶带通电路网络函数的一般形式[式(6-10)]，可知

$$\omega_0 = 5000 \, \text{rad/s}, \quad f_0 = \omega_0/2\pi = 5000/6.28 = 796(\text{Hz})$$

$$B = \omega_{C2} - \omega_{C1} = \frac{\omega_0}{Q} = 12500 \, \text{rad/s}, \quad B_f = \frac{f_0}{Q} = 1990 \, \text{Hz}$$

$$Q = \frac{\omega_0}{12500} = 0.4$$

由式(6-14)计算截止角频率

$$\omega_{C1} = \frac{\omega_0}{2Q}(\sqrt{1+4Q^2} - 1) = \frac{\omega_0}{Q}(0.14) = 1750 \, \text{rad/s}$$

$$\omega_{C2} = \frac{\omega_0}{2Q}(\sqrt{1+4Q^2} + 1) = \frac{\omega_0}{Q}(1.14) = 14250 \, \text{rad/s}$$

对应截止频率为

$$f_{C1} = \omega_{C1}/2\pi = 1750/6.28 = 279(\text{Hz})$$

$$f_{C2} = \omega_{C2}/2\pi = 14250/6.28 = 2269(\text{Hz})$$

思考题 6-4　二阶带通网络函数的分母一次项系数可以写成 $\dfrac{\omega_0}{Q} = \alpha$，$\alpha$ 就是二阶动态电路中的衰减系数。请分析二阶动态电路固有响应形式与网络函数形式有什么联系？

6.3.2　带阻滤波器

二阶带阻电路的传递函数为

$$H(j\omega) = k\,\frac{(j\omega)^2 + \omega_0^2}{(j\omega)^2 + \dfrac{\omega_0}{Q}\cdot j\omega + \omega_0^2} \tag{6-18}$$

可以看出，当频率接近于零或趋向于无穷大时，传递函数趋于常数 k。在中心频率 ω_0 处幅频特性等于零，而在 ω_0 附近的频率成分幅度也被衰减，如图 6-16 所示。幅度低于最大值 $0.707\left(\dfrac{1}{\sqrt{2}}\right)$ 倍的频率范围是阻带，阻带宽度 $B = \dfrac{\omega_0}{Q}$，截止频率 ω_{C1} 和 ω_{C2} 可用式 (6-14) 计算。

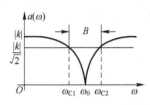

图 6-16　二阶带阻幅频特性

例 6-9　在图 6-17 所示带阻滤波器电路中，$R = 20\,\Omega$，$L = 1\,\text{mH}$，$C = 0.1\,\mu\text{F}$。求电压比传递函数，计算出中心角频率、阻带宽度和截止角频率。

解：写出电路中电流　　$\dot{I} = \dfrac{\dot{V}_0}{R} + \dfrac{\dot{V}_0}{j\omega L + 1/j\omega C}$

$$\dot{V}_S = R\dot{I} + \dot{V}_0 = \dot{V}_0 + \frac{R\dot{V}_0}{j\omega L + 1/j\omega C} + \dot{V}_0$$

传递函数为

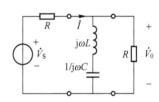

图 6-17　例 6-9 电路

$$H(j\omega) = \frac{\dot{V}_0}{\dot{V}_S} = \frac{1}{1 + \dfrac{R}{j\omega L + 1/j\omega C} + 1} = \frac{1}{2}\,\frac{(j\omega)^2 + \dfrac{1}{LC}}{(j\omega)^2 + j\omega\dfrac{R}{2L} + \dfrac{1}{LC}}$$

代入元件参数，有

$$H(j\omega) = \frac{1}{2}\cdot\frac{(j\omega)^2 + 10^{10}}{(j\omega)^2 + j\omega\cdot10^4 + 10^{10}}$$

对比式 (6-18)，可得到阻带中心角频率 $\omega_0 = 10^5\,\text{rad/s}$。计算出 Q 值。

$$Q = \omega_0/10^4 = 10^5/10^4 = 10$$

得到阻带宽度

$$B = \omega_{C2} - \omega_{C1} = \frac{\omega_0}{Q} = 10^4\,\text{rad/s}$$

由于 Q 值很高, 阻带宽度相比中心频率小得多, 因此截止角频率可以近似计算为

$$\omega_{C1} \approx \omega_0 - \frac{B}{2} = 10^5 - 10^4/2 = 9.5 \times 10^4 (\text{rad/s})$$

$$\omega_{C2} \approx \omega_0 + \frac{B}{2} = 10^5 + 10^4/2 = 1.05 \times 10^5 (\text{rad/s})$$

思考题 6-5　推导出式(6-18)带阻特性的阻带宽度和截止角频率表达式。

6.4　谐振电路的频率特性

谐振是在电气系统和机械系统中观察到的一种特殊现象, 在机械系统中也称为"共振", 是指当外加激励源频率接近或等于系统本身的固有频率时, 系统发生振荡, 并且振幅急剧增大, 可以远远大于激励源振幅的现象。例如, 吉他等管弦乐器的发声就利用了共振的原理。在电气领域, 电路的谐振现象在能量和信号处理方面有很多实际的应用, 如收音机电台信号的选择接收等。谐振电路是构成滤波器的一种很好的选择, 利用谐振时电感和电容的能量储存和交换, 可以使滤波器达到很高的品质因数, 使频率特性过渡更陡峭, 从而实现更好的频率选择性。

6.4.1　串联谐振

1. RLC 串联谐振条件和谐振特性

图 6-18 给出了 RLC 串联谐振电路。元件串联阻抗随着频率变化而变化, 当信号频率使得串联阻抗的虚部为零时, 电路达到串联谐振。

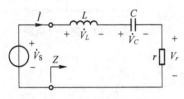

图 6-18　RLC 串联谐振电路

输入端口的总阻抗为

$$Z(\omega) = \frac{\dot{V}_S}{\dot{I}} = r + j\left(\omega L - \frac{1}{\omega C}\right) \tag{6-19}$$

当谐振发生时, 电容与电感的阻抗相互抵消, 输入端阻抗 Z 为纯阻, 端口电压与端口电流同相。由 $\omega_0 L = \frac{1}{\omega_0 C}$, 求得串联谐振频率为

$$\omega_0 = \frac{1}{\sqrt{LC}} \tag{6-20}$$

可知, 电路的谐振频率是由其本身的结构和参数决定的, 与外加激励源无关。串联谐振时, 输入阻抗的幅值达到最小值。当端口电压保持不变时, 电流幅值达到最大。

在串联谐振时, 感抗和容抗大小相等, 等于一个特殊阻抗, 用符号 ρ 来表示

$$\rho = \omega_0 L = \frac{1}{\omega_0 C} = \sqrt{\frac{L}{C}}$$

该阻抗值只取决于电路的参数,是 LC 谐振电路的一个特性参数,称为**特征阻抗**。

当发生串联谐振时,电路中电压关系为

$$\dot{V}_S = \dot{V}_r + \dot{V}_C + \dot{V}_L = \dot{V}_r = \dot{I}r$$

即发生串联谐振时,电容电压和电感电压之和为零,端口电压等于电阻上电压。这意味着从信号源看来,电路只相当于一个电阻,信号源只需要为电阻提供消耗的能量,而电感和电容在谐振时能量的相互交换达到平衡,不与外部交换能量。

为了衡量谐振电路储存能量与消耗能量的特性,将谐振条件下电路储存能量与消耗能量按如下比值定义为**谐振电路的品质因数**。

$$Q = 2\pi \frac{\text{谐振时电抗元件储存能量总和}}{\text{电阻在一个周期内消耗能量}} \tag{6-21}$$

对于串联谐振电路来说,可以证明谐振时电路中储存总能量之和为常数,等于电感或电容的储存能量最大值,表示为 $W_{max} = \frac{1}{2}LI_m^2$。由式(6-21)得串联谐振电路的品质因数为

$$Q = 2\pi \frac{\frac{1}{2}LI_m^2}{T \cdot \frac{1}{2}rI_m^2} = 2\pi \frac{\frac{1}{2}LI_m^2}{\frac{2\pi}{\omega_0} \cdot \frac{1}{2}rI_m^2} = \frac{\omega_0 L}{r} = \frac{1}{\omega_0 Cr} = \frac{\rho}{r} \tag{6-22}$$

因此,串联谐振电路的品质因数是特征阻抗与串联电阻的比值。通常情况下,谐振电路中串联电阻设计得很小,或者就是实际电感的等效损耗电阻,其阻值远远低于电路的特征阻抗,因此谐振电路可以达到很高的品质因数(几十或上百数量级)。

由于在谐振时电抗元件上电压 $V_C = V_L = \frac{V_S}{r}\rho = QV_S$,在高品质因数下,电抗电压远远高于信号源电压,因此串联谐振又被称为电压谐振。品质因数又称为 Q 值,注意品质因数符号与正弦交流电路无功功率的符号相同,不要混淆。

由式(6-22)可知,谐振电路的品质因数由电路结构和元件参数决定,是表征谐振电路性能的一个重要指标。在实际应用中所采用的谐振电路 Q 值都比较高。要提高 Q 值,必须尽量减小与电抗元件串联电阻的阻值。

例 6-10 已知串联谐振电路中 $L = 10\,\text{mH}$,$C = 0.01\,\mu\text{F}$,串联电阻 $r = 4\,\Omega$,信号源电压有效值 $V_S = 1\,\text{mV}$,求谐振角频率、回路的 Q 值和谐振时电抗元件上的电压有效值。

解:谐振角频率

$$\omega_0 = \frac{1}{\sqrt{LC}} = \frac{1}{\sqrt{10 \times 10^{-3} \times 0.01 \times 10^{-6}}} = \frac{1}{\sqrt{10^{-10}}} = 10^5 (\text{rad/s})$$

$$Q = \frac{\omega_0 L}{r} = \frac{10^5 \times 10 \times 10^{-3}}{4} = 250$$

$$V_{L0} = V_{C0} = QV_s = 250 \times 1 = 250\,(\text{mV})$$

思考题 6-6　计算串联谐振时电路中储存能量总和，并验证其为常数。

2. RLC 串联谐振电路的选频特性

将串联谐振电路的输入阻抗[式(6-19)]写成品质因数与谐振频率的表达式

$$Z(\omega) = r\left[1 + jQ\left(\frac{\omega}{\omega_0} - \frac{\omega_0}{\omega}\right)\right] \tag{6-23}$$

其归一化的幅频特性如图 6-19(a)所示，相频特性如图 6-19(b)所示。可知串联电路的输入阻抗随频率变化而变化，在低频时为容性，高频时为感性；当 $\omega = \omega_0$ 时为纯阻，达到最小值。注意回路的 Q 值对曲线的影响，当 Q 值升高时，阻抗的模和角度在谐振频率附近的变化更加剧烈，即对频率变化更加敏感。在构成滤波器时，这个特性有助于增强对频率成分的选择性。

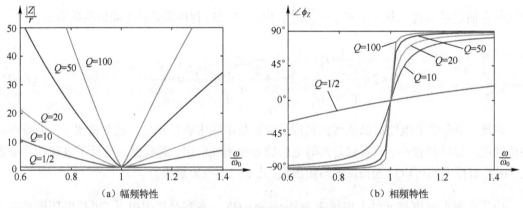

图 6-19　串联谐振阻抗的频率特性

若把串联电路中电阻电压 $\dot{V}_r$ 作为输出，则电路的网络函数为

$$H(j\omega) = \frac{\dot{V}_r}{\dot{V}_s} = \frac{r}{r + j\omega L + \dfrac{1}{j\omega C}} = \frac{\dfrac{r}{L}j\omega}{(j\omega)^2 + \dfrac{r}{L}j\omega + \dfrac{1}{LC}} \tag{6-24}$$

将式(6-24)与二阶带通电路网络函数的一般形式[式(6-10)]对比，可知电压比传递函数属于二阶带通特性。带通的中心频率就是谐振电路的谐振频率 $\omega_0\left(\omega_0 = \dfrac{1}{\sqrt{LC}}\right)$，网络函数的 Q 值 $\left(Q = \dfrac{\omega_0 L}{r}\right)$ 就是串联谐振回路的品质因数。

为了考察电路 Q 值对幅频特性的影响，将传递函数重写为

$$H(\mathrm{j}\omega) = \frac{\dot{U}_r}{\dot{U}_Z} = \frac{1}{1+\mathrm{j}Q\left(\dfrac{\omega}{\omega_0}-\dfrac{\omega_0}{\omega}\right)} \tag{6-25}$$

对于不同的 Q 值，画出传递函数的幅频特性如图 6-20 所示。可看出，电路的品质因数越高，带通滤波器的幅频特性就越尖锐，带宽越窄，代表电路的选择性越好。很多情况下，利用谐振电路构成滤波器时都采用高 Q 值（$Q \gg 1$）电路，因此 RLC 串联的带通电路可实现窄带滤波器。

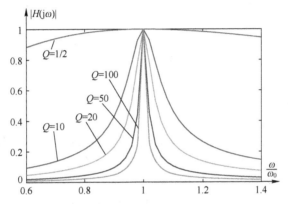

图 6-20 串联谐振电路电压比传递函数幅频特性

对于高 Q 值的串联谐振带通电路，$B \ll \omega_0$，谐振频率可近似看作位于通频带的中心，其截止频率可近似计算为 $\omega_{C1} \approx \omega_0 - \dfrac{B}{2}$，$\omega_{C2} \approx \omega_0 + \dfrac{B}{2}$。

例 6-11   在 RLC 串联谐振电路中，$L = 1\,\mathrm{H}$，$C = 1\,\mu\mathrm{F}$，电阻电压作为输出。求谐振频率和特征阻抗，计算串联电阻在 $r = 10\,\Omega$ 和 $r = 100\,\Omega$ 两种情况下的品质因数、带宽和截止频率。

解： 由 $\omega_0 = \dfrac{1}{\sqrt{LC}}$ 可求出 $\omega_0 = 10^3\,\mathrm{rad/s}$，回路的特征阻抗为

$$\rho = \sqrt{\frac{L}{C}} = \sqrt{\frac{1}{10^{-6}}} = 1\,(\mathrm{k\Omega})$$

（1）$r = 10\,\Omega$

品质因数：
$$Q = \frac{\rho}{r} = \frac{10^3}{10} = 100$$

带宽：
$$B = \frac{\omega_0}{Q} = \frac{10^3}{100} = 10\,(\mathrm{rad/s})$$

截止频率：$\omega_{C1} \approx \omega_0 - \dfrac{B}{2} = 995\,\mathrm{rad/s}$，$\omega_{C2} \approx \omega_0 + \dfrac{B}{2} = 1005\,\mathrm{rad/s}$。

（2）$r = 100\,\Omega$

品质因数：
$$Q = \frac{\rho}{r} = \frac{10^3}{100} = 10$$

带宽：
$$B = \frac{\omega_0}{Q} = \frac{10^3}{10} = 100\,(\text{rad/s})$$

截止频率：
$$\omega_{C1} \approx \omega_0 - \frac{B}{2} = 950\,\text{rad/s}, \quad \omega_{C2} \approx \omega_0 + \frac{B}{2} = 1050\,\text{rad/s}_{\circ}$$

思考题 6-7 能否利用 RLC 串联电路实现低通特性？此时对电路的 Q 值如何考虑？其特性与一阶低通电路相比有何区别？

思考题 6-8 在式（6-10）中，若 $Q < \frac{1}{2}$，电路能否谐振？网络函数的分母多项式与 $Q > \frac{1}{2}$ 时相比有什么不同？

6.4.2 实际电路的 Q 值

谐振电路构成的滤波电路的特性，受到电路品质因数的影响很大。品质因数与电路中能量损耗有关。前面讨论的电感和电容元件是理想化的模型，实际的电感和电容元件会有一定程度的损耗。此外，实际应用电路中信号源电阻和负载电阻的影响也不可避免。这些都会影响到电路的品质因数，进而影响频率特性。下面讨论如何计算这些损耗对电路品质因数的影响。

1. 实际电感和电容的品质因数

实际电感元件除了储存磁场能量以外，还伴随着能量损耗，包括导线电阻的损耗和磁材料损耗等，这些损耗可以用一个集中的电阻元件来等效。实际电感元件可以用电感元件与电阻元件的串联或并联组合来等效，如图 6-21 所示。在实际测量中，根据测量出的电感值和品质因数来确定等效电阻。

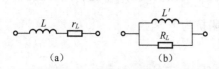

图 6-21　有损耗电感元件的两种等效模型

电抗元件的损耗用其品质因数表示，又称为元件 Q 值，定义为元件储能的最大值与其在一个周期内消耗能量之比的 2π 倍。

$$Q = 2\pi \frac{\text{元件储能最大值}}{\text{元件在一个周期内消耗的能量}} \qquad (6\text{-}26)$$

对于有损耗电感的串联模型，其品质因数计算公式为

$$Q_L = 2\pi \frac{\frac{1}{2}LI_m^2}{T \cdot \frac{1}{2}r_L I_m^2} = \frac{\omega L}{r_L} \qquad (6\text{-}27)$$

在测量出串联模型的电感和 Q 值后，其等效串联电阻 r_L 由式(6-27)给出。

根据端口阻抗相等和 Q 值相等的原则，一个实际电感的并联模型中电感值 L' 与串联模型电感值 L 不同。但在高 Q 值情况下，可以认为两种模型中的电感值近似相等，即 $L' \approx L$，此结论可以由以下推导得出。在两种模型相互等效的条件下，写出两种模型的导纳，令其相等

$$Y = \frac{1}{r_L + j\omega L} = \frac{r_L}{r_L^2 + (\omega L)^2} - j\frac{\omega L}{r_L^2 + (\omega L)^2} = \frac{1}{R_L} - j\frac{1}{\omega L'}$$

当实际电感 Q 值比较高时，$\omega L \gg r_L$，得到

$$R_L = \frac{r_L^2 + (\omega L)^2}{r_L} = (1 + Q_L^2)r_L \approx Q_L^2 r_L \tag{6-28}$$

$$\omega L' = \frac{r_L^2 + (\omega L)^2}{\omega L} = \left(\frac{1}{Q_L^2} + 1\right)\omega L \approx \omega L，即 L' \approx L$$

对于有损耗电感并联模型，可以按照式(6-26)推导出其 Q 值表达式为

$$Q_L = \frac{R_L}{\omega L'}$$

在高 Q 值条件下，可以写成 $Q_L = \dfrac{R_L}{\omega L}$。

因此，等效并联电阻可用 Q 值表示为

$$R_L = Q_L \omega L \tag{6-29}$$

式(6-27)、式(6-28)和式(6-29)是计算有损耗电感串联等效参数、并联等效参数及其相互转换的重要公式。

对于实际电感元件，损耗越小，Q 值越高，其等效串联电阻越小，等效并联电阻越大。由于元件的电抗是频率的函数，所以元件的品质因数还与工作频率有关。但是，由于损耗通常也随着频率的增高而增大，因此在一定频率范围内，电感的品质因数变化不大。电感的品质因数一般可达到几十到几百。

对于实际电容元件，除了储存电场能量外，也存在能量的损耗，这包括介质的漏电，以及高频应用时介质损耗和电极金属损耗。电容损耗经常由等效串联电阻参数给出。在谐振电路计算中，电容损耗也常用并联电阻表示。图 6-22 给出了有损耗电容元件的两种等效模型，其中包括等效并联电阻 R_C 和等效串联电阻 r_C。

实际电容元件的品质因数同样按照式(6-26)定义。
对于并联模型，有

$$Q_C = 2\pi \frac{\frac{1}{2}CV_m^2}{T \cdot \frac{1}{2}V_m^2/R_C} = \omega C R_C \tag{6-29}$$

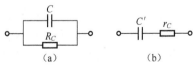

图 6-22　有损耗电容元件的
两种等效模型

测量得到 Q 值后，并联等效电阻 R_C 可由式(6-29)得出。

对于串联模型，在 Q 值很高时，可以认为 $C'=C$，由此推导出

$$r_C = \frac{1}{\omega C Q_C} \tag{6-30}$$

及

$$R_C = \frac{1}{(\omega C)^2 r_C} = Q_C^2 r_C \tag{6-31}$$

以上有损耗电感和电容的品质因数和等效电阻关系，可以归纳为统一的表达式。假设元件电抗为 X，品质因数为 Q，则在高 Q 值条件下等效串联电阻 r 和并联电阻 R 及二者之间的关系分别为

$$r = \frac{|X|}{Q} \tag{6-32a}$$

$$R = |X| Q \tag{6-32b}$$

$$R = \frac{X^2}{r} = Q^2 r \tag{6-32c}$$

以上讨论了元件的 Q 值，在此基础上可以分析谐振电路的 Q 值与元件 Q 值之间的关系。由于谐振回路的 Q 值是在电路谐振条件下定义的，所以在讨论元件 Q 值影响时，表征元件损耗的等效电阻要用谐振时的电抗和等效电阻来计算。

例如，对于 LC 串联谐振电路，当电路中没有外加电阻，只考虑 LC 回路本身的损耗时，应利用元件的串联等效电阻来计算回路总的等效电阻

$$r_L = \frac{X_L}{Q_L} = \frac{\rho}{Q_L}$$

$$r_C = \frac{|X_C|}{Q_C} = \frac{\rho}{Q_C}$$

此时，谐振回路中总的串联电阻 $r = r_L + r_C$。注意电抗要用谐振频率来计算。

因而谐振回路 Q 值为

$$Q = \frac{\rho}{r} = \frac{\rho}{r_L + r_C} = \frac{\rho}{\dfrac{\rho}{Q_L} + \dfrac{\rho}{Q_C}} = \frac{Q_L Q_C}{Q_L + Q_C} \tag{6-33}$$

式(6-33)说明，谐振电路的 Q 值小于元件的 Q 值。

实际电容的损耗通常远远小于电感的损耗，因此当实际电容和电感组合在一个电路中时，电容的损耗可以忽略掉，认为是理想电容。式(6-33)中，若 $Q_C \gg Q_L$，则 $Q \approx Q_L$，即电路 Q 值完全取决于电感的 Q 值。实际应用中通常可以这样假设。

2. 信号源内阻和负载电阻的影响

以上讨论了 LC 谐振电路本身损耗对于品质因数的影响，这时的品质因数称为**空载 Q 值**

或固有 Q 值。谐振电路在实际工作时,信号源和负载也会造成损耗,影响整体电路 Q 值。

根据戴维南定理,实际信号源可以等效为理想电压源与内阻的串联,如图 6-23 所示,其中 r_S 是信号源内阻,r 是谐振电路本身等效损耗电阻。信号源内阻的影响是加大了回路中总的等效串联电阻值,使工作时的 Q 值减小。由于 LC 本身的串联等效损耗电阻很小,信号源的内阻对电路工作影响很大,所以串联谐振电路只适用于低内阻信号源。

负载电阻的影响是使回路的损耗进一步增大。例如,某收音机输入电路是从谐振电路的电容上取电压信号作为后级放大器的输入,如图 6-23 所示;后级放大器的输入电阻就是谐振回路的负载电阻 R,这个电阻与电容并联,可进一步等效为串联损耗电阻,使得谐振回路中串联电阻增大,降低电路的 Q 值。

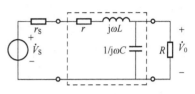

图 6-23 信号源内阻和负载对 Q 值的影响

在考虑了信号源内阻和负载影响后的电路品质因数称为电路的**有载 Q 值**,它小于空载 Q 值。

例 6-12 已知串联谐振电路中,$L = 1\ \text{mH}$,$Q_L = 200$,$C = 160\ \text{pF}$,$Q_C \gg Q_L$,连接到 $V_S = 10\ \text{mV}$ 的信号源上,信号源的频率等于电路谐振频率。求下列情况下回路的品质因数。

(1) 信号源为理想电压源。

(2) 信号源内阻 $r_S = 12.5\ \Omega$。

(3) 信号源内阻 $r_S = 12.5\ \Omega$,且电容两端并联 250 kΩ 的负载电阻 R。

解:(1) 当信号源为理想电压源,内阻为零,这时回路的 Q 值为空载 Q 值。因为 $Q_C \gg Q_L$,所以

$$Q \approx Q_L = 200$$

(2) 电感的串联等效损耗电阻

$$r_L = \frac{\rho}{Q_L} = \frac{\sqrt{L/C}}{Q_L} = \frac{\sqrt{10^{-3}/160 \times 10^{-12}}}{200} = \frac{2.5 \times 10^3}{200} = 12.5\ (\Omega)$$

信号源内阻 r_S 与 r_L 串联,使回路 Q 值减小

$$Q' = \frac{\rho}{r_S + r_L} = \frac{2.5 \times 10^3}{12.5 + 12.5} = 100$$

(3) 电容两端连接上负载电阻 R 后,可将该电阻看作实际电容的等效并联电阻。由于 $R = 250\ \text{k}\Omega \gg |X_C| = \rho = 2.5\ \text{k}\Omega$,因此根据式(6-32c),可将电阻 R 转换为等效的串联电阻

$$r_C = \frac{X_C^2}{R} = \frac{\rho^2}{R} = \frac{(2.5 \times 10^3)^2}{250 \times 10^3} = 25\ (\Omega)$$

这时回路的 Q 值降低到

$$Q'' = \frac{\rho}{r_S + r_L + r_C} = \frac{2.5 \times 10^3}{12.5 + 12.5 + 25} = 50$$

思考题 6-9 计算图 6-23 所示电路中的串联谐振频率。证明当与电容并联的电阻 R 阻值远高于电路的特征阻抗时,电路的谐振频率近似为 $\omega_0 = 1/\sqrt{LC}$。

6.4.3 并联谐振

电感和电容并联后与外电路连接形成的谐振电路称为并联谐振电路。图 6-24 所示为简单 RLC 并联谐振电路。与串联谐振电路相比,并联谐振电路在谐振频率附近对外呈现很高的阻抗,适合于高内阻的信号源和负载。并联谐振条件和特点与串联谐振形成了对偶关系,类比串联谐振电路可帮助理解并联谐振电路的特性。

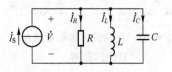

图 6-24 RLC 并联谐振电路

1. RLC 并联谐振条件和谐振特性

对图 6-24 所示谐振电路,写出从电源看进去的输入端导纳

$$Y_{\text{in}}(\omega) = \frac{1}{R} + \text{j}\left(\omega C - \frac{1}{\omega L}\right) \tag{6-34}$$

当谐振发生时,电容与电感的导纳相互抵消,端口电压与端口电流同相,谐振频率为

$$\omega_0 = \frac{1}{\sqrt{LC}} \tag{6-35}$$

此时输入端的等效导纳为纯电导 $Y_{\text{in}}(\omega) = \frac{1}{R}$,端口电压 $\dot{V} = R\dot{I}_{\text{S}}$,端口电压与电流同相,且电压幅值达到最大值。并联谐振时,电感与电容并联阻抗为无穷大,输入端阻抗取决于并联电阻 R。当 R 电阻值很高时,输入端的谐振阻抗就会很高。

并联谐振时,$\dot{I}_C + \dot{I}_L = 0$,输入电流为

$$\dot{I}_{\text{S}} = \dot{I}_R + \dot{I}_L + \dot{I}_C = \dot{I}_R = \frac{\dot{V}}{R}$$

即发生并联谐振时,电容电流和电感电流大小相等,相位相反,电感和电容的能量交换达到平衡,不与外部电路交换能量。此时从电源只能看到电阻,电源只给电阻提供能量。

根据谐振电路品质因数的定义[式(6-21)],并联谐振电路的品质因数可以表示为

$$Q = 2\pi \frac{\frac{1}{2}CV_{\text{m}}^2}{T \cdot \frac{1}{2}V_{\text{m}}^2/R} = \omega_0 CR = \frac{R}{\omega_0 L} = \frac{R}{\rho} \tag{6-36}$$

在并联谐振状态下,电抗元件上的电流 $I_C = I_L = \frac{I_{\text{S}}R}{\omega_0 L} = I_{\text{S}}\omega_0 CR = QI_{\text{S}}$,即电感或电容上电流的大小达到了输入电流 I_{S} 的 Q 倍。当 Q 值很高时,电抗元件的电流值很高,因此 RLC 并联谐振又称为电流谐振。

2. RLC 并联谐振电路的频率特性

若以并联电压 $\dot{V}$ 作为输出,则图 6-24 所示电路的网络函数为端口的阻抗

$$H(\mathrm{j}\omega) = \frac{\dot{V}}{\dot{I}_{\mathrm{S}}} = \frac{1}{\dfrac{1}{R} + \mathrm{j}\omega C + \dfrac{1}{\mathrm{j}\omega L}} = \frac{\dfrac{1}{C}\mathrm{j}\omega}{(\mathrm{j}\omega)^2 + \dfrac{1}{RC}\mathrm{j}\omega + \dfrac{1}{LC}}$$

对比二阶带通电路网络函数的一般形式[式(6-10)]，可以看出电路的阻抗函数为二阶带通特性，其中带通的中心频率 ω_0 就是谐振频率，带通特性中的 $Q(Q = \omega_0 RC)$ 就是并联谐振电路的品质因数。

将并联谐振电路的输入阻抗写成品质因数与谐振频率的表达式

$$H(\mathrm{j}\omega) = Z_{\mathrm{in}}(\mathrm{j}\omega) = \frac{R}{1 + \mathrm{j}Q\left(\dfrac{\omega}{\omega_0} - \dfrac{\omega_0}{\omega}\right)} \tag{6-37}$$

式(6-37)的归一化幅频特性如图 6-25 所示，图中画出了 Q 值变化对于带宽的影响。电路的品质因数越高，带宽越窄，幅频特性越尖锐，滤波器的选择性就越好。

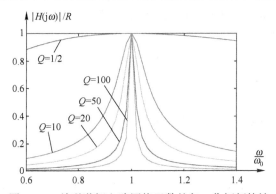

图 6-25　并联谐振电路网络函数的归一化幅频特性

例 6-13　在图 6-26(a)所示实际并联谐振电路中，r 为实际电感的等效串联损耗电阻。假设电感品质因数很高，求电路的谐振频率及谐振时的输入端等效阻抗。

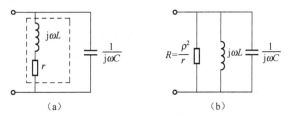

图 6-26　例 6-13 电路

解：有损耗电感支路与电容对于端口为并联关系。对图 6-26(a)写出电路的输入端导纳

$$Y = \mathrm{j}\omega C + \frac{1}{r + \mathrm{j}\omega L} = \mathrm{j}\omega C + \frac{r - \mathrm{j}\omega L}{r^2 + (\omega L)^2}$$

令其虚部为零

$$\omega C - \frac{\omega L}{r^2 + (\omega L)^2} = 0$$

得到并联谐振频率

$$\omega_p = \frac{1}{\sqrt{LC}} \sqrt{1 - \frac{r^2 C}{L}}$$

当电感 Q 值很高时

$$\omega_p = \frac{1}{\sqrt{LC}} \sqrt{1 - \frac{r^2}{\rho^2}} = \omega_0 \sqrt{1 - \frac{1}{Q_L^2}} \approx \omega_0$$

可见在电感 L 有串联损耗电阻的情况下，并联谐振频率 ω_p 不等于自由振荡频率 ω_0（$\omega_0 = 1/\sqrt{LC}$），但当电感损耗很小，Q 值很高时，可认为两者近似相等。

在分析计算时，对于高 Q 值实际电感，可将电感等效串联电阻 r 转换为电感的等效并联电阻 R，得到如图 6-26(b) 所示的简单 RLC 并联谐振电路，这是常用的近似分析方法。根据式(6-32c)，并联电阻为

$$R = \frac{X^2}{r} = \frac{\rho^2}{r} = \frac{L}{Cr}$$

所以，当电路并联谐振时，从端口看到的输入端阻抗即为等效并联电阻 R。

3. 信号源内阻和负载对并联谐振电路的影响

由以上讨论可知，并联谐振电路在谐振条件下并联阻抗很高，电路的品质因数 $Q = R/\rho$，其中 R 是与 LC 并联的电阻。因此，任何等效为并联在端口的电阻都会使得电路的实际 Q 值下降，降低电路的频率选择性。根据诺顿定理，实际信号源可以等效为电流源与电阻的并联。这个并联电阻会降低电路中总并联电阻值，降低电路的有载 Q 值。因此，并联谐振电路比较适合用高阻信号源作为激励源。同样，负载电阻也会使电路的品质因数降低。

下面用两个例子说明如何分析负载和信号源内阻对并联谐振电路特性的影响。

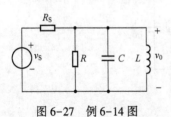

图 6-27　例 6-14 图

例 6-14　在图 6-27 所示并联谐振电路中，已知 $\omega_0 = 10^5$ rad/s，$L = 1$ mH，$R_S = 2$ kΩ。若要求带宽 B 不高于 10^4 rad/s，试求出 C 和最小 R 值。

解：由 $\omega_0 = \dfrac{1}{\sqrt{LC}}$ 可求出 $C = \dfrac{1}{\omega_0^2 L} = 100$ nF。

将信号源 v_S 与 R_S 的串联组合转换为一个电流源与 R_S 的并联组合，可知电路中总并联电阻为 $R_S // R = \dfrac{R_S \cdot R}{R_S + R}$。

根据带宽要求可确定品质因数不低于 $10\left(Q=\dfrac{\omega_0}{B}=10\right)$，即 $R_S /\!/ R = Q\omega_0 L = 10\times10^5\times10^{-3} = 1000\,(\Omega)$，得到电阻 R 的最小电阻值为 $2\,\text{k}\Omega$。

例 6-15　一个选频放大器的等效电路如图 6-28 所示。其中 $R_S = 46\,\text{k}\Omega$，$R_L = 30\,\text{k}\Omega$，$C = 0.5\,\mu\text{F}$，$L = 0.244\,\text{H}$，$r = 32\,\Omega$。求谐振频率 f_0，回路的空载 Q 值，有载 Q 值和带宽 B_f。

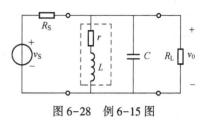

图 6-28　例 6-15 图

解： 回路的空载 Q 值由电感支路串联电阻 r 确定

$$Q = \frac{\sqrt{L/C}}{r} = \frac{\sqrt{0.244/(0.5\times10^{-6})}}{32} = \frac{699}{32} = 21.8$$

由于 $Q>10$，所以认为空载时电路为高 Q 值电路，谐振频率近似为自由振荡频率

$$f_0 = \frac{1}{2\pi\sqrt{LC}} = \frac{1}{6.28\sqrt{0.244\times0.5\times10^{-6}}} = \frac{1}{6.28\times3.49\times10^{-4}} = 456\,(\text{Hz})$$

与电感串联电阻等效转换为并联电阻

$$R = \frac{\rho^2}{r} = \frac{L}{Cr} = \frac{0.244}{0.5\times10^{-6}\times32} = 15.3\,(\text{k}\Omega)$$

考虑到信号源内阻 R_S 和负载电阻 R_L 后，电路的有载 Q 值为

$$Q' = \frac{R_S /\!/ R /\!/ R_L}{\rho} = \frac{1}{\rho}\,\frac{1}{\dfrac{1}{R}+\dfrac{1}{R_S}+\dfrac{1}{R_L}} = \frac{Q}{1+\dfrac{R}{R_S}+\dfrac{R}{R_L}} = \frac{21.8}{1+\dfrac{15.3}{46}+\dfrac{15.3}{30}} = 11.8$$

带宽为

$$B_f = \frac{f_0}{Q'} = \frac{456}{11.8} = 38.6\,(\text{Hz})$$

思考题 6-10　比较并联谐振和串联谐振的特性，其中有哪些相同点和不同点？

思考题 6-11　定性说明为什么并联谐振电路对接近于理想电压源的信号激励不具有频率选择性？

思考题 6-12　分别利用并联谐振电路和串联谐振电路构造带阻电路，并定性说明其工作原理。

6.5　波特图

6.5.1　波特图简述

在工程应用中，频率特性曲线常常是用波特图方式画出的。**波特图**是一种半对数坐标曲线，频率采用对数坐标，而幅度和相位分别采用线性分贝坐标和线性角度值坐标。波特图由美国工程师 Hendriclc Bode 发明，在滤波器、放大器和控制系统的分析和设计中有重要作用。

在实际应用中信号的频率范围很宽，往往跨好几个数量级，用对数频率坐标可以覆盖很宽的频率范围，又不丢失频响曲线变化中必要的细节信息。在对数频率坐标刻度中，任何两个频率之比为 2∶1 的频率点称为**倍频程**，两个频率比为 10∶1 的频率点称为 **10 倍频程**。例如，20 Hz 与 10 Hz 是倍频程，200 Hz 与 20 Hz 是 10 倍频程。

在波特图中，网络函数的幅度值采用分贝值

$$|H(\omega)|_{dB} = 20\lg|H(\omega)| \tag{6-38}$$

在计算电压或电流比的时候，分贝值等于 20 乘以幅值的常用对数值。但在计算功率比的时候，分贝值等于 10 乘以幅值的常用对数值。在用分贝增益表示幅频特性时，0 dB 代表网络函数的幅值为 1；当幅值大于 1 时，分贝值为正；当幅值小于 1 时，分贝值为负。表 6-2 给出了一些典型的网络函数的幅度值对应的分贝值。

表 6-2　一些特殊的 dB 值

幅度增益	10^m	10	2	$\sqrt{2}$	1	$1/\sqrt{2}$	1/2	1/10	10^{-m}
dB 值	$20m$	20	≈6	≈3	0	≈−3	≈−6	−20	$−20m$

电路频率特性的波特图可以通过测量或计算得到。如图 6-29 所示波特图为一个串联谐振电路频率特性的波特图，其中频率坐标采用 10 倍频程的对数坐标，幅频特性波特图纵坐标为分贝值，相频特性波特图纵坐标为角度值。

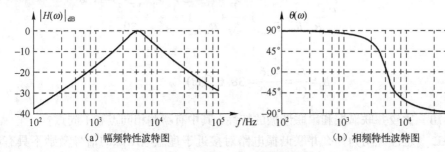

（a）幅频特性波特图　　　　　　　　（b）相频特性波特图

图 6-29　波特图示例

在指定了电路的输入和输出端口后，电路的波特图可以利用计算机软件工具计算并描绘出来。对比较简单的电路，可以采用直线近似方法，手工绘制波特图，以对电路的频率特性进行粗略估计。

6.5.2　波特图的绘制

波特图的绘制基于对网络函数的分解

$$H(j\omega) = H_1(j\omega) \cdot H_2(j\omega)\cdots$$

设 $H(j\omega) = |H(\omega)|e^{j\theta(\omega)}$，则幅频和相频特性分解为

$$|H(\omega)| = |H_1(\omega)| \cdot |H_2(\omega)| \cdots$$

$$\theta(\omega) = \theta_1(\omega) + \theta_2(\omega) + \cdots$$

将幅频特性以分贝表示后，幅频特性的各项相乘将变成分贝值的各项相加

$$|H(\omega)|_{dB} = 20\lg|H(\omega)| = 20\lg|H_1(\omega)| + 20\lg|H_2(\omega)| + \cdots$$

将分解后的每个函数幅度分贝值和相位值随频率变化曲线用半对数坐标画出来，然后叠加幅频特性和相频特性曲线即得到波特图。分解后的简单函数的波特图可用直线近似法画出。

以一阶低通频率特性为例，网络函数为

$$H(j\omega) = \frac{k}{1 + j\dfrac{\omega}{\omega_C}}$$

设比例系数 $k = 1$，有

$$|H(\omega)|_{dB} = 20\lg\left(\sqrt{1 + \left(\frac{\omega}{\omega_C}\right)^2}\right)^{-1}$$

$$|H(\omega)|_{dB} = 20\lg 1 - 20\lg\sqrt{1 + \left(\frac{\omega}{\omega_C}\right)^2} = -20\lg\sqrt{1 + \left(\frac{\omega}{\omega_C}\right)^2} \tag{6-39}$$

从式(6-39)看出，当 $\omega \ll \omega_C$ 时，网络函数的分贝值接近 $0\,dB$，此时，幅频特性曲线可以用 $0\,dB$ 水平直线作为近似线。当 $\omega \gg \omega_C$ 时，式(6-39)可以近似为

$$|H(\omega)|_{dB} \approx -20\lg\left(\frac{\omega}{\omega_C}\right)$$

此时可用一条向下的直线作为高频段幅频特性的近似线。直线的斜率为 $-6\,dB/$倍频程或 $-20\,dB/10$ 倍频程。当 $\omega = \omega_C$ 时，$|H(\omega)|_{dB} = -3\,dB$，高频和低频的两条近似直线相交，交点与实际曲线有 $3\,dB$ 的误差。一阶低通频率特性的幅度波特图如图6-30(a)所示，其中实线为近似直线，虚线为实际曲线。

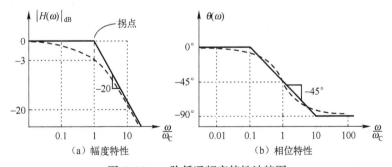

图 6-30　一阶低通频率特性波特图

一阶低通相频特性为

$$\theta(\omega) = -\arctan\frac{\omega}{\omega_C}$$

当频率很低时，相位接近 0°；当 $\omega = \omega_c$ 时，相位为 -45°；当频率很高时，相位接近 -90°。因此，相频曲线同样可以通过直线近似方法画出，如图 6-30(b) 所示。具体的步骤为：

（1）在 $\omega < 0.1\omega_c$ 的低频段，用 0° 的水平直线作为近似线；

（2）在 $\omega > 10\omega_c$ 的高频段，用 -90° 的水平直线作为近似线；

（3）在 $0.1\omega_c < \omega < 10\omega_c$ 的中间频段，用一条斜线连接 0° 和 -90°，斜率为 -45°/10 倍频程。实际的相频曲线与这些直线近似线之间的误差不超过 6°。

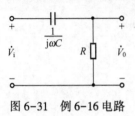

图 6-31　例 6-16 电路

例 6-16　用直线近似方法描绘图 6-31 所示高通电路的电压传递函数的波特图。

解： 传递函数为

$$H(\omega) = \frac{\dot{V}_0}{\dot{V}_i} = \frac{R}{R + \dfrac{1}{j\omega C}} = \frac{j\omega RC}{1 + j\omega RC}$$

将传递函数分解为两个网络函数的乘积

$$H(j\omega) = \frac{j\dfrac{\omega}{\omega_c}}{1 + j\dfrac{\omega}{\omega_c}} = j\frac{\omega}{\omega_c} \cdot \frac{1}{1 + j\dfrac{\omega}{\omega_c}} = H_1(j\omega)H_2(j\omega)$$

其中 $\omega_c = \dfrac{1}{RC}$。

分别画出两个网络函数的波特图：第一部分 $H_2(j\omega) = 1/(1 + j\omega/\omega_c)$ 与低通函数一样，前面已经讨论过；第二部分 $H_1(j\omega) = j\omega/\omega_c$ 的波特图为

$$|H_1(\omega)|_{dB} = 20\lg\frac{\omega}{\omega_c}, \qquad \theta_1(\omega) = 90°$$

幅频特性是过 ω_c 的斜率为 20 dB/10 倍频程的直线，相频特性是 90° 水平线。

用叠加的方法将 $H_1(j\omega)$ 和 $H_2(j\omega)$ 波特图曲线相加，得到一阶高通特性的波特图，幅频特性和相频特性分别如图 6-32(a) 和图 6-32(b) 中实线所示。

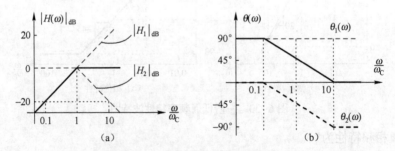

图 6-32　例 6-16 电路的波特图

　　对于更高阶的网络函数,若可将网络函数的分子和分母分解为 jω 的一阶因子的乘积,则按上述类似方法画出每个因子曲线,再叠加即可得到总的近似频响曲线。对于高阶网络函数中 jω 的二阶因子,其直线近似受到 Q 值影响,情况复杂且误差较大,这里不作讨论。

　　例 6-17　图 6-33 为某电路特性的近似幅度波特图。(1) 写出传递函数 $H(j\omega)$;(2) 画出 $H(j\omega)$ 的近似相位波特图。

　　解:(1) 将所给波特图分解成三条折线近似曲线,如图 6-34(a) 所示,由此可以写出 $H(j\omega)$ 为三个一阶因子的乘积

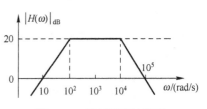

图 6-33　近似幅度波特图

$$H(j\omega) = \frac{j\omega}{10} \cdot \frac{1}{1+j\omega/100} \cdot \frac{1}{1+j\omega/10^4}$$

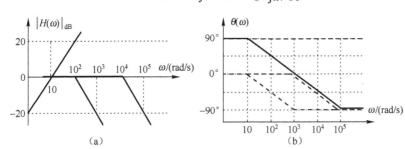

图 6-34　幅度波特图分解和相位波特图

　　(2) 画出三个因子的近似相位曲线,如图 6-34(b) 所示虚线,相加后的近似相位曲线如图 6-34(b) 中实线所示。

　　在滤波器电路设计中,波特图能快速且直观地表现电路的频率特性,了解电路是否满足设计要求,是重要的设计工具。利用计算机软件可以精确绘制任意复杂传递函数的波特图,也可以利用电路分析软件直接由电路图得到所需的频率特性曲线。

　　思考题 6-13　参考例 6-7 级联滤波电路,并通过增加一级放大器来实现例 6-17 的传递函数。

　　思考题 6-14　对于出现在网络函数分子上的因子 $(1+j\omega/\omega_C)$,如何绘制其直线近似波特图?

本章要点

- 正弦激励下电路的输出变量的相量与输入变量的相量之比称为网络函数。网络函数的幅度随频率变化的特性称为幅频特性,其相位随频率变化的特性称为相频特性。
- 利用电路的频率特性选择电路输出信号的频率成分,这种电路称为滤波器。按照幅度

随频率变化的规律不同，滤波器可分为低通、高通、带通和带阻等类型，不同的类型对应不同的网络函数形式。

- 幅频特性最大值的 0.707 倍作为区分通带和阻带的界限，对应此界限的频率称为截止频率。

- RLC 组成的谐振电路可以实现高 Q 值的带通或带阻特性。谐振电路的品质因数（Q 值）由电路储存能量与消耗能量之比决定。品质因数影响其频率选择性。

- 实际电抗元件的损耗可用串联或并联电阻来等效，等效电阻的阻值利用元件 Q 值来计算。谐振电路的 Q 值与元件 Q 值有关，信号源内阻和负载电阻等损耗会降低回路 Q 值。

- 波特图是一种半对数坐标曲线，频率采用对数坐标，而幅度和相位分别采用线性分贝值和线性角度值坐标。简单电路的波特图可用直线近似方法绘制。

习题

6-1 写出题 6-1 图所示电路的传递函数，指出其频率特性类型，求出通带增益和截止角频率。

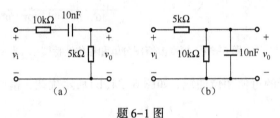

题 6-1 图

6-2 写出题 6-2 图所示电路的传递函数，指出其频响类型，求出通带增益和截止角频率。

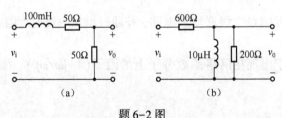

题 6-2 图

6-3 写出题 6-3 图所示运放电路的传递函数，指出其频响类型，用 R 和 C 表示通带增益和截止频率。

6-4 写出题 6-4 图所示运放电路的传递函数，指出其频响类型，求出通带增益和截止角频率。

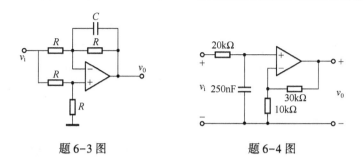

題 6-3 图　　　　　　　　　題 6-4 图

6-5　设计一个简单的 RL 低通滤波器，如题 6-5 图所示，要求截止频率 $f_C = 200\ \text{kHz}$，且 $|Z_{\text{in}}(j\omega_C)| = 1\ \text{k}\Omega$。

6-6　题 6-6 图所示电路用来分离一个遥测信号中的两个成分，$v(t) = v_1(t) + v_2(t)$。$v_1(t)$ 所含频率成分低于 $f_1(f_1 = 2\ \text{kHz})$，而 $v_2(t)$ 所含频率成分高于 $f_2(f_2 = 20\ \text{kHz})$。

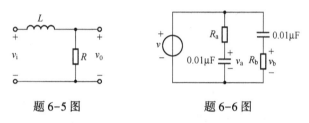

題 6-5 图　　　　　　　　　題 6-6 图

（1）写出两个输出电压 v_a 和 v_b 对于输入信号的传递函数，并确定它们各自提取什么信号。

（2）试确定满足要求的 R_a 和 R_b 阻值。

（3）若 $v(t) = 10\sin 0.6 \times 2\pi f_1 t + 10\sin 1.2 \times 2\pi f_2 t$，利用传递函数计算稳态 v_a 和 v_b。

（4）用 Multisim 软件的 AC 频率扫描和虚拟仪器观测 v_a 和 v_b 波形，验证设计结果和电路的功能。

6-7　给定电路的如下网络函数，确定其频响类型，求出中心角频率、Q 值、带宽、截止角频率，写出幅频特性和相频特性表达式。

$$H(j\omega) = \frac{400j\omega}{(j\omega)^2 + 400j\omega + 10^8}$$

6-8　证明题 6-8 图所示电路电压比传递函数具有带阻特性。设 $R = 5\sqrt{L/C}$，用电路参数 R, L, C 表示其阻带中心角频率、阻带宽度 B、品质因数 Q、截止频率 ω_{C1} 和 ω_{C2}。

6-9　题 6-9 图所示电路称为 RC 双 T 形电路。写出 v_0/v_S 电压比传递函数，指出函数的频率特性类型、中心角频率和 Q 值。

6-10　求题 6-10 图所示运放电路的电压比传递函数，确定其频率特性类型，求出 Q 和 ω_0。

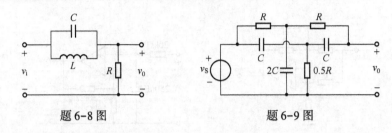

题 6-8 图　　　　　　　　　　题 6-9 图

6-11　（1）写出题 6-11 图所示电路的电压比传递函数，判断其频率特性类型。用元件参数表示出 Q 和 ω_0。（2）若选定电容 $C = 10\,\text{nF}$，选择电阻值使 $Q = 1$，$\omega_0 = 2500\,\text{rad/s}$，求出通带增益。（3）用 Multisim 软件频率扫描分析验证设计结果。

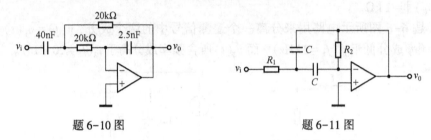

题 6-10 图　　　　　　　　　　题 6-11 图

6-12　已知带通滤波器的截止频率 $f_{C1} = 9\,\text{kHz}$，$f_{C2} = 16\,\text{kHz}$，试确定传递函数中 ω_0 和 Q 值。如果用串联谐振电路来实现该传递函数，在 $L = 1\,\text{mH}$ 条件下求出回路总串联电阻 R 和电容 C。

6-13　已知带通滤波器的截止频率 $f_{C1} = 6.4\,\text{kHz}$，$f_{C2} = 8.1\,\text{kHz}$，试确定传递函数中 ω_0 和 Q 值。如果用并联谐振电路来实现该频率特性，在 $L = 10\,\text{mH}$ 条件下求出电路中总并联电阻 R 和电容 C。

6-14　一个 RLC 串联谐振电路，电阻电压作为输出，设计带宽为 8 Mrad/s，谐振角频率 $\omega_0 = 50\,\text{Mrad/s}$，谐振时的输入阻抗为 24 Ω。试求出 L、C、Q 和截止角频率。

6-15　一个 RLC 并联谐振电路，并联电阻 $R = 40\,\text{k}\Omega$，要求其谐振频率 $f_0 = 10\,\text{MHz}$，带宽为 100 kHz，试计算所需要的 L 和 C 的值。

6-16　一个串联谐振电路，外加正弦电压信号的有效值 $V = 1\,\text{V}$。当信号源频率等于电路谐振频率 $f_0(f_0 = 100\,\text{kHz})$ 时，回路电流 $I = 100\,\text{mA}$。当信号源频率为 $f_1 = 99\,\text{kHz}$ 时，回路电流 $I = 70.7\,\text{mA}$。求：（1）回路的带宽 B_f 和回路的 Q 值；（2）回路的元件参数 r，L，C。

6-17　题 6-17 图所示电路的虚线框中为实际电感线圈的等效电路，r 是电感线圈的等效损耗电阻，V_1 和 V_2 是交流电压表。当调整电源 v_S 的频率为 $f = 900\,\text{kHz}$ 时，V_2 指示最大值，这时 $V_1 = 1\,\text{mV}$，$V_2 = 62\,\text{mV}$。已知 $C = 200\,\text{pF}$，求电感量 L、品质因数 Q 和损耗电阻 r。

6-18　在题 6-18 图所示串联谐振回路中，已知特征阻抗 $\rho = 1\,\text{k}\Omega$，电容无损耗，电感等效损耗电阻为 r，其品质因数 $Q_L = 100$，谐振角频率 $\omega_0 = 100\,\text{krad/s}$，外加负载 $R = 50\,\text{k}\Omega$。（1）求回路的有载 Q 值、带宽 B，以及 L 和 C。（2）若输入电压最高幅度值为 1 V，在考虑到

负载电阻 R 在工作中有可能断开的情况下，电容 C 最低耐压值应是多少？

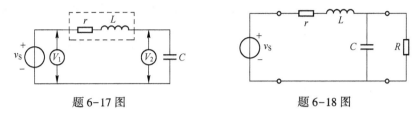

题 6-17 图　　　　　　　　　　题 6-18 图

6-19　一个实际电感在 $f = 2.5\,\text{MHz}$ 时，测得其电感量 $L = 10\,\mu\text{H}$，品质因数 $Q_L = 100$。求该实际电感的等效串联电阻和等效并联电阻。

6-20　某中频放大器的等效电路如题 6-20 图所示。已知信号源内阻 $R_S = 150\,\text{k}\Omega$，电感 $L = 590\,\mu\text{H}$，损耗电阻 $r = 14.3\,\Omega$，电容 $C = 200\,\text{pF}$，负载等效电阻 $R_L = 500\,\text{k}\Omega$。求该并联谐振电路的谐振角频率和带宽。

6-21　如题 6-21 图所示并联带通滤波电路。（1）若 $R = 10\,\text{k}\Omega$，$\omega_0 = 500\,\text{rad/s}$，$B = 20\,\text{rad/s}$，电感线圈等效电阻 r 可忽略，求出所需要的 L 和 C 的值。（2）若给定 $L = 100\,\text{mH}$，$\omega_0 = 2\,\text{krad/s}$，$r = 1\,\Omega$，$B = 20\,\text{rad/s}$，试确定 R 和 C 的值。

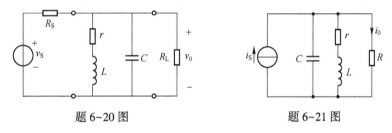

题 6-20 图　　　　　　　　　　题 6-21 图

6-22　在题 6-22 图所示并联谐振电路中，已知 $Q = 50$，$f_0 = 10^6\,\text{Hz}$，谐振时输入阻抗 $Z_0 = 600\,\Omega$。求电路中 r，L 和 C 的值。

6-23　在题 6-23 图所示电路中，已知 $r = 20\,\Omega$，$L = 10\,\text{mH}$。

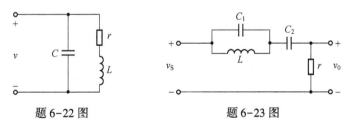

题 6-22 图　　　　　　　　　　题 6-23 图

（1）利用串联和并联谐振的概念，确定 C_1 和 C_2 的值，使得当输入电压 v_S 频率为 $100\,\text{kHz}$ 时，输出电压 v_0 为零，而当 v_S 频率为 $50\,\text{kHz}$ 时，输出电压 v_0 达到最大值。

（2）写出电压比传递函数 $H(j\omega)$，从中确定使得 $|H(j\omega)| = 0$ 和 $|H(j\omega)| = 1$ 的频率，以验证上述结果。

（3）用 Multisim 软件中的频率扫描分析验证以上结果。

（4）在 Multisim 软件中，在电路输入端加上正弦电压 $v_S = \sin 2\pi \times 10^5 t + \sin 2\pi \times 5 \times 10^4 t$（V），用示波器观测 v_S 和 v_0 波形，验证计算结果。

6-24　为下列函数建立直线近似波特图，辨别频响类型，确定通带增益和截止频率。

（1）$H(j\omega) = \dfrac{10}{(0.02j\omega + 1)^2}$

（2）$H(j\omega) = \dfrac{j\omega}{j\omega + 100}$

6-25　为下列传递函数绘制直线近似波特图，辨别频响类型，用波特图估计截止频率和通带增益。

（1）$H(j\omega) = \dfrac{2j\omega}{(0.2j\omega + 1)(0.02j\omega + 1)}$

（2）$H(j\omega) = \dfrac{(0.2j\omega + 1)(0.02j\omega + 1)}{(2j\omega + 1)(0.002j\omega + 1)}$

6-26　已知 $H(j\omega) = \dfrac{-20000}{(j\omega + 20)(j\omega + 200)}$，画出直线近似波特图，辨别频响类型，用波特图估计截止频率和通带增益。

6-27　已知 $H(j\omega) = \dfrac{10\,(j\omega)^2}{(j\omega + 50)(j\omega + 500)}$，画出直线近似波特图，辨别频响类型，用波特图估计截止频率和通带增益。

6-28　画出题 6-28 图所示电路频率特性的直线近似波特图，辨别其频响类型，并用波特图估计频响的通带增益和截止频率。用 Multisim 软件分析其频响特性，验证手工计算结果。

6-29　画出题 6-29 图所示电路频率特性的直线近似波特图，辨别其频响类型，并用波特图估计频响的通带增益和截止频率。用 Multisim 软件分析其频响特性，验证手工计算结果。

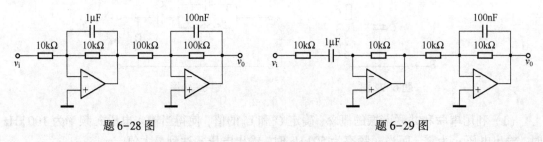

题 6-28 图　　　　　　　　　　题 6-29 图

6-30　为题 6-30 图所示直线近似幅频特性波特图找出传递函数，然后为所得传递函数画出相位波特图（假定传递函数的常数 k 为正值）。

6-31 为题 6-31 图所示幅频特性波特图建立传递函数。

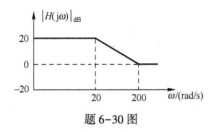

题 6-30 图

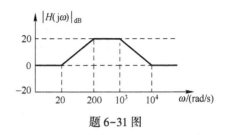

题 6-31 图

第7章 双口网络

提要 对外只有一对端子的网络称为单口网络,对外有两个端口的网络称为双端口网络,简称双口网络。本章介绍对外有两个端口的双口网络,包括双口网络的基本概念,运用网络函数描述双口网络伏安约束的方法,双口网络连接的拓扑约束特点及两个约束的应用分析。

7.1 双口网络概述

7.1.1 双口网络基本概念

电路由基本元件按照一定方式相互连接构成。电路的特性由基本元件的伏安约束及其相互连接的拓扑约束决定。

从响应与激励的关系出发,一个相对复杂的电路可以视为由一系列相对简单的小单元电路按照一定方式连接构成。由基本元件构成的单元电路称为网络,大网络的响应与激励的关系由小网络的伏安约束及其相互连接的拓扑约束决定。引入网络的基本概念可以简化复杂电路的分析。

网络的连接是通过网络对外端子的相互连接实现的。对外有两个端子的网络称为二端网络,对外有 n 个端子的网络称为 n 端网络。若将一对端子视为一个端口,对外有一个端口的网络称为单口网络,对外有两个端口的网络称为双口网络,对外有 n 个端口的网络称为 n 端口网络。

如图 7-1 所示的网络 N 为双口网络,N_1 和 N_2 为网络 N 所连接的外部单口网络。

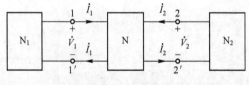

图 7-1 双口网络

双口网络的分析首先需要解决端口伏安约束的描述方法及双口网络相互连接的拓扑约束问题,然后再解决如何利用这两个约束分析复杂网络的特性问题。

在讨论双口网络时作如下约定:(1) 独立源被看作双口网络的外部输入激励,约定网络内部不含独立源；（2）采用相量分析法分析正弦稳态特性。

图 7-1 中左侧端口称为 11′端口，或端口 1，右侧端口称为 22′端口，或端口 2。通常将输入激励所在的端口称为输入口，响应所在的端称为输出口。习惯上，激励从端口 1 输入，响应从端口 2 输出，所以常常将端口 1 称为输入口，将端口 2 称为输出口。

描述双口网络端口特性的变量称为端口变量。每个端口的两个端子上流入电流和流出电流必须相等。双口网络的端口变量就是两个端口的两个电压和两个电流，共计 4 个变量，并规定其参考方向如图 7-1 所示。双口网络的端口伏安约束就是指约束这 4 个端口变量的两个方程。利用这两个方程加上网络外部连接电路的端口特性就能求解出 4 个端口变量。

7.1.2 双口网络函数

将双口网络的某个端口变量视为输入激励(电压激励或电流激励)，其他端口变量视为输出响应，则响应与激励的比值称为网络函数。

例 7-1 如图 7-2 所示双口网络。若将 $\dot{V}_1$ 视为输入激励，分别求当端口 2 开路时，响应为 $\dot{I}_1$ 和 $\dot{V}_2$ 的网络函数。

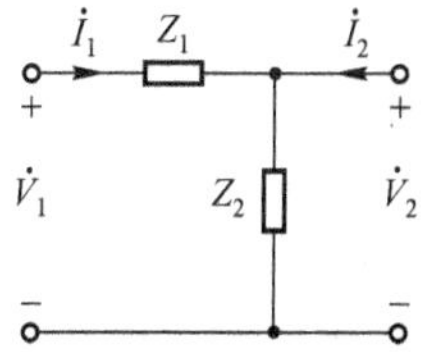

解：

图 7-2 网络函数

$$Y_{11}\big|_{\dot{I}_2=0} = \frac{\dot{I}_1}{\dot{V}_1}\bigg|_{\dot{I}_2=0} = \frac{1}{Z_1+Z_2}$$

$$H_V\big|_{\dot{I}_2=0} = \frac{\dot{V}_2}{\dot{V}_1}\bigg|_{\dot{I}_2=0} = \frac{Z_2}{Z_1+Z_2}$$

例 7-2 如图 7-2 所示双口网络。若将 $\dot{V}_1$ 视为输入激励，分别求当端口 2 短路时，响应为 $\dot{I}_1$ 和 $\dot{I}_2$ 的网络函数。

解：

$$Y_{11}\big|_{\dot{V}_2=0} = \frac{\dot{I}_1}{\dot{V}_1}\bigg|_{\dot{V}_2=0} = \frac{1}{Z_1}$$

$$Y_{21}\big|_{\dot{V}_2=0} = \frac{\dot{I}_2}{\dot{V}_1}\bigg|_{\dot{V}_2=0} = -\frac{1}{Z_1}$$

由例 7-1 和例 7-2 可知响应和激励的位置不同，描述网络特性的网络函数不止一个，而且在不同端口条件下，网络函数也会有所不同。

当激励所在端确定后，响应所在端口可能和激励在同一端口，也可能和激励不在同一端口。响应和激励在同一端口的网络函数称为策动点网络函数，或策动点函数。响应和激励在不同端口的网络函数称为转移网络函数，或转移函数。

如图 7-1 所示的一般双口网络，设输入激励接端口 1，某个负载接端口 2。若输入激励为电流源 $\dot{I}_1$，则将 $Z_{11} = \dfrac{\dot{V}_1}{\dot{I}_1}$ 称为在该负载条件下端口 1 的策动点阻抗，或端口 1 的输入阻抗。若输入激励为电压源 $\dot{V}_1$，则将 $Y_{11} = \dfrac{\dot{I}_1}{\dot{V}_1}$ 称为在该负载条件下端口 1 的策动点导纳，或端口 1 的输入导纳。

如图 7-1 所示的一般双口网络，设输入激励接端口 1，某个负载接端口 2。若输入激励为电流源 $\dot{I}_1$，则将 $Z_{21} = \dfrac{\dot{V}_2}{\dot{I}_1}$ 称为在该负载条件下端口 1 的转移阻抗，将 $H_I = \dfrac{\dot{I}_2}{\dot{I}_1}$ 称为在该负载条件下的转移电流比，或电流增益。若输入激励为电压源 $\dot{V}_1$，则将 $Y_{21} = \dfrac{\dot{I}_2}{\dot{V}_1}$ 称为在该负载条件下端口 1 的转移导纳，将 $H_V = \dfrac{\dot{V}_2}{\dot{V}_1}$ 称为在该负载条件下的转移电压比，或电压增益。

当给定一个双口网络后，仅用一个网络函数还不足以完整地描述该网络本身的固有特性，即端口变量的伏安约束。双口网络有 4 个端口变量，需要两个方程描述端口的伏安约束。从 4 个变量中每次选两个作自变量，另外两个作因变量，共有 6($C_4^2 = 6$)种描述方式。这 6 种描述方式对应 Z、Y、G、H、正向 T 和反向 T 共 6 种网络参数描述的伏安约束关系，称为双口网络的参数方程。这 6 种网络参数可用于描述同一个网络的特性，且它们相互等效。对某些特定的双口网络，6 种网络参数不一定都存在。

以下将介绍用阻抗参数(Z 参数)、导纳参数(Y 参数)、混合参数(G 参数和 H 参数)及传输参数(正向 T 参数和反向 T 参数)描述双口网络伏安约束的参数方程的定义、参数的求法，以及参数方程的应用分析。

思考题 7-1 双口网络端口变量有哪些？端口变量的参考方向是如何规定的？

思考题 7-2 双口网络端口变量与网络函数有何区别？

思考题 7-3 为什么说用一个函数不足以描述一个双口网络的伏安约束？

7.2 阻抗参数与导纳参数

7.2.1 Z 参数

双口网络的阻抗参数又称为 Z 参数，是一组用双口网络两侧电流描述端口两侧电压的参数。用 Z 参数描述的伏安约束关系称为阻抗参数方程，或 Z 参数方程。

如图 7-3 所示，选 $\dot{I}_1$ 和 $\dot{I}_2$ 为自变量，选 $\dot{V}_1$ 和 $\dot{V}_2$ 为因变量，对应的 Z 参数方程为

图 7-3 阻抗参数

$$\dot{V}_1 = z_{11}\dot{I}_1 + z_{12}\dot{I}_2$$
$$\dot{V}_2 = z_{21}\dot{I}_1 + z_{22}\dot{I}_2 \qquad (7\text{-}1)$$

写成矩阵形式为

$$\begin{bmatrix} \dot{V}_1 \\ \dot{V}_2 \end{bmatrix} = \begin{bmatrix} z_{11} & z_{12} \\ z_{21} & z_{22} \end{bmatrix} \begin{bmatrix} \dot{I}_1 \\ \dot{I}_2 \end{bmatrix} = \mathbf{Z} \begin{bmatrix} \dot{I}_1 \\ \dot{I}_2 \end{bmatrix} \qquad (7\text{-}2)$$

式(7-2)中

$$\mathbf{Z} = \begin{bmatrix} z_{11} & z_{12} \\ z_{21} & z_{22} \end{bmatrix} \qquad (7\text{-}3)$$

称为 Z 参数矩阵。

由 Z 参数方程可知，4 个参数是双口网络在特性条件下的网络函数，即

$$z_{11} = \frac{\dot{V}_1}{\dot{I}_1}\bigg|_{\dot{I}_2=0}, \quad z_{12} = \frac{\dot{V}_1}{\dot{I}_2}\bigg|_{\dot{I}_1=0}$$
$$z_{21} = \frac{\dot{V}_2}{\dot{I}_1}\bigg|_{\dot{I}_2=0}, \quad z_{22} = \frac{\dot{V}_2}{\dot{I}_2}\bigg|_{\dot{I}_1=0} \qquad (7\text{-}4)$$

由于这 4 个参数都是在双口网络一侧开路条件下的阻抗网络函数，所以 Z 参数也称为开路阻抗参数。

通常有以下两种方法可以得到双口网络的 Z 参数。

第一种方法是根据式(7-4)，将端口 2 开路，可以通过分析得到 z_{11} 和 z_{21} 这两个参数；将端口 1 开路，可以通过分析得到 z_{12} 和 z_{22} 这两个参数。对于实际双口网络，若允许端口开路，也可以利用该原理通过实验确定这 4 个参数，此方法也称为测试法。

第二种方法为解析分析法。若双口网络已知，可以直接运用结点分析法或网孔分析法等电路分析方法建立两端口电压与电流的关系，然后整理成式(7-1)所示的 Z 参数方程标准形式，从而确定这 4 个网络参数。

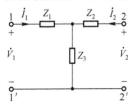

图 7-4 例 7-3 电路

例 7-3 试求图 7-4 所示 T 形双端口网络的 Z 参数矩阵。

解 1：测试法。令 $\dot{I}_2$ 为零，得

$$z_{11} = \frac{\dot{V}_1}{\dot{I}_1}\bigg|_{\dot{I}_2=0} = Z_1 + Z_3, \quad z_{21} = \frac{\dot{V}_2}{\dot{I}_1}\bigg|_{\dot{I}_2=0} = Z_3$$

令 $\dot{I}_1$ 为零，得

$$z_{12} = \frac{\dot{V}_1}{\dot{I}_2}\bigg|_{i_1=0} = Z_3, \quad z_{22} = \frac{\dot{V}_2}{\dot{I}_2}\bigg|_{i_1=0} = Z_2 + Z_3$$

从而得到

$$\boldsymbol{Z} = \begin{bmatrix} Z_1 + Z_3 & Z_3 \\ Z_3 & Z_2 + Z_3 \end{bmatrix}$$

解2：解析分析法。由两个网孔方程，得

$$\begin{cases} \dot{V}_1 = Z_1\dot{I}_1 + Z_3(\dot{I}_1 + \dot{I}_2) = (Z_1 + Z_3)\dot{I}_1 + Z_3\dot{I}_2 \\ \dot{V}_2 = Z_2\dot{I}_2 + Z_3(\dot{I}_1 + \dot{I}_2) = Z_3\dot{I}_1 + (Z_2 + Z_3)\dot{I}_2 \end{cases}$$

7.2.2　Y 参数

双口网络的导纳参数又称为 Y 参数，是一组用端口两侧电压描述端口两侧电流的参数。用 Y 参数描述的伏安约束关系称为导纳参数方程，或 Y 参数方程。

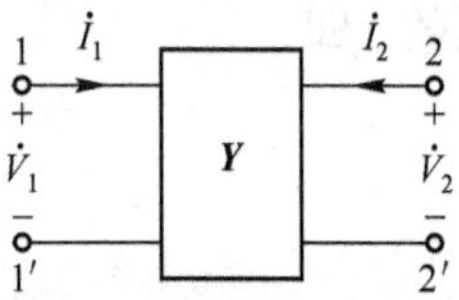

图 7-5　导纳参数

如图 7-5 所示，选 $\dot{V}_1$ 和 $\dot{V}_2$ 为自变量，$\dot{I}_1$ 和 $\dot{I}_2$ 为因变量，对应的 Y 参数方程为

$$\begin{aligned} \dot{I}_1 &= y_{11}\dot{V}_1 + y_{12}\dot{V}_2 \\ \dot{I}_2 &= y_{21}\dot{V}_1 + y_{22}\dot{V}_2 \end{aligned} \tag{7-5}$$

矩阵形式为

$$\begin{bmatrix} \dot{I}_1 \\ \dot{I}_2 \end{bmatrix} = \begin{bmatrix} y_{11} & y_{12} \\ y_{21} & y_{22} \end{bmatrix} \begin{bmatrix} \dot{V}_1 \\ \dot{V}_2 \end{bmatrix} = \boldsymbol{Y} \begin{bmatrix} \dot{V}_1 \\ \dot{V}_2 \end{bmatrix} \tag{7-6}$$

式 (7-6) 中

$$\boldsymbol{Y} = \begin{bmatrix} y_{11} & y_{12} \\ y_{21} & y_{22} \end{bmatrix} \tag{7-7}$$

称为 Y 参数矩阵。

由 Y 参数方程可知 4 个参数是双口网络在特性条件下的网络函数，即

$$\begin{aligned} y_{11} &= \frac{\dot{I}_1}{\dot{V}_1}\bigg|_{\dot{V}_2=0}, & y_{12} &= \frac{\dot{I}_1}{\dot{V}_2}\bigg|_{\dot{V}_1=0} \\ y_{21} &= \frac{\dot{I}_2}{\dot{V}_1}\bigg|_{\dot{V}_2=0}, & y_{22} &= \frac{\dot{I}_2}{\dot{V}_2}\bigg|_{\dot{V}_1=0} \end{aligned} \tag{7-8}$$

由于这 4 个参数是在双口网络一侧短路条件下的导纳网络函数，所以 Y 参数也称为短路导纳参数。

与 Z 参数求法类似，可以通过测试法或解析分析法求解 Y 参数。

例7-4 求图7-6(a)及图7-6(b)所示双口网络的 Y 参数矩阵。

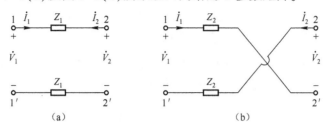

图7-6 例7-4电路

解：（1）用测试法分析图7-6(a)，得

$$y_{11} = \frac{\dot{I}_1}{\dot{V}_1}\bigg|_{\dot{V}_2=0} = \frac{1}{2Z_1} \qquad y_{21} = \frac{\dot{I}_2}{\dot{V}_1}\bigg|_{\dot{V}_2=0} = -\frac{1}{2Z_1}$$

$$y_{12} = \frac{\dot{I}_1}{\dot{V}_2}\bigg|_{\dot{V}_1=0} = -\frac{1}{2Z_1} \qquad y_{22} = \frac{\dot{I}_2}{\dot{V}_2}\bigg|_{\dot{V}_1=0} = \frac{1}{2Z_1}$$

$$Y = \begin{bmatrix} \dfrac{1}{2Z_1} & -\dfrac{1}{2Z_1} \\ -\dfrac{1}{2Z_1} & \dfrac{1}{2Z_1} \end{bmatrix}$$

（2）用测试法分析图7-6(b)，得

$$y_{11} = \frac{\dot{I}_1}{\dot{V}_1}\bigg|_{\dot{V}_2=0} = \frac{1}{2Z_2} \qquad y_{21} = \frac{\dot{I}_2}{\dot{V}_1}\bigg|_{\dot{V}_2=0} = \frac{1}{2Z_2}$$

$$y_{12} = \frac{\dot{I}_1}{\dot{V}_2}\bigg|_{\dot{V}_1=0} = \frac{1}{2Z_2} \qquad y_{22} = \frac{\dot{I}_2}{\dot{V}_2}\bigg|_{\dot{V}_1=0} = \frac{1}{2Z_2}$$

$$Y = \begin{bmatrix} \dfrac{1}{2Z_2} & \dfrac{1}{2Z_2} \\ \dfrac{1}{2Z_2} & \dfrac{1}{2Z_2} \end{bmatrix}$$

如果一个双口网络的 Z 参数和 Y 参数都存在，则两种参数矩阵的关系为 $Y = Z^{-1}$。

7.3 混合参数

7.3.1 H参数

Z 参数方程和 Y 参数方程都是采用同性质的端口变量作为自变量和因变量。若采用不同性质且不同端口的端口变量作为自变量和因变量，可以得到混合参数方程。混合参数方程的两个因变量一个是电压，另一个是电流，且这两个因变量位于不同端口，有两种构造参数方程的方法，分别对应 H 参数方程和 G 参数方程。

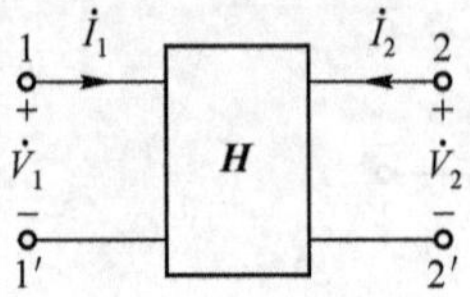

图 7-7 H 参数

如图 7-7 所示，选 $\dot{I}_1$ 和 $\dot{V}_2$ 作为自变量，选 $\dot{V}_1$ 和 $\dot{I}_2$ 作为因变量，对应的 H 参数方程为

$$\dot{V}_1 = h_{11}\dot{I}_1 + h_{12}\dot{V}_2$$
$$\dot{I}_2 = h_{21}\dot{I}_1 + h_{22}\dot{V}_2 \tag{7-9}$$

矩阵形式为

$$\begin{bmatrix} \dot{V}_1 \\ \dot{I}_2 \end{bmatrix} = \begin{bmatrix} h_{11} & h_{12} \\ h_{21} & h_{22} \end{bmatrix} \begin{bmatrix} \dot{I}_1 \\ \dot{V}_2 \end{bmatrix} = \boldsymbol{H} \begin{bmatrix} \dot{I}_1 \\ \dot{V}_2 \end{bmatrix} \tag{7-10}$$

式(7-10)中

$$\boldsymbol{H} = \begin{bmatrix} h_{11} & h_{12} \\ h_{21} & h_{22} \end{bmatrix} \tag{7-11}$$

称为 H 参数矩阵。

由 H 参数方程可知，4 个参数是双口网络在特性条件下的网络函数，即

$$h_{11} = \frac{\dot{V}_1}{\dot{I}_1}\bigg|_{\dot{V}_2=0}, \quad h_{12} = \frac{\dot{V}_1}{\dot{V}_2}\bigg|_{\dot{I}_1=0}$$

$$h_{21} = \frac{\dot{I}_2}{\dot{I}_1}\bigg|_{\dot{V}_2=0}, \quad h_{22} = \frac{\dot{I}_2}{\dot{V}_2}\bigg|_{\dot{I}_1=0} \tag{7-12}$$

H 参数也有测试法和解析分析法两种求解方法。

例 7-5 证明图 7-8 所示电路中 4 个元件的参数对应于描述该双口网络模型的 H 参数。

证明：

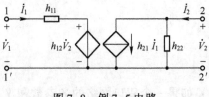

图 7-8 例 7-5 电路

$$h_{11} = \frac{\dot{V}_1}{\dot{I}_1}\bigg|_{\dot{V}_2=0}, \quad h_{12} = \frac{\dot{V}_1}{\dot{V}_2}\bigg|_{\dot{I}_1=0}$$

$$h_{21} = \frac{\dot{I}_2}{\dot{I}_1}\bigg|_{\dot{V}_2=0}, \quad h_{22} = \frac{\dot{I}_2}{\dot{V}_2}\bigg|_{\dot{I}_1=0}$$

7.3.2　G 参数

如图 7-9 所示，选 $\dot{V}_1$ 和 $\dot{I}_2$ 作为自变量，$\dot{I}_1$ 和 $\dot{V}_2$ 作为因变量，对应的 G 参数方程为

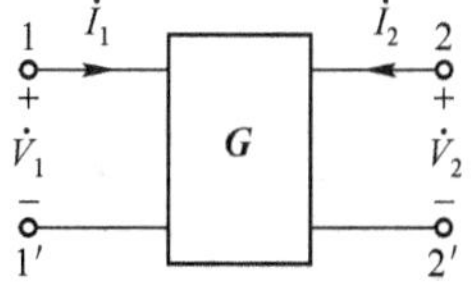

$$\dot{I}_1 = g_{11}\dot{V}_1 + g_{12}\dot{I}_2$$
$$\dot{V}_2 = g_{21}\dot{V}_1 + g_{22}\dot{I}_2 \qquad (7\text{-}13)$$

图 7-9　G 参数

矩阵形式为

$$\begin{bmatrix} \dot{I}_1 \\ \dot{V}_2 \end{bmatrix} = \begin{bmatrix} g_{11} & g_{12} \\ g_{21} & g_{22} \end{bmatrix} \begin{bmatrix} \dot{V}_1 \\ \dot{I}_2 \end{bmatrix} = \boldsymbol{G} \begin{bmatrix} \dot{V}_1 \\ \dot{I}_2 \end{bmatrix} \qquad (7\text{-}14)$$

式(7-14)中

$$\boldsymbol{G} = \begin{bmatrix} g_{11} & g_{12} \\ g_{21} & g_{22} \end{bmatrix} \qquad (7\text{-}15)$$

称为 G 参数矩阵。

由 G 参数方程可知，4 个参数是双口网络在特性条件下的网络函数，即

$$g_{11} = \left.\frac{\dot{I}_1}{\dot{V}_1}\right|_{\dot{I}_2=0}, \qquad g_{12} = \left.\frac{\dot{I}_1}{\dot{I}_2}\right|_{\dot{V}_1=0}$$
$$\qquad\qquad\qquad\qquad\qquad\qquad (7\text{-}16)$$
$$g_{21} = \left.\frac{\dot{V}_2}{\dot{V}_1}\right|_{\dot{I}_2=0}, \qquad g_{22} = \left.\frac{\dot{V}_2}{\dot{I}_2}\right|_{\dot{V}_1=0}$$

G 参数也有测试法和解析分析法两种求解方法。

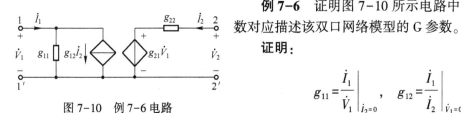

图 7-10　例 7-6 电路

例 7-6　证明图 7-10 所示电路中 4 个元件的参数对应描述该双口网络模型的 G 参数。

证明：

$$g_{11} = \left.\frac{\dot{I}_1}{\dot{V}_1}\right|_{\dot{I}_2=0}, \qquad g_{12} = \left.\frac{\dot{I}_1}{\dot{I}_2}\right|_{\dot{V}_1=0}$$

$$g_{21} = \left.\frac{\dot{V}_2}{\dot{V}_1}\right|_{\dot{I}_2=0}, \qquad g_{22} = \left.\frac{\dot{V}_2}{\dot{I}_2}\right|_{\dot{V}_1=0}$$

如果一个双口网络的 H 参数和 G 参数都存在，则两种参数矩阵关系为 $\boldsymbol{G} = \boldsymbol{H}^{-1}$。

7.4　传输参数

7.4.1　正向 T 参数

　　从传输角度出发，以一个端口的两个端口变量作为自变量，以另一个端口的两个端口变量作为因变量，可以得到传输参数方程。自变量有两种选择方法，分别对应正向 T 参数方程和反向 T 参数方程。

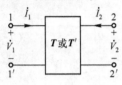

图 7-11　传输参数

　　如图 7-11 所示，选 $\dot{V}_2$ 和 $-\dot{I}_2$ 作为自变量，$\dot{V}_1$ 和 $\dot{I}_1$ 作为因变量，得到如下所示正向 T 参数方程

$$\begin{aligned} \dot{V}_1 &= A\dot{V}_2 + B(-\dot{I}_2) \\ \dot{I}_1 &= C\dot{V}_2 + D(-\dot{I}_2) \end{aligned} \tag{7-17}$$

矩阵形式为

$$\begin{bmatrix} \dot{V}_1 \\ \dot{I}_1 \end{bmatrix} = \begin{bmatrix} A & B \\ C & D \end{bmatrix} \begin{bmatrix} \dot{V}_2 \\ -\dot{I}_2 \end{bmatrix} = \boldsymbol{T} \begin{bmatrix} \dot{V}_2 \\ -\dot{I}_2 \end{bmatrix} \tag{7-18}$$

式(7-18)中

$$\boldsymbol{T} = \begin{bmatrix} A & B \\ C & D \end{bmatrix} \tag{7-19}$$

称为正向 T 参数矩阵。

　　由正向 T 参数方程可知，4 个参数是双口网络在特性条件下的网络函数，即

$$A = \left.\frac{\dot{V}_1}{\dot{V}_2}\right|_{\dot{I}_2=0}, \quad B = \left.\frac{\dot{V}_1}{-\dot{I}_2}\right|_{\dot{V}_2=0}$$

$$\tag{7-20}$$

$$C = \left.\frac{\dot{I}_1}{\dot{V}_2}\right|_{\dot{I}_2=0}, \quad D = \left.\frac{\dot{I}_1}{-\dot{I}_2}\right|_{\dot{V}_2=0}$$

　　正向 T 参数也有测试法和解析分析法两种求解方法。

7.4.2　反向 T 参数

　　如图 7-11 所示，选 $\dot{V}_1$ 和 $-\dot{I}_1$ 作为自变量，$\dot{V}_2$ 和 $\dot{I}_2$ 作为因变量，得到如下所示反向 T 参数方程

$$\begin{aligned} \dot{V}_2 &= A'\dot{V}_1 + B'(-\dot{I}_1) \\ \dot{I}_2 &= C'\dot{V}_1 + D'(-\dot{I}_1) \end{aligned} \tag{7-21}$$

矩阵形式为

$$\begin{bmatrix}\dot V_2\\ \dot I_2\end{bmatrix}=\begin{bmatrix}A' & B'\\ C' & D'\end{bmatrix}\begin{bmatrix}\dot V_1\\ -\dot I_1\end{bmatrix}=\boldsymbol{T}'\begin{bmatrix}\dot V_1\\ -\dot I_1\end{bmatrix}\tag{7-22}$$

式(7-22)中

$$\boldsymbol{T}'=\begin{bmatrix}A' & B'\\ C' & D'\end{bmatrix}\tag{7-23}$$

称为反向 T 参数矩阵。

由反向 T 参数方程可知，4 个参数是双口网络在特性条件下的网络函数，即

$$\begin{aligned}A'&=\left.\frac{\dot V_2}{\dot V_1}\right|_{\dot I_1=0},\quad B'=\left.\frac{\dot V_2}{-\dot I_1}\right|_{\dot V_1=0}\\ C'&=\left.\frac{\dot I_2}{\dot V_1}\right|_{\dot I_1=0},\quad D'=\left.\frac{\dot I_2}{-\dot I_1}\right|_{\dot V_1=0}\end{aligned}\tag{7-24}$$

如果一个双口网络的正向 T 参数和反向 T 参数都存在，则两种参数关系为

$$\begin{bmatrix}A' & B'\\ C' & D'\end{bmatrix}=\frac{1}{AD-BC}\begin{bmatrix}D & B\\ C & A\end{bmatrix}$$

反向 T 参数也有测试法和解析分析法两种求解方法。

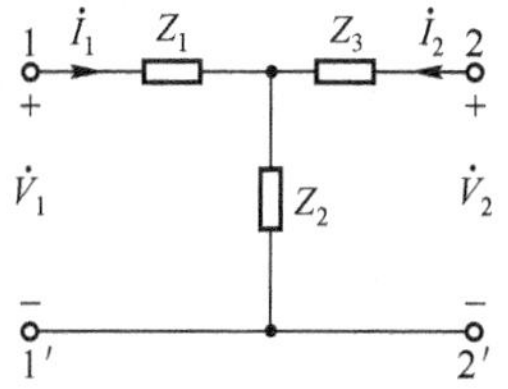

图 7-12　例 7-7 电路

例 7-7　求图 7-12 所示双口网络的正向 T 参数矩阵。

解： 应用测试法分析图 7-12 所示电路，得

$$A=\left.\frac{\dot V_1}{\dot V_2}\right|_{\dot I_2=0}=\frac{Z_1+Z_2}{Z_2}=1+\frac{Z_1}{Z_2}$$

$$B=\left.\frac{\dot V_1}{(-\dot I_2)}\right|_{\dot V_2=0}=\frac{Z_3(-\dot I_2)+Z_1\left[(-\dot I_2)+\dfrac{Z_3(-\dot I_2)}{Z_2}\right]}{-\dot I_2}=\frac{Z_1Z_2+Z_2Z_3+Z_3Z_1}{Z_2}$$

$$C=\left.\frac{\dot I_1}{\dot V_2}\right|_{\dot I_2=0}=\frac{1}{Z_2}$$

$$D=\left.\frac{\dot I_1}{(-\dot I_2)}\right|_{\dot V_2=0}=\frac{Z_2+Z_3}{Z_2}=1+\frac{Z_3}{Z_2}$$

正向 T 参数矩阵为

$$\boldsymbol{T}=\frac{1}{Z_2}\begin{bmatrix}Z_1+Z_2 & Z_1Z_2+Z_2Z_3+Z_3Z_1\\ 1 & Z_2+Z_3\end{bmatrix}$$

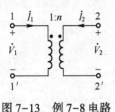

图 7-13 例 7-8 电路

例 7-8 求如图 7-13 所示理想变压器的正向 T 参数方程和反向 T 参数方程。

解： 图 7-13 所示理想变压器的伏安关系为

$$\begin{cases} \dot{V}_1/\dot{V}_2 = \dfrac{1}{n} \\ \dot{I}_1/\dot{I}_2 = -n \end{cases}$$

整理后得正向 T 参数方程为

$$\begin{bmatrix} \dot{V}_1 \\ \dot{I}_1 \end{bmatrix} = \begin{bmatrix} \dfrac{1}{n} & 0 \\ 0 & n \end{bmatrix} \begin{bmatrix} \dot{V}_2 \\ -\dot{I}_2 \end{bmatrix} = \boldsymbol{T} \begin{bmatrix} \dot{V}_2 \\ -\dot{I}_2 \end{bmatrix}$$

反向 T 参数方程为

$$\begin{bmatrix} \dot{V}_2 \\ \dot{I}_2 \end{bmatrix} = \begin{bmatrix} n & 0 \\ 0 & \dfrac{1}{n} \end{bmatrix} \begin{bmatrix} \dot{V}_1 \\ -\dot{I}_1 \end{bmatrix}$$

以上讨论了 Z、Y、H、G、正向 T 和反向 T 参数方程的定义。对于同一双口网络，这 6 种参数可以相互转换。在具体分析中，采用不同的网络参数可简化分析。选用那种网络参数主要取决于所要分析的特性及网络相互连接的方式。

思考题 7-4 写出描述双口网络参数方程的标准形式？有何特点？

思考题 7-5 求解给定双口网络参数的两种常用方法是什么？

7.5 应用分析

7.5.1 等效分析

若两个单口网络的伏安约束相同，则称这两个单口网络等效。因为需要用由两个方程构成的参数方程来描述双口网络的伏安约束，所以当两个双口网络有一组网络参数对应相等时，就称这两个双口网络等效。因为同一个双口网络的网络参数可以互相转换，所以若两个双口网络的任意一组网络参数对应相等，则这两个网络相互等效。

例 7-9 求图 7-14(a)所示星形网络与三角形网络的等效条件。

解： 将图 7-14(a)所示的两个双口网络形式改画为图 7-14(b)所示的双口网络形式，其中星形网络的 Z 参数矩阵为

$$\begin{bmatrix} Z_1+Z_3 & Z_2 \\ Z_2 & Z_2+Z_3 \end{bmatrix}$$

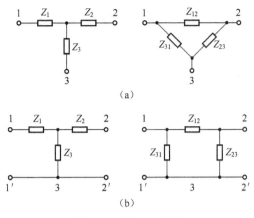

图 7-14　例 7-9 电路

三角形网络的 Z 参数矩阵为

$$
\begin{bmatrix}
\dfrac{Z_{31}(Z_{12}+Z_{23})}{Z_{12}+Z_{21}+Z_{31}} & \dfrac{Z_{23}Z_{31}}{Z_{12}+Z_{21}+Z_{31}} \\[4mm]
\dfrac{Z_{23}Z_{31}}{Z_{12}+Z_{21}+Z_{31}} & \dfrac{Z_{23}(Z_{12}+Z_{31})}{Z_{12}+Z_{21}+Z_{31}}
\end{bmatrix}
$$

令两网络 Z 参数矩阵相等,得到两网络等效条件为

$$
\begin{cases}
Z_1 = \dfrac{Z_{31}Z_{12}}{Z_{12}+Z_{23}+Z_{31}} \\[4mm]
Z_2 = \dfrac{Z_{12}Z_{23}}{Z_{12}+Z_{23}+Z_{31}}, \\[4mm]
Z_3 = \dfrac{Z_{23}Z_{31}}{Z_{12}+Z_{23}+Z_{31}}
\end{cases}
\qquad
\begin{cases}
Z_{12} = \dfrac{Z_1Z_2+Z_2Z_3+Z_3Z_1}{Z_3} \\[4mm]
Z_{23} = \dfrac{Z_1Z_2+Z_2Z_3+Z_3Z_1}{Z_1} \\[4mm]
Z_{31} = \dfrac{Z_1Z_2+Z_2Z_3+Z_3Z_1}{Z_2}
\end{cases}
$$

7.5.2　端口特性分析

　　双口网络参数方程描述了两个端口变量与另两个端口变量之间应该满足的关系。当双口网络两侧所接电路确定后,该双口网络两侧的端口变量也将随之确定;而当双口网络一侧或两侧所接电路不确定时,该双口网络两侧的端口变量也将不确定,但端口变量间存在的某种形式关系对电路功能分析十分重要,比如输入阻抗、输出阻抗、电压增益、电流增益、阻抗变换、电路等效,等等。

　　根据双口网络两侧所接电路是否确定可以将网络特性分析分为两类:第一类分析是在双口网络两侧所接电路确定的条件下端口变量的数值分析;第二类分析是在双口网络的一侧或两侧所接电路不确定的条件下端口变量的特性关系分析。

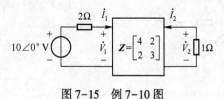

图 7-15　例 7-10 图

例 7-10　分析图 7-15 所示双口网络的端口特性。

解：由已知的双口网络 Z 参数可以得到 Z 参数方程为

$$\begin{cases} \dot{V}_1 = 4\dot{I}_1 + 2\dot{I}_2 \\ \dot{V}_2 = 2\dot{I}_1 + 3\dot{I}_2 \end{cases}$$

两侧单口网络的伏安约束为

$$\begin{cases} \dot{V}_1 = 10 - 2\dot{I}_1 \\ \dot{V}_2 = -\dot{I}_2 \end{cases}$$

联立求解，得

$$\begin{cases} \dot{V}_1 = 6 \text{ V} \\ \dot{I}_1 = 2 \text{ A} \\ \dot{V}_2 = 1 \text{ V} \\ \dot{I}_2 = -1 \text{ A} \end{cases}$$

例 7-11　分析图 7-16 所示双口网络输出端口的戴维南等效电路。

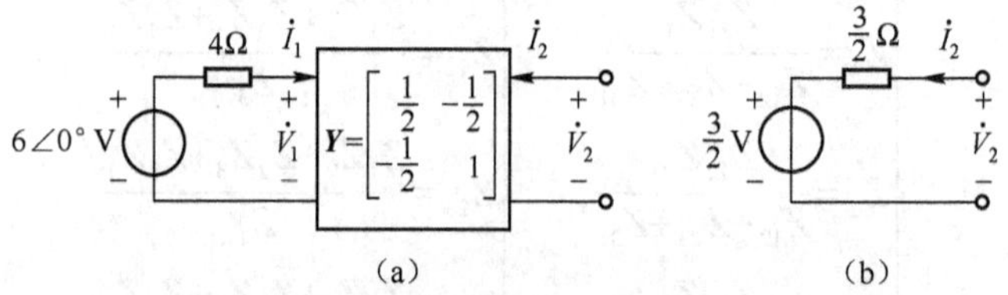

图 7-16　例 7-11 图

解 1：由已知的双口网络 Y 参数可以得到 Y 参数方程为

$$\begin{cases} \dot{I}_1 = \dfrac{1}{2}\dot{V}_1 - \dfrac{1}{2}\dot{V}_2 \\ \dot{I}_2 = -\dfrac{1}{2}\dot{V}_1 + \dot{V}_2 \end{cases}$$

左侧单口网络的伏安约束为

$$\dot{V}_1 = 6 - 4\dot{I}_1$$

联立求解，得到双口网络右侧端口变量的关系为

$$\dot{V}_2 = \frac{3}{2} + \frac{3}{2}\dot{I}_2$$

对应的戴维南等效电路如图 7-16(b) 所示。

解 2：求双口网络右侧的开路电压 $\dot{V}_{2OC}$。令解 1 中双口网络参数方程的 $\dot{I}_2$ 为零，然后与左侧单口网络的伏安约束方程联立求解，即

$$
\begin{cases}
\dot{I}_1 = \dfrac{1}{2}\dot{V}_1 - \dfrac{1}{2}\dot{V}_{2OC} \\[2mm]
0 = -\dfrac{1}{2}\dot{V}_1 + \dot{V}_{2OC} \\[2mm]
\dot{V}_1 = 6 - 4\dot{I}_1
\end{cases}
$$

得

$$\dot{V}_{2OC} = \frac{3}{2}\,\text{V}$$

用开路短路法求戴维南等效阻抗 $Z_o = -\dfrac{\dot{V}_{2OC}}{\dot{I}_{2SC}}$。令解 1 中双口网络参数方程的 $\dot{V}_2$ 为零，然后与左侧单口网络的伏安约束方程联立求解，即

$$
\begin{cases}
\dot{I}_1 = \dfrac{1}{2}\dot{V}_1 \\[2mm]
\dot{I}_{2SC} = -\dfrac{1}{2}\dot{V}_1 \\[2mm]
\dot{V}_1 = 6 - 4\dot{I}_1
\end{cases}
$$

得

$$\dot{I}_{2SC} = -1\,\text{A}$$

所以

$$Z_o = -\frac{\dot{V}_{2OC}}{\dot{I}_{2SC}} = \frac{3}{2}\,\Omega$$

例 7-12　求图 7-17 所示双口网络输入端等效输入阻抗 $Z_{\text{in1}} = \dfrac{\dot{V}_1}{\dot{I}_1}$，以及电压增益 $H_V = \dfrac{\dot{V}_2}{\dot{V}_1}$。

解：由已知的双口网络正向 T 参数可以得到 T 参数方程为

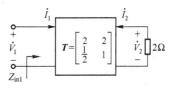

图 7-17　例 7-12 图

$$
\begin{cases}
\dot{V}_1 = 2\dot{V}_2 - 2\dot{I}_2 \\[2mm]
\dot{I}_1 = \dfrac{1}{2}\dot{V}_2 - \dot{I}_2
\end{cases}
$$

将右侧单口网络的伏安约束 $\dot{V}_2 = -2\dot{I}_2$ 代入上面方程，得

$$Z_{\text{in1}} = \frac{\dot{V}_1}{\dot{I}_1} = 3\,\Omega$$

$$H_V = \frac{\dot{V}_2}{\dot{V}_1} = \frac{1}{3}$$

例 7-13 求图 7-18 所示双口网络输入阻抗与负载阻抗的关系。

解： 由已知的双口网络 H 参数可以得到 H 参数方程为

$$\begin{cases} \dot{V}_1 = 2\dot{I}_1 + \dot{V}_2 \\ \dot{I}_2 = -\dot{I}_1 + \dfrac{1}{6}\dot{V}_2 \end{cases}$$

将右侧单口网络的伏安约束 $\dot{V}_2 = -\dot{I}_2 Z_L$ 代入上面方程，得

$$Z_{in1} = \frac{\dot{V}_1}{\dot{I}_1} = \frac{\dfrac{4}{3}\left(-\dfrac{\dot{V}_2}{\dot{I}_2}\right)+2}{\dfrac{1}{6}\left(-\dfrac{\dot{V}_2}{\dot{I}_2}\right)+1} = \frac{8Z_L+12}{Z_L+6}$$

例 7-14 求图 7-19 所示理想运放构成的双口网络 N 的 T 参数方程，并分析输入阻抗。

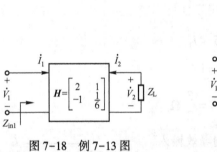

图 7-18　例 7-13 图

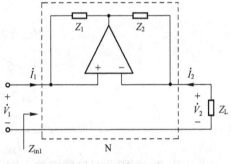

图 7-19　例 7-14 图

解： 采用解析分析法分析网络 N 的参数方程。由理想运放虚短路特性可知 $\dot{V}_1 = \dot{V}_2$，且 Z_1 与 Z_2 上的电压相等。由理想运放虚开路特性及 Z_1 与 Z_2 的伏安约束可知 $\dot{I}_1 Z_1 = \dot{I}_2 Z_2$。

由于输入阻抗是左侧端口电压与电流变量的比值，而负载 Z_L 恰好约束右侧端口变量的关系，所以采用正向 T 参数分析比较方便。整理上面的两个方程可得到网络 N 的 T 参数方程为

$$\begin{bmatrix} \dot{V}_1 \\ \dot{I}_1 \end{bmatrix} = \begin{bmatrix} 1 & 0 \\ 0 & -\dfrac{Z_2}{Z_1} \end{bmatrix} \begin{bmatrix} \dot{V}_2 \\ -\dot{I}_2 \end{bmatrix}$$

输入阻抗为

$$Z_{in1} = \frac{\dot{V}_1}{\dot{I}_1} = -\frac{Z_1}{Z_2}\frac{V_2}{(-I_2)} = -\frac{Z_1}{Z_2}Z_L$$

例 7-15 图 7-20(a) 为三极管交流等效电路，图 7-22(b) 所示为其对应的小信号模型。

分析图 7-20(b) 虚线框所示双口网络的 H 参数及其输入阻抗 $Z_{in} = \dfrac{\dot{V}_1}{\dot{I}_1}$，电流增益 $H_I = \dfrac{\dot{I}_2}{\dot{I}_1}$，电压

增益 $H_V = \dfrac{\dot{V}_2}{\dot{V}_1}$，以及戴维南等效输出阻抗 $Z_o = \dfrac{\dot{V}_2}{\dot{I}_2}\Big|_{\dot{V}_S=0}$。

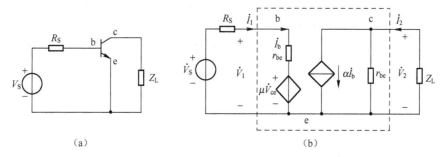

(a)   (b)

图 7-20　例 7-15 图

解： 虚线框网络的 H 参数方程为

$$\begin{bmatrix} \dot{V}_1 \\ \dot{I}_2 \end{bmatrix} = \begin{bmatrix} r_{be} & \mu \\ \alpha & \dfrac{1}{r_{ce}} \end{bmatrix} \begin{bmatrix} \dot{I}_1 \\ \dot{V}_2 \end{bmatrix}$$

将 $\dot{V}_2 = -\dot{I}_2 R_L$ 代入 H 参数方程得

$$Z_{in} = \frac{\dot{V}_1}{\dot{I}_1} = r_{be} - \frac{\alpha\mu}{\dfrac{1}{r_{ce}} + \dfrac{1}{Z_L}}$$

$$H_I = \frac{\dot{I}_2}{\dot{I}_1} = \frac{\alpha}{1 + \dfrac{Z_L}{r_{ce}}}$$

$$H_V = \frac{\dot{V}_2}{\dot{V}_1} = \frac{-\dot{I}_2 R_L}{\dot{I}_1 R_{in}} = -H_I \frac{R_L}{R_{in}}$$

将 $\dot{V}_1 = -\dot{I}_1 R_S$ 代入 H 参数方程得

$$Z_o = \frac{\dot{V}_2}{\dot{I}_2}\Big|_{\dot{V}_S=0} = \frac{1}{\dfrac{1}{r_{ce}} - \dfrac{\alpha\mu}{R_S + r_{be}}}$$

思考题 7-6 当双口网络的两个端口所接网络确定时，能分析哪些特性？如何分析？

思考题 7-7 当双口网络的一个端口所接网络确定时,能分析哪些特性?如何分析?

思考题 7-8 当双口网络的两个端口所接网络都不确定时,能分析哪些特性?如何分析?

7.6 双口网络的互联

前面介绍了如何用 Z、Y、H、G 和 T 参数方程描述双口网络伏安约束的方法及参数方程的应用分析,本节将在此基础上进一步讨论与这些网络参数对应的五种常用连接方式的拓扑约束特点,即串联、并联、串并联、并串联和链接的特点,从而形成一套完整的双口网络规范分析方法。

当满足一定的端口连接条件时,双口网络连接后得到的总网络的网络参数与被连接网络的网络参数之间存在简单关系。当不满足端口连接条件时,这种简单关系将不存在。约定本章所涉及的双口网络的连接均满足这些条件。

7.6.1 双口连接方式和参数关系

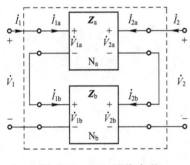

图 7-21 双口网络串联

(1) **串联**:如果两个双口网络按照图 7-21 所示方式分别将两侧端口串接,则称为双口网络的串串联,简称串联。

双口网络串联的特点是总网络两侧的电流分别与子网络两侧的电流相等,总网络两侧的电压分别是子网络两侧电压之和,即

$$\begin{cases} \begin{bmatrix} \dot{I}_1 \\ \dot{I}_2 \end{bmatrix} = \begin{bmatrix} \dot{I}_{1a} \\ \dot{I}_{2a} \end{bmatrix} = \begin{bmatrix} \dot{I}_{1b} \\ \dot{I}_{2b} \end{bmatrix} \\ \begin{bmatrix} \dot{V}_1 \\ \dot{V}_2 \end{bmatrix} = \begin{bmatrix} \dot{V}_{1a} \\ \dot{V}_{2a} \end{bmatrix} + \begin{bmatrix} \dot{V}_{1b} \\ \dot{V}_{2b} \end{bmatrix} \end{cases}$$

若用 Z 参数描述 N_a 和 N_b,则可得到

$$\begin{bmatrix} \dot{V}_1 \\ \dot{V}_2 \end{bmatrix} = \begin{bmatrix} \dot{V}_{1a} \\ \dot{V}_{2a} \end{bmatrix} + \begin{bmatrix} \dot{V}_{1b} \\ \dot{V}_{2b} \end{bmatrix} = \begin{bmatrix} z_{11a} & z_{12a} \\ z_{21a} & z_{22a} \end{bmatrix} \begin{bmatrix} \dot{I}_{1a} \\ \dot{I}_{2a} \end{bmatrix} + \begin{bmatrix} z_{11b} & z_{12b} \\ z_{21b} & z_{22b} \end{bmatrix} \begin{bmatrix} \dot{I}_{1b} \\ \dot{I}_{2b} \end{bmatrix}$$

$$= (\mathbf{Z}_a + \mathbf{Z}_b) \begin{bmatrix} \dot{I}_1 \\ \dot{I}_2 \end{bmatrix} = \mathbf{Z} \begin{bmatrix} \dot{I}_1 \\ \dot{I}_2 \end{bmatrix}$$

上式表明双口网络串联时,总网络的 Z 参数矩阵等于被串联各双口网络的 Z 参数矩阵之

和，这一点类似于电阻串联后的等效电阻等于各电阻之和。

（2）**并联**：如果两个双口网络按照图 7-22 所示方式分别将两侧端口并联，则称为双口网络的并并联，简称并联。

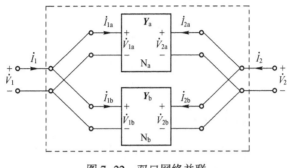

图 7-22　双口网络并联

双口网络并联的特点是总网络两侧的电压分别与子网络两侧的电压相等，总网络两侧的电流分别是子网络两侧电流之和，即

$$\begin{cases} \begin{bmatrix} \dot{V}_1 \\ \dot{V}_2 \end{bmatrix} = \begin{bmatrix} \dot{V}_{1a} \\ \dot{V}_{2a} \end{bmatrix} = \begin{bmatrix} \dot{V}_{1b} \\ \dot{V}_{2b} \end{bmatrix} \\[6mm] \begin{bmatrix} \dot{I}_1 \\ \dot{I}_2 \end{bmatrix} = \begin{bmatrix} \dot{I}_{1a} \\ \dot{I}_{2a} \end{bmatrix} + \begin{bmatrix} \dot{I}_{1b} \\ \dot{I}_{2b} \end{bmatrix} \end{cases}$$

若用 Y 参数描述 N_a 和 N_b，则将得到

$$\begin{bmatrix} \dot{I}_1 \\ \dot{I}_2 \end{bmatrix} = \begin{bmatrix} \dot{I}_{1a} \\ \dot{I}_{2a} \end{bmatrix} + \begin{bmatrix} \dot{I}_{1b} \\ \dot{I}_{2b} \end{bmatrix} = \begin{bmatrix} y_{11a} & y_{12a} \\ y_{21a} & y_{22a} \end{bmatrix} \begin{bmatrix} \dot{V}_{1a} \\ \dot{V}_{2a} \end{bmatrix} + \begin{bmatrix} y_{11b} & y_{12b} \\ y_{21b} & y_{22b} \end{bmatrix} \begin{bmatrix} \dot{V}_{1b} \\ \dot{V}_{2b} \end{bmatrix}$$

$$= (\boldsymbol{Y}_a + \boldsymbol{Y}_b) \begin{bmatrix} \dot{V}_1 \\ \dot{V}_2 \end{bmatrix} = \boldsymbol{Y} \begin{bmatrix} \dot{V}_1 \\ \dot{V}_2 \end{bmatrix}$$

上式表明双口网络并联时，总网络的 Y 参数矩阵等于被并联各双口网络的 Y 参数矩阵之和，这一点类似于电阻并联后的等效电导等于各电导之和。

（3）**串并联**：如果按照图 7-23 所示方式将两个双口网络的左侧串联，将两个双口网络的右侧并联，则称为双口网络的串并联。

双口网络串并联的特点是总网络左侧的电流

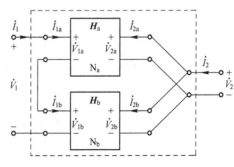

图 7-23　双口网络串并联

与子网络左侧的电流相等，总网络左侧的电压是子网络左侧电压之和，总网络右侧的电压与子网络右侧电压相等，总网络右侧的电流等于子网络右侧电流之和，即

$$\begin{cases} \begin{bmatrix} \dot{I}_1 \\ \dot{V}_2 \end{bmatrix} = \begin{bmatrix} \dot{I}_{1a} \\ \dot{V}_{2a} \end{bmatrix} = \begin{bmatrix} \dot{I}_{1b} \\ \dot{V}_{2b} \end{bmatrix} \\[4mm] \begin{bmatrix} \dot{V}_1 \\ \dot{I}_2 \end{bmatrix} = \begin{bmatrix} \dot{V}_{1a} \\ \dot{I}_{2a} \end{bmatrix} + \begin{bmatrix} \dot{V}_{1b} \\ \dot{I}_{2b} \end{bmatrix} \end{cases}$$

若用 H 参数描述 N_a 和 N_b，则可得到

$$\begin{bmatrix} \dot{V}_1 \\ \dot{I}_2 \end{bmatrix} = \begin{bmatrix} \dot{V}_{1a} \\ \dot{I}_{2a} \end{bmatrix} + \begin{bmatrix} \dot{V}_{1b} \\ \dot{I}_{2b} \end{bmatrix} = \begin{bmatrix} h_{11a} & h_{12a} \\ h_{21a} & h_{22a} \end{bmatrix} \begin{bmatrix} \dot{I}_{1a} \\ \dot{V}_{2a} \end{bmatrix} + \begin{bmatrix} h_{11b} & h_{12b} \\ h_{21b} & h_{22b} \end{bmatrix} \begin{bmatrix} \dot{I}_{1b} \\ \dot{V}_{2b} \end{bmatrix}$$

$$= (\boldsymbol{H}_a + \boldsymbol{H}_b) \begin{bmatrix} \dot{I}_1 \\ \dot{V}_2 \end{bmatrix} = \boldsymbol{H} \begin{bmatrix} \dot{I}_1 \\ \dot{V}_2 \end{bmatrix}$$

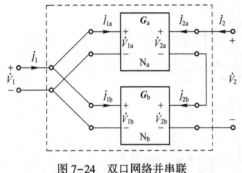

图 7-24　双口网络并串联

上式表明双口网络串并联时，总网络的 H 参数矩阵等于被串并联各双口网络的 H 参数矩阵之和。

（4）**并串联**：如果按照图 7-24 所示方式将两个双口网络的左侧并联，将两个双口网络的右侧串联，则称为双口网络的并串联。

双口网络并串联的特点是总网络左侧的电压与子网络左侧的电压相等，总网络左侧的电流等于子网络左侧电流之和，总网络右侧的电流与子网络右侧电流相等，总网络右侧的电压等于子网络右侧电压之和，即

$$\begin{cases} \begin{bmatrix} \dot{V}_1 \\ \dot{I}_2 \end{bmatrix} = \begin{bmatrix} \dot{V}_{1a} \\ \dot{I}_{2a} \end{bmatrix} = \begin{bmatrix} \dot{V}_{1b} \\ \dot{I}_{2b} \end{bmatrix} \\[4mm] \begin{bmatrix} \dot{I}_1 \\ \dot{V}_2 \end{bmatrix} = \begin{bmatrix} \dot{I}_{1a} \\ \dot{V}_{2a} \end{bmatrix} + \begin{bmatrix} \dot{I}_{1b} \\ \dot{V}_{2b} \end{bmatrix} \end{cases}$$

若用 G 参数描述 N_a 和 N_b，则可得到

$$\begin{bmatrix} \dot{I}_1 \\ \dot{V}_2 \end{bmatrix} = \begin{bmatrix} \dot{I}_{1a} \\ \dot{V}_{2a} \end{bmatrix} + \begin{bmatrix} \dot{I}_{1b} \\ \dot{V}_{2b} \end{bmatrix} = \begin{bmatrix} g_{11a} & g_{12a} \\ g_{21a} & g_{22a} \end{bmatrix} \begin{bmatrix} \dot{V}_{1a} \\ \dot{I}_{2a} \end{bmatrix} + \begin{bmatrix} g_{11b} & g_{12b} \\ g_{21b} & g_{22b} \end{bmatrix} \begin{bmatrix} \dot{V}_{1b} \\ \dot{I}_{2b} \end{bmatrix}$$

$$= (\boldsymbol{G}_a + \boldsymbol{G}_b) \begin{bmatrix} \dot{V}_1 \\ \dot{I}_2 \end{bmatrix} = \boldsymbol{G} \begin{bmatrix} \dot{V}_1 \\ \dot{I}_2 \end{bmatrix}$$

上式表明双口网络并串联时,总网络的 G 参数矩阵等于被并串联各双口网络的 G 参数矩阵之和。

(5) **链接**:如果按照图 7-25 所示方式将一个双口网络的右侧端口与另一个双口的左侧端口相连,则称为双口网络的链接或级联。

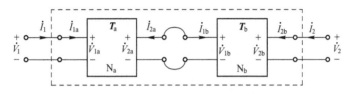

图 7-25 双口网络链接

双口网络链接的特点是总网络左侧端口变量等于最左侧子网络左侧端口变量,总网络右侧端口变量等于最右侧子网络右侧端口变量,而在链接处两个子网络的电压相等,电流相差一个负号,即

$$\begin{bmatrix} \dot{V}_1 \\ \dot{I}_2 \end{bmatrix} = \begin{bmatrix} \dot{V}_{1a} \\ \dot{I}_{1a} \end{bmatrix} , \quad \begin{bmatrix} \dot{V}_2 \\ \dot{I}_2 \end{bmatrix} = \begin{bmatrix} \dot{V}_{2b} \\ \dot{I}_{2b} \end{bmatrix} , \quad \begin{bmatrix} \dot{V}_{2a} \\ \dot{I}_{2a} \end{bmatrix} = \begin{bmatrix} \dot{V}_{1b} \\ -\dot{I}_{1b} \end{bmatrix}$$

若用 T 参数描述 N_a 和 N_b,则可得到

$$\begin{bmatrix} \dot{V}_1 \\ \dot{I}_1 \end{bmatrix} = \begin{bmatrix} \dot{V}_{1a} \\ \dot{I}_{1a} \end{bmatrix} = \begin{bmatrix} A_a & B_a \\ C_a & D_a \end{bmatrix} \begin{bmatrix} \dot{V}_{2a} \\ -\dot{I}_{2a} \end{bmatrix} = \begin{bmatrix} A_a & B_a \\ C_a & D_a \end{bmatrix} \begin{bmatrix} \dot{V}_{1b} \\ \dot{I}_{1b} \end{bmatrix} = \begin{bmatrix} A_a & B_a \\ C_a & D_a \end{bmatrix} \begin{bmatrix} A_b & B_b \\ C_b & D_b \end{bmatrix} \begin{bmatrix} \dot{V}_{2b} \\ -\dot{I}_{2b} \end{bmatrix}$$

$$= (\boldsymbol{T}_a \boldsymbol{T}_b) \begin{bmatrix} \dot{V}_2 \\ -\dot{I}_2 \end{bmatrix} = \boldsymbol{T} \begin{bmatrix} \dot{V}_2 \\ -\dot{I}_2 \end{bmatrix}$$

上式表明,双口网络链接时,总网络的 T 参数矩阵等于被链接各双口网络的 T 参数矩阵之积。

7.6.2 双口网络互联应用分析

分析复杂网络时应先将复杂网络分解为简单的子网络,并根据子网络的连接方式确定各子网络应采用的网络参数。然后,根据子网络的连接特点得到复杂网络的网络参数和参数方程。最后,依据得到的复杂网络参数方程进行分析。

下面通过实例讨论双口网络互联的应用分析。

例 7-16 求如图 7-26(a)所示网络 11′的等效输入电阻 R_{in}、I_1、V_1、I_2 和 V_2。

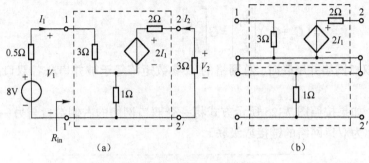

图 7-26 例 7-16 图

解：图 7-26(a)中虚线部分网络可看作图 7-26(b)中两个子网络串联，且上下两个子网络的 Z 参数矩阵分别为 $\mathbf{Z}_1 = \begin{bmatrix} 3 & 0 \\ 2 & 2 \end{bmatrix}$ 和 $\mathbf{Z}_2 = \begin{bmatrix} 1 & 1 \\ 1 & 1 \end{bmatrix}$。总网络的 Z 参数矩阵为

$$\mathbf{Z} = \mathbf{Z}_1 + \mathbf{Z}_2 = \begin{bmatrix} 4 & 1 \\ 3 & 3 \end{bmatrix}$$

总网络的 Z 参数方程为

$$\begin{bmatrix} V_1 \\ V_2 \end{bmatrix} = \begin{bmatrix} 4 & 1 \\ 3 & 3 \end{bmatrix} \begin{bmatrix} I_1 \\ I_2 \end{bmatrix}$$

将 $V_2 = -3I_2$ 代入 Z 参数方程得

$$R_{\text{in}} = \frac{V_1}{I_1} = 3.5 \ \Omega$$

$$I_1 = \frac{8}{0.5 + 3.5} = 2(\text{A})$$

$$V_1 = 3.5 I_1 = 7(\text{V})$$

将 $V_2 = -3I_2$ 和 $V_1 = 8 - 0.5 I_1$ 代入 Z 参数方程得 $\begin{cases} I_2 = -1 \ \text{A} \\ V_2 = 3 \ \text{V} \end{cases}$

例 7-17 如图 7-27(a)所示正弦稳态电路，求 $\dot{I}_1$、$\dot{V}_1$、$\dot{I}_2$ 和 $\dot{V}_2$

解：图 7-27(a)中虚线部分网络可看作图 7-27(b)中两个子网络的并联，且上下两个子网络的 Y 参数矩阵分别为 $\mathbf{Y}_1 = \begin{bmatrix} -j & j \\ j & -j \end{bmatrix}$ 和 $\mathbf{Y}_2 = \begin{bmatrix} j & j \\ j & j \end{bmatrix}$。总网络的 Y 参数矩阵为

$$\mathbf{Y} = \mathbf{Y}_1 + \mathbf{Y}_2 = \begin{bmatrix} 0 & j2 \\ j2 & 0 \end{bmatrix}$$

总网络的 Y 参数方程为

$$\begin{bmatrix} \dot{I}_1 \\ \dot{I}_2 \end{bmatrix} = \begin{bmatrix} 0 & j2 \\ j2 & 0 \end{bmatrix} \begin{bmatrix} \dot{V}_1 \\ \dot{V}_2 \end{bmatrix}$$

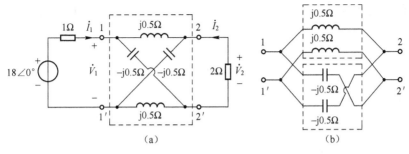

图 7-27　例 7-17 图

将 $\dot{V}_2 = -2\dot{I}_2$ 和 $\dot{V}_1 = 18 - I_1$ 代入 Y 参数方程得

$$\begin{cases} \dot{I}_1 = 16\ \text{A} \\ \dot{V}_1 = 2\ \text{V} \end{cases}, \qquad \begin{cases} \dot{I}_2 = \text{j}4\ \text{A} \\ \dot{V}_2 = -\text{j}8\ \text{V} \end{cases}$$

例 7-18　求如图 7-28 所示总网络 H 参数方程, 并分析开路电压增益 $H_V = \dfrac{\dot{V}_2}{\dot{V}_1}\bigg|_{i_2=0}$, 开路

输入阻抗 $Z_1 = \dfrac{\dot{V}_1}{\dot{I}_1}\bigg|_{i_2=0}$ 及短路输出阻抗 $Z_2 = \dfrac{\dot{V}_2}{\dot{I}_2}\bigg|_{\dot{V}_1=0}$

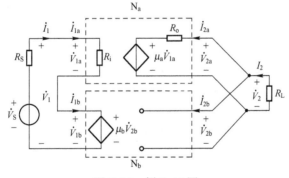

图 7-28　例 7-18 图

解: 由于网络 N_a 与 N_b 为串并联关系, 所以先求两个子网络的 H 参数方程为

$$\begin{bmatrix} \dot{V}_{1a} \\ \dot{I}_{2a} \end{bmatrix} = \begin{bmatrix} R_i & 0 \\ -\dfrac{R_i}{R_o}\mu_a & \dfrac{1}{R_o} \end{bmatrix} \begin{bmatrix} \dot{I}_{1a} \\ \dot{V}_{2a} \end{bmatrix},$$

$$\begin{bmatrix} \dot{V}_{1b} \\ \dot{I}_{2b} \end{bmatrix} = \begin{bmatrix} 0 & \mu_b \\ 0 & 0 \end{bmatrix} \begin{bmatrix} \dot{I}_{1b} \\ \dot{V}_{2b} \end{bmatrix}$$

总网络的 H 参数矩阵等于子网络 H 参数矩阵之和，从而得到总网络的 H 参数方程为

$$\begin{bmatrix} \dot{V}_1 \\ \dot{I}_2 \end{bmatrix} = \begin{bmatrix} R_i & \mu_b \\ -\dfrac{R_i}{R_o}\mu_a & \dfrac{1}{R_o} \end{bmatrix} \begin{bmatrix} \dot{I}_1 \\ \dot{V}_2 \end{bmatrix}$$

将 $\dot{I}_2 = 0$ 代入 H 参数方程得

$$H_V = \dfrac{\dot{V}_2}{\dot{V}_1} \bigg|_{\dot{I}_2=0} = \dfrac{\mu_a}{1+\mu_a \mu_b}$$

$$Z_1 = \dfrac{\dot{V}_1}{\dot{I}_1} \bigg|_{\dot{I}_2=0} = R_i(1+\mu_a \mu_b)$$

将 $\dot{V}_1 = 0$ 代入 H 参数方程得

$$Z_2 = \dfrac{\dot{V}_2}{\dot{I}_2} \bigg|_{\dot{V}_1=0} = \dfrac{R_o}{(1+\mu_a \mu_b)}$$

例 7-19 求如图 7-29 所示的总网络 G 参数方程，并分析短路电流增益 $H_I = \dfrac{\dot{I}_2}{\dot{I}_1}\bigg|_{\dot{V}_2=0}$，短

路输入阻抗 $Z_1 = \dfrac{\dot{V}_1}{\dot{I}_1}\bigg|_{\dot{V}_2=0}$ 及开路输出阻抗 $Z_2 = \dfrac{\dot{V}_2}{\dot{I}_2}\bigg|_{\dot{I}_1=0}$

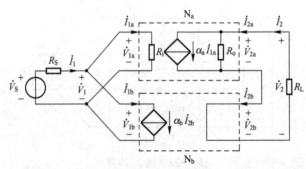

图 7-29 例 7-19 图

解： 由于网络 N_a 与 N_b 为并串联关系，所以先求两个子网络的 G 参数方程为

$$\begin{bmatrix} \dot{I}_{1a} \\ \dot{V}_{2a} \end{bmatrix} = \begin{bmatrix} \dfrac{1}{R_i} & 0 \\ -\dfrac{R_o}{R_i}\alpha_a & R_o \end{bmatrix} \begin{bmatrix} \dot{V}_{1a} \\ \dot{I}_{2a} \end{bmatrix},$$

$$\begin{bmatrix} \dot{I}_{1b} \\ \dot{V}_{2b} \end{bmatrix} = \begin{bmatrix} 0 & \alpha_b \\ 0 & 0 \end{bmatrix} \begin{bmatrix} \dot{V}_{1b} \\ \dot{i}_{2b} \end{bmatrix}$$

总网络的 G 参数矩阵等于子网络 G 参数矩阵之和，从而得到总网络的 G 参数方程为

$$\begin{bmatrix} \dot{I}_1 \\ \dot{V}_2 \end{bmatrix} = \begin{bmatrix} \dfrac{1}{R_i} & \alpha_b \\ -\dfrac{R_o}{R_i}\alpha_a & R_o \end{bmatrix} \begin{bmatrix} \dot{V}_1 \\ \dot{i}_2 \end{bmatrix}$$

将 $\dot{V}_2 = 0$ 代入 G 参数方程得

$$H_I = \frac{\dot{i}_2}{\dot{i}_1} \Bigg|_{\dot{V}_2=0} = \frac{\alpha_a}{1+\alpha_a\alpha_b}$$

$$Z_1 = \frac{\dot{V}_1}{\dot{i}_1} \Bigg|_{\dot{V}_2=0} = \frac{R_i}{1+\alpha_a\alpha_b}$$

将 $\dot{i}_1 = 0$ 代入 G 参数方程得

$$Z_2 = \frac{\dot{V}_2}{\dot{i}_2} \Bigg|_{\dot{i}_1=0} = R_o(1+\alpha_a\alpha_b)$$

例 7-20 求如图 7-30 所示总网络的 T 参数方程，并证明所有连接端口均匹配，即 $Z_{in1a} = R_S$，$Z_{in2a}|_{V_S=0} = Z_{in1b}$，$Z_{in2b}|_{V_S=0} = R_L$。

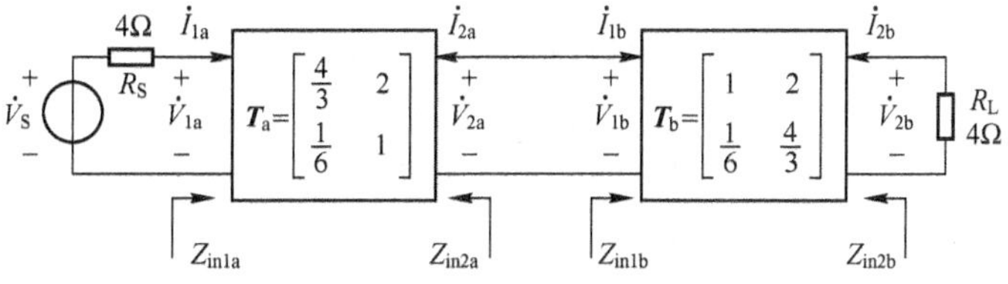

图 7-30 例 7-20 图

解： 两个子网络为链接关系，总网络正向 T 参数矩阵等于两个子网络的正向 T 参数矩阵之积。

总网络的正向 T 参数方程为

$$\begin{bmatrix} \dot{V}_{1a} \\ \dot{i}_{1a} \end{bmatrix} = \boldsymbol{T}_a\boldsymbol{T}_b \begin{bmatrix} \dot{V}_{2b} \\ -\dot{i}_{2b} \end{bmatrix} = \begin{bmatrix} \dfrac{5}{3} & \dfrac{16}{3} \\ \dfrac{1}{3} & \dfrac{5}{3} \end{bmatrix} \begin{bmatrix} \dot{V}_{2b} \\ -\dot{i}_{2b} \end{bmatrix}$$

将 $\dot{V}_{2b} = -4\dot{i}_{2b}$ 代入下式，得

$$Z_{\text{in1a}} = \frac{\dot{V}_{1a}}{\dot{I}_{1a}} = \frac{\dfrac{5}{3}\dot{V}_{2b} + \dfrac{16}{3}(-\dot{I}_{2b})}{\dfrac{1}{3}\dot{V}_{2b} + \dfrac{5}{3}(-\dot{I}_{2b})} = \frac{\dfrac{5}{3}(-4\dot{I}_{2b}) + \dfrac{16}{3}(-\dot{I}_{2b})}{\dfrac{1}{3}(-4\dot{I}_{2b}) + \dfrac{5}{3}(-\dot{I}_{2b})} = 4\,(\Omega) = R_{\text{S}}$$

由第一个双口网络的正向 T 参数方程可以得到其反向 T 参数方程为

$$\begin{bmatrix} \dot{V}_{2a} \\ \dot{I}_{2a} \end{bmatrix} = \begin{bmatrix} 1 & 2 \\ \dfrac{1}{6} & \dfrac{4}{3} \end{bmatrix} \begin{bmatrix} \dot{V}_{1a} \\ -\dot{I}_{1a} \end{bmatrix}$$

将 $\dot{V}_{1a} = -4\dot{I}_{1a}$ 代入下式，得

$$Z_{\text{in2a}}\big|_{\dot{V}_{\text{S}}=0} = \frac{\dot{V}_{2a}}{\dot{I}_{2a}}\bigg|_{\dot{V}_{\text{S}}=0} = \frac{\dot{V}_{1a} + 2(-\dot{I}_{1a})}{\dfrac{1}{6}\dot{V}_{1a} + \dfrac{4}{3}(-\dot{I}_{1a})} = \frac{(-4\dot{I}_{1a}) + 2(-\dot{I}_{1a})}{\dfrac{1}{6}(-4\dot{I}_{1a}) + \dfrac{4}{3}(-\dot{I}_{1a})} = 3\,(\Omega)$$

第二个双口网络的正向 T 参数方程为

$$\begin{bmatrix} \dot{V}_{1a} \\ \dot{I}_{1b} \end{bmatrix} = \begin{bmatrix} 1 & 2 \\ \dfrac{1}{6} & \dfrac{4}{3} \end{bmatrix} \begin{bmatrix} \dot{V}_{2b} \\ -\dot{I}_{2b} \end{bmatrix}$$

将 $\dot{V}_{2b} = -4\dot{I}_{2b}$ 代入下式，得

$$Z_{\text{in1b}} = \frac{\dot{V}_{1b}}{\dot{I}_{1b}} = \frac{\dot{V}_{2b} + 2(-\dot{I}_{2b})}{\dfrac{1}{6}\dot{V}_{2b} + \dfrac{4}{3}(-\dot{I}_{2b})} = \frac{(-4\dot{I}_{2b}) + 2(-\dot{I}_{2b})}{\dfrac{1}{6}(-4\dot{I}_{2b}) + \dfrac{4}{3}(-\dot{I}_{2b})} = 3\,(\Omega) = Z_{\text{in2a}}\big|_{\dot{V}_{\text{S}}=0}$$

由总网络的正向 T 参数方程得到总网络的反向 T 参数方程为

$$\begin{bmatrix} \dot{V}_{2b} \\ \dot{I}_{2b} \end{bmatrix} = \begin{bmatrix} \dfrac{5}{3} & \dfrac{16}{3} \\ \dfrac{1}{3} & \dfrac{5}{3} \end{bmatrix} \begin{bmatrix} \dot{V}_{1a} \\ -\dot{I}_{1a} \end{bmatrix}$$

将 $\dot{V}_{1a} = -4\dot{I}_{1a}$ 代入下式，得

$$Z_{\text{in2b}}\big|_{\dot{V}_{\text{S}}=0} = \frac{\dot{V}_{2b}}{\dot{I}_{2b}}\bigg|_{\dot{V}_{\text{S}}=0} = \frac{\dfrac{5}{3}\dot{V}_{1a} + \dfrac{16}{3}(-\dot{I}_{1a})}{\dfrac{1}{3}\dot{V}_{1a} + \dfrac{5}{3}(-\dot{I}_{1a})} = \frac{\dfrac{5}{3}(-4\dot{I}_{1a}) + \dfrac{16}{3}(-\dot{I}_{1a})}{\dfrac{1}{3}(-4\dot{I}_{1a}) + \dfrac{5}{3}(-\dot{I}_{1a})} = 4\,(\Omega) = R_{\text{L}}$$

思考题 7-9　双口网络互联形式有哪些？对应的总网络参数矩阵与子网络参数矩阵的关系是什么？

思考题 7-10　双口网络 N_1、N_2、N_3 的 Z 参数矩阵分别为 $\mathbf{Z}_1$、$\mathbf{Z}_2$、$\mathbf{Z}_3$。若 N_1 与 N_2 并联后与 N_3 串联，则总网络 Z 参数矩阵等于什么？

本章要点

- 对外只有一对端子的网络称为单口网络,有两对端子的网络称为双口网络。
- 双口网络的常用描述方式有 Z、Y、H、G、正向 T 和反向 T 参数。六套参数构成六套参数方程组,每套方程组中包含了两个方程,描述了双口网络 4 个端口变量间的伏安约束关系。这六套参数方程可以用来描述同一双口网络特性,在实际分析中可以根据需要采用不同的描述方式。
- 对于每套参数和参数方程,都需要掌握其网络参数的求法,包括测试法和解析分析法。
- 根据基本双口网络的连接方式对应的参数关系,可以求出复杂双口网络的网络参数。双口网络的连接方式有串联、并联、串并连、并串联、链接 5 种方式。双口网络串联,Z 参数矩阵相加;双口网络并联,Y 参数矩阵相加;双口网络串并连,H 参数矩阵相加;双口网络并串联,G 参数矩阵相加;双口网络链接,T 参数矩阵相乘。
- 网络特性分析包括两类:第一类分析是指针对确定网络,分析在两侧端口外电路确定条件下的端口特性,属于数值分析;第二类分析是针对不确定网络,分析在一侧端口或两侧外电路不确定条件下的端口变量特性关系,属于特性关系分析。
- 双口网络参数方程归纳见表 7-1。

表 7-1　双口网络参数方程

Z 参数方程	Y 参数方程	H 参数方程
$\dot{V}_1 = z_{11}\dot{I}_1 + z_{12}\dot{I}_2$	$\dot{I}_1 = y_{11}\dot{V}_1 + y_{12}\dot{V}_2$	$\dot{V}_1 = h_{11}\dot{I}_1 + h_{12}\dot{V}_2$
$\dot{V}_2 = z_{21}\dot{I}_1 + z_{22}\dot{I}_2$	$\dot{I}_2 = y_{21}\dot{V}_1 + y_{22}\dot{V}_2$	$\dot{I}_2 = h_{21}\dot{I}_1 + h_{22}\dot{V}_2$
G 参数方程	正向 T 参数方程	反向 T 参数方程
$\dot{I}_1 = g_{11}\dot{V}_1 + g_{12}\dot{I}_2$	$\dot{V}_1 = A\dot{V}_2 + B(-\dot{I}_2)$	$\dot{V}_2 = A'\dot{V}_1 + B'(-\dot{I}_1)$
$\dot{V}_2 = g_{21}\dot{V}_1 + g_{22}\dot{I}_2$	$\dot{I}_1 = C\dot{V}_2 + D(-\dot{I}_2)$	$\dot{I}_2 = C'\dot{V}_1 + D'(-\dot{I}_1)$

习题

7-1　求题 7-1 图所示网络的 Z 参数。

7-2　求题 7-2 图所示网络的 Y 参数。

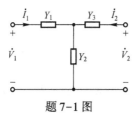

题 7-1 图

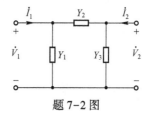

题 7-2 图

7-3　求题7-3图所示网络的T参数，并说明这两个网络的T参数有何关系。

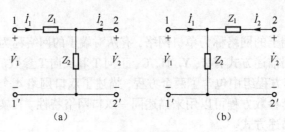

（a）　　　　　　　　（b）

题7-3图

7-4　求题7-4图所示对称T形网络的T参数，并利用该参数求当$V_2=3\,\text{V}$，$I_2=-3\,\text{A}$时的V_1和I_1。

7-5　利用双口网络并联原理将题7-5图所示网络分解为电阻网络与电抗网络并联的形式，并求总网络的Y参数。

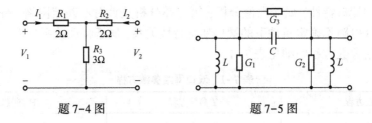

题7-4图　　　　　　　　　　题7-5图

7-6　利用双口网络链接原理分解题7-6图所示网络，并求总网络的T参数。已知$Z_1=Z_3=Z_1'=Z_3'=1\,\Omega$，$Z_2=Z_2'=2\,\Omega$。

7-7　如题7-7图所示双口网络满足$y_{12}=y_{21}$。已知$Z_{01}=\dfrac{V_1}{I_1}\bigg|_{V_2=0}=2\,\Omega$，$Z_{02}=\dfrac{V_2}{I_2}\bigg|_{V_1=0}=\dfrac{3}{2}\,\Omega$，

$Z_{\infty 1}=\dfrac{V_1}{I_1}\bigg|_{I_2=0}=8\,\Omega$，$Z_{\infty 2}=\dfrac{V_2}{I_2}\bigg|_{I_1=0}=6\,\Omega$，求Y参数方程。

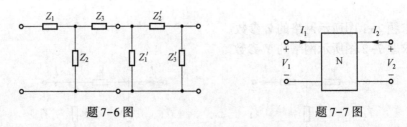

题7-6图　　　　　　　　　题7-7图

7-8　如题7-8图所示网络，求：（1）当$R_L=1\,\Omega$时的输入电流I_1；（2）该网络输出与输入电压比H_V。

7-9 如题7-9图所示双口网络N，已知：

当22′负载 Z_L 开路时，$I_1 = 1\,\text{A}$，$V_2 = 3\,\text{V}$；

当22′负载 Z_L 短路时，$I_1 = \dfrac{25}{16}\,\text{A}$，$I_2 = -\dfrac{15}{16}\,\text{A}$。

（1）求T参数方程。（2）求当22′负载 $Z_L = 4\,\Omega$ 时的 I_1, I_2, V_2。

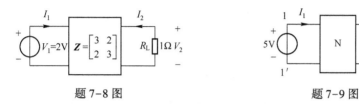

题7-8图　　　　　　　题7-9图

7-10 求题7-10图所示两个网络的等效条件。

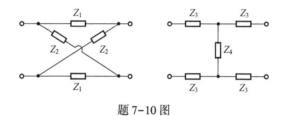

题7-10图

7-11 求题7-11图所示两个网络的等效条件。

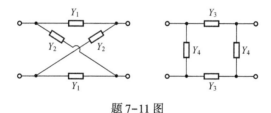

题7-11图

7-12 求当题7-12图所示网络中的 $R_L \to \infty$ 和 $R_L = 0.25\,\Omega$ 时 V_L 的大小。

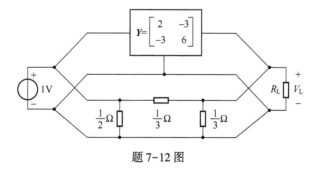

题7-12图

7-13　求题 7-13 图所示网络中的电流 I_1。

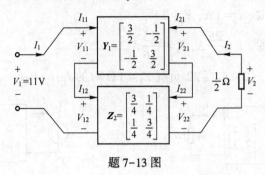

题 7-13 图

7-14　如题 7-14 图所示网络，求：（1）11′端口的输入电阻 R_{in}、V_1 和 I_1；（2）22′端口左侧戴维南等效电路、V_2 和 I_2。

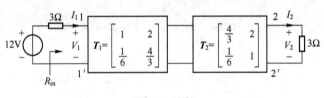

题 7-14 图

第8章 非线性电阻电路分析

提要 前面各章介绍了由线性元件和独立源构成的线性电路的分析方法。严格讲，实际电路都是非线性的。当非线性的影响可忽略时，将非线性电路近似为线性电路可简化分析。当非线性的影响不能忽略时，需要从非线性关系出发进行分析。本章介绍了含有非线性电阻电路的分析方法，包括图解分析法、分段线性分析法、牛顿迭代分析法及小信号线性化分析法。

8.1 非线性电阻电路

电路中的电阻元件是直接用端口电压和电流关系描述的二端元件，其特性可以用 v-i 平面上一条曲线来描述。线性电阻的伏安特性是一条过原点的直线，而**非线性电阻**的伏安特性 $f(v,i)=0$ 则不是过原点的直线。图 8-1(a) 是非线性电阻符号，图 8-1(b)、8-1(c)、8-1(d) 所示的伏安关系均代表非线性电阻的特性。

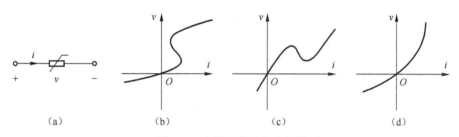

图 8-1 电阻元件的伏安特性

非线性电阻的 v-i 特性有不同类型，对应的分析方法也有差别。二端非线性电阻元件有以下的分类。

电压控制型非线性电阻的伏安特性如图 8-1(b) 所示，其伏安特性曲线上对于任意给定电压值均对应唯一的电流值，数学模型可写为 $i=f(v)$。

结点分析法是用结点电压描述支路电流并写出结点电流方程进行分析，所以电压控制型非线性电阻电路适合建立结点方程。

电流控制型非线性电阻的伏安特性如图 8-1(c) 所示，其伏安特性曲线上对于任意给定电流值均对应唯一的电压值，数学模型可写为 $v=f(i)$。

网孔分析法是用网孔电流描述支路电压并写出网孔电压方程进行分析，所以电流控制型非线性电阻电路适合建立网孔方程。

严格单调非线性电阻的伏安特性如图 8-1(d) 所示，其伏安特性曲线上对于任意给定电压值都有唯一电流值，对于任意给定电流值也都对应唯一电压值。由于电流值与电压值一一对应，所以数学模型既可以写成 $v = f(i)$，又可以写成 $i = g(v)$。

严格单调非线性电阻电路既适合建立结点电流方程，又适合建立网孔电压方程。

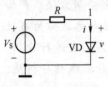

图 8-2　例 8-1 电路

例 8-1　如图 8-2 所示电路，元件 VD 为半导体二极管，用 $i = I_S(e^{\frac{v}{V_T}} - 1)$ 的非线性电阻特性描述，其中 I_S 和 V_T 为常数，试列出结点 1 的结点方程。

解：结点 1 接线性电阻 R 和半导体二极管 VD，用结点电压 v 描述这两个元件的电流，并写出 KCL 方程为

$$\frac{v - V_S}{R} + I_S(e^{\frac{v}{V_T}} - 1) = 0$$

该方程为非线性方程。

思考题 8-1　非线性电阻及非线性电阻电路方程的特点是什么？

8.2　图解分析法

电路的解析分析是依据元件的伏安约束和基尔霍夫约束建立一组方程，然后求解。从图解的角度看方程就是曲线，方程组的解就是曲线的交点。

如图 8-3 所示，电路 1 和电路 2 端口的伏安特性关系为 $f_1(v_1, i_1) = 0$ 和 $f_2(v_2, i_2) = 0$。利用 $v_2 = v_1$ 和 $i_2 = -i_1$ 的关系，在同一坐标系中画出这两条曲线，并用这两条曲线的交点确定两电路连接处变量的解，这一方法称为**图解分析法**。

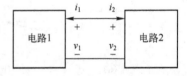

图 8-3　图解法

例 8-2　运用图解分析法分析如图 8-4(a) 所示电路的电压 v_2，其中元件 VD 为半导体二极管。图 8-4(b)，8-4(c)，8-4(d) 分别为电路中电压源、电阻和二极管三个元件的伏安特性曲线。

解：将电路分解为如图 8-4(a) 所示的两部分。由于电压源与电阻串联，所以将图 8-4(b) 和图 8-4(c) 所示电压源和电阻的伏安特性曲线上同一电流的电压相加将得到图 8-4(e) 所示两元件串联的伏安特性曲线。将图 8-4(e) 的纵坐标变换为 $-i_1$，得到图 8-4(f)。由电路连接关系可知 $v_2 = v_1$，$i_2 = -i_1$，将两条曲线画在同一坐标系中，如图 8-4(g) 所示，交点坐标 (v_0, i_0) 即为电路的解。

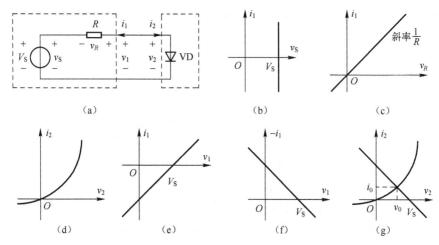

图 8-4 例 8-2 电路图解分析过程

例 8-3 运用图解分析法分析如图 8-5(a)所示电路的电压 v_2,其中元件 VD 为半导体二极管。图 8-5(b),8-5(c),8-5(d)分别画出了电路中电流源、电阻和二极管三个元件的伏安特性曲线。

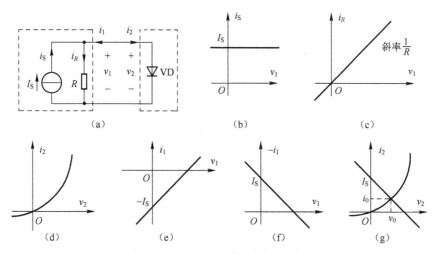

图 8-5 例 8-3 电路图解分析过程

解:将电路分解为如图 8-5(a)所示两部分。由于电流源与电阻并联,所以将图 8-5(c)和图 8-5(b)所示电阻和电流源的伏安特性曲线上同一电压的电流相减将得到图 8-5(e)所示两元件并联的伏安特性曲线。将图 8-5(e)的纵坐标变换为 $-i_1$,将得到图 8-5(f)。由电路连接关系可知 $v_2 = v_1$,$i_2 = -i_1$,将两条曲线画在同一坐标系中,如图 8-5(g)所示,交点坐标(v_0,i_0)即为电路的解。

思考题 8-2 图解分析法的基本步骤是什么？

思考题 8-3 图解分析法的精度受哪些因素影响？

8.3 分段线性分析法

将非线性电阻伏安特性曲线分为若干区间，并对每个区间用直线近似的方法称为**分段线性化**。例如，图 8-6(a)所示虚线为电路中第 j 个非线性电阻（或支路）的曲线。假定这个曲线可以用三段直线来近似，在不同的工作条件下，元件的变量可能处在不同的近似直线上。分段线性化求解过程将尝试每个支路 j 的每条线段 k，直到找到变量的解。

分段线性化后的直线伏安特性如图 8-6(b)所示，可以用戴维南等效电路或诺顿等效电路等效，然后用线性电路分析方法进行求解。区间数越多，近似程度越好，但需要分析的次数也越多。

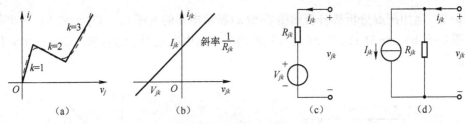

图 8-6　戴维南与诺顿等效电路

迭代戴维南等效电路是将图 8-6(b)所示的非线性支路 j 的第 k 区间线性化伏安特性表示为 $v_{jk} = V_{jk} + R_{jk} i_{jk}$，对应的等效电路如图 8-6(c)所示。

迭代诺顿等效电路是将图 8-6(b)所示的非线性支路 j 的第 k 区间线性化伏安特性表示为 $i_{jk} = I_{jk} + \dfrac{1}{R_{jk}} v_{jk}$，对应的等效电路如图 8-6(d)所示。

分段线性分析法是将电路中的非线性支路分段线性化后，用线性化区间的戴维南或诺顿等效电路近似该非线性支路，得到分段线性化近似等效电路。不同非线性支路和不同线性化区间的戴维南或诺顿等效电路的参数不同，得到的是一组线性化近似等效电路。分析各分段线性化电路的特性，判断其是否位于线性化区间内，若在线性化区间内，则为电路的解，否则便不是电路的解。

例 8-4　如图 8-7 所示电路，元件 VD 为半导体二极管，用如图 8-7(b)所示的非线性电阻特性描述，将该非线性电阻分三段进行线性化（如图 8-7(c)所示），分析 v 和 i。

解： 图 8-7(d)为分段线性化后的诺顿等效电路，下标 k 为分段区间。由图 8-7(c)可知，三段区间的诺顿等效电路参数见表 8-1。

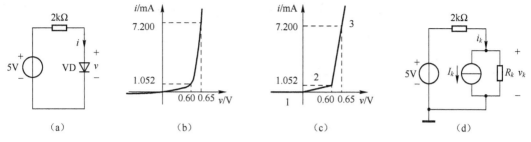

图 8-7　例 8-4 电路

表 8-1　三段区间的诺顿等效电路参数

区间 k	伏安特性/mA-V	R_k/kΩ	I_k/mA	电压区间	电流区间
1	$i_1 = 0$	∞	0	$(-\infty, 0)$	$(0, 0)$
2	$i_2 = 1.753v_2$	0.570	0	$(0, 0.60)$	$(0, 1.052)$
3	$i_2 = -72.724 + 122.96v_3$	0.008133	−72.724	$(0.60, \infty)$	$(1.052, \infty)$

结点方程为

$$\left(\frac{1}{2} + \frac{1}{R_k}\right)v_k - \frac{1}{2} \times 5 = -I_k$$

其中，电阻单位为 kΩ，电流单位为 mA，电压单位为 V，将诺顿等效电路参数代入上式得到表 8-2。

表 8-2　三段区间判断

区间 k	电压区间	v_k/V	判断是否属于该电压区间
1	$(-\infty, 0)$	5	否
2	$(0, 0.60)$	1.109	否
3	$(0.60, \infty)$	0.609	是

非线性电路工作在第三段区间，电流为

$$i_3 = I_3 + \frac{v_3}{0.008133} = -72.724 + \frac{0.609}{0.008133} = 2.156\,(\text{mA})$$

例 8-5　如图 8-8(a)所示电路，元件 VD 为半导体二极管。将二极管伏安特性曲线按图 8-8(b)所示分两段进行线性化，分析当 v_{in} 为 8 V 和 12V 时的 v_0。

解：图 8-8(b)所示非线性电阻的第一段区间的电压区间为 $(-\infty, 0)$，电流为零，只能用诺顿等效电路，如图 8-8(c)所示，相当电流源为零，电阻无穷大，即开路。图 8-8(b)所示非线性电阻的第二段区间的电压为零，电流区间为 $(0, \infty)$，只能用戴维南等效电路，如图 8-8(d)所示，相当电压源为零，电阻为零，即短路。

当 $v_{\text{in}} = 8$ V 时，由图 8-8(c)所示的第一段区间电路分析得 $v_{01} = 4$ V，非线性电阻的电压

$v_{VD1} = 4-5 = -1(V)$，电流 $i_{VD1} = 0\,A$，均落在第一区间内。由图 8-8(d) 所示的第二段区间电路分析得 $v_{02} = 5\,V$，非线性电阻的电压 $v_{VD2} = 0\,V$，电流 $i_{VD2} = \dfrac{(8-5)}{10} - \dfrac{5}{10} = -0.2(A)$，电流没有落在第二段区间内。所以，当 $v_{in} = 8\,V$ 时，电路应工作在第一区间内，$v_{01} = 4\,V$。

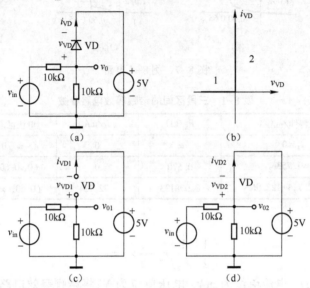

图 8-8 例 8-5 电路

当 $v_{in} = 12\,V$ 时，由图 8-8(c) 所示的第一段区间电路分析得 $v_{01} = 6\,V$，非线性电阻的电压 $v_{VD1} = 6-5 = 1(V)$，电流 $i_{VD1} = 0\,A$，电压没有落在第一区间内。由图 8-8(d) 所示的第二段区间电路分析得 $v_{02} = 5\,V$，非线性电阻的电压 $v_{VD2} = 0\,V$，电流 $i_{VD2} = \dfrac{(12-5)}{10} - \dfrac{5}{10} = 0.2(A)$，均落在第二段区间内。所以当 $v_{in} = 12\,V$ 时，电路应工作在第二区间，$v_{02} = 5\,V$。

思考题 8-4 分段线性分析法的基本步骤是什么？

思考题 8-5 分段线性分析法的精度受哪些因素影响？

思考题 8-6 若 $V = 5I+3$，画出对应的戴维南等效电路和诺顿等效电路。

思考题 8-7 对于含有 2 个非线性电阻的电路，分别用 2 段和 3 段直线进行特性描述，若采用分段线性分析法，需要分析多少次？

8.4 牛顿迭代分析法

无论是图解分析法还是分段线性分析法，分析结果总会有一定误差，更重要的是该误差往往很难控制。本节介绍的牛顿迭代分析法虽然也存在一定误差，但该误差是可控的，只要事先给定精度就可以求出满足该精度的解，所以在工程应用分析中具有重要意义。

　　牛顿迭代分析法是由严格的数学推导得出的，但结论非常简单，这里仅介绍如何运用，不涉及数学推导及收敛问题的讨论。

　　当采用结点分析法时，为了计算方便，假定电路中的电压源已通过等效变换全部转换为电流源。**牛顿迭代分析法**的具体步骤如下。

　　（1）设定各结点电压的初始假定值及结点电压误差大小。

　　（2）根据结点电压初始值计算各非线性电阻的电压和电流，并求出非线性电阻伏安特性曲线过该电压和电流处的切线。该切线用诺顿电路描述，从而得到对应的线性电路。

　　（3）用结点分析法分析该线性电路，得到一组新的结点电压。

　　（4）将得到的结点电压与初始结点电压比较并计算误差。若误差小于设定值，则认定新得到的结点电压为电路的解；若误差大于设定值，则用新得到的结点电压代替初始结点电压，并重复步骤（2）~（4），直到满足误差要求。

　　例 8-6　　如图 8-9（a）所示电路，元件 VD 为半导体二极管，其非线性伏安关系为 $i = 10^{-11}(e^{40v}-1)\,A$，如图 8-9（b）所示，运用牛顿迭代分析法分析结点电压 v。设定结点电压的初始假定值 $v_0 = 0.5000\,V$，且当两次迭代结果之差小于等于 $0.0001\,V$ 时，迭代结束。

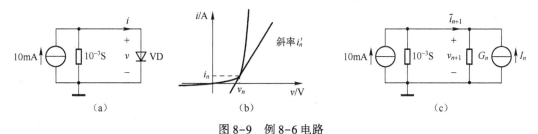

图 8-9　例 8-6 电路

　　解： 假定某次迭代得到的结点电压为 v_n（初始值 v_0 为任意假定值，本例题的 $v_0 = 0.5000\,V$）。根据二极管伏安关系 $i_n = 10^{-11}(e^{40v_n}-1)\,A$，可得到图 8-9（b）过 (v_n, i_n) 点的非线性曲线的切线方程为

$$\bar{i}_{n+1} = i_n'(v_{n+1}-v_n)+i_n = i_n'v_{n+1}-(i_n'v_n-i_n)$$

其中，$i_n' = 4\times10^{-10}e^{40v_n}\,S$。

　　该切线可以用图 8-9（c）所示的诺顿电路等效，其中

$$\begin{cases} G_n = i_n' \\ I_n = i_n'v_n - i_n \end{cases}$$

　　图 8-9（c）是根据结点电压 v_n 画出的线性化电路。对线性化电路建立结点方程

$$(10^{-3}+G_n)v_{n+1} = 10^{-2}+I_n$$

得到线性化电路的结点电压

$$v_{n+1} = \frac{10^{-2}+I_n}{10^{-3}+G_n}$$

若 $|v_{n+1}-v_n| \le 0.0001$，则认为电路的解为 v_{n+1}，否则将根据 v_{n+1} 找到过 (v_{n+1}, i_{n+1}) 点的切线对应的诺顿电路参数重新分析，直到满足误差要求为止。表 8-3 给出了以 $v_0 = 0.5000$ V 为初始值，保留 4 位有效数字的迭代过程。

表 8-3   迭代过程

n	切线参数			诺顿等效电路参数		迭代结果	误差
	v_n/V	i_n/mA	i_n'/S	G_n/S	I_n/A	v_{n+1}/V	$|v_{n+1}-v_n|$/V
0	0.5000	4.852	0.1941	0.1941	0.09220	0.5238	0.0238
1	0.5238	12.57	0.5028	0.5028	0.2508	0.5177	0.0061
2	0.5177	9.849	0.3939	0.3939	0.1941	0.5168	0.0009
3	0.5168	9.500	0.3800	0.3800	0.1869	0.5168	0.0000

最后得到满足误差要求的结点电压为 0.5168 V，分析图 8-9(c) 可以进一步计算出

$$\bar{i}_3 = 10 - 0.5168 \times 1 = 9.4832 (\text{mA})$$

而将二极管电压 0.5168 V 代入给定的二极管原始非线性伏安关系，得到电流为 9.5003 mA，二者相差 0.0171 mA。

分段线性分析法是一次用多段直线近似非线性曲线，其精度取决于区间的划分，区间划分得越细，精度越高，但是难以控制分析精度。

牛顿迭代分析法是每次用一条切线近似非线性曲线，若不满足误差要求，则根据前一次分析的结果用一条新的切线近似后再重复分析，直到满足精度要求。

一般情况下，随着牛顿迭代的进程，误差将越来越小，称为迭代收敛。但有时由于各种原因，存在不收敛的情况。为了避免无休止的迭代，可以预先设定迭代次数，若经过预定迭代次数后仍达不到所要求的精度，可终止分析，然后调整初始值或适当放宽误差要求后再重新分析。

牛顿迭代法具有可控误差的特点，被广泛用于非线性电路的分析。但由于迭代计算量较大，常常须借助计算机辅助分析工具。

思考题 8-8   牛顿迭代分析法的基本步骤是什么？

思考题 8-9   牛顿迭代分析法的精度受哪些因素影响？

思考题 8-10   图解分析法、分段线性分析法和牛顿迭代分析法各有何特点？

8.5   小信号线性化分析法

实际应用中常会遇到一类电路，如图 8-10(a) 所示。其中，V_0 为直流电源，常称为偏置电压，它确定了非线性电阻元件的静态工作点的位置。v_d 是变化电压，如正弦交流电压，称为信号。如果电路中非线性电阻元件的伏安特性如图 8-10(b) 所示，则可以用前面介绍的方

法确定非线性电阻的电流。

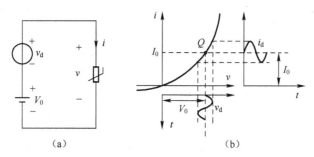

图 8-10　非线性电路中的小信号成分

非线性电阻的电压和电流都包含两个成分

$$v = V_0 + v_d(t)$$
$$i = I_0 + i_d(t)$$

在直流电压 V_0 的作用下，非线性支路的电流为 I_0。在没有交变信号 v_d 的情况下，若电路的状态稳定，则此时的电压和电流称为直流工作点或静态工作点，简称 Q 点。

在直流工作点基础上，当激励叠加有幅度很小的信号电压 v_d 时，非线性支路电流也会有幅度很小的变化电流 i_d。由于非线性电阻的伏安曲线不是直线，所以 i_d 与 v_d 并不是线性关系，会出现非线性失真。就是说，当电压成分 v_d 为正弦波时，电流成分 i_d 却不是正弦波。但是，如果电压和电流的这个信号成分幅度足够小，且工作点附近曲线比较平直，这种失真是可以忽略的。这意味着在小信号情况下，可以把工作点附近的伏安曲线用一条直线来近似。

直流电源 V_0 只是为了确定非线性电阻元件的合适工作点，V_0 和 I_0 只反映电路工作点，而真正让人感兴趣的是信号电压 v_d 和电流 i_d。因此，在小信号分析中会关注 v_d 与 i_d 之间的关系，而这个关系又可认为是线性的，所以可以用简单的小信号线性电路模型来求得电路响应，这就是小信号分析的思路。

小信号分析需要在工作点附近把曲线的局部用直线近似，进而得到等效线性电路。这需要解决两个问题：(1)用什么样的直线近似曲线；(2)当外部输入激励发生变化时，该直线是否还能很好地近似曲线。

解决第一个问题的方法是用过直流工作点的切线近似曲线。用过工作点的切线近似曲线的优点是该切线不仅在工作点处与曲线重合，而且其斜率与曲线在工作点处的一阶变化率也相同，即斜率也与曲线相同，所以过工作点的切线可以比较好地近似曲线在工作点附近的特性。

对于第二个问题，应尽量减小由于外部输入激励导致的非线性元件电压和电流特性偏离工作点的程度，特性偏离工作点越小，用切线近似曲线的误差越小，激励与响应越接近线性关系。为此，要求外部输入激励不得过大，即要求小信号外部激励。

　　因此，小信号的含义就是信号变化幅度足够小，使得电路偏离工作点引起的直线近似误差可以忽略。相对小信号而言，大信号是致使非线性失真不可忽略的激励信号。

　　小信号线性化分析法的步骤是：首先令电路外部输入激励为零，运用图解分析法、分段线性分析法或牛顿迭代分析法分析非线性电路仅在直流供电条件下的直流工作点；然后计算非线性元件在工作点处的切线，并用对应的戴维南或诺顿等效电路等效，得到近似的小信号等效线性电路；最后运用线性电路分析原理，分析外部激励输入时小信号等效电路的响应。

　　例 8-7　如图 8-11 所示电路，元件 VD 为半导体二极管，用 $i = I_\mathrm{S}(e^{\frac{v}{V_\mathrm{T}}} - 1)\,\mathrm{A}$ 的非线性电阻特性描述。其中，$I_\mathrm{S} = 10^{-13}\,\mathrm{A}$，$V_\mathrm{T} = 0.026\,\mathrm{V}$，5 V 电压源为直流供电电源，$2\sin 1000t\,\mathrm{V}$ 为外部输入信号。设在 5 V 电压源直流供电的条件下二极管的直流工作点 $v_0 = 0.6191\,\mathrm{V}$，分析在外部输入作用下的 v 和 i（保留 4 位有效数字）。

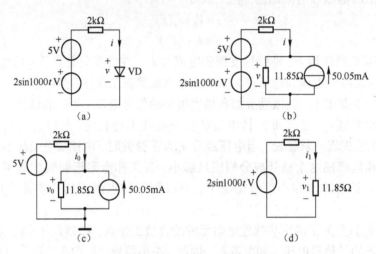

图 8-11　例 8-7 电路

　　解：首先确定二极管在工作点处的切线

$$i_0 = 10^{-13}(e^{\frac{0.6191}{0.026}} - 1) = 0.002194\,(\mathrm{A})$$

$$i_0' = 10^{-13} \times \frac{1}{0.026} e^{\frac{0.6191}{0.026}} = 0.08438\,(\mathrm{S})$$

切线方程为

$$\begin{aligned}
i &= i_0'(v - v_0) + i_0 \\
&= 0.08438(v - 0.6191) + 0.002194 \\
&= (0.08438v - 0.05005)\,(\mathrm{A})
\end{aligned}$$

　　用诺顿等效电路描述上述切线方程，得到如图 8-11(b) 所示的线性化等效电路。

　　运用叠加分析法，将图 8-11(b) 分解为图 8-11(c) 和图 8-11(d) 两电路的叠加，图 8-11(d) 称为小信号模型。用结点分析法分析图 8-11(c) 的特性为

$$\left(\frac{1}{2000}+\frac{1}{11.85}\right)v_0-\frac{1}{2000}\times5=0.05005$$

$$v_0=0.6190\ \text{V}$$

$$i_0=\frac{5-0.6190}{2}=2.191(\text{mA})$$

该值为直流供电条件下的工作点特性，与给定工作点之间的误差是由近似计算造成的。分析图 8-11(d) 的特性为

$$i_1=\frac{2\sin(1000t)}{2+0.01185}=0.9941\sin1000t\ \text{mA}$$

$$v_1=11.85\times i_1=11.78\sin1000t\ \text{mV}$$

该值为直流工作点的小信号特性。叠加后得到图 8-11(a) 的特性为

$$i=(2.191+0.9941\sin1000t)\ \text{mA}$$

$$v=(0.6190+0.01178\sin1000t)\ \text{V}$$

由例 8-7 的分析结果可知二极管电压的变化范围为 0.6072~0.6308 V，电流的变化范围为 1.197~3.185 mA，相当在直流工作点上叠加了正弦特性。

将电压变化范围代入给定的二极管原始伏安特性得到电流变化范围为 1.388~3.441 mA。表明线性化分析存在一定误差。外部输入信号幅度越小，线性化带来的误差越小。

由例 8-7 的分析过程可知，当直流工作点分析完成后，分解后的图 8-11(c) 所示电路的直流特性就是直流工作点的特性。一旦确定了工作点，对不同的小信号激励，仅仅需要分析图 8-11(d) 所示电路特性，然后运用叠加原理就可确定完整特性。图 8-11(d) 所示电路用于分析外部小信号单独作用下电路的特性，称为小信号等效电路，或小信号电路模型。

思考题 8-11　小信号线性化分析法的基本步骤是什么？

思考题 8-12　什么叫直流工作点？如何确定直流工作点？如何根据直流工作点画出小信号模型？

思考题 8-13　使用小信号模型的条件是什么？使用小信号模型的优点是什么？

本章要点

- 伏安特性为非过原点直线的电阻称为非线性电阻，非线性电阻电路的电路方程为非线性方程。
- 非线性电阻电路常用分析法包括图解分析法、分段线性分析法、牛顿迭代分析法和小信号线性分析法。
- 图解分析法是将电路分解为两个单口电路，采用作图方法在同一坐标系下画出两个单口电路的伏安特性曲线，两条曲线的交点为连接处的特性。
- 分段线性分析法是用多个区间的直线段近似非线性电阻特性，并用戴维南等效电路或

诺顿等效电路代替非线性电阻，从而得到各区间的线性化等效电路。然后，分析每个等效电路的特性，并判断该特性是否位于所属区间，若位于所属区间，则该特性为所要分析的特性，否则不是。

- 牛顿迭代分析法是先假定非线性电阻的某个特性的初始假定值(如电压)，然后依据非线性特性找到过假定值的切线，并用戴维南等效电路或诺顿等效电路等效非线性电阻，从而得到线性化等效电路。然后，分析等效电路的特性(如电压)，若与初始假定值间的误差小于给定误差要求，则认为该特性为电路的解，否则令该特性为新的初始假定值，重复迭代分析，直到满足误差要求为止。

- 小信号线性分析法是先运用图解分析法、分段线性分析法或牛顿迭代分析法确定直流工作点，然后用过直流工作点的切线对应的戴维南等效电路或诺顿等效电路等效非线性电阻，得到线性化等效电路。根据线性电路叠加原理得到小信号模型，并分析小信号特性。工作点与小信号模型响应的叠加为该非线性电阻电路的完整响应。

- 小信号激励幅度变化越小，小信号线性分析法的精度越高。

习题

8-1　已知题 8-1 图(a)所示非线性电阻元件的伏安特性曲线如题 8-1 图(b)所示，试用图解分析法求题 8-1 图(c)和(d)所示两种方法连接后的等效电阻伏安特性曲线。

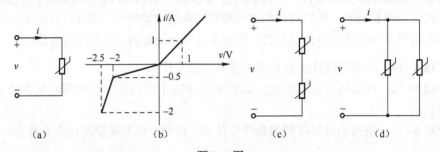

题 8-1 图

8-2　已知题 8-2 图(a)、(b)和(c)三种非线性电阻元件及其伏安特性曲线，求按题 8-2 图(d)方式将三个电阻元件串联后等效电阻的伏安特性曲线。

8-3　试用图解分析法求题 8-3 图所示电路的工作点。

8-4　题 8-4 图(a)是一个二极管整流电路，题 8-4 图(b)是该二极管的伏安特性曲线，当 $v_S(t)$ 波形如题 8-4 图(c)所示时，试用分段线性分析法求 $i(t)$ 的波形。

8-5　用分段线性分析法求题 8-5 图(a)所示电路的工作点，其中，非线性二端电路 N 的伏安特性曲线如题 8-5 图(b)所示。

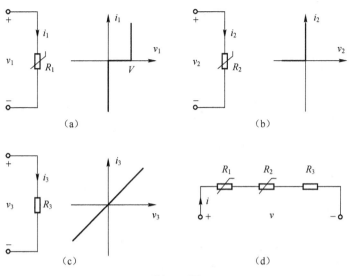

（a）   （b）

（c）   （d）

题 8-2 图

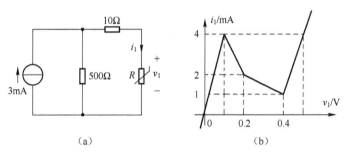

（a）   （b）

题 8-3 图

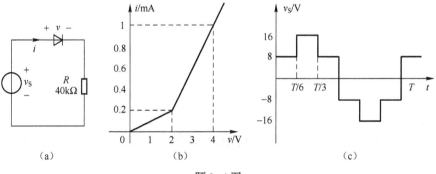

（a）   （b）   （c）

题 8-4 图

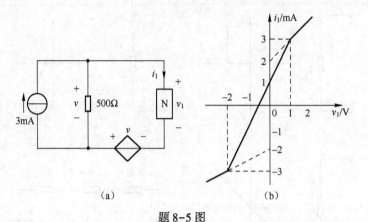

题 8-5 图

8-6   题 8-6 图(a)所示电路是一个含有理想二极管的非线性电路。其中，理想二极管的伏安特性曲线如题 8-6 图(b)所示，试求 v_a 和 i_{VD}。

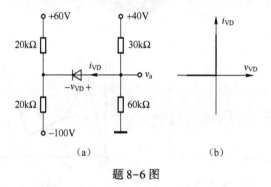

题 8-6 图

8-7   如题 8-7 图所示非线性电路，二极管的伏安关系为 $i = I_S(e^{40v} - 1)$ A，其中 $I_S = 10^{-11}$ A，$v_0 = 0.5$ V。试用牛顿迭代分析法画出第 1 次迭代所用的线性化等效电路，并计算第 1 次迭代后的 v_1。

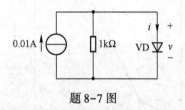

题 8-7 图

8-8   画出题 8-7 图所示电路第 1 次迭代后的线性化等效电路，并计算第 2 次迭代后的 v_2。

8-9   如题 8-9 图(a)所示电路，用题 8-9 图(b)所示的非线性电阻特性描述，其中 $v_S(t) = 0.1\sin 314t$ V，元件 VD 为半导体二极管。分析当 $V_C = 1.3$ V 和 $V_C = 12.65$ V 时的直流工

作点，小信号模型和电流 i。

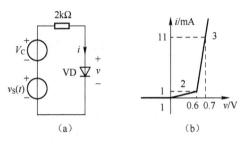

题 8-9 图

8-10　题 8-10 图所示非线性电路中，$v_S(t) = 0.1\sin1000t$ V，二极管的伏安关系为 $i = I_S(e^{40v} - 1)$ A，其中 $I_S = 10^{-11}$ A，并且二极管的直流工作点 $v = 0.5168$ V。画出小信号模型，并求电流 i。

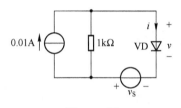

题 8-10 图

第9章　应用案例分析与仿真

提要　本章介绍了一些典型的电路应用案例。这些案例中的电路都经过了简化，形成了一些电路分析、设计和仿真问题由读者去完成。这些问题的求解需要综合运用电路的概念和方法，并可能有多种解决方案。读者还可通过阅读相关参考书或互联网资料来了解有关这些应用案例的更多背景知识。

9.1　电阻性电路

9.1.1　四线电阻触摸屏原理研究

1. 背景知识

触摸屏技术为人们提供了一种直观灵活的与计算机交互的方式。实际的触摸屏是覆盖在显示器表面的、透明的触点检测和定位装置，用它可以确定触摸点在显示区域内的位置坐标。触摸屏可用多种技术实现。在工业现场常用电阻触摸屏，用来显示虚拟的仪表、指示灯、开关和旋钮，如图9-1所示。触摸屏为操作者提供了一个方便的交互界面。

图9-1　触摸屏的工业应用

电阻触摸屏利用压力让两层电阻膜在触点处产生电接触，然后利用电压测量确定触点位置。电阻触摸屏的优点是定位精度好，可以用手和任何物体触压，抗干扰能力强，同时控制简单，价格低廉。

2. 电阻触摸屏工作原理

电阻触摸屏有几种不同的类型。图9-2所示触摸屏为常见的四线电阻触摸屏，它由透明的硬材料衬底、软材料触摸层、两个导电电阻膜及其中间的透明绝缘隔离支点构成，覆盖在显示屏的表面，其分层结构如图9-3所示。当用手指或触笔按压触摸屏时，在触点位置两个电阻膜之间会产生电接触。

电阻触摸屏的工作原理是利用电极在一张电阻膜上产生均匀的、方向一致的电位梯度分布的特性，通过检测触点位置的电压来确定在一个方向上的位置坐标。

两个电阻膜的两端按照相互垂直的方向各放置了一对平行电极，从电极上引出了导线，如图 9-4 所示。当在一对电极上施加电压时,电极之间的电阻膜上会产生均匀的电压变化梯度。如图 9-5 所示,若在 Y_P 和 Y_M 电极之间连接电压源,则在电极之间电阻膜上任意一点到 Y_M 电极的电压沿着 y 方向均匀变化,如图 9-6 所示。

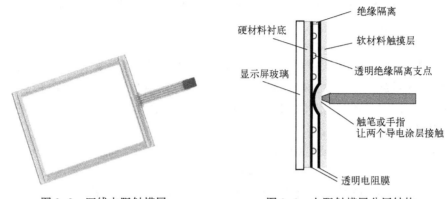

图 9-2　四线电阻触摸屏　　　　　　　　图 9-3　电阻触摸屏分层结构

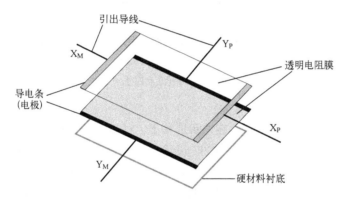

图 9-4　电阻膜和电极

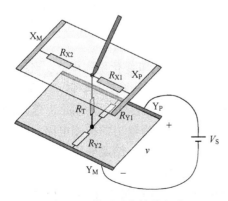

图 9-5　按压时的等效电路

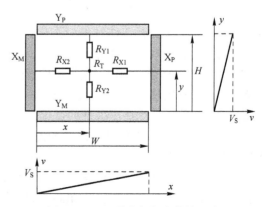

图 9-6　电压分布与触点等效电路

在 Y_P 和 Y_M 电极连接电压源的情况下，当触压上层软膜时，若利用悬空的 X_P 或 X_M 电极作为电压检测端，则可以检测到下层电阻膜触点位置的 y 方向的电压，这个电压只取决于触点与 Y_M 电极之间的距离 y，与 x 方向的位置无关，因此可以确定触点 y 方向的坐标。同样道理，若在 X_P 与 X_M 电极之间加电压，利用悬空的 Y_P 或 Y_M 作为检测端，也可以检测到上层电阻膜触点到 X_M 电极之间的电压，从而确定触点 x 方向的坐标。因此，经过对触点的两次测量，可以确定触点在显示区域的二维坐标。

实际应用中，测量动作会在微控制器的控制下自动进行，利用电子开关可将电极引线连接到电压源或测量放大器的输入端，完成两个方向的电压测量，据此计算出触点位置坐标。由于每次测量只需要非常短的时间，因此，通过持续不断地监测触摸按下动作并进行电压测量，就可以跟踪触点位置。

从电压测量的角度来看，触点把每个电阻膜分成了两部分，每部分等效为一个电阻，分别为 R_{X1}、R_{X2}、R_{Y1} 和 R_{Y2}，同时两个电阻膜在触点的连接也有一定的接触电阻 R_T。因此，触摸时电阻膜与触点构成的等效电路如图 9-5 所示，分析计算可以利用这个简单的等效电路来进行。实际应用中，每个电阻膜两个电极之间的总电阻可以容易地被测量到，接触点电阻也可以被间接测量出来，其值与按压力度有关。

在以下的问题讨论中，我们假设每个电阻膜两个电极之间的总电阻均为 $1\,\text{k}\Omega$。即

$$R_X = R_{X1} + R_{X2} = 1\,\text{k}\Omega$$
$$R_Y = R_{Y1} + R_{Y2} = 1\,\text{k}\Omega$$

3. 问题

如图 9-6 所示，假定触摸屏覆盖在显示屏幕上，对于电极包围的矩形显示区域，其边长以像素点数来衡量，宽度（x 方向总点数）$W=640$，高度（y 方向总点数）$H=480$。触点的 x 和 y 坐标也以像素点数为单位，原点位于矩形左下角。检测时，用通断开关控制触摸屏电极引线的连接。约定用电阻膜的 X_P 电极和 Y_P 电极连接电压 V_S，X_M 电极和 Y_M 电极接地；测量电极采用 X_P 和 Y_P。

（1）设计触点坐标的测量方案。用 1 个四线电阻触摸屏、4 个开关和 1 个直流电源 V_S 构成测量电路。描述电路的工作过程，说明按下触摸屏上一点后，如何得到该点的几何坐标？给出触点像素坐标 x 和 y 的计算公式。

（2）为了监视是否有触摸屏按压事件发生，需要设计一个电压变化检测电路，当检测出电压变化后，就利用步骤（1）设计的电路进行一次触点坐标测量。为此，在步骤（1）的电路上再增加一个开关，在检测按压事件的过程中，这个开关把 X_P 电极通过一个电阻 R_1 连接到电压源 V_S 上。设计其余 3 个电极的连接方式，构成以 X_P 电极电压为输出的检测电路。要求当有触摸屏按压动作发生时，X_P 电极对地电压有大于 1 V 的幅度变化。给定电压源 $V_S=5\,\text{V}$，并假设 $R_T = R_X = R_Y = 1\,\text{k}\Omega$。画出电路图，并计算所需要的 R_1 电阻值。

（3）如何测得触点处上下层电阻膜之间的接触电阻 R_T？给出测量步骤和计算方法。

（4）用 Multisim 为以上分析和设计进行仿真验证。

9.1.2　按键识别电压产生电路

1. 背景知识

在家用电器、工业控制等应用中大量使用按键和按钮来发出控制信号。操作者按压这些按键的动作会转换为电压的变化，并被微控制器或其他控制电路识别出来，然后去执行相应的动作。图9-7显示了在汽车中控台、操作控制台和微波炉操作面板上使用的按钮和按键。

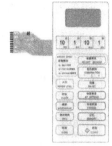

图9-7　按钮和按键的应用

在实际应用中，对于数量较少的按键，可以按照图9-8所示的方式构成按键电压识别电路。电路中每个按键产生一个电压输出信号，当一个按键按下时，对应输出电压由高变低。

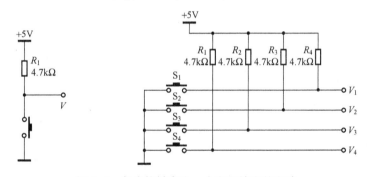

图9-8　每个按键产生一个电压输出的电路

当按键比较多时，按照图9-8所示方式构成按键电压识别电路需要大量的信号线。在有些场合下，由于微控制器的输入引脚有限，或者要避免电路板上连线过多、降低成本等，需要采用其他的按键识别电路。有一种方案是用电阻网络将按键动作转换成高低不同的电压，用一条信号线上的不同电压值代表不同的按键动作，这就是本节的研究内容。

2. 问题

问题一：图9-9所示为简单按键识别电路。

（1）当有按键按下时输出电压 V_a 如何变化？

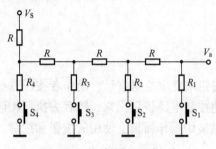

图 9-9　简单按键识别电路

(2) 若要求当按下按键 S_k 时，输出电压 $V_a = k/5$（$k = 1, 2, 3, 4$），确定电阻 R_1, R_2, R_3, R_4 的阻值。

(3) 当其中有两个按键同时按下时，能否辨别出按键？对电压测量精度有什么要求？

(4) 用仿真方法进行验证。

问题二：改造图 9-9 所示电路，消除多个按键同时按下时可能产生的歧义，当两个及两个以上按键同时按下时，识别其中最高优先级的按键。

(1) 按键优先级从高到低依次为：S_1, S_2, S_3, S_4。

(2) 当 S_1, S_2, S_3, S_4 按键按下时，电压 V_a 分别为 0 V, 1/4 V, 2/4 V, 3/4 V。

问题三：图 9-10(a) 所示键盘为由 16 个按键组成的薄膜式键盘，其内部结构如图 9-10(b) 的虚线框内所示，按键排列成 4×4 按键矩阵，并引出 8 条导线。利用该薄膜式键盘组成的按键电压识别电路如图 9-10(b) 所示。设计其中各电阻的阻值，使得按键 S_0 到 S_{15} 按下时产生的 V_a 电压值依次增长。

(1) 当按下单一按键 S_k 时，从 a 点到地的等效电阻值为 kR，R 是某个电阻值。

(2) 设计合适的 R_S 和 R 的阻值。讨论 R_S 阻值偏大和偏小有哪些优点和缺点？若要求当按下单一按键 S_k 时，输出电压幅度近似与 k 成比例，应该如何选取 R_S 的阻值？

(3) 用 Multisim 仿真验证以上设计，并对结果进行讨论。

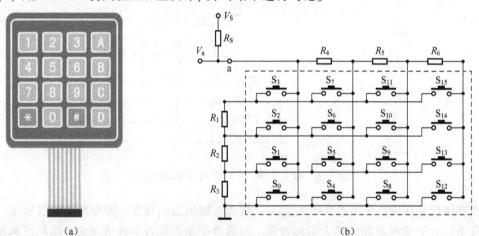

(a)　　　　　　　　　(b)

图 9-10　薄膜式键盘及其按键电压识别电路

9.1.3　电阻 DAC 网络原理研究

1. 背景知识

数字技术是当代电子技术和计算机应用的基础。在很多应用中，计算机输出的二进制数需要转换成为与之对应的电压值，完成这个功能的部件叫做数模转换器（DAC），如图 9-11 所示。例如，数字音频播放器需要把各种数字音频格式文件中的二进制数转换成音频电压信号。

... 10100001, 10100010 ...

DAC

图 9-11　DAC

以 8 位 DAC 为例，数模转换的主要功能就是实现如下表达式

$$v_0 = kV_S(D_7 \cdot 2^7 + \cdots + D_1 \cdot 2^1 + D_0 \cdot 2^0)$$

其中，D_0，D_1，$\cdots$，D_7 是一个字节的 8 个二进制位，取值为 0 或 1；转换器把它们按照上式规定的权值组合成一个模拟电压值 v_0；k 是一个比例系数，由具体电路确定。

2. DAC 原理

DAC 由集成电路芯片实现。实现 DAC 有不同的电路方案，其中一类 DAC 由电阻网络和数字控制的开关组成。图 9-12 所示为典型的 DAC 芯片（DAC0832），以及其内部的开关和电阻网络结构（电路来自芯片厂家 National Semiconductor 的数据手册）。

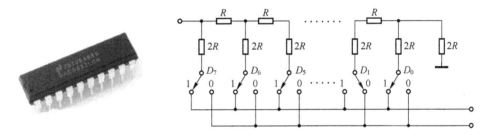

图 9-12　典型 DAC 芯片及其内部开关和电阻网络结构

图 9-12 中的电阻网络称为 R-2R 电阻网络，其中阻值为 2R 的电阻下端连接的压控开关在 8 个数字电压 D_k 的控制下动作。当 D_k 为"1"时，连接左侧，当 D_k 为"0"时，连接右侧。标记为"1"的端子通常连接高电压，例如 5 V，而标记为"0"的端子连接低电压 0 V。不同的开关对应了不同的二进制位，图 9-12 中显示的电路有 8 个开关，故称为 8 位 DAC。位数越多，转换精度越高。

用图 9-12 所示的开关和电阻网络构成 DAC 有两种方式。图 9-13 所示电路称为正向 R-2R 形式。其中，当某一位 D_k 为"1"时，对应开关连接 V_S，D_k 为"0"时接地。输出电压 V_0（$V_0 = V_a$）电压值与二进制数字量成比例，即 $V_0 = kV_S(D_7 \cdot 2^7 + \cdots + D_1 \cdot 2^1 + D_0 \cdot 2^0)$，$V_S$ 称为参考电压。电路中的运放只起隔离缓冲作用。

图 9-14 所示电路称为倒置 R-2R 形式。其中，当某一位 D_k 为"1"时，对应开关连接电流

I_1输出线，D_k为"0"时接地，因此输出电流 I_1 与二进制数字量成比例。运放与反馈电阻 R_b 构成了电流-电压转换电路，使输出电压 V_0 的幅度与二进制数字量成比例。

$$V_0 = -kV_S(D_7 \cdot 2^7 + \cdots + D_1 \cdot 2^1 + D_0 \cdot 2^0)$$

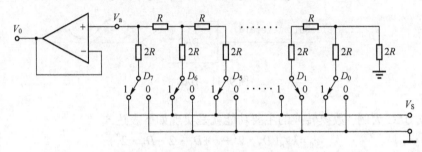

图 9-13 正向 R-2R 形式 DAC 电路

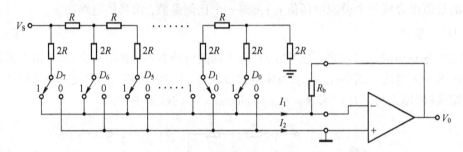

图 9-14 倒置 R-2R 形式 DAC 电路

3. 问题

（1）利用叠加定理和戴维南定理分析上面两种 DAC 电路的工作原理，证明输出电压幅度与二进制数字量成比例。

（2）针对以上两种 DAC 电路，计算从参考电压 V_S 看进去的等效电阻，并指出两者有什么不同？考虑在工作中开关会频繁动作，从等效电阻来看哪一种电路更好些？

（3）用 Multisim 对两种 DAC 电路的工作原理进行仿真验证（为了简化，可采用 3 位 DAC 结构和手控单刀双掷开关）。

（4）用仿真方法实现简单波形输出。采用压控开关和二进制数字发生器实现图 9-15 所示的锯齿波和三角波电压波形。假设使用 3 位二进制数字，图 9-15 所示波形中的小台阶表示了 DAC 产生的 8 个电压等级（$2^3 = 8$）。Multisim 的二进制数字发生器的 3 个电压输出对应了三个二进制位 D_2、D_1 和 D_0，当某一位为"1"时电压输出为 5 V，为"0"时电压输出为 0 V。数字发生器还可以根据设定的时间间隔，按预定的数字序列自动更新这 3 个电压输出。利用变化的二进制电压控制 3 位 DAC，即可产生图 9-15 所示的 DAC 输出波形。

（5）如果将上面两种 DAC 的参考电压 V_S 作为输入信号（例如连接一个正弦电压），则可实现用二进制数字控制放大倍数的程控增益放大器。如果用来控制的二进制数字代表了一个数字信号，就实现了数字信号和模拟信号 V_s 的相乘运算，或数字信号对模拟信号幅度的调制。尝试用仿真方法验证这个功能。

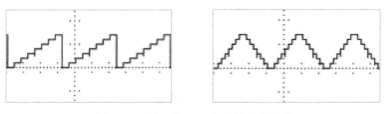

图 9-15　用 3 位 DAC 产生的两种波形

9.1.4　运放应用电路设计

1. 背景知识

运放是模拟信号处理电路的最基本构件。常见的四运放集成电路芯片及其内部功能示意图如图 9-16 所示。在实际应用中，运放可以用来完成放大、隔离、电平移位、加减运算、滤波、波形整形、阻抗变换和电流电压转换等多种功能。运放应用电路种类繁多，但通常是基于一些典型的电路结构来加以变化和组合形成的。本节目的是了解简单运放应用电路的原理分析和设计。

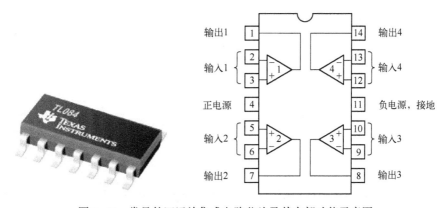

图 9-16　常见的四运放集成电路芯片及其内部功能示意图

2. 常用的运放电路

本书第 2 章介绍了理想运放模型的特性，并介绍了最基本的运放单元电路，包括基本同相放大器电路、反相放大器电路和跟随器电路。在图 9-17、图 9-18 和图 9-19 中给出了一些常见的运放单元电路，利用这些电路加以组合和变形可以得到更多运放应用电路，以实现多种信号处理功能。

1) 同相放大器电路及其变形

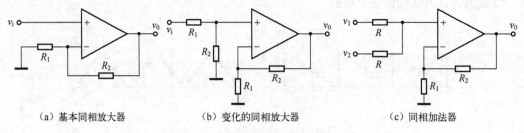

（a）基本同相放大器　　　　（b）变化的同相放大器　　　　（c）同相加法器

图 9-17　同相放大器电路及其变形

2) 反相放大器电路及其变形

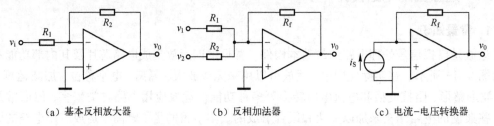

（a）基本反相放大器　　　　（b）反相加法器　　　　（c）电流-电压转换器

图 9-18　反相放大器电路及其变形

3) 同相与反相放大器组合电路

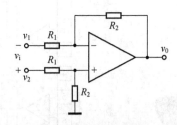

图 9-19　减法器电路

上面列举的所有电路的功能，可以通过计算出电路输出变量与输入变量的关系进行验证。对以上电路的分析，可结合理想运放的虚短路特性，采用 KCL 方程、结点方程、叠加定理和戴维南定理等方法。此外，这些电路中的输出变量都与输入变量成线性关系。为了让运放工作在线性工作区，输出电压都通过某种电阻网络连接到了反相输入端。在 Multisim 中采用理想运放模型进行电路仿真时，需要注意这一点，不要将运放输入端电压极性弄错。

3. 问题

如下是两个运放应用电路的设计问题。

1）混音电路

设计一个线性放大电路，其功能如图 9-20 所示。该电路有两个输入电压和两个输出电压，要求用一个电位器调整每个输出电压中所含两个输入电压信号的比例，输出与输入关系如下

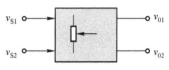

$$v_{01} = kv_{S1} + (1-k)v_{S2}$$
$$v_{02} = (1-k)v_{S1} + kv_{S2}$$

其中，$0<k<1$，调整电位器可以让 k 在 0 到 1 之间变化。这个电路可以实现两种信号按不同比例的混合，如立体声信号左右声道的混合，背景音乐与话音的混合等。

图 9-20　信号混合电路

要求用若干电阻、一个电位器和若干理想运放设计这个电路，给出分析计算，并用 Multisim 仿真加以验证。

2）电平平移和比例放大电路

LM35 是 National Semiconductor 公司生产的温度传感器芯片，它的输出电压与其环境的摄氏温度值成比例关系，比例系数为 10.0 mV/℃，其测量温度范围为-55~150℃。在某项应用中，要求的温度范围是 30~80℃。为了提高测量精度，希望把这段温度范围对应的传感器输出电压转换为 0~5 V 电压；用运放设计一个电平平移和放大电路完成这个转换功能，如图 9-21 所示。给出设计和计算步骤，并用 Multisim 仿真加以验证。

图 9-21　信号电平调整电路

9.2　动态电路

9.2.1　DC-DC 电压转换电路原理

1. 背景知识

在各种电子设备中，经常需要将输入的直流电压值转换为电路所需要的电压值，同时，将不稳定的直流电压变成稳定的电压，这种电路称为 DC-DC 电源电路，通常由电子开关器件和起储能和平滑作用的电感和电容构成。用动态电路分析方法可以解释这种电路的工作原理。

2. DC-DC 电路的基本原理

图 9-22（a）所示为一个低通滤波电路的 Multisim 仿真电路图，其中通过示波器观察到的

波形显示在图9-22(b)中。电路中，脉冲电压源的电压经过电感和电容的平滑，在电阻上得到平滑的近似直流电压。很显然，电阻电压近似为方波的平均值，与方波的幅度和占空比有关。占空比定义为脉冲宽度与周期的比值

$$d = \frac{t_1}{T}$$

因此，调解占空比就可以改变输出直流电压的高低。

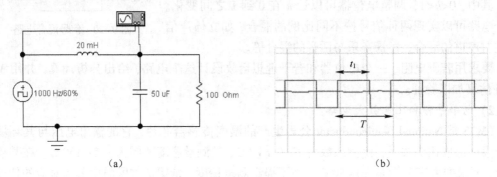

图9-22　仿真滤波电路及其输入输出波形

实际DC-DC转换电路的输入是直流电压，而输出是改变了电压高低的直流电压。实现直流电压转换的方法是先将直流电压变成脉冲电压，再进行平滑得到所需要的直流电压。

图9-23所示电路是一种降压转换器的原理电路，图9-24所示电路是一种升压转换器的原理电路。图中V_{in}是输入电压，v_0是输出电压。电路中两个开关周期交替闭合，由周期方波电压v_{SW}（图9-25所示的方波）控制。在v_{SW}一个周期开始的$0 \sim t_1$期间，开关S_1闭合，S_2断开，如图9-23(a)和图9-24(a)所示；在$t_1 \sim T$期间，S_1断开，S_2闭合，如图9-23(b)和图9-24(b)所示。

在这两个典型的电压变换电路中，开关动作产生脉冲电压；电感和电容储存能量，平滑输出电压。在图9-23所示电路中，开关S_2两端为脉冲电压；在图9-24所示电路中，电感两端为脉冲电压。在实际电路中，控制开关动作的方波v_{SW}的占空比是由控制电路自动调节的。当输入电压V_{in}的波动升高时，控制电路降低占空比d，反之则调高占空比，以此来维持输出电压v_0稳定。

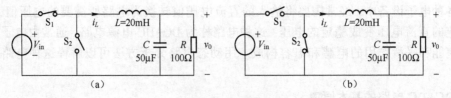

图9-23　降压转换器

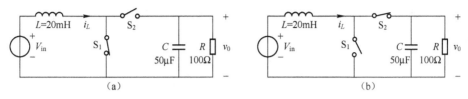

图 9-24 升压转换器

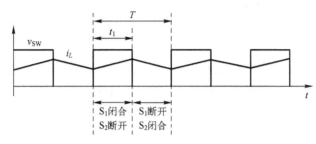

图 9-25 开关动作的控制电压

3. 问题

（1）当开关周期动作重复多次后，电路中的电压电流将变成周期性波形。设周期 $T =$ 0.05 ms，求出电感电流一个周期的波形表达式。计算时可假定输出电压 v_0 近似为常数。

（2）求出两种电路中输出电压与输入电压的关系。在图 9-25 所示电压波形中，脉冲宽度与周期的比值 $d(d = t_1/T)$ 是脉冲波形的占空比，输出电压与占空比 d 有关系。

（3）在 Multisim 中，用压控开关构建 DC-DC 电路的仿真电路。用 20 kHz 的脉冲波形控制开关的切换，观察开关控制电压、电感电流和输出电压的波形，验证理论分析结果。

（4）在实际的 DC-DC 电路中，通常利用一个二极管来替代电路中的开关 S_2，其作用是当 S_1 断开时为电感提供电流通路，该二极管称为续流二极管。现将电路中的开关 S2 用一个二极管代替，在图 9-23 所示电路中，二极管正极在下方；在图 9-24 所示电路中，二极管正极在左侧。假设二极管具有理想特性，即，加正向电压时导通，电阻为零；加反向电压时断开，电阻无穷大。尝试定性分析二极管随着 S_1 的通断而自动断开和导通的原理，并进行软件仿真验证。

4. 提示

（1）在电路开关的两次动作之间，电路中的变量应为二阶动态响应。为了简单明确地表示占空比对输出电压的影响，通常采用近似的方法求出电感电流表达式。近似的条件是开关换路的频率（开关动作的控制电压 v_{sw} 的频率）足够高，以至于在两次换路之间，输出电压的变化很小，近似为常数，$v_0 = V_0$。要验证这一点需要写出二阶电路的微分方程，并根据给定元件参数求出方程的特征频率，对比开关动作的频率，确认上述近似条件成立。

（2）在控制方波的持续作用下，电路的动态响应逐渐趋向于动态平衡，电感电流将会变为周期波形。利用上述近似条件，写出电感电流波形一个周期的表达式，据此可找到输出电压与输入电压的关系。

（3）在分析续流二极管的工作状态时，可先假定二极管是断开的，在此假设下，若二极管两端为反向电压，则二极管就是断开的。若二极管两端为正向电压，则二极管实际上应该导通，认为其短路。

9.2.2 微处理器供电顺序控制电路

1. 背景知识

现实的数字处理器芯片具有复杂的结构，其内部的不同电路单元往往需要不同的电源电压。例如，为了提高运算速度和降低功耗，智能手机的嵌入式处理器核心运算电路采用比较低的工作电压（如 1.2 V），而其外围接口电路，如 USB 接口和 SD 卡接口，往往需要更高的工作电压（如 3.3 V）。因此，需要专门的供电芯片和控制电路来为这些芯片提供稳定的工作电压，并且为处理器提供适当的上电、下电、休眠和唤醒等服务。对于一个功能复杂的处理器芯片，不仅需要多个电压不同的电源供电，而且对这些电源的上电和下电顺序也都有严格的时序要求，否则可能会引起芯片工作不稳定，甚至损坏。

2. 原理

某个视频处理器芯片需要 3 种不同供电电压：1.35 V、1.8 V 和 3.3 V。用专门的控制电路可以由 5 V 供电电源得到这三种工作电压，如图 9-26 所示。

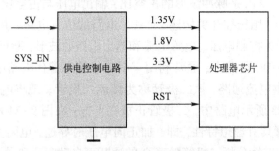

图 9-26　处理器的多种电压供电

处理器手册中给出了其供电电压的上电顺序要求，三种供电电压建立的时序如图 9-27（a）所示。其中，LDO1 代表 3.3 V 电压，LDO2 代表 1.8 V 电压，DCDC 代表 1.35 V 核心电压，SYS_EN 是一个 5 V 控制电压。

图 9-27（a）中的波形表示，当外部供电控制电压 SYS_EN 从 0 V 变为 5 V 之后，供电芯片先要建立 1.35 V 工作电压；当 1.35 V 电压稳定一段时间后，才能提供 1.8 V 电压；当 1.8 V 电压稳定一定时间之后，最后提供 3.3 V 工作电压。

类似地，当需要停止处理器工作时，也必须按照一定的顺序关闭三种工作电压，关闭时序如图 9-27（b）所示。当外部控制电压 SYS_EN 从 5 V 变为 0 V 时，表示要关闭处理器。此时必须按照关闭时序的要求，先关闭 3.3 V 电源，接着在一定时间后关闭 1.8 V 电源，再过一段时间后关闭 1.35 V 核心工作电源。

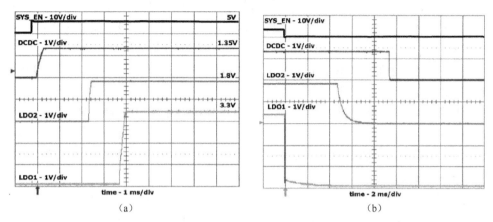

图 9-27　处理器上电和下电顺序

3. 问题

现假定用二极管、压控开关和 RC 延时电路实现上述处理器的上电和下电顺序控制，控制电路如图 9-28 所示。

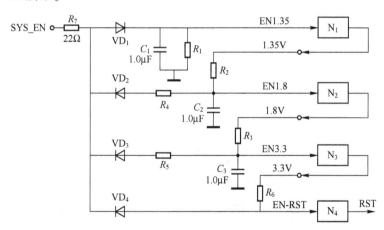

图 9-28　实现供电顺序控制的电路

（1）SYS_EN 是供电控制信号，上电时，从 0 V 跳变到 5 V，下电时，从 5 V 跳变到 0 V。

（2）二极管 $VD_1 \sim VD_4$ 在计算时可以看作理想二极管，在其两端施加正向电压时可将其视为短路线，施加反向电压时可将其视为开路。

（3）控制器件 $N_1 \sim N_4$ 左侧为输入电压，右侧为输出电压，输出电压与输入电压的关系为

● 当 EN1.35>1.2 V 时，N_1 输出为 1.35 V，否则输出为零。

- 当 EN1.8>1.2 V 时，N_2 输出为 1.8 V，否则输出为零。
- 当 EN3.3>1.2 V 时，N_3 输出为 3.3 V，否则输出为零。
- 当 EN-RST>1.2 V 时，N_4 输出 RST 为 3.3 V，否则输出为零。输出电压 RST 用来控制处理器工作，当 RST 为 0 V 时处理器停止工作，当 RST 为 3.3 V 时处理器正常运算。

设计和仿真任务如下。

（1）分析图 9-28 所示电路的工作原理，说明其能产生满足图 9-27 所示的三种供电电压上电和下电顺序。

（2）要求各电压变化间隔在 1~2 ms 之间，设计电路中 R_1~R_6 的电阻值，给出分析和计算。

（3）用 Multisim 软件仿真这个供电顺序控制电路，其中需要选择合适的比较器和压控开关来实现 N_1~N_4 控制器件。

（4）修改电路实现 RST 信号的变化时序。在上电时，N_4 的输出电压在 3.3 V 电压建立后延迟 1~2 ms 再变为高电压；在下电时，N_4 的输出电压在 3.3 V 变为 0 V 之前的 1~2 ms 变为低电压。给出计算步骤并仿真验证。

（5）电路中的电阻 R_7 有什么作用？其阻值能否随意增大或减小？

9.2.3 氙气闪光灯触发电路

1. 背景知识

在室内、夜间、阴影下或逆光的情况下进行摄影时，通常需要借助各种辅助照明设施，这其中包括闪光灯。闪光灯在相机打开快门进行曝光的瞬间发出短时间强光，实现光线补偿。

闪光灯通常用氙气管或者 LED 实现。氙气闪光灯能产生更强的短时间照明，常用在相机中，如图 9-29 所示。氙气闪光灯也可用于其他需要高强度闪光的场合，如警用闪光灯。

图 9-29　相机闪光灯

2. 原理

1）氙气放电管

如图 9-30 所示，氙气放电管的结构为一个充满氙气的管子，管子的两端是电极，中间是一个金属触发板。它的发光原理是用高压触发两个端电极之间的放电，让放电电流通过氙气并使其发出可见光。

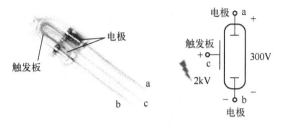

图 9-30　氙气放电管

在正常状态下，氙气中自由电子非常少，无法导电。在氙气放电管的金属触发板和电极之间瞬间施加一个很高的正电压，将会使管内气体离子化，产生自由电子。在电极电压作用下，触发出的自由电子从负电极移动到正电极。高速运动的电子将与其他氙气原子发生碰撞，使氙气进一步离子化，产生瞬间强电流并发光。

因此，氙气放电管发光有两个条件：(1)两电极之间有几百伏电压；(2)在触发板上瞬间施加几千伏电压。

2）典型的相机闪光灯电路

闪光灯电路通常由 DC-DC 变换、储能、触发电路及氙气放电管组成。图 9-31 所示电路为一种典型的相机闪光灯电路(取自 Linear Technology 芯片文档)。

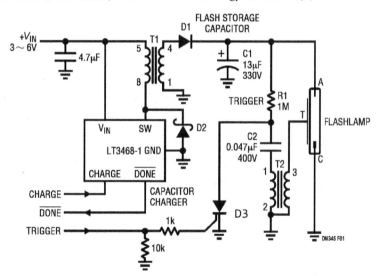

图 9-31　典型的相机闪光灯电路

电路中的 V_{IN} 表示 3~6 V 的直流供电电压，经 DC-DC 变换后可得到所需的 300 V 高电压，并将高压能量储存在电容 C1 中。对电容 C1 的充电过程由 CHARGE 信号启动，升压驱动芯片 LT3468 内部的开关将变压器 T1 的初级线圈对地进行周期性通断，从而在 T1 初级产生高频脉冲电压；此脉冲电压经过 T1 升压后，再经过二极管 D1 整流给储能电容 C1 充电，直至其电压达到 300 V 左右，为氙气管放电做好准备。

当用户按下按动快门按钮时，相机的控制器发出 TRIGGER 信号，该信号电压使晶闸管 D3 导通，D3 上端对地短路，从而使电容 C2 与变压器 T2 的初级线圈构成回路。

在电容 C1 充电完成后，电容 C2 也已储存了能量。因此，C2 和 T2 初级线圈形成回路后立即开始动态过程，产生出振荡电压；此电压经过变压器 T2 升压，在氙气放电管触发板和电极之间产生幅度超过 2 kV 的振荡电压，触发氙气管导电，储能电容器 C1 通过氙气管放电，使其闪光。

3. 问题

图 9-31 所示电路的闪光触发过程是由 D3 导通引起的。在分析触发电压产生过程时，给定如下电路参数和假设条件。

（1）在触发前瞬间电路状态假设为：电容 C1 已经充电完毕，电压为 300 V；电路其余部分也已经达到稳态。

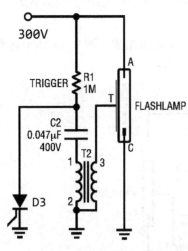

图 9-32　触发电压产生电路

（2）在分析 D3 导通后 T2 变压器初级电压的二阶动态响应时，电容 C1 的电压可看作常数。图 9-31 所示电路中包含的 2 kV 触发电压产生电路如图 9-32 所示（取自 Linear Technology 芯片文档），其中用 300 V 电压源替代了电容 C1，D3 相当于理想开关，在 $t=0$ 瞬间导通。

（3）假设 T2 变压器为全耦合变压器，初级电感 $L= 1\,\mu H$，变比为 n，次级负载等效为开路，无损耗。

按照以上假设条件，完成以下分析和仿真。

（1）写出 T2 变压器初级电压在 D3 闭合后满足的动态方程，并确定其二阶响应形式及二阶响应表达式。

（2）找出闪光触发过程开始时变压器初级电压的初始条件，确定电压响应的表达式。

（3）若需要幅度高于 2 kV 的触发电压，确定变压器 T2 的变比 n。

（4）给出 Multisim 仿真验证。

9.3　正弦稳态电路

9.3.1　音箱分频器电路

1. 背景知识

音箱中通常有两个或多个扬声器，不同的扬声器有不同的频率特性，可分为高音、中音和低音扬声器等。为了发挥不同扬声器的效能，音箱内设有分频器电路，用一组无源滤波器将输入到音箱的音频信号进行滤波，将不同频率范围的信号过滤出来，分别送往不同的扬声器。图 9-33 所示为一个音箱及其内部的扬声器和分频器。本节要设计两种简单的两路分频器电路。

2. 原理

音频信号频率成分通常在 10 Hz 到 20 kHz 范围内，若将音频信号频率范围分为低频和高频两段，则用两个滤波器可实现分频。假定分段界线频率为 f_c，需要设计一个高通滤波器和一个低通滤波器，它们的幅频特性曲线如图 9-34 所示。其中，曲线 H_1 为高通滤波器的幅频特性曲线，它允许输入信号中频率高于 f_c 的成分通往高音扬声器，而抑制掉频率低于 f_c 的信号成分；曲线 H_2 为低通滤波器的幅频特性曲线，它让频率低于 f_c 的成分通往低音扬声器，而将高于 f_c 的频率成分抑制掉。

 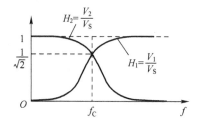

图 9-33　音箱及其内部的扬声器和分频器　　　　图 9-34　两个分频器的幅频特性曲线

在这里，滤波器的截止频率定义为信号幅度下降到最大幅度的 $\dfrac{1}{\sqrt{2}}$ 倍时对应的频率，并将两条幅频特性曲线的截止频率设计为相同的频率值 f_c。

3. 问题

问题一：一阶分频器电路设计

假定高音扬声器和低音扬声器均等效为 16 Ω 电阻，设计如图 9-35 所示的一阶分频器电路，要求高低频分界频率（两个滤波器的截止频率）为 1 kHz。

（1）写出高音扬声器电压 v_1 和低音扬声器电压 v_2 对于输入信号 v_s 的传递函数，确定电路中电容 C 和电感 L 的值。

（2）用 Multisim 软件进行交流频率扫描分析，求出两个扬声器电压的频率特性曲线，以验证计算结果，再用包含高低频成分的周期电压 v_s 激励进行波形观察验证。

（3）计算从 v_s 看进去的阻抗，并利用仿真方法验证计算结果。

问题二：二阶分频器电路设计

假定高音扬声器和低音扬声器均等效为 16 Ω 电阻，设计如图 9-36 所示的二阶分频器电路，要求高低频分界频率（两个滤波器的截止频率）为 1 kHz。

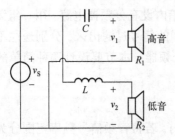

图 9-35　一阶分频器电路

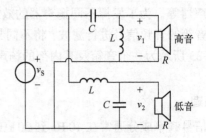

图 9-36　二阶分频器电路

（1）写出高音扬声器电压 v_1 和低音扬声器电压 v_2 对于输入信号 v_S 的传递函数。

（2）取 $C = 1/(\sqrt{2}R\omega_0)$，其中 $R = 16\ \Omega, \omega_0 = 1/\sqrt{LC}$，确定电路中电感 L。

（3）用 Multisim 进行交流频率扫描分析，求出两个扬声器电压的频率特性曲线，以验证计算结果，再用包含高低频成分的周期电压 v_S 激励进行波形观察验证。

（4）计算从 v_S 看进去的阻抗，并利用仿真方法验证计算结果。

（5）比较二阶分频器的特性与一阶分频器的特性有什么不同？

9.3.2　RFID 信号传输原理研究

1. 背景知识

用非接触方法进行身份识别的技术称为射频识别（radio frequency identification，RFID）。RFID 被广泛用于电子门禁、身份识别、货物识别、动物识别等场合，在物联网应用中起重要作用。图 9-37 为 RFID 读卡器、ID 卡和各种电子标签。RFID 系统由计算机、读写器、应答器和耦合器组成。应答器也就是 ID 卡和电子标签，用于存放被识别物体的有关信息，被放置在要识别的移动物体上。耦合器可以是天线或线圈，近距离的 RFID 系统用互感线圈作为耦合器，以负载调制方式传递信息。

图 9-37　RFID 读卡器、ID 卡和各种电子标签

2. 原理

图 9-38 所示为互感耦合 RFID 系统中耦合器电路的互感等效电路。互感的初级线圈位

于阅读器中，其自感为 L_1，它与阅读器中的电容 C_1、信号源 v_S 和初级损耗电阻 R_1 构成初级回路。次级线圈位于应答器中，L_2 是次级线圈的自感，它与应答器中的线圈电阻 R_2、电容 C_2 和等效负载电阻 R_L 构成互感次级回路。高频信号源 v_S 驱动初级回路电流，在初级线圈附近产生高频磁场。当应答器靠近阅读器时，两线圈发生磁耦合，次级线圈上的感应电压经整流后给应答器控制芯片供电（这部分电路没有画出），让应答器逻辑电路开始工作，控制次级回路中的电子开关 S 的通断动作，以发出特定的 ID 信息。

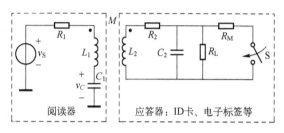

图 9-38　互感耦合 RFID 系统中耦合器电路的互感等效电路

在电路设计上，让初级回路和次级回路（在 S 断开时）均单独串联谐振于信号源 v_S 的频率 f_S，即电感和电容参数满足 $2\pi f_S = 1/\sqrt{L_1 C_1} = 1/\sqrt{L_2 C_2}$。在此条件下，当两回路发生互感耦合时，初级回路自己的总阻抗仍然是纯电阻 R_1，次级阻抗在初级回路的反映阻抗随开关 S 动作而改变。当开关 S 断开时，由于次级回路总串联阻抗比较小，其在初级回路的反映阻抗比较大，所以初级电容 C_1 上电压比较低；当开关 S 闭合时，次级总阻抗增大，其在初级回路的反映阻抗减小，使得初级电容 C_1 上电压的幅度显著升高。因此，次级负载变化会引起初级电容电压的幅度改变，此现象称为**负载调制**。如果让开关 S 的通断状态按照应答器数据比特的发送顺序来改变，阅读器就可以根据电容 C_1 上的电压幅度变化检测出应答器发送的二进制信息。初级电容电压幅度变化与应答器发送数据比特的对应关系如图 9-39 所示。因此，利用负载调制原理可实现 RFID 信号的传输。

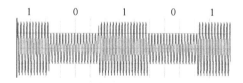

图 9-39　初级电容电压幅度变化与应答器发送数据比特的对应关系

在图 9-38 所示电路中，次级电路中的电阻 R_L 代表应答器芯片的能量消耗，电阻 R_M 在电子开关 S 的控制下与 R_L 并联或断开，用来实现负载调制。为了简化计算，在以下分析中假设 $R_M = 0$。

3. 问题

（1）给定电路参数 $L_1 = L_2 = 1.35\ \text{mH}$，$C_1 = C_2 = 1.2\ \text{nF}$，互感耦合系数 $k = 0.2$，$R_1 = 40\ \Omega$，

$R_2 = 5\,\Omega$，$R_L = 5\,k\Omega$，v_S 是幅度为 5 V、频率为 125 kHz 的正弦波。用反映阻抗法计算当 S 断开和闭合两种条件下电容 C_1 上的电压幅度。

（2）利用 Multisim 的频率扫描分析，测量频率从 10 kHz 变化到 1 MHz 时，C_1 和 C_2 上电压幅度的变化情况，并给出定性解释。

（3）用 Multisim 进行波形测量仿真。开关 S 采用压控开关来仿真，开关的控制电压采用 1 kHz 方波，用示波器观察控制电压波形和电容 C_1 上的电压波形。仿真时，压控开关要串联一个阻值小于 10 Ω 的电阻，或者将其设定为压控开关的导通电阻。

（4）尝试设计一种电路，该电路可检测出初级电容电压的幅度变化，产生与幅度变化对应的方波，这个方波应该与次级回路开关 S 的控制电压波形相同（提示：可采用二极管整流电路和比较器）。

（5）结合计算和仿真结果回答以下问题。

● RFID 系统中如何实现让阅读器将尽可能多的能量传送给应答器？

● 阅读器如何感知 ID 卡的存在或靠近？

● 要实现负载调制，应答器还可以用什么其他方法改变反映到初级回路的阻抗？

9.3.3　有源 RC 滤波器的应用

1. 背景知识

在各种电子设备中，滤波器有广泛的应用。滤波器的实现依赖于电感和电容阻抗随频率变化的特性。但由于实际的电感器体积较大，参数精度和损耗特性都比电容器差很多，在集成电路中也难以实现，因此，经常利用电阻、电容和运放来设计滤波器电路，而避免使用电感。RC 元件与运放组成的电路称为有源 RC 电路。有源 RC 电路能实现各种形式的频率特性。由于不使用笨重的电感线圈，所以有源 RC 电路的体积小，功能灵活，还可以实现一些无源 RLC 电路难以实现的特性和参数要求。这里讨论用有源 RC 电路实现的带通滤波器及其应用。

2. 原理

在第 6 章介绍了二阶带通传递函数的一般形式

$$H(j\omega) = \frac{k\dfrac{\omega_0}{Q}j\omega}{(j\omega)^2 + \dfrac{\omega_0}{Q}j\omega + \omega_0^2}$$

带通滤波器可以让其频率在中心频率附近的信号通过，而将其余的信号成分抑制掉。用 RLC 谐振电路或 RC 运放电路都可以实现带通滤波器。在第 6 章介绍了谐振电路的元件参数对带通特性的中心频率 ω_0、品质因数 Q 和带宽 B 的影响。在例 6-7 中还给出了利用两级 RC 运放电路构成的带通电路。实际上，还有多种有源 RC 电路可以实现带通特性，它们提供了对带通特性参数的更多控制方式。

3. 问题

问题一：研究有源 RC 带通电路特性

（1）写出如图 9-40 所示电路的电压传递函数，对比二阶带通传递函数的一般形式，确定影响中心频率和品质因数的元件参数。

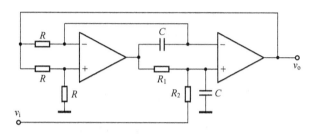

图 9-40　RC 有源带通滤波器电路

（2）设计一个可以调节的带通滤波器，要求中心频率的调节范围为 40~300 Hz，带宽小于 10 Hz。设计提示：一般取 $R \leqslant 5.1\,\text{k}\Omega$，$C$ 可以取几十纳法到几百纳法。

（3）用 Multisim 仿真设计好的电路，验证其满足要求。

（4）讨论：如果用无源 RLC 串联谐振电路实现同样指标的带通滤波器，是否可行？

问题二：设计 50 Hz 强电报警电路

在某些工程现场，如电力线路检修，电器设备维护等，需要断掉所有设备电源，以保证人员安全，方便操作。为了防止疏忽或故障导致某些设备或部件仍然处于供电状态，需要设计一种小巧的交流强电检测报警器。报警器的原理是将其邻近空间中可能存在的 50 Hz 交流电流产生的感应电压过滤出来并进行高倍放大，驱动蜂鸣器或 LED 发出报警提示。

下面来设计这个报警电路。电路的构成如图 9-41 所示。

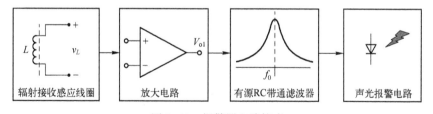

图 9-41　报警器电路构成

（1）假定感应接收线圈是用绕在磁环或磁棒上的线圈制作的，当邻近有 220 V 或更高的 50 Hz 交流电压构成回路，有电流存在时，可以在线圈上感应出幅度为 1 mV 左右的电压。

（2）放大电路采用如图 9-42 所示的高倍数差分放大器。先分析和验证这个电路的输出与输入关系为 $v_0 = A(v_2 - v_1)$，其中 $R_2 = R_3 = R_4$，然后设计电路使得放大倍数 A 略大于 1000，取 R_2、R_3 和 R_4 为相同阻值，约为几千欧姆。

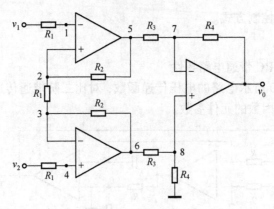

图 9-42 差分放大器

（3）将前一问题中研究的有源 RC 带通电路用于选择 50 Hz 信号，并滤除其他可能的干扰信号，要求其带宽略小于 10 Hz。

（4）报警电路请读者自己设计，要求当 50 Hz 电压输出超过一定幅度时，产生发光和发声指示即可。

（5）最后，用 Multisim 仿真来验证设计好的电路。

附录 A　Multisim 电路仿真

A.1　Multisim 软件仿真功能

A.1.1　Multisim 介绍

　　Multisim 是 National Instruments 公司的电路分析与仿真软件，属于该公司电子设计自动化软件套装的一部分，可以进行原理图或硬件描述语言输入、模拟，以及数字电路仿真和设计。该软件以前的版本称为 Electronics Workbench。

　　模拟电路的仿真计算广泛采用 1972 年由美国加州大学伯克利分校设计的 SPICE(Simulation Program with Integrated Circuit Emphasis)程序。仿真是利用数学方法模仿电路的行为。对电路的分析仿真需要完成复杂的算法，而现代电路仿真工具隐藏了复杂的计算过程，给使用者提供了方便的图形界面。目前有多种基于 SPICE 算法的电路仿真工具，Multisim 是其中之一。

　　Multisim 的突出特点是其直观的图形界面，在计算机屏幕上能模仿出真实实验室的工作台，提供虚拟仪器测量和元件参数实时交互方法。在 Multisim 软件图形化环境中，可以方便地调用各种仿真元器件模型，创建电路，执行多种电路分析功能。软件仪器的控制面板外形和操作方式都与实物相似，可以实时显示测量结果，并可以交互控制电路的运行与测量过程。

　　针对本课程的内容和特点，这里介绍的内容仅限于该软件的模拟电路分析仿真功能，仿真的对象主要是线性电路、简单非线性电路和由通用运放构成的电路。有关 Multisim 应用的更详尽介绍可参考其他书籍。

A.1.2　Multisim 操作界面

1. 软件界面

　　启动 Multisim，可以看到其主窗口。它由菜单栏、工具栏、原理图窗口、图形分析窗口等组成，如图 A-1 所示。

　　从图 A-1 中可以看到，Multisim 模仿了一个实际的电子工作台，其中最主要的窗口区域是原理图窗口，在这里可以进行电路的连接和测试。工作区的上面和两侧是菜单栏、标准操作工具栏、虚拟元件工具栏、元件工具栏、仿真工具栏和仪器工具栏等。菜单栏包含了软件的所有操作命令，而各个工具栏则包含了常用的操作命令快捷按钮。Multisim 的各类快捷工具栏可以设置为显示或关闭状态，图 A-1 中只显示了与电路仿真相关的一些常用工具栏。

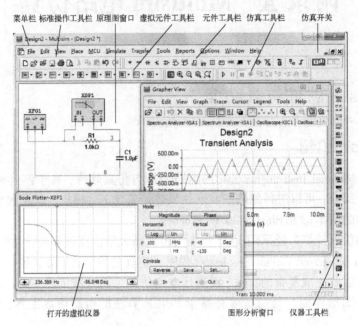

图 A-1　Multisim 的主窗口

2. 命令

软件菜单栏在主窗口的最上方，如图 A-2 所示，菜单中提供了软件功能命令。每个菜单组都有一个下拉菜单。

File　Edit　View　Place　MCU　Simulate　Transfer　Tools　Reports　Options　Window　Help

图 A-2　主窗口菜单栏

文件菜单(File)中包含电路文件创建、保存、打开、设计项目管理、文件打印等命令。

编辑菜单(Edit)包含原理图编辑、元件位置移动，设计元素复制粘贴等操作命令。

窗口显示菜单(View)用于设置窗口显示内容、设定工具栏显示与否及内容缩放等。

放置菜单(Place)提供在电路窗口内放置元件、连接点、总线和文字，以及子电路操作等命令。利用工具栏中提供的按钮可以更方便地放置元件。

仿真菜单(Simulate)提供电路仿真、仿真参数设置等操作命令，其中的主要命令及功能如下：

Run	开始仿真运行
Pause	暂停仿真运行
Stop	停止仿真运行
Instruments	放置各种虚拟仪器
Interactive Simulation Settings	交互仿真模式参数的设置
Analyses	选择 SPICE 分析功能
Postprocess	打开后处理器对话框

其他的菜单功能较少使用，这里不再介绍。

3. 元件

Multisim 提供了各类实际元器件的仿真模型，还给出了一些不对应实际元器件的有特殊功能的仿真模型，如信号源、测量指示器等。Multisim 将这些仿真模型统称为元件（component）。元件可直接连接到仿真电路中。

Multisim 提供原理图捕捉功能，用图形方式放置元件并完成导线连接后，软件自动产生电路网表文件。放置元件命令为"Place Component"，可以通过命令菜单或鼠标右键快捷菜单启动，也可以通过单击元件工具栏中按钮完成放置。

启动放置元件命令将会弹出一个元件选择对话框，在其中显示了预先选择的一大类元件。例如，选择基本无源元件按钮之后，会弹出如图 A-3 所示对话框。

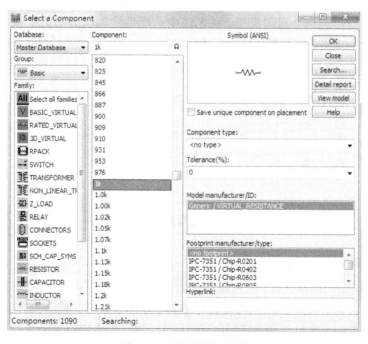

图 A-3　元件选择对话框

如图 A-3 所示，对话框的左侧显示了当前选择的数据库（Master Database）、元件分类（当前为 Basic），以及在此大类中进一步的分组列表（Family）。可见，通过这个对话框，用户可以选取任何类别的任何元件模型。

Multisim 提供了丰富的元件库，这些元件被分门别类地放到了各个元件分类库中，元件工具栏提供了可快速选择类别的类别库按钮，如图 A-4 所示。

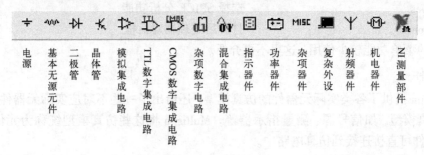

图 A-4　元件工具栏

4. 虚拟元件

Multisim 提供的元件模型可分为两类，一类用于电路设计过程，其中的元件模型参数与实际元器件具体型号相对应，具有生产厂家提供的典型值或标称值。另外一类元件称为虚拟元件（virtual component），在元件选择对话框中用绿色图标表示。虚拟元件不与具体实际元器件型号对应，而是提供一个通用模型，在电路中该模型的不同实例的所有参数皆可单独修改。虚拟元件特别适用于电路的原理性分析和仿真。Multisim 对常用的一些虚拟元件给出了分类快捷按钮工具栏，如图 A-5 所示。

图 A-5　虚拟元件工具栏

5. 仪器工具栏

Multisim 提供虚拟仪器仪表，用来显示分析的结果，仪器工具栏中的按钮用来向工作区中放置虚拟仪器。图 A-6 所示工具栏是仪器工具栏水平放置时的截图和对应的仪器仪表。

将适当的 Multisim 虚拟仪器连接到仿真电路中，可以将电路计算结果持续显示在电路连接的虚拟仪器上，这是一种交互仿真模式，就像对电路进行虚拟实验或测试，是 Multisim 软件的特色。电路中连接的虚拟仪器决定了 Multisim 需要进行计算和仿真的类型。

数字多用表 函数信号发生器 瓦特表 双通道示波器 四通道示波器 波特图仪 数字频率计 数字发生器 逻辑分析仪 逻辑转换器 IV 曲线分析仪 失真分析仪 频谱分析仪 网络分析仪 安捷伦信号发生器 安捷伦多用表 安捷伦示波器 泰克示波器 电压电流探针

图 A-6 仪器工具栏

A.1.3 电路分析与仿真步骤

用 Multisim 分析和仿真电路的主要步骤包括：建立电路，调整元件参数，连接仪器进行虚拟测量，或设定分析功能和选项后对电路进行分析。以下用一个例子简要说明这个过程。

1. 输入电路原理图

先要放置元件，为此可以利用元件工具栏，单击其中的按钮来选择相应的元件，并将其拖放到电路图中。注意，由于仿真软件采用结点分析法，电路中必须要放置和连接一个接地符号。元件放置到电路图中后，用鼠标单击元件端子拉出导线，连接到另一个元件端子，完成导线连接，形成电路结点。在电路区中右击，在弹出的快捷菜单中选择"Properties"命令，然后在弹出对话框中，选中"Circuit/Net Names/Show All"，此时电路图中将显示出结点标号或名称。连接完成后完整电路如图 A-7(a)所示。

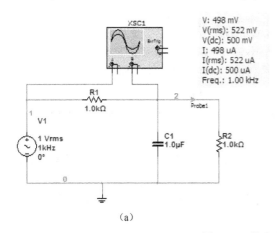

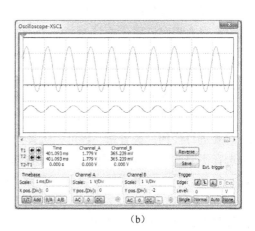

(a)   (b)

图 A-7 仿真电路和变量测量

2. 设置元件参数

每个仿真元件都有若干属性或参数，可以根据分析或仿真的要求调整。双击图 A-7(a)

所示电路中的电压源符号，弹出元件属性对话框。本例中，我们设置电压源有效值为 1 V，直流偏移电压(offset voltage)为 1 V，频率为 1 kHz，其他参数不变。

3. 对电路进行虚拟测量

Multisim 提供电路虚拟测量方式的仿真。Multisim 自动建立电路方程，不断进行多次选定的分析计算，并将计算结果实时显示在电路中连接的虚拟仪器上，计算过程中还可以改变电路和调节仪器，这就像对电路进行虚拟实验或测试。在图 A-7(a)所示电路中，连接了虚拟示波器，以观测输入和输出电压波形，同时在电阻上方结点处放置了一个测量探针(仪器工具栏中的"Measurement Probe")，设置其测量项目为电压和电流的瞬时值、有效值、直流成分和频率。单击仿真运行按钮 ▷ 后，实时测量结果将显示在探针输出和示波器显示界面上。

4. 对电路进行 SPICE 分析

除了虚拟测量仿真，Multisim 还可以将指定分析项目的计算结果以数值和曲线的方式给出，例如结点电压、元件电流、响应曲线等，这在软件中称为分析(菜单命令"Analysis")。

分析是利用 Multisim 的仿真引擎求解电路方程，从而得到描述电路特性所需要的一组变量。这些变量可以直接显示在分析图形(Grapher View)窗口中，作为曲线或数值图表，也可以保存起来，作为 Multisim 后处理操作(PostProcessor)的原始数据，还可以输出到其他软件(如 Microsoft Excel)中作为进一步计算或图表形成所需的数据。

Multisim 最基本的电路分析功能为直流工作点分析、交流频率扫描分析和暂态分析，其他更为复杂的分析功能都是在这些功能上组合、派生出来。这里仅介绍下面几种分析功能。

- 直流工作点分析("DC Operating Point")：计算直流激励下的静态电压和电流，是进行其他各项分析功能的基础。
- 交流频率扫描分析("AC Analysis")：分析电路的频率特性。
- 单频率交流分析("Single Frequency AC Analysis")：求单一频率正弦相量解。
- 暂态分析("Transient Analysis")：执行动态分析，给出指定变量的响应波形。
- 直流扫描分析("DC Sweep")：考察当电路中一个或两个电源变化时电路的直流特性。
- 参数扫描分析("Parameter Sweep")：分析某元件的参数变化对电路特性的影响。

要进行任何一种分析，都可以选择菜单命令"Simulate"│"Analyses"，在弹出的命令菜单中选择需要的分析类型，进入分析设置对话框进行设置后，单击"Simulate"按钮启动分析过程。每种分析功能都需要设置分析参数，选定输出变量及其显示方式。分析参数主要包括时间范围、频率范围、初始条件等，对不同的分析功能，分析参数会有所不同。在分析设置对话框的参数页面可进行参数设置。

输出变量设置是指设置需要计算和显示的电路变量或表达式，可在分析设置对话框的输出页面进行设置。通常情况下，Multisim 的分析可以给出结点电压、元件电流和功率等变量，可以直接选择这些变量作为输出显示，还可以将这些变量进行组合和数学运算，将得到的表达式作为分析结果显示。

A. 2 直流分析

利用 Multisim 仿真软件的直流工作点分析、直流扫描分析和参数扫描分析,可以对在直流电源激励下的电路进行各种灵活的分析,求出电路的支路电压和电流,扫描电源和其他元件参数变化对电路特性的影响,求出端口 v-i 曲线,求出戴维南等效电路参数等。此外,利用虚拟仪器、仪表和探针等,也能直观观察各支路变量。这里给出几个分析示例来说明有关仿真方法的使用。

Multisim 的直流工作点分析就是计算电路在直流电源激励下的稳态响应。选择菜单命令"Simulate"│"Analyses"│"DC Operating Point",在分析设置对话框中选定感兴趣的变量显示在输出图表窗口中。单击"Simulate"按钮后,Multisim 对电路做直流工作点分析,分析结果显示在"Grapher View"窗口中。

图 A-8(a)所示电路图为在电路工作区建立的仿真电路图,其直流工作点分析结果如图 A-8(b)所示。注意在直流分析时,交流电源被视为零值电源,电容开路,电感短路。

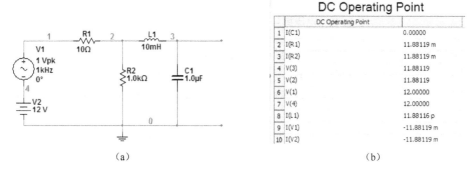

DC Operating Point

	DC Operating Point	
1	I(C1)	0.00000
2	I(R1)	11.88119 m
3	I(R2)	11.88119 m
4	V(3)	11.88119
5	V(2)	11.88119
6	V(1)	12.00000
7	V(4)	12.00000
8	I(L1)	11.88116 p
9	I(V1)	-11.88119 m
10	I(V2)	-11.88119 m

(a)　　　　　　　　　　　　　　(b)

图 A-8　作为各种分析对象的电路

例 A-1　图 A-9(a)和图 A-9(b)两个电路有相同的拓扑结构,但是在这两个图中,12 V电压源与电流变量 I 位置互易。用 Multisim 的直流工作点分析方法证明两个电路中的 I 相等。

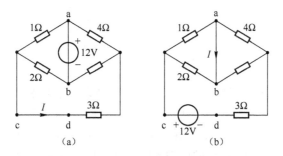

图 A-9　电压源与电流 I 的位置互易

在 Multisim 电路工作区建立图 A-10 所示仿真电路，注意在电路中的一个结点上连接了接地元件。在两个电压源支路上放置探针，并将探针属性设定为只显示瞬时电流值。为了分析图 A-9 所示的两个电路，将图 A-10 所示仿真电路中的电压源设置为不同参数做两次仿真。先将电压源 V1 电压设为 12 V，V2 电压设为 0 V，仿真结果如图 A-10(a) 所示；再将电压源 V1 电压设为 0 V，V2 电压设为 12 V，仿真结果如图 A-10(b) 所示。注意，零值电压源相当于短路线。从两次分析的结果中可看出，两次仿真结果中零值电压源支路电流相同，均为 0.8 A。

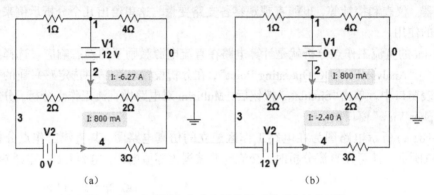

图 A-10　电压源与电流变量位置互易后电流值不变

我们还可以改变非零值电压源的电压，再进行多次分析。结果是，只要激励电压源电压一样，位置变化后得到的电流也一样。这个结果并不是巧合，而是一种线性电路性质的体现，这种性质称为**互易性**。电路具有互易性的条件是电路中只有一个电源，且电路是不含受控源的线性电路。

例 A-2　在图 A-11 所示电路中，已知电流 $I = 0.2$ A，求线性电阻 R 的电阻值。

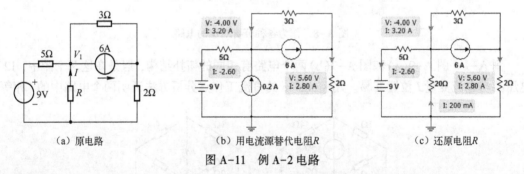

图 A-11　例 A-2 电路

对任意电路，在支路变量有唯一解的情况下，如果某支路电压为 V，则可用电压为 V 的电压源来替代该支路；如果某支路电压为 I，则可用电流为 I 的电流源来替代该支路。替代后不影响电路其他变量，这个结论称为**替代定理**。这里以图 A-11 所示电路为例，用 Multisim 软件计算电阻 R 两端的电压，从而得到 R，然后用不同元件来替代该支路，验证替代定理的正确性。

将已知电流的支路用电流为 0.2 A 的电流源来替换，得到图 A-11(b) 所示仿真电路。对其进行直流工作点分析，或者用探针检测得到结点电压 V_1 为 -4 V，如图 A-11(b) 所示。

根据电压 V_1，可以得到 $R = -V_1/I = 20\,\Omega$。在仿真电路中用 $R = 20\,\Omega$ 的电阻替代 0.2 A 的电流源，如图 A-11(c) 所示，再进行直流分析，可以看到该支路的电流、电压及电路中所有支路变量都没有变化。读者甚至还可以设计一个电压源与电阻的串联组合来替代该支路，以保持整个电路中其他支路的变量不变。

例 A-3   求图 A-12(a) 所示含受控源电路的戴维南等效电路。

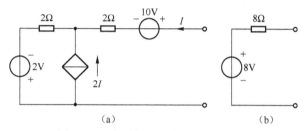

(a)   (b)

图 A-12   含受控源电路及其等效电路

理论分析可得到其戴维南等效电路如图 A-12(b) 所示。

用 Multisim 仿真时，先建立仿真电路如图 A-13(a) 所示，其中在端口上连接了一个测试电流源，用外加测试电源直接求端口的 $v\text{-}i$ 关系曲线，从而得到戴维南等效电路。利用 Multisim 的参数扫描或直流电源扫描功能，让外接电流源变化，测量端口电压，可得到等效参数。现选择直流电源扫描(DC Sweep)，在分析设置对话框中，将扫描参数设置为电流源 I2 的电流值，设其从 -1 A 到 1 A 线性变化，增量为 0.2 A。选择输出变量为结点 4 电压。启动分析，得到结点 4 电压随 I2 电流变化的曲线，如图 A-13(b) 所示。根据该曲线可以得到开路电压为 8 V，等效电阻 $\Delta V/\Delta I = 8\,\Omega$。结果验证了理论分析结果。

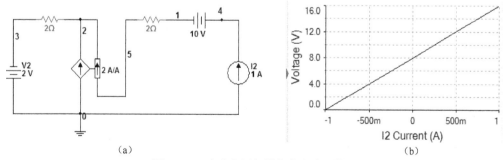

(a)   (b)

图 A-13   直流电源扫描仿真电路和结果

A.3   暂态分析

利用 Multisim 仿真软件的暂态分析功能或虚拟仪器观测方法，可以仿真电路的动态特性。结合参数扫描分析可以观察元件参数对电路动态特性的影响。

例 A-4 如图 A-14(a)所示一阶电路,开关在 $t=0$ 时刻由触点 a 倒向触点 b,开关动作前电容电压有 0 V 和 0.3 V 两种情况。用 Multisim 仿真求电容电压 $v_C(t)$ 的波形,并测量电路的时间常数。

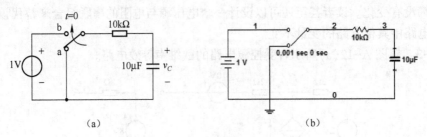

(a)   (b)

图 A-14 RC 动态电路及其仿真电路

在工作区中画出仿真电路,如图 A-14(b)所示,图中的延迟开关是元件库中的仿真元件 Basic/SWITCH/TD_SW。开关连接 1 结点位置为 ON 位置,接地为 OFF 位置。开关可以设定两个动作时间(以秒为单位),即 TON 和 TOFF,分别对应开关倒向 ON 和 OFF 位置的时间。两个时间不能相等,也不能小于 0。在动作时间大于 0 时,该时间之前开关处于相反位置,等于 0 时对应动作无效。

先仿真电容初始电压为零的情况。延时开关的参数设置为:TOFF = 0 s,TON = 0. 001 s。这样倒向 OFF 的时间无效,倒向 ON 的时间很接近于 0,可近似认为是 0。选择菜单命令"Simulate"│"Analyses"│"Transient Analysis",在弹出对话框中设定分析参数:开始时间(START)为 0 s,结束时间(TSTOP)为 1 s,自动选择初始条件;在输出变量中选择 V(3)电压。然后,单击"Simulate"按钮启动仿真,在"Grapher View"窗口中得到电容电压动态响应波形,如图 A-15(a)所示。打开测量游标线,找到电压上升到 0. 632 V 所对应的时间,大约为 0. 1 s,即为电路的时间常数。

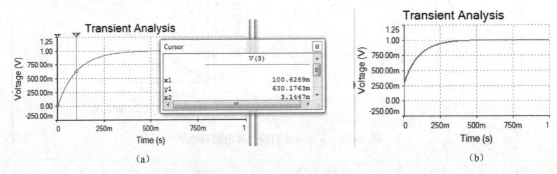

(a)   (b)

图 A-15 电容电压动态响应波形

再仿真电容初始电压为 0. 3 V 的情况。双击电容元件,在其属性对话框的"Value"页面,选中"Initial conditions",写入 0. 3 V。然后选择菜单命令"Transient Analysis",在分析参数的

"Initial conditions"下拉菜单中选择"User-defined"。再次启动分析，得到图 A-15(b)所示的波形，其中起始电压为 0.3 V。

例 A-5　用仿真方法求例 3-16 中继电器触点吸合的时间长度。

将例 3-16 电路重新画出在图 A-16(b)中，其中电压 v_S 波形如图 A-16(a)所示。在 v_S 激励下，当电感电流上升到 150 mA 时，继电器触点吸合，当电感电流回落到 40 mA 时，继电器触点断开。

本例中尝试使用分段线性电压源来产生单个脉冲电压。先建立仿真电路如图 A-17(a)所示，其中电压源 V1 是虚拟信号源元件组中的分段线性电压源("PWL Voltage Source")。双击该电源符号，在其元件属性的"Value"页面，按图 A-17(b)输入波形直线端点和对应的时间点，该内容描绘了图 A-16(a)的单脉冲电压。另外，

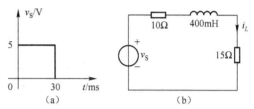

图 A-16　继电器驱动电路

也可以预先编辑一个纯文本文件，将电压值和时间数据对保存在文件中，然后选定该文件。

图 A-17　仿真电路和分段线性电压源设置

设定好元件参数后，选择"Transient Analysis"命令，并选择输出为电感电流"I(L1)"，将分析时间设为从 0 s 到 100 ms，启动仿真后得到电感电流波形如图 A-18 所示。打开测量游标，测量对应电流为 150 mA 和 40 mA，这两点的时间差 $dx = 30.7$ ms，即为触点吸合时间，从而验证了例 3-16 的理论分析结果。

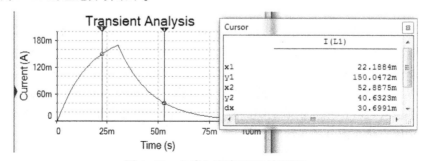

图 A-18　电感电流波形和时间测量

例 A-6 求图 A-19(a)所示二阶电路在 R_1 阻值分别为 500Ω、2000 Ω 和 3500 Ω 时 $\dot{v}_C$ 的阶跃响应波形。

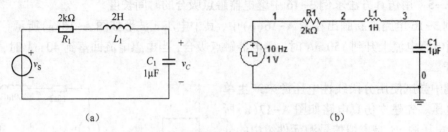

图 A-19 二阶动态电路及其仿真电路

根据第 3 章中对二阶电路固有响应的分析，图 A-19(a)所示 RLC 串联二阶电路的特征方程为

$$s^2 + \frac{R_1}{L_1}s + \frac{1}{L_1 C_1} = 0$$

特征根为

$$s_{1,2} = -\frac{R_1}{2L_1} \pm \sqrt{\left(\frac{R_1}{2L_1}\right)^2 - \frac{1}{L_1 C_1}}$$

将给定元件参数代入特征根表达式，经计算可知当 R_1 阻值为 500 Ω、2000 Ω 和 3500 Ω 时，特征根分别为两个共轭复根、两个相等实根和两个不等实根，对应的固有响应形式分别为欠阻尼、临界阻尼和过阻尼。下面用 Multisim 仿真来验证计算结果。

在 Multisim 工作区中建立如图 A-19(b)所示的仿真电路，其中放置了一个方波电压源作为阶跃激励，要求其周期要远长于电路过渡过程。为观察 3 种不同 R_1 阻值对波形的影响，选择"Parameter Sweep"菜单命令进行参数扫描分析，并按照图 A-20(a)所示数据来设置分析参数。

先选择元件名（"Name"）为 R1，并选择扫描参数（"Parameter"）为电阻值（"resistance"），再将扫描方式（"Sweep variation type"）设定为参数列表（"List"），并在"Value list"编辑框中填入要求的 3 个电阻值。

接下来设定对每个 R1 电阻值要进行哪一种分析。在对话框的分析类型（"Analysis to sweep"）列表中选择暂态分析（"Transient Analysis"），再单击"Edit analysis"按钮对暂态分析进行设定，将初始条件选择为"Set to zero"，分析时间设定为 0 s 到 0.03 s，最后选定输出变量为结点电压 V(3)，单击"Simulate"按钮启动分析过程。分析完成后，在"Grapher View"窗口中可观察到如图 A-20(b)所示的阶跃响应波形，图中的 3 条曲线分别对应 R1 的 3 个电阻值，代表了波形中固有响应成分的 3 种形式。

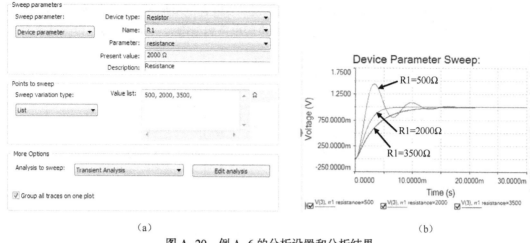

图 A-20　例 A-6 的分析设置和分析结果

A.4　交流分析

Multisim 仿真软件的交流分析是对正弦稳态电路的相量分析，包括交流频率扫描分析和单频率交流分析。交流分析功能还可以结合参数扫描功能，观察元件参数变化对电路正弦稳态特性的影响。交流频率扫描分析实际上是对电路频率特性的分析，频率特性也可以用虚拟波特图仪来观察。

例 A-7　RLC 串联谐振电路的外加信号频率为 1 kHz，$L = 1$ mH，$R = 4$ Ω，电容值可调。(1)用仿真方法确定电容值，使电路对输入信号谐振，同时观察电路在谐振状态和失谐状态下元件的电压大小和波形相位。(2)以电阻电压为输出，分析电路的频率特性，并观察电阻值变化对电路频率特性的影响。

(1) 在 RLC 串联谐振电路中，通过调节电感或电容参数使电路对输入信号频率谐振的过程称为电路的调谐。本例中设定电容 C 可以调节，用虚拟测量的方法实现电路的调谐。

为了与理论分析对比，先计算出可使电路谐振的电容理论值 C_0

$$C_0 = \frac{1}{(2\pi f)^2 L} \approx 253\,\text{nF}$$

在工作区建立仿真电路如图 A-21 所示，用来仿真谐振电路的调谐过程。在电路中使用 300 nF 的可变电容，连接示波器、交流电压表和交流电流表，并将信号源频率设定为 10 kHz。

启动仿真后，用鼠标或按键调整电容值(从总容量的 50% 开始逐渐增加)，在此过程中观察各电压表和电流表数字指示的变化，并观察示波器上电阻电压波形的幅度和相位变化。

在开始阶段，电容值小于 C_0，容抗值大于感抗值，总阻抗呈现电容性；在示波器上显示的电阻电压和信号源电压波形如图 A-22(a)所示，可以看出电阻电压相位(电流相位)超前于信号源电压相位, 且电阻电压幅度小于信号源电压幅度。当电容值增加时, 各电压和电流值逐渐增加, 说明总阻抗模在减小; 同时, 示波器显示的电阻电压幅度增大, 与信号源相位差减小。

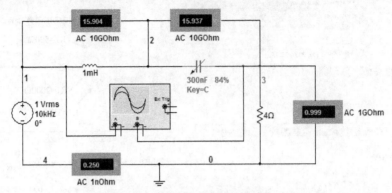

图 A-21   观察调谐过程的仿真电路

当电容值等于 C_0 时(对应占总电容比例为: 253/300=84%), 电路发生谐振, 电阻电压和电流幅度达到最大值, 电压表和电流表指示如图 A-21 所示, 可看出此时电容和电感上的电压远远高于信号源电压。同时, 示波器显示的电阻电压波性与信号源波形重合, 如图 A-22(b) 所示。

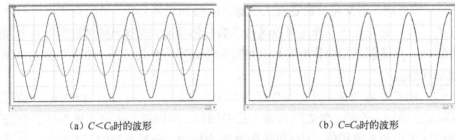

(a) $C<C_0$ 时的波形   (b) $C=C_0$ 时的波形

图 A-22   电阻电压与信号源电压波形比较

当电路达到谐振后, 继续增加电容值, 电路逐渐离开谐振状态, 总阻抗模增大, 电流减小, 各电压减小, 电路阻抗变为感性, 电阻电压相位滞后于信号源电压。

（2）观察电阻电压随频率变化的规律, 可采用 Multisim 的交流频率扫描分析功能。

在进行交流频率扫描分析或单频率交流分析时, 对于电路中所有电源和信号源, 其属性参数中只有交流分析幅度("AC Analysis Magnitude")和交流分析相位("AC Analysis Phase")这两个参数起作用。那些不具有这两个参数的电源, 或者其交流分析幅度被设定为零的电源, 在交流分析中均作为零值电源处理, 即电压源视为短路, 电流源视为开路。

例如, 图 A-21 中的交流电压源, 其"Value"属性中的有效值、频率和相位参数并不在交流分析中起作用, 它们只被用于暂态分析和虚拟测量中。在进行交流分析时, 需要设定电源的交流分析幅度和交流分析相位这两个参数。

在进行交流分析时, Multisim 将电路中所有起作用的电源视为同一频率的正弦信号源, 它们的频率值一并在分析功能对话框中设定。在交流频率扫描分析中, 电源频率在设定范围内变化；对每一个频率点用相量法计算电压或电流的幅度和相位，然后再画出变量的幅度和相位随频率变化的曲线作为分析结果。在单频率交流分析中则只计算一个频率点的相量。

在图 A-21 所示仿真电路中，先调整电容使电路谐振。要进行交流扫描分析，选择"Simu-late"｜"Analyses"｜"AC Analysis"命令，将分析参数设定为：扫描频率范围从 1 kHz 到 100 kHz，频率坐标采用 10 倍频程（"decade"）刻度；幅度垂直刻度（"vertical scale"）为线性刻度（"linear"）；选择输出变量为电阻上端结点电压 V(3)。启动分析后，得到如图 A-23(a) 所示的两条曲线，分别为电压幅度和相位随频率变化的曲线。打开曲线测量游标，可测量出幅度的最大值位于 10 kHz，并可测量出在此频率上相位为零。

下一步观察电阻值变化对于频响曲线的影响。先选择参数扫描分析功能，让电阻 R1 阻值按照 2 倍关系变化，取值为 10 Ω，20 Ω，40 Ω；将分析类型设定为"AC Analysis"，分析参数仍然按前面的设定。启动分析后，在"Grapher View"窗口可看到电压幅度和相位各三条曲线，如图 A-23(b) 所示，三条曲线分别对应了三种电阻值。可以看出，随着电阻值增大，曲线变得更平缓，同时频率选择性变差。

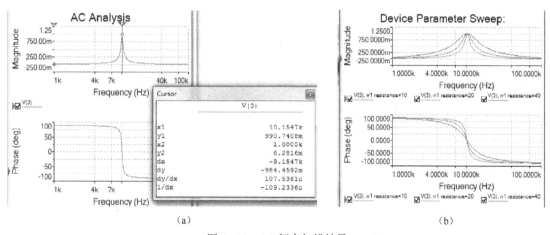

(a)　　　　　　　　　　　　　　　　(b)

图 A-23　AC 频率扫描结果

例 A-8　用单频率交流分析求图 A-24(a) 所示正弦稳态电路的相量戴维南等效电路。

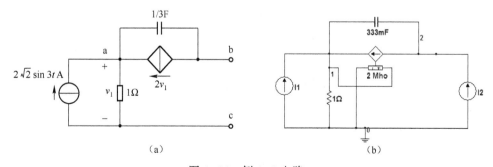

(a)　　　　　　　　　　　　　　　　(b)

图 A-24　例 A-8 电路

Multisim 软件的单频率交流分析可以用来计算已知频率电路的正弦稳态响应。在第 4 章的例 4-18 题中已经对图 A-24(a)所示电路做过理论分析,现用软件进行仿真求解。在工作区中建立图 A-24(b)所示仿真电路,并在电路端口连接一个测试电流源 I2。

第一步求二端电路的开路电压相量。为此,设定内部独立电流源 I1 的属性:交流分析幅度为 2 A,交流分析相位为 0°。设定外部独立电流源 I2 的交流分析幅度为 0 A。

选择菜单命令"Single Frequency AC Analysis",在分析设置页面中,设定频率为 0.478 Hz (对应于 $\omega = 3$ rad/s),输出相量格式选为幅度和相位("Magnitude/Phase")。然后启动分析,得到"Grapher View"窗口中的数据如图 A-25(a)所示。因此,电路开路电压 $\dot{V}_{OC} = 4.472 \angle 63.4°$ V。

Single Frequency AC Analysis @ 0.478 Hz

AC Frequency Analysis	Magnitude	Phase (deg)
1 V(2)	4.47171	63.43220

Single Frequency AC Analysis @ 0.478 Hz

AC Frequency Analysis	Magnitude	Phase (deg)
1 V(2)	1.41413	44.99657

(a) 开路电压　　　　　　　　　　　　(b) 外部激励下的端口电压

图 A-25　单频率 AC 分析结果

第二步求戴维南等效阻抗。设定独立电流源 I1 的交流频率分析幅度为 0 A,外部电流源 I2 的交流频率分析幅度为 1 A,相位为 0°。然后,再次启动单频率交流分析,求出的端口结点电压值 V(2)即为戴维南等效阻抗值。分析完成后得到的数据如图 A-25(b)所示。因此,戴维南等效阻抗 $Z_0 = 1.414 \angle 45.0°$ Ω。

综合以上两步仿真结果,可得到相量戴维南等效电路参数,验证了例 4-18 的理论计算结果。注意,在仿真开路电压时,将电流源的有效值当作了电流源 I1 的幅度参数,因此得到的开路电压为有效值相量,这样是为了方便与理论计算结果做比较。严格来说,Multisim 中电源的交流分析幅度参数应该设置为正弦量的幅度(最大值),在涉及功率计算时一定要注意这点。

例 A-9　用 Multisim 的交流扫描分析求图 A-26(a)所示电路的频率特性波特图,判断频率特性类型,测量中心频率、截止频率、带宽和 Q 值,并与理论分析结果进行比较。

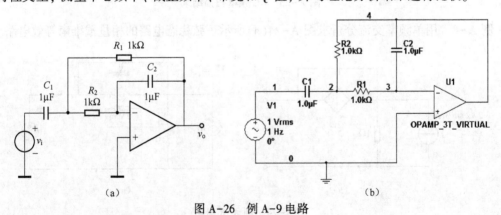

(a)　　　　　　　　　　　　　　　　(b)

图 A-26　例 A-9 电路

　　在 Multisim 中建立仿真电路如图 A-26(b)所示。双击交流电压源符号,设定电压源的交流分析幅度为 1 V,交流分析相位为 0°。

　　选择菜单命令"Analysis"|"AC Analysis"。在分析设置对话框中,将分析参数设定为:扫描频率范围为从 1 Hz 到 10 kHz,扫描方式为 10 倍频程方式("decade"),幅度坐标为分贝;选定运放输出结点电压 V(4)作为分析输出。启动分析后得到的 v_0 电压幅度和相位的频率特性曲线如图 A-27 所示,其中幅度显示为带通特性。用游标测量幅度最高点为 -6 dB,对应频率为 160 Hz。测量出峰值两侧下降到 -9 dB 时对应的两个频率之差(带宽)约为 317.3 Hz,如图 A-28 所示,从而计算出 Q 值($Q = 160/317.3 \approx 0.5$)。

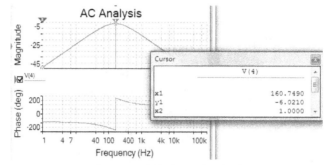

图 A-27　波特图测量中心频率

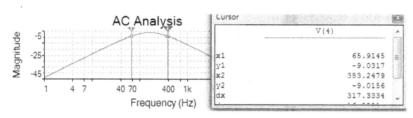

图 A-28　波特图测量带宽

　　通过观察幅度曲线可知,在通带以外的曲线近似为直线。为了估计直线斜率,可用游标测量峰值两侧的直线部分 10 倍频程的分贝差,如图 A-29 所示。测量 1 Hz 与 10 Hz,1 kHz 与 10 kHz 频率点之间的分贝差,结果都近似为 20 dB。因此,左侧直线斜率为 20 dB/10 倍频程,右侧直线斜率为 -20 dB/10 倍频程。

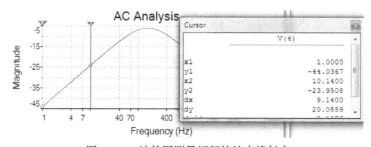

图 A-29　波特图测量幅频特性直线斜率

对图 A-26(a)所示电路写出电压比传递函数为

$$H(j\omega) = \frac{\dot{V}_0}{\dot{V}_i} = \frac{-\dfrac{1}{RC}j\omega}{(j\omega)^2 + \dfrac{2}{RC}j\omega + \dfrac{1}{(RC)^2}} = k\frac{\dfrac{\omega_0}{Q}j\omega}{(j\omega)^2 + \dfrac{\omega_0}{Q}j\omega + \omega_0^2}$$

可知其为带通特性函数。代入元件参数，可得 $\omega_0 = 1000\,\text{rad/s}$，$f_0 = 159\,\text{Hz}$，$Q = 0.5$。在中心频率处，$H(j\omega_0) = k = -1/2$。对比仿真测量数据，可确认理论分析与仿真结果吻合。

作为练习，可以画出传递函数的直线近似波特图，并与仿真结果进行对比。把上面的传递函数改写为

$$H(j\omega) = \frac{-1000j\omega}{(j\omega + 1000)^2} = \frac{-j\omega/1000}{(1 + j\omega/1000)^2}$$

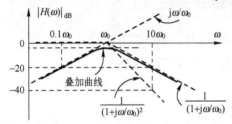

图 A-30　直线近似幅频特性波特图

传递函数的分子和分母共有 3 个 $j\omega$ 多项式因子，它们对应的直线近似幅频特性波特图如图 A-30 中粗虚线所示。注意分母的两个因子的近似直线在 ω_0 处均与理论值有 $-3\,\text{dB}$ 误差，合计为 $-6\,\text{dB}$ 误差。因此，将直线叠加并在 ω_0 处减去 $6\,\text{dB}$ 之后，得到的曲线如图 A-30 中粗实线所示，与软件仿真结果吻合。

电路的频率特性也可用虚拟仪器中的波特图仪来测量。按图 A-31 所示连接波特图仪的输入端口测量线和输出端口测量线；双击波特图仪图标打开其显示面板，设定合适的频率范围，选定幅度或相位曲线，设定垂直坐标模式，然后启动仿真开关即可观察到波特图曲线。图 A-31 中的波特图仪面板显示了幅频特性波特图，与前面的分析结果一致。

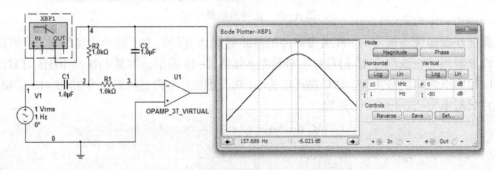

图 A-31　用波特图仪测量电路频率特性

附录 B　部分习题答案

第 1 章

1-2　(1) 5 V；(2) -1 A；(3) -1 A；(4) -2×10⁻⁵ W；(5) 1 A；(6) -10 V；(7) -1 mA；

(8) 4 mW

1-3　吸收功率：元件 2，0.5 W；元件 3，125 mW；元件 5：-375 mW

1-4　A，$v_0 = 15$ V；B，$v_0 = 5$ V；C，$v_0 = -1$ V；D，$v_0 = -6$ V；E，$v_0 = -15$ V

1-6　(a) $i_x = 0$；(b) $i_x = -6$ A；(c) $i_x = -7$ A

1-7　(a) $i = \dfrac{R_1}{R_1+R_2+R_3}I_0$，$v = -I_0\dfrac{R_1(R_2+R_3)}{R_1+R_2+R_3}$；(b) $i = -0.707$ A，$v = -58.7$ V；

(c) $i = I_0$，$v = V_2 - V_1$

1-8　(a) $i_1 = 0$ A，$i_2 = 2$ A；(b) $v_1 = 23$ V，$v_2 = 25$ V

1-9　$i_1 = -0.75$ A，$i_2 = -\dfrac{9}{8}$ A，$i_3 = 0.5$ A

1-10　(a) $n=5$，$b=6$；(b) $n=3$，$b=5$；(c) $n=4$，$b=6$

1-11　(a) $i_x = 3$ A，$v_x = -6$ V；(b) $i_x = 13$ A，$v_x = 150$ V；

(c) $i_x = -4$ A，$v_x = 50$ V

1-12　$i = -7$ A，$v = 32$ V，$P_x = -224$ W

1-13　$v_D = 10.4$ V，$v_E = 2$ V，$i_B = 1$ A，$i_C = 0.4$ A

1-14　$V_A = -\dfrac{2}{3}V_S$，$V_B = -\dfrac{1}{3}V_S$，$V_C = \dfrac{1}{3}V_S$

1-15　$v_{ac} = 5$ V，$v_{bd} = -10$ V

1-16　$R = 19\,\Omega$，$G = 0.45$ S

1-17　(1) $v_2 = v_1$；(2) $v_2 = \dfrac{R_2}{R_1+R_2}v_1$；(3) $i_2 = \dfrac{R_1+R_2}{R_2}i_1$；(4) $i_2 = i_1$

1-19　$v_{ab} = 0$ V

1-20　$R_2 = 1.5\,\text{k}\Omega$，$R_3 = 1.5\,\text{k}\Omega$，$R_4 = 1\,\text{k}\Omega$

1-21　1 V 量程，$R_1 = 19\,\text{k}\Omega$；10 V 量程，$R_2 = 180\,\text{k}\Omega$；100 V 量程，$R_3 = 1800\,\text{k}\Omega$

1-22　(a) $R_{ab} = 1.2R$；(b) $R_{ab} = 10\,\Omega$

1-23 $5R/3$ 不可能得到

1-24 $P_{40\Omega}=14.4\,\mathrm{W}$, $P_{5\Omega}=115.2\,\mathrm{W}$, $P_{2\Omega}=0\,\mathrm{W}$, $P_{0.1v_1}=-57.6\,\mathrm{W}$, $P_{3A}=-72\,\mathrm{W}$

1-25 $i=23.9\,\mathrm{A}$

1-26 $P_{4\Omega}=576\,\mathrm{W}$, $P_{24V}=-288\,\mathrm{W}$, $P_{1\Omega}=144\,\mathrm{W}$, $P_{2v_a}=-864\,\mathrm{W}$, $P_{3\Omega}=432\,\mathrm{W}$

1-27 $i_a=6\,\mathrm{A}$

第 2 章

2-1 $I_1=1.5\,\mathrm{A}$, $V_2=25\,\mathrm{V}$, $P_3=15\,\mathrm{W}$

2-2 $v_0=0.58\,\mathrm{V}$

2-3 $i_0=2\,\mathrm{A}$

2-4 $\Delta I_2=0.324\,\mathrm{A}$

2-5 $I_x=(-4/5)+(16/5)=2.4(\mathrm{A})$

2-6 $I_2=0.5\,\mathrm{A}$

2-7 二进制数为 111，$V_0=7\,\mathrm{V}$；二进制数为 101，$V_0=5\,\mathrm{V}$

2-8 (a) $5\,\Omega$ 与 $2\,\mathrm{A}$ 并联；(b) $15\,\Omega$ 与 $-10\,\mathrm{V}$ 串联；(c) $50\,\Omega$ 与 $10\,\mathrm{V}$ 串联

2-11 $v_x=-0.75\,\mathrm{V}$, $i_x=-100\,\mathrm{mA}$

2-12 (2) $\beta=21$

2-13 $35\,\Omega$ 与 $(10I_S+V_S/2)$ 串联

2-14 (a) $R_{ab}=602.5\,\Omega$；(b) $R_{ab}=-25\,\Omega$

2-15 (a) $R_{ab}=1\,\Omega$；(b) $R_{ab}=1\,\Omega$

2-17 (1) $R_0=18\,\Omega$, $V_{OC}=21\,\mathrm{V}$；(2) $I=0.75\,\mathrm{A}$, $P_{10\Omega}=5.625\,\mathrm{W}$；(3) $I=8/9\,\mathrm{A}$, $P=4.44\,\mathrm{W}$

2-18 $R_0=5\,\mathrm{k}\Omega$, $V_{OC}=10\,\mathrm{V}$

2-19 $V_{OC}=15\,\mathrm{V}$, $R_0=20\,\Omega$

2-20 $V_{OC}=v_S\dfrac{R_3-AR_2}{R_1+R_2+R_3+AR_1}$, $R_0=\dfrac{(R_1+R_2)R_3}{R_1+R_2+R_3+AR_1}$

2-21 $V_{OC}=3\,\mathrm{V}$, $R_0=3\,\Omega$, $P_{max}=0.75\,\mathrm{W}$

2-22 (a) $V_{OC}=\dfrac{2}{3}v_S$, $R_0=R$, 获最大功率时 $\dfrac{v_0}{v_S}=\dfrac{1}{3}$；

　　　(b) $V_{OC}=-\dfrac{1}{3}v_S$, $R_0=\dfrac{14}{3}\,\Omega$, 获最大功率时 $\dfrac{v_0}{v_S}=-\dfrac{1}{6}$

2-24 $V_a=2.63\,\mathrm{V}$, $V_b=1.75\,\mathrm{V}$, $V_c=1.81\,\mathrm{V}$

2-25 $V_a=3.30\,\mathrm{V}$, $V_b=6.38\,\mathrm{V}$

2-26 $v_x=8\,\mathrm{V}$, $i_x=-4\,\mathrm{mA}$, $P=108\,\mathrm{mW}$

2-27 $V_a=-25\,\mathrm{V}$

2-28　$I_1=-0.3\,\mathrm{A}$, $I_2=-0.1\,\mathrm{A}$, $I_3=-0.4\,\mathrm{A}$

2-31　$V_1=2.89\,\mathrm{V}$, $V_2=0.79\,\mathrm{V}$

2-32　$I_A=0.02\,\mathrm{A}$, $P=0.08\,\mathrm{W}$（吸收）

2-33　$V_0=6.2\,\mathrm{V}$

2-34　$V_A=6\,\mathrm{V}$, $I_B=2\,\mathrm{A}$

2-35　$v_0=\dfrac{7}{2}v_{S1}-\dfrac{5}{2}v_{S2}$

2-37　$\dfrac{v_0}{v_S}=-\dfrac{6}{7}$

2-38　（1）$\dfrac{v_0}{v_i}=\dfrac{4}{9}$；（2）$R_i=6\,\Omega$

2-39　（1）$\dfrac{v_0}{v_i}=-2$；（2）$G_i=10\,\mathrm{S}$

2-40　$R_1=54\,\mathrm{k\Omega}$, $R_2=18\,\mathrm{k\Omega}$, $R_3=9\,\mathrm{k\Omega}$

2-42　（1）$K=\dfrac{v_0}{v_S}=-\dfrac{R_3}{R_1}\left(2+\dfrac{R_3}{R_2}\right)$, $R_{IN}=R_1$；

　　　（2）$R_1=9\,\mathrm{k\Omega}$, $R_2=2.5\,\mathrm{k\Omega}$, $R_3=125\,\mathrm{k\Omega}$ 可满足要求；

　　　（3）$R_1=10\,\mathrm{k\Omega}$, $R_2=5\,\mathrm{M\Omega}$ 可满足要求

第 3 章

3-3　（a）$\dfrac{\mathrm{d}i_L}{\mathrm{d}t}+i_L=0$；（b）$\dfrac{\mathrm{d}v_L}{\mathrm{d}t}+25v_L=0$

3-4　（a）$\dfrac{\mathrm{d}v_C}{\mathrm{d}t}+0.5v_C=0$；（b）$\dfrac{\mathrm{d}i_C}{\mathrm{d}t}+2i_C=0$

3-5　（1）$\dfrac{\mathrm{d}v}{\mathrm{d}t}+v=\dfrac{2}{3}v_S$, $\dfrac{\mathrm{d}i}{\mathrm{d}t}+i=0$；

　　　（2）$v(t)=Ke^{-t}+2=(-2e^{-t}+2)\,\mathrm{V}$, $i(t)=Ke^{-t}=e^{-t}\,\mathrm{A}$

3-6　（1）$\dfrac{\mathrm{d}v}{\mathrm{d}t}+10v=50$；（2）$v(t)=(5e^{-10t}+5)\,\mathrm{V}$, $t>0$

3-7　$i_1(0^+)=2\,\mathrm{A}$, $i_2(0^+)=3\,\mathrm{A}$, $i_3(0^+)=4\,\mathrm{A}$, $v_C(0^+)=4\,\mathrm{V}$；

　　　$i_1(\infty)=i_3(\infty)=10\,\mathrm{A}$, $i_2(\infty)=0\,\mathrm{A}$, $v_C(\infty)=10\,\mathrm{V}$

3-8　$v_{C1}(0^+)=v_{C2}(0^+)=\dfrac{C_1}{C_1+C_2}V_S$, $v_{C1}(\infty)=v_{C2}(\infty)=V_S$

3-9 $i_{L1}(0^+) = i_{L2}(0^+) = \dfrac{1}{L_1+L_2}\left(\dfrac{L_1}{R_1}V_{S1} - \dfrac{L_2}{R_2}V_{S2}\right)$, $i_{L1}(\infty) = i_{L2}(\infty) = \dfrac{V_{S1}-V_{S2}}{R_1+R_2}$

3-10 $i_L(0^+) = 2\,\mathrm{A}$, $i_L(\infty) = \dfrac{5}{3}\,\mathrm{A}$, $i_L(t) = \left(\dfrac{5}{3}+\dfrac{1}{3}\mathrm{e}^{-4t}\right)\mathrm{A}$;

$i_R(0^+) = \dfrac{4}{9}\,\mathrm{A}$, $i_R(\infty) = \dfrac{5}{9}\,\mathrm{A}$, $i_R(t) = \left(\dfrac{5}{9}-\dfrac{1}{9}\mathrm{e}^{-4t}\right)\mathrm{A}$

3-11 (a) $i_L(0^+) = 1\,\mathrm{A}$, $i_L(t) = \mathrm{e}^{-t}\mathrm{A}$; (b) $v_L(0^+) = 6\,\mathrm{V}$, $v_L(t) = 6\mathrm{e}^{-25t}\,\mathrm{V}$

3-12 (a) $v_C(0^+) = 10\,\mathrm{V}$, $v_C(t) = 10\mathrm{e}^{-0.5t}\mathrm{V}$; (b) $i_C(0^+) = 2\,\mathrm{A}$, $i_C(t) = 2\mathrm{e}^{-2t}\mathrm{A}$

3-13 (1) $i_1(0^-) = 5\,\mathrm{mA}$, $i_2(0^-) = 15\,\mathrm{mA}$;

(2) $i_1(0^+) = 5\,\mathrm{mA}$, $i_2(0^+) = -5\,\mathrm{mA}$;

(3) $i_1(t) = 5\mathrm{e}^{-2\times10^4 t}\,\mathrm{mA}$, $t>0$

3-14 $v_C(t) = (-12\mathrm{e}^{-10t}+12)\,\mathrm{V}$

3-15 $v(t) = -9\mathrm{e}^{-\frac{5}{2}t}\,\mathrm{V}$, $i(t) = \left(\dfrac{9}{4}\mathrm{e}^{-\frac{5}{2}t}+\dfrac{9}{5}\right)\mathrm{A}$

3-16 $i_0(t) = -4\times10^{-4}\cdot\mathrm{e}^{-200t}\,\mathrm{A}$

3-17 $v_0(t) = (45-90\mathrm{e}^{-4000t})\,\mathrm{V}$

3-18 $i_L(0) = -1\,\mathrm{A}$, $R = 10\,\Omega$, $L = 1\,\mathrm{H}$

3-19 $i_{ab}(0^+) = 90\,\mathrm{A}$, $i_{ab}(\infty) = 120\,\mathrm{A}$，所需时间为 $\dfrac{2}{5}\ln 3\,\mathrm{s}$

3-20 $i_x(t) = -\mathrm{e}^{-2t}\mathrm{A}$, $i_f(t) = \left(\dfrac{2}{3}\mathrm{e}^{-2t}+\dfrac{1}{3}\right)\mathrm{A}$, $i_t(t) = -\dfrac{1}{3}\mathrm{e}^{-2t}\mathrm{A}$, $i_s(t) = \dfrac{1}{3}\,\mathrm{A}$, $i(t) = -\dfrac{1}{3}\mathrm{e}^{-2t}+\dfrac{1}{3}\mathrm{A}$

3-21 $v_C(t) = (\mathrm{e}^{-at}+1)\,\mathrm{V}$

3-22 $v_{Cx}(t) = (4\mathrm{e}^{-t}-4\mathrm{e}^{-2t})\,\mathrm{V}$, $v_{Cf}(t) = (-2\mathrm{e}^{-t}+\mathrm{e}^{-2t}+1)\,\mathrm{V}$,

$v_{Ct}(t) = v_{Ch}(t) = (2\mathrm{e}^{-t}-3\mathrm{e}^{-2t})\,\mathrm{V}$, $v_{Cs}(t) = v_{Cp}(t) = 1\,\mathrm{V}$

3-23 (a) $i(t) = 2u(t-T)-4u(t-2T)+2u(t-3T)$;

(b) $i(t) = 4u(t)-6u(t-1)+2u(t-2)-4u(t-3)+6u(t-4)-2u(t-5)$

3-24 $i_L(t) = [2.5(1-\mathrm{e}^{-1.2(t-1)})u(t-1)-2.5(1-\mathrm{e}^{-1.2(t-2)})u(t-2)]\,\mathrm{A}$,

或 $\begin{cases} i_L(t) = 2.5(1-\mathrm{e}^{-1.2(t-1)})\,\mathrm{A}, & 1\mathrm{s}<t<2\,\mathrm{s} \\ i_L(t) = 2.5(1-\mathrm{e}^{-1.2})\mathrm{e}^{-1.2(t-2)}\,\mathrm{A}, & t>2\,\mathrm{s} \end{cases}$

3-25 (1) $i(t) = \dfrac{1}{9}\mathrm{e}^{-1000t}u(t)\,\mathrm{mA}$;

(2) $i(t) = [\mathrm{e}^{-1000t}u(t)-2\mathrm{e}^{-1000(t-0.001)}u(t-0.001)+\mathrm{e}^{-1000(t-0.002)}u(t-0.002)]\,\mathrm{mA}$

3-26 (1) 灯熄灭期间：$v_C(t) = (40-35\mathrm{e}^{\frac{t}{20}})\,\mathrm{V}$，$0\,\mathrm{s}<t<6.7\,\mathrm{s}$；

灯亮期间：$v_C(t) = (0.5+14.5\mathrm{e}^{\frac{t-6.7}{0.25}})\,\mathrm{V}$，$6.7\,\mathrm{s}<t<6.99\,\mathrm{s}$；

(2) 8 次; (3) $R = 556 \, \text{k}\Omega$

3-27 (1) $v_0(t) = (\text{e}^{-100t} - 1) u(t) \, \text{V}$

(2) $v_0(t) = [2(\text{e}^{-100t} - 1) u(t) - 4(\text{e}^{-100(t-0.01)} - 1) u(t-0.01) + 2(\text{e}^{-100(t-0.02)} - 1) u(t-0.02)] \, \text{V}$

3-28 (a) $\dfrac{\text{d}^2 v_C}{\text{d}t^2} + 2\dfrac{\text{d}v_C}{\text{d}t} + v_C = 0$, 临界阻尼, $v_C(t) = (K_1 + K_2 t)\text{e}^{-t}$;

(b) $6\dfrac{\text{d}^2 i_L}{\text{d}t^2} + 7\dfrac{\text{d}i_L}{\text{d}t} + 3 i_L = 0$, 欠阻尼, $i_L(t) = \text{e}^{-0.58t}(K_1 \cos 0.4t + K_2 \sin 0.4t)$

3-29 (1) $s_1 = -10^4$, $s_2 = -4\times 10^4$; (2) 过阻尼; (3) $R = 3125 \, \Omega$;

(4) $s_{1,2} = -16\times 10^3 \pm \text{j}12\times 10^3$; (5) $R = 2.5\times 10^3 \, \Omega$

3-30 (1) $v_C(t) = (2\text{e}^{-t} - \text{e}^{-4t}) \, \text{V}$; (2) $v_C(t) = (1+4t)\text{e}^{-2t} \, \text{V}$;

(3) $v_C(t) = 2\text{e}^{-t}\cos(\sqrt{3}t - 60°) \, \text{V}$; (4) $v_C(t) = \sqrt{2}\cos(2t - 45°) \, \text{V}$

3-31 (1) $L = 5 \, \text{H}$, $R = 25\times 10^3 \, \Omega$;

(2) $i(0^+) = 0 \, \text{A}$, $\dfrac{\text{d}i(0^+)}{\text{d}t} = 12 \, \text{A/s}$;

(3) $i(t) = 4\times 10^{-3}(\text{e}^{-1000t} - \text{e}^{-4000t}) \, \text{A}$

3-32 $v_C(t) = (5\sqrt{2}\text{e}^{-t}\cos(t - 135°) + 5) \, \text{V}$

3-33 $v_0(t) = 20(\text{e}^{-400t} - \text{e}^{-1600t}) \, \text{V}$

3-34 $v_C(t) = 250 - (200 + 5\times 10^6 t)\text{e}^{-2.5\times 10^4 t} \, \text{V}$

3-35 $v_0(t) = 75\text{e}^{-3.75\times 10^4 t}\sin(5\times 10^4 t) \, \text{V}$

3-36 (1) $\tau = 2\times 10^3 \times 0.5\times 10^{-6} = 1 \, (\text{ms})$

(2) $\begin{cases} v_1(t) = 10 - 9.933\text{e}^{-t}, & 0 \, \text{ms} < t < 5 \, \text{ms} \\ v_2(t) = 9.933\text{e}^{-(t-5)}, & 5 \, \text{ms} < t < 10 \, \text{ms} \end{cases}$

(3) $\tau = 5 \, \text{ms}$, $\begin{cases} v_1(t) = 10 - 7.311\text{e}^{-0.2t}, & 0 \, \text{ms} < t < 5 \, \text{ms} \\ v_2(t) = 7.311\text{e}^{-0.2(t-5)}, & 5 \, \text{ms} < t < 10 \, \text{ms} \end{cases}$

3-37 (1) $\dfrac{\text{d}^2 v_0}{\text{d}t^2} + \dfrac{2-\mu}{RC}\dfrac{\text{d}v_0}{\text{d}t} + \dfrac{1}{LC}v_0 = 0$;

(2) $\mu > 2$ 时, v_0 随时间增长; $\mu < 2$ 时, v_0 随时间衰减; $\mu = 2$ 时, v_0 随时间等幅振荡;

(3) $\mu = 1$

第 4 章

4-1 $v = 4\sin\omega t \, \text{V}$, $i = 5\sin(\omega t + 75°) \, \text{mA}$

4-2 (1) $v_{ab}(0) = 269 \, \text{V}$; (2) $v_{ba} = 311\sin\left(314t - \dfrac{2\pi}{3}\right) \, \text{V}$

4-3　(2) $i=2\sin\left(314t-\dfrac{\pi}{3}\right)$ A；(3) $v=100\sin\left(314t+\dfrac{\pi}{3}\right)$ V

4-4　(1) $v_1=5.54\sin(200t+101°)$；(2) $v_2=60.4\sin(200t-129°)$；

　　　(3) $i_1=4.47\sin(200t-71.6°)$；(4) $i_2=1.41\sin(200t+143°)$

4-5　$v_1(t)+v_2(t)=59\sqrt{2}\sin(10t+140°)=83.4\sin(10t+140°)$

　　　$i_1(t)+i_2(t)=5.39\sqrt{2}\sin(10t+68.2°)=7.62\sin(10t+68.2°)$

4-6　(1) $i(t)=i_1(t)+i_2(t)=\sin(\omega t-90°)$ mA；

　　　(2) $i_1(t)+i_2(t)=10\sin(314t-60°)$ A，$i_1(t)-i_2(t)=10\sqrt{3}\sin(314t+30°)$ A；

　　　(3) $v(t)=4\sqrt{2}\sin(\omega t+45°)$ V

4-7　$v_2(t)=10\sin(\omega t-143°)$ V

4-8　(1) $i(t)=68.5\sin(\omega t-90°)$ μA；(2) $i(t)=15.9\sin(\omega t-90°)$ mA

4-9　$Z=150+j75=167.7\angle26.6°$ (Ω)

4-10　$Z=6+j42=42.4\angle81.9°$ (Ω)

4-11　(1) $Z=10\angle45°$ kΩ；(2) $i(t)=15\sin(1000t+45°)$ mA

4-12　$Z_{ab}=1+j=\sqrt{2}\angle45°$ (Ω)

4-13　$C=2$ μF，$Z=50$ Ω

4-14　$L=19.1$ mH

4-15　$C=8.5$ nF，$R=193.6$ Ω

4-16　设 $\dot{V}=10\angle0°$ V，$\dot{I}=\dfrac{\sqrt{2}}{6}\angle45°$ A，

　　　$\dot{V}_L=4.71\angle135°$ V，$\dot{V}_C=11.8\angle-45°$ V

4-17　$\dot{I}_R=\sqrt{2}\angle45°$ mA，$\dot{I}_C=\sqrt{2}\angle135°$ mA，$\dot{I}_L=2\sqrt{2}\angle-45°$ mA

4-18　$V_L=3$ V，$V_C=4$ V，$V=3.16$ V

4-19　$R=10\sqrt{2}$ Ω，$X_L=5\sqrt{2}$ Ω，$X_C=\dfrac{10}{3}\sqrt{2}$ Ω

4-20　$\dot{V}_x=5\sqrt{2}\angle-135°$ V

4-21　$v_x=1.6\sin(5\times10^4+36.9°)$ V

4-22　$v(t)=12\sin(10^6t-53.1°)$ V，$i(t)=0.024\sin(10^6t-53.1°)$ A

4-23　$Z_0=\dfrac{2}{3}(6-j)$ Ω，$\dot{V}_{OC}=-j110$ V

4-24　$Z_0=(30+j40)$ Ω，$\dot{V}_{OC}=0.3\angle0°$ V

4-25　$v_x(t)=100\sin(4000t+90°)$ V

4-26　$i_x(t)=7.59\sin(4t+108.4°)$ A

4-27　$\dfrac{\dot{V}_o}{\dot{V}_S}=\mathrm{j}\dfrac{\mu}{\mu-3}$, $Z_{IN}=10k\cdot\dfrac{3-\mu}{2-\mu+\mathrm{j}}\Omega$

4-28　$v_o=1.03\sin(1000t+59°)\,V$

4-29　$\dot{I}=\mathrm{j}\dfrac{25}{13}\,mA=\mathrm{j}1.92\,mA$, $\dot{V}=-\mathrm{j}\dfrac{125}{13}\,V=-\mathrm{j}9.62\,V$

4-30　(1) $\dot{I}_0=1\angle48.8°\,A$; (2) $\dot{V}_{OC}=(15+\mathrm{j}40)\,V$, $Z_0=5\angle0°\,\Omega$

4-31　$Z_{IN}=32.3\angle-2.7°\,k\Omega$, $K=0.728\angle14°$

4-32　$i(t)=6\sin(3000t+90°)\,mA$

4-33　$v(t)=5\sqrt{2}\sin(2t-36.9°)\,V$

4-34　$r_1=4.24\,\Omega$, $X_L=9.05\,\Omega$

4-35　$\widetilde{S}=I^2Z=(320+\mathrm{j}400)\,V\cdot A$

4-36　$P=21.3\,mW$, $Q=10.7\,mW$, $\lambda=0.894$(滞后)

4-37　(1) $I=214\,A$; (2) $C=1.58\,mF$, $I=153\,A$

4-38　$P=16500\,W$, $I=80.4\,A$, $\lambda=0.933$(滞后), $C=419\,\mu F$

4-39　$P=0.5\,W$, $R=129\,\Omega$, $C=9.75\,\mu F$

4-40　(1) $\dot{V}_{OC}=30\sqrt{2}\angle0°\,V$, $Z_0=(1000+\mathrm{j}2000)\,\Omega$, $P=17.6\,mW$;
　　　(2) $R_L=2236\,\Omega$, $P=278\,mW$

4-41　(1) $P=8.16\,W$; (2) $P_{max}=16.7\,W$, $R=75\,\Omega$, $L=1.25\,mH$

4-42　(1) $P_{max}=20.8\,mW$; (2) $R=1667\,\Omega$, $C=50\,nF$

4-44　$C_{eq}=\left(1+\dfrac{R_2}{R_1}\right)C$

第 5 章

5-2　$i_1=1.2(1-e^{-100t})\,A$, $v_2=120e^{-100t}\,V$

5-4　(a) $Z_i=\mathrm{j}\omega L_2$;

　　　(b) $Z_i=\mathrm{j}\omega\left(M+\dfrac{(L_1-M)(1-\omega^2(L_2-M))}{1-\omega^2(L_1+L_2-2M)}\right)=\mathrm{j}\omega\left(L_1+\dfrac{\omega^2(L_1-M)^2}{1-\omega^2(L_1+L_2-2M)}\right)$;

　　　(c) $Z_i=\mathrm{j}\omega\dfrac{L_1L_2-M^2}{L_2}$

5-5　$\omega=0.707\times10^4\,rad/s$

5-6　$\dot{V}_2=8.22\angle-99.5°\,V$

5-7　$i_1=5.39\sin(1000t+19.6°)\,A$

5-8　$L = 8.67\,\text{H}$

5-9　$Z_i = \dfrac{5}{4}(1+j)\,\Omega$，$\dot{I}_1 = 4\sqrt{2}\angle{-45°}\,\text{A}$，$\dot{I}_2 = j2\,\text{A}$

5-10　(1) $P_2 = 0.194\,\text{W}$；(2) $Z_0 = \dfrac{32+j4}{65}$，$P_{max} = \dfrac{1}{2}\,\text{W}$

5-11　(1) $\dot{V}_2 = 400\sqrt{5}\angle{26.6°}\,\text{V}$；(2) $\dot{V}_{OC} = 1600\,\text{V}$，$Z_0 = 1000\,\Omega$，$P_{max} = 640\,\text{W}$

5-12　(1) $\dot{I}_1 = 6\angle{30°}\,\text{A}$，$\dot{V}_2 = 400\angle{0°}\,\text{V}$；(2) $P_{VS} = -1039\,\text{W}$，$P_{IS} = 1039\,\text{W}$；

　　　(3) 所有变量均乘以 -1

5-13　(a) $P_S = 500\,\text{W}$，$P_{Line} = 250\,\text{W}$，$P_L = 250\,\text{W}$，$\eta = 50\%$；

　　　(b) $P_S = 990\,\text{W}$，$P_{Line} = 10\,\text{W}$，$P_L = 980\,\text{W}$，$\eta = 99\%$

5-14　$1:0.5$，$I_1 = 2.2\,\text{A}$，$I_2 = 4.4\,\text{A}$，$V_2 = 110\,\text{V}$

5-15　$n = 5$，$X_C = 125\,\Omega$，$P_{max} = 5\,\text{W}$

5-16　$Z_i = (4-j4)\,\Omega$

5-17　$V_2 = 20\,\text{V}$，$V_3 = 60\,\text{V}$，$Z_1 = 18.7\,\Omega$

5-18　$1:\sqrt{20}$，$P_{Lmax} = 5\,\text{kW}$，$\dot{I}_2 = 10\sqrt{5}\angle{0°} = 22.4\angle{0°}\,\text{A}$

5-19　(1) $P = 0.43\,\text{W}$；$1:1/8$，$P = 7.032\,\text{W}$

5-20　(1) $V_\varphi = 220\,\text{V}$，$I_\varphi = 22\,\text{A}$；(3) $P = 11.616\,\text{kW}$

5-21　(1) $\theta_2 = -120°$，$\theta_3 = 120°$；(2) $I_\varphi = 6\,\text{A}$；(3) $V_L = 208\,\text{V}$，$I_L = 6\,\text{A}$

5-22　(1) $V_\varphi = 120\,\text{V}$；(2) $V_{z\varphi} = 208\,\text{V}$，$I_{z\varphi} = 10.4\,\text{A}$；(3) $I_L = 31.2\,\text{A}$

5-23　(1) $I_L = 6.64\,\text{A}$，$P = 1587\,\text{W}$；(2) $I_L = 20\,\text{A}$，$I_\varphi = 11.5\,\text{A}$，$P = 4761\,\text{W}$

5-24　(1) $V_L = 380\,\text{V}$，$I_L = 65.8\,\text{A}$；

　　　(2) $v_{AB} = 380\sqrt{2}\sin\omega t$，$i_{AB} = 38\sqrt{2}\sin(\omega t - 53.1°)$；

　　　(3) $P = 26136\,\text{W}$

5-25　$V_{ab} = 332\,\text{V}$，$\lambda_1 = 0.991$（超前）

5-26　$I_L = 81.6\,\text{A}$，$I_\varphi = 47.1\,\text{A}$

5-27　$L = 110\,\text{mH}$，$C = 91.9\,\mu\text{F}$

5-28　(1) $S = (2166+j1250)\,\text{V} \cdot \text{A}$；(2) $I_L = 3.8\,\text{A}$

第 6 章

6-1　(a) 一阶高通，$H(j\omega) = \dfrac{1}{3} \cdot \dfrac{j\omega/\omega_C}{1+j\omega/\omega_C}$，$\omega_C = 6.67\,\text{krad/s}$，$k = 1/3$；

　　　(b) 一阶低通，$H(j\omega) = \dfrac{2}{3} \cdot \dfrac{1}{1+j\omega/\omega_C}$，$\omega_C = 30\,\text{krad/s}$，$k = 2/3$

6-2   （a）一阶低通，$H(j\omega)=\dfrac{1}{2}\cdot\dfrac{1}{1+j\omega/1000}$，$\omega_C=1000\,\text{rad/s}$，$k=1/2$；

（b）一阶高通，$H(j\omega)=\dfrac{1}{4}\cdot\dfrac{1}{1+j\omega/\omega_C}$，$\omega_C=15\,\text{Mrad/s}$，$k=1/4$

6-3   一阶高通，$H(j\omega)=\dfrac{1}{2}\cdot\dfrac{1}{j\omega+1/RC}$，$\omega_C=1/RC$，$k=1/2$

6-4   一阶低通，$H(j\omega)=4\cdot\dfrac{1}{1+j\omega RC}$，$\omega_C=1/RC$，$k=4$

6-5 $R=0.707\,\text{k}\Omega$，$L=56.3\,\text{mH}$

6-6   （1）$H_a(j\omega)=\dfrac{1}{1+j\omega R_a C}$，$\omega_{C1}=1/R_a C$，$H_b(j\omega)=\dfrac{j\omega R_b C}{1+j\omega R_b C}$，$\omega_{C2}=1/R_b C$；

（2）$R_a=7.96\,\text{k}\Omega$，$R_b=769\,\Omega$；

（3）$v_a(t)=[\,8.57\sin(0.6\omega_1 t-31.0°)+0.83\sin(1.2\omega_2 t-85.2°)\,]\text{V}$，

$v_b(t)=[\,0.6\sin(0.6\omega_1 t+86.6°)+7.68\sin(1.2\omega_2 t+39.8°)\,]\text{V}$

6-7 $\omega_0=10^4\,\text{rad/s}$，$Q=25$，$B=400\,\text{rad/s}$，$\omega_{C1}=9800\,\text{rad/s}$，$\omega_{C2}=10200\,\text{rad/s}$

6-8 $\omega_0=\dfrac{1}{\sqrt{LC}}$，$B=\dfrac{1}{5\sqrt{LC}}$，$Q=R\sqrt{\dfrac{C}{L}}$，$\omega_{C1}\approx\dfrac{0.99}{\sqrt{LC}}$，$\omega_{C2}\approx\dfrac{1.01}{\sqrt{LC}}$

6-9 $H(j\omega)=\dfrac{(j\omega)^2+\dfrac{1}{(RC)^2}}{(j\omega)^2+\dfrac{4}{RC}j\omega+\dfrac{1}{(RC)^2}}$，带阻特性，$\omega_0=\dfrac{1}{RC}$，$Q=1/4$

6-10   带通特性，$Q=2$，$\omega_0=5000\,\text{rad/s}$，$k=-8$。

6-11   （1）带通特性，$\omega_0=\dfrac{1}{C\sqrt{R_1 R_2}}$，$Q=\dfrac{1}{2}\sqrt{\dfrac{R_2}{R_1}}$，$k=-\dfrac{R_2}{2R_1}$；

（2）$R_1=80\,\text{k}\Omega$，$R_2=20\,\text{k}\Omega$，$|H(\omega_0)|=2$

6-12 $\omega_0=24\pi\times10^3\,\text{rad/s}$，$Q=\dfrac{12}{7}$，$R=44\,\Omega$，$C=17.6\,\mu\text{F}$

6-13 $\omega_0=2\pi\times7200\,\text{rad/s}$，$Q=4.24$，$R=1.92\,\text{k}\Omega$，$C=48.9\,\text{nF}$

6-14 $L=3\,\mu\text{H}$，$C=0.133\,\text{nF}$，$Q=6.25$，$\omega_{C1}=46\,\text{Mrad/s}$，$\omega_{C2}=54\,\text{Mrad/s}$

6-15 $L=40\,\mu\text{H}$，$C=0.25\,\text{nF}$

6-16   （1）$B_f=2\,\text{kHz}$，$Q=50$；（2）$r=10\,\Omega$，$L=0.8\,\text{mH}$，$C=3.18\,\text{nF}$

6-17 $L=15.7\,\text{mH}$，$Q=62$，$r=14.3\,\Omega$

6-18   （1）$Q=33.3$，$B=3\,\text{krad/s}$，$L=10\,\text{mH}$，$C=10\,\text{nF}$；（2）$100\,\text{V}$

6-19 $r=1.57\,\Omega$，$R=15.7\,\text{k}\Omega$

6-20 $\omega_0=2.91\times10^6\,\text{rad/s}$，$B=67.7\,\text{krad/s}$

6-21　(1) $L = 0.8\,\text{H}$, $C = 5\,\mu\text{F}$; (2) $R = 40\,\text{k}\Omega$, $C = 2.5\,\mu\text{F}$

6-22　$r = 0.24\,\Omega$, $L = 1.91\,\mu\text{H}$, $C = 13.3\,\text{nF}$

6-23　(1) $C_1 = 254\,\text{pF}$, $C_2 = 761\,\text{pF}$; (2) $H(\text{j}\omega) = \dfrac{1}{H_1(\text{j}\omega) + 1}$, $H_1(\text{j}\omega) = \dfrac{1 - \omega^2 L(C_1 + C_2)}{\text{j}\omega C_2 (1 - \omega^2 L C_1)}$

6-24　(1) 二阶低通特性, 通带增益为 $20\,\text{dB}$, 截止频率略低于 $50\,\text{rad/s}$;

　　　(2) 一阶高通特性, 通带增益为 $0\,\text{dB}$, 截止频率 $100\,\text{rad/s}$。

6-25　(1) 带通特性, $\omega_{\text{C}1} = 5\,\text{rad/s}$, $\omega_{\text{C}2} = 50\,\text{rad/s}$, 通带增益为 $20\,\text{dB}$;

　　　(2) 带阻特性, $\omega_{\text{C}1} = 0.5\,\text{rad/s}$, $\omega_{\text{C}2} = 500\,\text{rad/s}$, 通带增益为 $0\,\text{dB}$, 阻带衰减 $-20\,\text{dB}$

6-26　低通特性, $\omega_{\text{C}} = 20\,\text{rad/s}$, 通带增益为 $14\,\text{dB}$

6-27　高通特性, $\omega_{\text{C}} = 500\,\text{rad/s}$, 通带增益为 $20\,\text{dB}$

6-28　$H(\text{j}\omega) = 1 / \left(\dfrac{\text{j}\omega}{100} + 1\right)^2$, 二阶低通特性, 通带增益为 $0\,\text{dB}$, 截止频率略低于 $100\,\text{rad/s}$, ω_{C}
　　　$= 2\pi \times 10.28 = 64.6\,\text{rad/s}$

6-29　$H(\text{j}\omega) = \dfrac{\text{j}\omega/100}{(1 + \text{j}\omega/100)(1 + \text{j}\omega/1000)}$, 带通特性, 通带增益为 $0\,\text{dB}$, $\omega_{\text{C}1} = 100\,\text{rad/s}$, $\omega_{\text{C}2} = $
　　　$1000\,\text{rad/s}$

6-30　$H(\text{j}\omega) = 10 \cdot \dfrac{1 + \text{j}\omega/200}{1 + \text{j}\omega/20}$

6-31　$H(\text{j}\omega) = \dfrac{(1 + \text{j}\omega/20)(1 + \text{j}\omega/10^4)}{(1 + \text{j}\omega/200)(1 + \text{j}\omega/10^3)}$

第 7 章

7-1　$Z_{11} = \dfrac{1}{Y_1} + \dfrac{1}{Y_2}$, $Z_{12} = \dfrac{1}{Y_2}$, $Z_{21} = \dfrac{1}{Y_2}$, $Z_{22} = \dfrac{1}{Y_2} + \dfrac{1}{Y_3}$

7-2　$y_{11} = Y_1 + Y_2$, $y_{12} = -Y_2$, $y_{21} = -Y_2$, $y_{22} = Y_2 + Y_3$

7-3　(a) $A = 1 + \dfrac{Z_1}{Z_2}$, $B = Z_1$, $C = \dfrac{1}{Z_2}$, $D = 1$;

　　　(b) $A = 1$, $B = Z_1$, $C = \dfrac{1}{Z_2}$, $D = 1 + \dfrac{Z_1}{Z_2}$

7-4　$V_1 = 21\,\text{V}$, $I_1 = 6\,\text{A}$

7-5　$\boldsymbol{Y} = \begin{bmatrix} G_1 + G_3 + \dfrac{1}{\text{j}\omega L} + \text{j}\omega C & -G_3 - \text{j}\omega C \\[2ex] -G_3 - \text{j}\omega C & G_2 + G_3 + \dfrac{1}{\text{j}\omega L} + \text{j}\omega C \end{bmatrix}$

7-6　$T = T_1 T_2 = \dfrac{1}{2}\begin{bmatrix} 3 & 5 \\ 1 & 3 \end{bmatrix}\begin{bmatrix} 3 & 3 \\ 4 & 3 \end{bmatrix} = \dfrac{1}{2}\begin{bmatrix} 29 & 21 \\ 15 & 11 \end{bmatrix}$

7-7　$\begin{bmatrix} I_1 \\ I_2 \end{bmatrix} = \begin{bmatrix} 1/2 & 1/2 \\ 1/2 & 2/3 \end{bmatrix}\begin{bmatrix} V_1 \\ V_2 \end{bmatrix}$

7-8　(1) $I_1 = 1\,\mathrm{A}$；(2) $H_V = 0.25$

7-9　(1) $\begin{bmatrix} V_1 \\ I_1 \end{bmatrix} = \begin{bmatrix} 5/3 & 16/3 \\ 1/3 & 5/3 \end{bmatrix}\begin{bmatrix} V_2 \\ -I_2 \end{bmatrix}$；$I_1 = 5/4\,\mathrm{A}$，$I_2 = -5/12\,\mathrm{A}$，$V_2 = 5/3\,\mathrm{V}$

7-10　$Z_1 = 2Z_3$，$Z_2 = 2(Z_3 + Z_4)$；$Z_3 = Z_1/2$，$Z_4 = (Z_2 - Z_1)/2$

7-11　$\begin{cases} Y_1 = Y_3 + Y_4 \\ Y_2 = Y_4 \end{cases}$，$\begin{cases} Y_3 = Y_1 - Y_2 \\ Y_4 = Y_2 \end{cases}$

7-12　$V_L = 0.5\,\mathrm{V}$；$V_L = 0.375\,\mathrm{V}$

7-13　$I_1 = 8\,\mathrm{A}$

7-14　(1) $R_{in} = 3\,\Omega$，$V_1 = 6\,\mathrm{V}$，$I_1 = 2\,\mathrm{A}$；

　　　(2) $V_{OC} = 4\,\mathrm{V}$，$R_0 = 3\,\Omega$，$V_2 = 2\,\mathrm{V}$，$I_2 = \dfrac{2}{3}\,\mathrm{A}$

第 8 章

8-3　Q_1：$I_1 \approx 2.8\,\mathrm{A}$，$V_1 \approx 0.07\,\mathrm{V}$；

　　　Q_2：$I_2 \approx 2.6\,\mathrm{A}$，$V_2 \approx 0.17\,\mathrm{V}$；

　　　Q_3：$I_3 \approx 2.0\,\mathrm{A}$，$V_3 \approx 0.43\,\mathrm{V}$

8-4　$i = \begin{cases} 0.16, & t \in (0,\ T/6) \\ 0.34, & t \in (T/6,\ T/3) \\ 0.16, & t \in (T/3,\ T/2) \\ 0, & t \in (T/2,\ T) \end{cases}$

8-5　$V_1 = 0.67\,\mathrm{V}$，$i_1 = 2.34\,\mathrm{mA}$

8-6　$v_a = -4.44\,\mathrm{V}$，$i_{VD} = 1.55\,\mathrm{mA}$

8-7　$G_0 = 0.1941\,\mathrm{S}$，$I_0 = 0.0922\,\mathrm{A}$，$v_1 = 0.5238\,\mathrm{V}$

8-8　$G_1 = 0.5028\,\mathrm{S}$，$I_1 = 0.2508\,\mathrm{A}$，$v_2 = 0.5177\,\mathrm{V}$

8-9　$V_C = 1.3\,\mathrm{V}$ 时，工作点为 $(0.3\,\mathrm{V},\ 0.5\,\mathrm{mA})$，$i = (0.5 + 0.0385\sin 314t)\,\mathrm{mA}$

　　　$V_C = 12.65\,\mathrm{V}$ 时，工作点为 $(0.65\,\mathrm{V},\ 6\,\mathrm{mA})$，$i = (6 + 0.05\sin 314t)\,\mathrm{mA}$

8-10　$i = (9.5 + 0.09974\sin 1000t)\,\mathrm{mA}$

参 考 文 献

[1] 李翰荪. 电路分析基础：上[M]. 5 版. 北京：高等教育出版社，2017.

[2] 李翰荪. 电路分析基础：下[M]. 5 版. 北京：高等教育出版社，2017.

[3] 邱关源，罗先觉. 电路[M]. 5 版. 北京：高等教育出版社，2015.

[4] HAYT W H, KEMMERLY J E, DURBIN S M. Engineering circuit analysis[M]. 8th ed. New York：McGraw-Hill Education, 2011.

[5] THOMAS R E, ROSA A J. TOUSSAINT G J. The analysis and design of linear circuit[M]. 7th ed. Hoboken：John Wiley & Sons, Inc, 2011.

[6] NILSSON J W, RIEDEL S A. Electric circuits [M]. 9th ed. Upper Saddle River, New Jersey：Prentice Hall, Inc, 2011.

[7] BOYLESTAD R L. Introductory circuit analysis [M]. 11th ed. Upper Saddle River, New Jersey：Prentice Hall, Inc, 2007.

[8] 亚历山大，萨迪库. 电路基础：英文版[M]. 6 版. 北京：机械工业出版社，2013.

[9] IRWIN J D, NELMS R M. Basic engineering circuit analysis [M]. 10th ed. Hoboken：John Wiley & Sons, Inc, 2010.

[10] AGARWAL A, LANG J H. Foundations of analog and digital electronic circuits [M]. Amsterdam：Elsevier, Inc, 2005.

[11] 赵凯华，陈熙谋. 电磁学[M]. 5 版. 北京：高等教育出版社，2011.

[12] FINKENZELLER K. RFID Handbook [M]. 2th ed. Hoboken：John Wiley & Sons, Inc, 2003.

[13] ADBY P R. Applied circuit theory：matrix and computer methods [M]. London：Ellis Horwood, 1980.